中国指挥与控制学会出版物

网络科学

第4卷 国家基础设施和军事网络

曾宪钊 | 编著

Network Science
Volume IV, National Infrustructure and Military Networks

电子工业出版社
Publishing House of Electronics Industry
北京 · BEIJING

内 容 简 介

当前我国正在实施网络强国强军战略，网络科学引起了科技工作者的广泛关注并与民众生活日益密切相关。本书瞄准网络科学面临的重大社会需求，用 5 年时间写成，共有 8 章。介绍了网络科学的最新进展及军事网络的发展历史；美军建设大型网络、实施网络战的经验教训及探索军事网络科学的新进展。重点介绍了国外研究国家基础设施和军事网络科学的新进展及应用案例，包括：自适应网络研究；利用信息理论优化指挥控制网络；利用相互依存网络研究国家基础设施网络级联故障；动态社会网络分析用于军事训练；网络战态势认知、预测及显示。展望了量子科学与网络科学交叉融合的广阔前景。本书不仅适于作为军事科研和教学的参考书，也适于军内外的广大科技人员、大学生和研究生阅读。

图书在版编目（CIP）数据

网络科学. 第 4 卷，国家基础设施和军事网络/曾宪钊编著. —北京：电子工业出版社，2016.7

ISBN 978-7-121-29069-5

Ⅰ. ①网… Ⅱ. ①曾… Ⅲ. ①计算机网络－研究 ②计算机网络－应用－基础设施建设 ③计算机网络－应用－军事管理 Ⅳ. ①TP393 ②F294-39 ③E07-39

中国版本图书馆 CIP 数据核字（2016）第 132527 号

责任编辑：徐蔷薇
特约编辑：王　纲
印　　刷：三河市华成印务有限公司
装　　订：三河市华成印务有限公司
出版发行：电子工业出版社
　　　　　北京市海淀区万寿路 173 信箱　邮编　100036
开　　本：787×1 092　1/16　印张：19.75　字数：408 千字
版　　次：2016 年 7 月第 1 版
印　　次：2016 年 7 月第 1 次印刷
定　　价：69.00 元

凡所购买电子工业出版社图书有缺损问题，请向购买书店调换。若书店售缺，请与本社发行部联系，联系及邮购电话：(010) 88254888，88258888。

质量投诉请发邮件至 zlts@phei.com.cn，盗版侵权举报请发邮件至 dbqq@phei.com.cn。

本书咨询联系方式：xuye@phei.com.cn。

FOREWORD 序一

　　网络科学出现在网络工程之后。在传统通信网络工程建设中，首先要考虑的是网络拓扑设计。网络拓扑的基本形态有星形（star）、环形（ring）和网状（mesh），各种复杂网络拓扑都是这些简单形态的组合。网络科学就是以网络拓扑作为研究对象的，它得益于图论和拓扑学等应用数学的发展。早期人们运用图论知识足以解决拓扑分析中所遇到的问题，但随着拓扑结构从简单网络发展到复杂网络，从规则网络发展到随机网络，从物理、技术网络发展到社会、生物网络，拓扑分析从静态性能分析发展到动态行为预测，经典的图论、拓扑学已远不能满足需求，于是网络科学应运而生。

　　网络科学是一门新兴的学科，其内涵有多种解读，目前相对成熟的共识是：网络科学是研究复杂网络系统定性和定量规律的交叉科学，它涉及复杂网络的各种拓扑结构及其性质，网络结构与网络功能（动力学特征）间的相互关系。从上述定义中不难看出，网络科学与复杂系统理论密切相关，它是研究复杂系统的得力工具，并成功地应用到社会生活的各个方面，产生了积极而又深远的影响。多学科交叉融合的秉性使网络科学成为学术界、工程界研究的热点、焦点和难点。

　　在我国实施"网络强国战略"之际，曾宪钊研究员编著的《网络科学》（第4卷）与大家见面了，这是一件可喜可贺的事。2006—2010年，他先后编著出版了《网络科学》第1、2、3卷，分别介绍了网络科学的基础知识及其军事应用，论述了网络经济学、网络社会学、网络生物学及生态网络模型，还介绍了运用动态社会网络分析方法打击恐怖组织网络，运用网络科学防御生物武器对人类的威胁等内容。经过近6年的学术沉淀，在收集大量资料的基础上，他又新编了《网络科学》（第4卷），副标题是"国家基础设施和军事网络"。该书重点介绍了国内外关于自适应网络、指挥控制网络、基础设施网络的理论研究、应用案例和最新进展，动态社会网络分析方法在军事训练中应用，以及网络战中的态势感知与预测，内容丰富翔实。第4卷和前3卷一样，不仅可作为军事科研和教学的参考书，也适于关注网络科学的科技人员、大学生和研究生阅读。

　　我与曾宪钊研究员在1983年相识，至今已有30余年的学术交往，他长期从事军事运筹、作战模拟、计算机网络、神经网络、复杂系统领域的应用研究，参加过联合作战与网络中心战等多项研究课题，成果丰硕。2005年退休后，他敏锐地捕捉到当年11月美国科学院"网络科学在未来陆军的应用"课题组公布的研究成果，并在此基础上，整理出版了《网络科学》一书。我曾有幸在第一时间拜读了书稿，为其写了评价较高的推荐信。10年来，曾宪钊研究员孜孜不倦地关注、跟踪网络科学的前沿进展，其专注的学术风范令人敬佩。

在本书付梓之际，恰逢中国指挥与控制学会成立网络科学与工程专业委员会。该专委会挂靠在中国科学院数学与系统科学研究院，并得到了国内知名院校、科研院所等从事网络科学的科技人员的大力支持。十多年前，该学术共同体就以复杂网络与复杂系统控制为主题，开展了一系列学术交流活动，包括每年举办全国复杂网络大会和中国网络科学论坛，不定期举办学术沙龙，此外，还组织编写了"网络科学与工程丛书"。曾宪钊研究员以一己之力编著的"网络科学丛书"，恰好与它相得益彰。

指挥与控制学会是中国科协下属的一个年轻的学术团体组织，重在研究群体性社会活动中快速协调、调度、管理或治理等问题。指挥与控制起源于军事领域，现已扩展到抢险救灾、应急处置、消防指挥、民防管理、交通管理、生产调度、公共事务管理等社会领域和经济领域。网络科学是指挥控制学科基础理论的重要组成，对群体性社会网络动态行为的认知是指挥控制的必要前提。因此，中国指挥与控制学会鼎力相助"网络科学丛书"的出版，相信它将有助于我们更好地借鉴国外的经验教训，在军事作战和非战争军事行动中创造性地运用网络科学知识，在管控军事冲突、自然灾害、网络入侵及其他突发事件中更好地发挥其理论指导作用。

中国工程院院士、中国指挥与控制学会理事长

戴浩

2016 年 4 月 30 日

FOREWORD 序二

　　为了适应我国建设信息化军队、打赢信息化战争的需求，紧密跟踪研究世界网络科学的研究进展，曾宪钊研究员编著的《网络科学（第4卷）——国家基础设施和军事网络》一书正式出版了。他让我给写个序，非常不敢当，但又觉得有必要推荐一下，故有以下文字，不足为序。

　　网络科学是近20年才发展起来的新学科领域。从1999年巴拉巴西在《科学》上发表关于无尺度网络的论文之后，就在世界上掀起了复杂网络研究的高潮，引发并产生出了一系列的研究成果。这不仅是因为"网络"已经成为我们须臾不可离开的环境，更重要的是，复杂网络还成为我们认识复杂系统的重要工具。这为我们研究复杂系统提供了有力的手段，而在过去这方面是非常缺乏的。曾宪钊研究员在2005年退休后，于2006年就编著出版了《网络科学》的第1卷，开始介绍网络科学的相关内容。当时我曾为他的第一卷书稿向出版社写过推荐意见，认为该书"较为详细地介绍了国内外关于复杂网络科学及其军事应用的基础知识和最新研究进展，具有很高的学术水平"，就是希望通过此书，在国内大力传播网络科学知识，并将其付诸应用。因为我认为，网络科学应该成为我们这个时代的科技工作者、社会科学研究者，都应该了解的重要基础内容。

　　曾宪钊研究员后来又连续出版了《网络科学》的第2卷、第3卷。又经五年努力，现在第4卷又呈献在广大读者面前。我认为该书具有如下特点：第一，选题瞄准当前我国实施网络强国强军战略的需求；第二，重点介绍了与国家重要基础设施网络相关的网络科学研究最新进展；第三，介绍了军事网络发展历史和外军经验教训；第四，可读性好，可以作为科学读物用于不同的用途。

　　长期以来，我与曾宪钊研究员有过很多学术探讨，涉及军事运筹、作战模拟、计算机网络和复杂网络、神经网络及遗传算法等很多方面。现在已年过七十的他，仍在笔耕不辍。我做过简单统计，仅《网络科学》1～4卷，再加上《军事最优化新方法》一书，5本著作就约165万字，需要一个一个字写出来，这是多么大的工作量！十分令人钦佩，值得我们学习。我相信《网络科学》（第4卷）的出版，必将促进我国复杂网络理论与应用的研究，为广大读者提供更好的研究资料和精神食粮。

国防大学教授，中国仿真学会副理事长

2016年5月2日

PREFACE 前言

在新世纪到来时，受到巨大社会需求的推动，得益于多学科和领域的交叉融合，网络科学迎来了大发展的新机遇。美国网络科学家 A. L. Barabási 在 2002 年出版的专著《连线：网络的新科学》中写道，"在 21 世纪初，科学家们将其研究工作转向'节点之间的连接'，带领人们加入正在开展的网络革命（Network Revolution）"。

2005 年 11 月，美国科学院国家研究委员会在完成了"网络科学在未来陆军的应用"研究项目之后，发表了研究报告《网络科学》。该报告指出："网络科学是研究利用网络来描述物理、生物和社会现象，建立这些现象预测模型的科学。"当时，国内尚缺少介绍网络科学军事应用的教材和科学普及读物。另外，一些科研人员反映该报告正文仅 51 页，其中的许多内容不易为我国读者理解。为了便于读者了解国内外网络科学及其军事应用的新进展，从 2006 年 12 月至 2010 年 5 月，本人先后编著出版了《网络科学》第 1 卷～第 3 卷。第 1 卷在该报告的基础上，充实了大量与我国军事应用有关的网络科学内容、基础知识和案例，概述了基于复杂系统的大数据、建模（以网络结构与演化等模型为重点）与仿真、优化、分析与预测为重点的网络科学研究方法。第 2 卷介绍了 2007 年美国科学院国家研究委员会的研究报告《陆军网络科学技术与实验中心的政策》、网络经济学、网络社会学与网络统计学，还重点介绍了将动态社会网络分析方法用于打击恐怖组织网络。第 3 卷介绍了将网络科学用于应对生物武器对人类的威胁、网络生物学及多种生物网络和生态网络模型。

2010 年 6 月，我开始编写《网络科学》（第 4 卷），重点介绍网络科学在国家重要基础设施网络安全与军事网络科学研究中的新进展。这主要基于下列两方面的考虑：

第一，近年来网络科学的迅速发展，促进了在国家基础设施网络安全与军事网络科学研究中取得令人瞩目的新进展。正如 Barabási 在《Nature Physics》（2012 年 1 月）发表的题为"网络取而代之"的文章中所言："虽然复杂性作为一个研究领域，发展势头疲软。但是，复杂系统的基于数据的数学模型却正在提供一种新视角，迅速发展成一门新学科——网络科学。"

第二，大约是从 2006 年开始至 2010 年"震网"病毒被公布，一些媒体披露美国和以色列军方曾经利用该病毒对伊朗布舍尔核电站控制系统连续发动了多次攻击，导致其大量电脑和离心机等设备瘫痪，迫使其核计划至少延缓两年。有不少专家认为：这是第一次真正意义上的"网络战争"，正是该病毒打开了网络战争时代的大门；在未来网络战争中，交战各方将会围绕国家关键基础设施和军事网络的控制权，展开持久、激烈的网络争夺战。

我退休已过十年，特别感谢现任军事科学院政委许耀元、副院长何雷，科研指导部部长皮明勇，作战理论和条令研究部部长谭亚东、副部长陈荣弟和刘仁献，联合作战研究实验中心主任李辉和协理员周文等有关领导审阅了本书稿件，大力支持出版本书。特别感谢军事科学出版社社长徐玉柱、副社长兼总编张晓明、副总编孙振江及编辑常巧章，还有黄谦、蔡游飞、张文志、刘旸、程飞、安欣及屈晏弘等为出版本书给予的许多帮助。

特别感谢国防大学信息作战与指挥训练教研部副主任胡晓峰教授审阅了本书稿件，提供了重要指导意见。

特别感谢中国指挥与控制学会名誉理事长李德毅院士、理事长戴浩院士、秘书长秦继荣研究员的帮助及大力支持。特别感谢中国指挥与控制学会为本书出版划拨专项出版经费。中国指挥与控制学会学报编辑部刘玉晓编辑，为本书的出版，做出很多实务性工作，一并致谢。

特别感谢电子工业出版社编辑徐蔷薇等，承担了本书出版中的许多工作。

在本书即将出版之际，我谨向曾经求教过的、已故的 M. Kochen 教授及其他网络科学研究先行者们表达深切的怀念和敬意；谨向我的导师、已故的中国科学院高庆狮院士表达深切的怀念和敬意；衷心感谢美国南方大学物理学教授郭东升对本书第 8 章提出有关量子科学的宝贵意见；我也向在本书中借鉴和引用的所有论著作者们表示衷心的感谢。

从 2004 年至今 12 年漫长的写书过程中，我特别要感谢家人和许多读者经常提醒我保持"良好的健康状况，适当的写作进度"。他们提供了许多宝贵意见并鼓励我笔耕不辍。

在本书付梓出版时，作者又见到许多网络科学的新论著，深感自己水平有限，对于本书中的遗漏和错误，恳请读者批评指正。

曾宪钊

2016 年 5 月 2 日于北京

CONTENTS 目录

第1章 引言

1.1 网络与网络科学的定义

定义 1.1 网络

网络（Network）是由节点集合 $V=\{v_1, v_2, \cdots, v_V\}$ 和边集合 $E=\{e_1, e_2, \cdots, e_E\}$ 所组成的集合 $N=\{V, E\}$。

在英文中，节点常用 vertices，nodes，points 等单词表示，边常用 edges，links，lines 等单词表示。

定义 1.2 网络科学

网络科学（Network Science）是研究利用网络来描述物理、生物和社会现象，建立这些现象预测模型的科学。

定义 1.2 引自 2005 年 11 月 1 日美国科学院国家研究委员会（National Research Council of The National Academies）发表的研究报告《网络科学》[1]。（原文为：the committee offers the following tentative definition:

Finding 4-3. Network science consists of the study of network representations of physical, biological, and social phenomena to predictive models of these phenomena.）

2005 年，该报告指出这是"网络科学的尝试性定义"。时至 2016 年 2 月，本书作者检索网络百科全书 Wikipedia 的"Network Science"条目，发现在其第一段依然引用了上述定义。说明该定义得到了广大网民的认可。

据《人民日报》海外版 2013 年 6 月 8 日报道[2]："联合国裁军研究所相关人士于 2013 年 4 月 27 日透露，最新调查结果显示，已有 46 个国家组建了网络战（Cyber War）部队。这一数量约相当于全球国家数量的四分之一"。这些国家组建了网络战指挥机构，加紧开发网络战武器装备和作战条令，进行网络战争的理论研究，对于军事网络科学提出了巨大的需求，推动了军事网络科学的迅速发展，使之成为继军事运筹学、军事系统工程之后军事科学的又一新子学科，同时也是网络科学新的子学科。可以预见，未来世界各国对军事网络科学的需求将逐渐增大，军事网络科学作为军事科学与网络科学交叉融合的新学科，将进入快速发展时期。

一方面，本书作者尝试性地将军事网络科学视为网络科学的子学科并定义如下。

定义 1.3　军事网络科学

军事网络科学（Military Network Science）是研究利用网络来描述军事领域的各种现象，建立这些现象预测模型的科学。它特别注重研究网络的普适性规律及军事网络的特殊性规律。

本书将重点介绍国外近年来与上述定义有关的新研究进展。

另一方面，本书作者也将军事网络科学视为军事科学的子学科，将涉及许多新研究领域，但是这些内容已超出了本书的讨论范围。

2004 年 3 月，欧洲物理杂志出版了《网络应用》专辑，在此专辑前言中两次提到了"网络科学"，认为网络科学"一方面，现在已到达一门科学的成熟期。另一方面，许多问题有待解决，许多研究方向尚在起步阶段"[3]。其实，军事网络科学也存在类似现象。一方面，从古到今，在各种军事领域积累了很多网络知识及应用成果。另一方面，其中定性知识较多，而定量知识较少，需要对其中的普适性规律和特殊性规律的定量描述和数学模型进一步加强研究（详见本书第 2 章）。

1.2　新世纪对网络科学的迫切需求

近年来，面对因特网（Internet）、万维网（WWW，World Wide Web）、军用全球指挥控制网络等不断生长、规模越来越大、采用先进科学技术建立的复杂网络，科学家们发现由于缺乏相应的新科学理论，利用传统网络理论研究这些复杂网络所得到的结论常常与实际情况不符，难以预测其未来的演变。为了扭转这种网络理论发展严重滞后于网络社会需求的被动局面，他们积极向各国政府建议大力发展新的网络科学。例如，2005 年，美国科学院国家研究委员会的研究报告《网络科学》就从以下三个方面论述了开展网络科学研究的重要性和迫切性。

第一，网络对于涉及当今人类生活的各个方面——生物、物理和社会均具有普遍性影响，对于全球经济及面临传统军事威胁及恐怖主义威胁的美国国防是必不可少的。

第二，预测国家的大型基础设施网络（例如因特网、电力网）和极端重要的社会网络（例如全球经济网络和军事指挥控制网络）的未来变化是关系国家发展的基础科学。目前状况是：尚无设计庞大的、甚至全球范围的复杂网络并在建设之前预测其未来行为的科学，缺少指导网络中心战的科学，如同制造飞机没有空气动力学。

第三，目前美国政府各部门偏重于资助网络应用研究，轻视网络科学基础理论研究；

许多科研单位低水平、重复、分散地研究网络的结构、动力学、仿真等局部性课题，却忽略了事关全球经济和国家利益的一些全局性、综合性网络科学研究课题，例如有关初等教育和军事指挥控制等方面的问题。全面系统地开展网络科学研究，有利于继承和发展传统的网络知识、理论和方法，加强对关系全球和美国利益的重大问题研究，更好地协调美国的科研力量。

1.2.1 世界经济发展对网络科学的需求

2006 年 1 月的美国《未来学家》杂志刊载的报告指出，世界人口将达到 65 亿，其中 10 亿人已通过因特网连在一起。根据中新网 2015 年 5 月 28 日报道，联合国下属的国际电信联盟发表报告称，到 2015 年年底，全球上网人口将达到 32 亿，约占全球总人口的一半。

2016 年 1 月 22 日，中国互联网信息中心发布的报告显示，中国大陆的网民数量达 6.88 亿，占总人口的 50.3%。截至 2015 年 12 月，中国大陆的手机网民数量达 6.20 亿，占网民总数的 90.1%；网上支付用户达 4.16 亿，年增长率 36.8%；网站 423 万家；企业开展网上销售和采购业务的比例均超过 30%。

2014 年 11 月 6 日摩根士丹利发表报告称，中国拥有全球最大的电子商务市场，其销售额到 2018 年将约占全球的一半。

网络促进了全球经济一体化、经济增长和科技进步。知识、资本、技术和劳动力日益成为全球化的商品，经济活动、产品研究开发向全球范围内迅速扩展。跨国大公司都采用网络机制，组成网络中心企业。借助于网络，他们可以从许多国家迅速获取信息知识、正确决策、吸引更多人才和资金、取得竞争优势。借助于网络，他们在全球范围内传送和加工处理数据、语音、文字及图像，高效率地使用各国大量的人力、物力和财力，大幅度提高产品设计和生产能力及科学技术创新能力。借助于网络，他们可以在世界范围内高效率地实现商品的精确销售（例如，商店刚卖出 1 只灯泡，立即通知工厂再生产 1 只）、网络金融业与在线股票交易、网络支持的交通运输与物流管理。

因特网故障和网络犯罪可能造成严重事故，从反面证明了网络对于国计民生的重要性。例如，仅在 2005 年，就发生了如下的一系列严重事故：美国俄亥俄州一家核工厂的信息网络连续两个小时发生错乱；在密西西比大学，几千名学生在考试期间不得不花 2 个小时等待一个无法下载的网络页面；在斯德哥尔摩，两名病人被迫临时转院，因为红外线发生装置受电脑病毒攻击而无法运行；美国的杰里米·杰恩斯每天发送超过 1000 万封垃圾邮件，不到 5 年时间就成了亿万富翁。2005 年 4 月，他因为网络犯罪被判 9 年监禁[4]。

一体化的全球经济采用的网络数量和规模迅速增长，它采取了在网络上分配生产资料的全新方式，削弱了传统的对政治、经济、金融的分等级控制方式。一体化的全球经济使用的网络变得越来越复杂，对网络科学研究提出大量新需求。例如，构造全球经济的自适应网络（参见本书第 3 章），通过监控该网络来预测经济发展趋势和预防经济衰退；预防越来越复杂的国家基础设施网络连锁故障引发电力和能源等危机；研究经济网络内在的复杂性；研究经济网络结构和特性对宏观经济指标的影响；预测科技进步的潜在影响；防止网络恐怖主义和网络犯罪以确保网络安全；加强网络管理和清理网络信息垃圾等。

1.2.2　网络社会崛起对网络科学的需求

20 世纪 80 年代在美国等发达国家兴起的信息技术革命，不仅迅速引发了一场新经济革命并创造了网络经济，还引发了人类社会的巨大变革及网络社会的崛起。网络社会发展产生了许多新问题。例如，它改变了传统的生产、权力与文化，导致了工作与就业模式发生变化，造就了新的特殊社会利益阶层，瓦解了劳动者组织；在网络中的现身和缺席及各种网络之间的动态关系成为网络社会的关键因素；一些城市、农村相互包容的巨型网络化城市的出现；全世界先进的经济区域整合为一体化网络经济，造成和其他与网络经济全然无关地区之间新的不平等；非洲的布吉纳法索等极端贫困地区的居民生活在悲惨的黑洞中；世界上的犯罪活动与黑社会组织也实现了全球网络化；全球财富与权力的网络连接了全球的权贵，同时孤立与排除了许多个人、区域，甚至是整个国家；人类的文化也发生着变化，出现了反映网络社会互动和组织的新文化模式。

社会学家们发现由于缺乏相应的新科学理论，利用传统理论研究上述问题所得到的结论常常与实际情况不符，难以预测网络社会未来的演变。传统的社会学迫切需要借助与网络科学的交叉融合才可能研究解决上述新问题。

1.2.3　军事指挥控制网络和网络中心战及网络战对网络科学的需求

1. 越来越庞大和复杂的军事指挥控制网络

从第二次世界大战结束至今的 70 年来，美国、俄罗斯和北约组织都竞相投入巨资发展越来越庞大和复杂的军事指挥控制网络系统。在此基础上，美国近年来又提出了网络中心战，促进了当今世界新的军事变革，对网络科学提出了新的重大需求。

本书为行文简洁所采用的"指挥控制网络"，在我国称为"军队指挥自动化系统"，在美国称为 C4ISR（Command Control Communication Computer Intelligence Surveillance and Reconnaissance）系统。该系统是由人员、指挥体系和以电子计算机为核心的各种技术装备构成的网络系统，是军队的中枢神经和耳目系统。

美国的军事指挥控制系统采用计算机通信网络，经历了长期的发展历程。20 世纪 60 年代，美国兰德公司向空军提交了一份计算机分组交换（packet switching）数字通信技术研究报告，但未被采纳。后来，英国剑桥大学引进此项技术并研制出分组通信系统的样机并拿到美国市场上展销，才引起了美国国防部重视。1968 年，美国国防部高级研究计划局（DARPA，Defense Advanced Research Projects Agency）采用此技术研制出世界上第一个计算机通信网 ARPANET，它成为日后因特网发展的基础。该网络用于北美防空的"塞其"（SAGE）系统，1984 年发展成为北美防空防天司令部（NORAD）联合监视系统（JSS）的庞大网络系统，主要包括：司令部指挥中心、3 个地区级指挥中心（加拿大地区、美国 48 个州地区与阿拉斯加地区）、6 个分区级防空作战控制中心、94 部雷达及 30 余架空中预警飞机。20 世纪 50 年代末期，美国海军的 F-4 战斗机开始装备数据链系统，用于飞机与军舰之间无线通信。20 世纪 80 年代，以美国空军为主管，开始研制 Link-16 新型数据链系统，使军队的每一个部分都能通过加密无线宽带，利用新型发射接收装置进行联络，成功解决了陆、海、空、天、信息作战部队兼容互通问题。1991 年，它首次在海湾战争中使用。1994 年，它开始陆续装备部队。在后来的科索沃、阿富汗和伊拉克战争中逐渐扩大了应用范围。现在，美国已建成的战略级"全球指挥控制系统"（GCCS，Global Command and Control System），主要由国家军事指挥系统、美军各作战司令部及国务院、中央情报局等政府有关部门的指挥控制系统组成，包括 10 多种探测系统（如侦察卫星、预警卫星、预警飞机、地面雷达预警网等）、30 多个指挥中心（如国家地下、地面、空中指挥中心，北美防空防天司令部指挥中心，航天司令部地下、地面指挥中心，各联合司令部和各战区指挥中心等）及 60 多个通信系统（如国防通信系统、国防卫星通信系统、舰队卫星通信系统、极低频和甚低频对潜通信系统等）。美国还拥有由陆、海、空三军分别建立并可根据联合作战需要临时由多军种联合组建的战术级指挥控制系统。美国未来指挥控制系统建设的目标是用类似因特网的有线及无线网络——军用全球信息网络将所有指挥机关、军人、武器和计算机连成一体，他们都将拥有自己的网际协议（IP）地址。指挥员将能够直接与导弹进行联络，确定导弹的打击目标，也可在导弹飞行中临时改变打击目标。

2．网络中心战

在 1991 年海湾战争、1999 年科索沃战争、2001 年阿富汗战争及 2003 年伊拉克战争中，美国等国的军队千方百计干扰或者摧毁敌军的指挥控制网络，使敌军陷入瘫痪，甚至完全丧失战斗力。这一事实充分地证明了在信息时代的战争中，打击敌方指挥控制网络，保护己方指挥控制网络是首要的任务。

在 1997 年 4 月，美国海军作战部长杰伊·约翰逊（Jay Johnson）上将首次提出了网络中心战（NCW，Network Centric Warfare）的概念。他在海军学会第 123 次年会上指出："从以平台为中心的战争转向网络中心战是一次根本性转变"[5]。这一概念一经提出，立即得到美国国防部的支持。1998 年 1 月，美国海军军事学院院长阿瑟·塞布鲁斯基中将

（Arthur Cebrowski，后任美国国防部军事转型办公室主任，上将）在《海军学院杂志》上发表论文"网络中心战：起源与未来"[6]，阐明美国海军要将 NCW 作为新世纪的蓝图。他指出 NCW 概念来自 1984 年为了开展复杂系统研究而成立的美国桑塔菲研究所的成果，特别强调 NCW 与复杂性理论的关系。NCW 提出的初始宗旨包括：健壮性的网络化作战、信息共享、协作、信息质量，共享态势感知、自同步、指挥的持续性和敏捷性。近年来，随着网络中心战理论和实践的深入发展，美军在 NCW 的基础上进一步提出网络中心作战的概念（NCO，Network Centric Operations）。与 NCW 初始宗旨相比，NCO 除强调更大的时空范围、网络中心在军事和非军事行动的作用外，更强调敏捷和健壮的网络、信息共享及协作等，认为它们将在军事和非军事行动中提升各类军事组织的行动能力。美国国防部军事转型办公室还提出了网络中心作战概念框架（NCOCF，Network Centric Operations Conceptual Framework）并组织开展了相关研究[7]。提出 NCOCF 的目的是建立网络中心战效能（effectiveness）评估指标体系，解释采用网络中心技术大幅提升作战效能的详细原因，即不仅要回答"网络中心技术对于作战结果的影响是什么"，还要回答"为什么网络中心技术会对作战结果产生影响"的问题。J. Garstka 和 D. Alberts 在文献[7]中指出，"最重要的不是制造更好的卫星、坦克，而是组织上百万人参加情报收集、物资供应并在全球范围内地理条件和政治制度不同的各个地区赢得战争"，"实现美军向网络中心作战的转型，可能是美国政府历史上最复杂的任务。它可以和第二次世界大战及对前苏联的冷战相比，是长期、困难、高费用和高风险的任务"。文献[1]指出这一任务"岂止是非常复杂，所需的知识甚至还不存在。这类似当年美国的'曼哈顿'原子弹工程及'阿波罗'登月工程，需要长期的、动员全国力量的创新"。

2004 年 9 月，美国陆军部和国防部派代表参与美国科学院的"网络科学在未来陆军的应用"研究项目，要求大力创新网络科学的理论、方法和知识，发挥它对于网络中心作战的指导作用。

3. 网络战

美国政府的安全专家理查德·克拉克（Richard Clarke）于 2010 年 5 月在他的《网络战》（*Cyber War*）一书中将"网络战"定义为："民族国家通过入侵别国的计算机或网络，以达到造成损失或破坏的行为"[8]。网络百科全书 Wikipedia 的"Cyberwarfare"条目指出"其他的定义还包括非国家行为者，例如恐怖组织、企业、极端组织、黑客和跨国犯罪组织[9]。"

新世纪开始以来，美国加速准备网络战。例如：

2002 年，西点军校建立了网络战靶场（Cyber Range），为网络战训练与研究提供仿真环境[10]。同年 2 月，美国的 50 多个网络防御专家联名建议美国政府建设"国家网络靶场"（National Cyber Range），号称"网络曼哈顿计划"（Cyber Manhattan Project）[11~13]。

2008 年 1 月,美国布什总统批准了《国家网络安全综合计划》(CNCI, Comprehensive National Cybersecurity Initiative),要求建立国家专门的试验平台,为国防部、军队和国家安全机构等政府机构服务,对信息安全系统进行验证,共享研究数据,提高国家信息安全水平。该计划直接促成了"国家网络靶场"立项并由 DARPA 负责管理[14]。

2010 年 5 月,美军成立网络司令部[15]。

从 2010 年起,美国国家安全局(NSA,National Security Agency)开始举行网络防御演习(CDX,Cyber Defense Exercise)[16]。

2012 年 6 月 1 日,《纽约时报》刊登了 D. E. Sanger 的报道,"早在上任头几个月,美国总统奥巴马就密令加紧使用网络武器攻击伊朗核设施的计算机系统"。"据知情者披露,该计划开始于 J. W. 布什政府,代号为'奥运会'(Olympic Games)"[17]。美国和以色列为此专门研制了"震网"病毒。

2012 年 8 月 24 日,R. Satter 披露:美国海军陆战队中将 Richard P. Mills 在一次集会上说:美军"已经在阿富汗对敌军采用了网络攻击的战术"。"我们能进入他们的网络,用病毒感染其指挥控制网络,防止他们几乎是随时可能发动的袭击"[18]。从 2010 年至 2011 年,Mills 曾任阿富汗西南部美军及其盟军的指挥官。

2014 年 10 月 21 日,美军对外公开发布了《网络空间作战联合条令》[19]。

2015 年 4 月 23 日,美国国防部发布了新版的《网络空间战略》[20],以替代 2011 年 5 月发布的《网络空间行动战略》,提出"网络威慑"及"先发制人"的网络战略。

今后的战争将更多是在网络域中在多种、多方参战者之间持续进行的攻防战;其间也穿插着在物理域中各种暴力冲突的战争。美国为了准备未来的网络战,近年来更加重视发展网络科学,特别是军事网络科学。

1.2.4 事关世界各国安危的网络安全对网络科学的需求

在始建于 20 世纪 60 年代的 ARPANET 网络基础上,因特网至今仍沿用的网络协议和网络软件存在严重的安全漏洞。网络软件容易被犯罪分子制造的病毒侵入和修改,可以被用来攻击其他"健康"软件;遭受感染的软件也能够进行自我复制,在网络上传输,给其他系统带来危害,甚至造成网络崩溃。最早的病毒产生于 1983 年,此后它们的种类迅速增多。

2005 年 4 月 14 日,美国政府公布了美国总统信息技术咨询委员会(PITAC,President's Information Technology Advisory Committee)向时任总统布什提交的一份题为"网络安全:急需优先考虑的重大研究课题"的紧急报告[21]。

在 2006 年 5 月 17 日世界电信日和第一个世界信息社会日,联合国秘书长安南致辞,号召努力建立自由安全信息社会。他指出,在这个日益网络化、互相连成一体的世界里,最为重要的是，既要保障我们各种不可或缺的系统和基础设施不受到网络罪犯的袭击，又要建立对在线交易的信心，以促进贸易、商务、银行业务、远程医疗、电子政务和许多其他电子用途。这要求每一个联网的国家、企业和个人都采取安全做法，需要形成一种全球网络安全文化。他敦促所有会员国和利益攸关者帮助提高全球对网络安全的认识，建立国际合作机构，以加强信息及通信技术使用的安全性。这对我们各国经济的持续增长和发展至关重要，对发展中国家尤其重要。

当前，迫切需要网络科学研究的重大问题是：对于复杂的、多层次的、全球性的因特网，如何从全局着手，优化网络安全性能和抗打击能力，从根本上消除在网络拓扑结构上存在的不安全因素，预防未来可能发生的灾难性攻击。需要解决一系列具体问题，例如：在故障和蓄意攻击等情况下能快速自动恢复的自适应网络；全球规模的网络监控、入侵检测、网络取证和防范犯罪的网络拓扑结构及相关理论、方法和技术；建立因特网的模型、仿真系统和测试平台，它包含百万级节点并能模拟和预测因特网的复杂行为。

1.3　网络科学发展历史回顾

1.3.1　网络科学的来源

本书作者认为网络科学的来源之一是古代中国人利用网络观点研究复杂事物并取得的应用成果。4000 多年前，中国的黄帝和岐伯撰写了中华医学经典《黄帝内经》，阐述了经络理论

图 1.1　黄帝

和针灸。图 1.1 是位于中国延安市黄帝陵园内石刻的黄帝像，取自 http://www.teacherhome.cn/reshtml/10/1088/1000100012662. html。该书后来约在战国时期（公元前 475—公元前 221 年）成书，在其中的《灵枢》部分论述了"经络"的概念，把人体经络系统总结为 12 条，论述了人体经络系统理论及其医学应用——针灸疗法。该理论认为经络遍布人体各个部位，有运送全身气血、沟通身体上下、内外之功能。穴位则是经络系统的控制机关，刺激穴位可以起调节经络系统作用。现在看来，经络系统就是利用网络的观点观察复杂的人体系统并抽象而成的一种生物网络模型。人体穴位就是该网络节点，其医疗功能不同且相互联系。根据病症选择不同的穴位进行针灸就是用物理和化学方法产生和扩散刺激的动力学过程。经络理论和针灸是网络科学初创时期有文字记载的最早的人体生物网络模型及成功的医学应用。近年来许多国家都对中国古老的针灸疗法产生了很大兴趣。针灸疗法为人类健康做出了巨大贡献，在当代被许多人称为中国的第五大发明。图 1.2（a）是《黄帝内经》的《灵枢》

部分，该图取自 http://www.kepu.org.cn/gb/technology/ancientech/ancientech_chinesemedicine/11.1b.html。

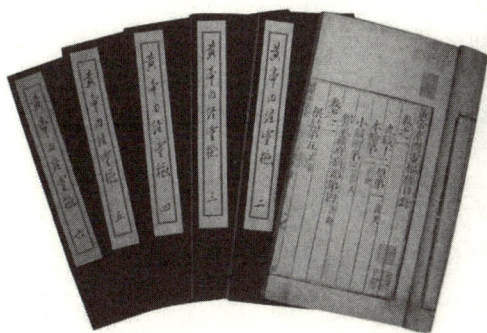

| (a)《黄帝内经》的《灵枢》部分 | (b) 清朝乾隆针灸铜人 |

图 1.2 黄帝内经

1027 年，中国宋朝的翰林医官王惟一（约 987—1067 年）主持铸造出两具针灸铜人，它是世界上最早的人体经络系统物理模型。每个铜人上有穴位 657 个，穴名 354 个，它们既是针灸医疗的范本，又是医官院教学和考试的工具。当考试时，先在铜人表面涂上一层黄蜡，向铜人体内灌满水，学生用针扎刺穴位，如果扎得准确，水就会由孔中流出。这两具针灸铜人后因战乱流失。图 1.2（b）是在 1745 年清朝乾隆皇帝下令铸造的高 46 厘米的针灸铜人，它的外表有用黑漆涂成的经脉连线，经脉线上分布的穴位用凿穿的小孔表示。现为上海中医药大学医学史博物馆收藏。该图取自 http://www.acutimes.com/show.asp?lst=0&classid=129&id=431。图 1.3 取自 http://www.pharmnet.com.cn/tcm/myfc/songjinyuan/1027/。

1989 年 10 月，世界卫生组织（WHO）在日内瓦总部召开了"针灸术语标准化国际会议"，讨论并通过了有关 14 经脉、361 经穴、奇经八脉、48 奇穴等的代号、汉字名称、汉语拼音、经脉流往、经穴位置等内容。1996 年 9 月，第四届世界针灸大会在纽约召开，1200 多人与会，美国总统克林顿发函祝贺。目前，人们正深入研究经络和穴位的本质，分析针灸疗法治病的机理，利用现代科学技术，努力把它提高到一个新水平。这也是网络科学的一个重要研究课题。

图 1.3 王惟一

本书作者认为网络科学的另一个来源是瑞士数学家 Leonhard Euler 的研究成果。1735年在俄罗斯的圣彼德堡，他利用一个简单的小图解决了哥尼斯堡（现为俄罗斯的加里宁格勒）七桥问题。有人认为这是网络科学的起点。例如，2004 年 4 月，芬兰赫尔辛基大学物理系教授 S. N. Dorogovtsev 在文献[22]的"1. 网络科学的诞生（The birth of network science）"一节中指出"1735 年在俄罗斯的圣彼德堡（St Petersburg），Leonhard Euler 利用一个简单的小图解决了哥尼斯堡（Konisberg，现为俄罗斯的加里宁格勒）七桥问题。这一次求解（实际上是一次证明）通常被认为是网络科学的起点"。

读者可以独立判断上述有关网络科学的来源的各种观点的正确性。

1.3.2　规则网络理论

瑞士数学家 Leonhard Euler（1707—1783 年）是现在公认的规则网络（Regular Networks）理论和图论奠基者（图 1.4，取自 http://www-history.mcs.st-andrews.ac.uk/PictDisplay/Euler.html）。1735 年，他在解决位于 Pregel 河畔的哥尼斯堡（Konisberg，现为俄罗斯的加里宁格勒）七桥问题时，将陆地（河中两个岛 A、D 及河两岸 B、C）用 4 个节点表示，将陆地之间的 7 座桥用节点之间的边表示，把问题抽象地描绘成在如图 1.5 所示网络图中"是否存在这样的路径：从图中任一节点出发，每条边只通过一次，最后返回该节点"。他给出了存在这样一条路径的充分必要条件：如果图 1.5（b）能够一笔画成，则七桥问题可解。他指出：能一笔画出的图形，一定只有一个起点和一个终点（这里要求起点和终点重合），中间经过的每一点总是包含进去的一条线和出来的一条线；除起点和终点外，每一点都只能有偶数条线与之相连。因此，如果要求起点和终点重合的话，那么能够一笔画出的图形中所有的点都必须要有偶数条线与之相连。这一条件也是充分的。而从图中四个点来看，每个点都是有三条或五条线通过，所以不能一笔画出这个图形。他由此得出七桥问题是无解的结论：不重复地一次走遍这七座桥是绝对不可能的。

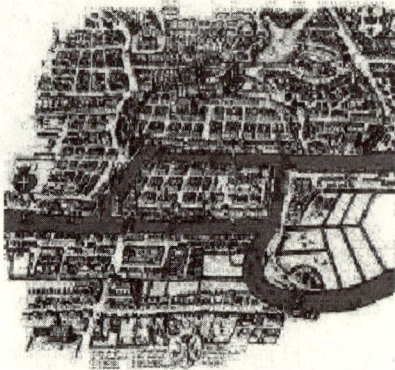

图 1.4　Leonhard Euler

（a）哥尼斯堡

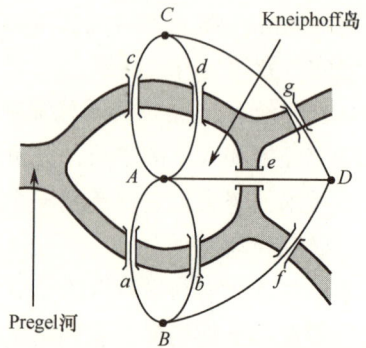

（b）七桥问题网络图（取自文献[23]）

图 1.5　七桥问题

1.3.3　社会网络图和社会网络分析

　　20 世纪二三十年代德国的社会测量学（Sociometrics）研究与心理学 Gestalt 学派密切相关，运用图论方法分析社会网络。其代表人物有 Jacob Moreno 和 Kurt Lewin 等，他们先后从纳粹德国逃亡到美国并发展了社会测量学。1925 年，Moreno（1889.5.18—1974.5.14，图 1.6 取自 http://wiki.mbalib.com/wiki/Jacob_Levy_Moreno）到美国后带来了他创新的社会网络图（sociogram）方法，将其应用于对人类社会中互动关系的研究，并且于 1933 年 4 月召开的美国医学学术会议上发表。当时，一些社会测量分析人员正在研究人的幸福感与其社会生活结构之间的关系。他用社会网络图描述了一群小学生的社会关系结构：男孩们只和男孩交朋友，女孩们只和女孩交朋友。其中唯一的例外是有一个男孩喜欢某一个女孩，但是这个女孩却不喜欢他。这幅社会网络图引起了公众的兴趣，并被刊登在 1933 年 4 月 3 日《纽约时报》（*The New York Times*）的第 17 页上。Moreno 一直关注人际关系与心理治疗之

图 1.6　J. L. Moreno

间的关联问题，或者说是个人的心理满足与社会构型（social configurations）之间的关系。他认为这种构型产生的基础，就是人们之间的相互选择、吸引、排斥和友谊等人际关系模式。他的主要贡献是用社会网络图（sociogram）方法来反映社会构型的关系属性。在当时，哈佛大学的 Elton Mayo 和 W. L. Warner 也采用了社会网络图研究人际关系网络和派系/小团体（cliques），Warner 还提出了一种关系矩阵，用以描述占据每个社会网络结构位置的人数。英国社会人类学家 A. R. Radcliff-Brown 创立了社会结构-功能理论，强调研究社会制度体系中的连接关系。1935—1936 年，他曾来中国燕京大学社会学系讲学。英国曼彻斯特大学社会人类学系的 John Barnes、Clyde Michell 和 Elizabeth Bott 研究了社会冲突与矛盾分析。他们成为在社会网络分析的发展中的三支主要力量。现在，社会网络图已经获得了广泛的应用，并发展成为一门学科领域——社会网络分析（参见 http://en.wikipedia.org/wiki/Network_science#cite_note-0），后来又进一步发展为动态社会网络分析。在本书的第 6 章中，将详细介绍动态社会网络分析及其在研究打击恐怖组织网络中的应用。

1.3.4　随机网络理论

　　匈牙利数学家 Paul Erdös（1913—1996 年）和 Alfréd Rényi 在 1959 年提出了随机网络（Random Networks）理论[24]。Erdös 是匈牙利科学院院士，也是美国、印度、英国等

图 1.7　Paul Erdös

国的国家科学院外籍院士（图 1.7，取自 http://www.cs.elte.hu/erdos/）。他们在构造随机网络时采用一个概率来决定两个节点之间是否连边。通过在网络节点间随机地连接边，就可以有效地模拟通信和生命科学中的网络系统。该理论认为尽管连接是随机的，但由此形成的网络却是高度民主的，即绝大部分节点连线数目大致相同，节点连线数分布为钟形的泊松分布。

在 1960 年以后的近 40 年里，这种随机网络理论被公认为是正确认识真实网络的理论，它推动了图论复兴，促进了网络理论发展。但是现在回过头来看，也有人认为它对网络理论的不断创新有一定程度的束缚。例如，2005 年，美国弗吉尼亚公共卫生大学的 D. Bonchev 和 G. A. Buck 就认为，在 20 世纪 80 年代开展的复杂性研究，由于使用的定量方法主要是随机理论，一直没有取得令人瞩目的研究成果。直到 20 世纪即将结束的年代，当科学家发现许多动态进化系统都可以用非随机的网络表示时，网络理论才进入新的发展阶段[25]。

1.3.5　从阿帕网、因特网到万维网

1964 年，美国兰德公司的 Paul Baran（1926.4.29—）向空军提交了一份计算机分组交换（packet switching）数字通信技术研究报告[26]，未被采纳。后来，英国剑桥大学引进此项技术研制出分组通信系统的样机并拿到美国市场上展销，才引起了美国国防部重视。1968 年，美国国防部高级研究计划局（DARPA）采用此技术研制出世界上第一个计算机通信网——阿帕网（ARPANET），它成为日后因特网发展的基础。Baran 因此获得了 Franklin Institute 颁发的 2001 年度 Bower 奖，被称为因特网的先行者之一[27]。图 1.8 取自文献[27]。

图 1.8　Paul Baran

图 1.9　Vinton Cerf

1968 年秋，Vinton Cerf（1943.6.23—）参加了 ARPANET 项目的机器性能测试和分析工作（图 1.9）。1973 年，他提出了能够连接不同网络系统的网关（Gateway）的概念，为 TCP/IP 的形成起了决定性的作用。后来他又不断将其完善，使其成为国际标准。1977 年 7 月在南加州大学的信息科学研究所，他和同事们举行了一次有历史意义的试验：通过 TCP/IP 把美国的三个电脑网络（ARPANET，无线电信网及卫星通信网）连通。一个数据包首先从旧金山海湾地区发出，通过卫星通信网络跨过大平洋到达挪威，又经海底电缆到达伦敦，然后再通过卫星

通信网络与 ARPANET，传回南加州大学，行程 9.4 万英里。这次试验没有丢失一比特的数据信息，一举获得成功！他后来被人们尊称为"因特网之父"，曾任谷歌（Google）公司副总裁。

1982 年美国国防部把 TCP/IP 作为网络标准。出于安全性的考虑，1983 年，ARPANET 被分成两部分：军用的 MILNET 及以 ARPANET 为主体与其他的网络互连而成的新网络（称为因特网或互联网）。由此，因特网正式诞生。从 1968 年 ARPANET 诞生到 1983 年因特网形成是因特网发展的第一阶段，即研究试验阶段。当时约有 235 台计算机接入因特网。从 1983 年到 1994 年是因特网发展的第二阶段，即开始在教育和科研领域广泛使用的实用阶段。1986 年美国国家科学基金委员会 NSF 制定了一个超级计算机网络 NSFNET 的计划：在全美建设若干个超级计算机中心并利用光纤电缆构成主干网连接。该网络成了当时因特网的主体。此后，其他国家也相继建立了自己的主干网并接入因特网。例如加拿大的 Canet、欧洲的 EBONE 和 NORDUNET、英国的 PIPEX 和 JANET 以及日本的 WIDE 等。1996 年 6 月 20 日，中国公用计算机互联网 ChinaNet 正式投入运营，以公共商用网的形式向社会提供因特网接入服务。此时的因特网覆盖范围遍及全球主要的经济较发达的国家和地区，用户数猛增到 2000 多万以上。1995 年之后，NSF 不再向因特网提供资金。为了解决运营费用问题，因特网进入了第三个发展阶段——商业应用阶段，带来了更大的发展机遇。

1991 年 8 月 6 日，Tim Berners-Lee（1955—）在因特网上创造了第一个万维网网页，立刻轰动全球。他被人们尊称为"万维网之父"（图 1.10）。1976 年，他毕业于英国牛津大学物理系，获学士学位。在大学时，为存储个人资料，他编写了使用随机联想方法存储信息的软件"询问"（Enquire），这是世界最早的浏览器之一，为日后万维网奠定了基础。1984 年，他在瑞士日内瓦的欧洲粒子物理研究所（CERN）任软件工程师。1989 年 3 月，他向 CERN 提出万维网研究计划。他建议采用当时新兴的超文本技术建设一个新型网络

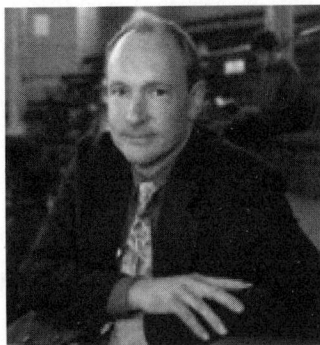

图 1.10　Tim Berners-Lee

把 CERN 的各实验室连接起来，以便人们能够将各自的信息通过这一超文本网络共享，他预言该网络将来可扩展到全世界。这个计划经过两次申请才被批准，他得到了一笔经费，购买了一台计算机。当年仲夏，他开发出了世界上第一个网络服务器和客户机。1990 年年末，他完成了第一个超文本浏览器软件，将此新型网络定名为万维网（World Wide Web）。他还提出了统一资源定位地址（URL，Uniform Resource Locator）的规范，重新定义了超文本传输协议（HTTP）和超文本语言（HTML）。1991 年 8 月 6 日，他在 Alt. hypertext 新闻组发布了 World Wide Web 的简单摘要，公开使用他研制的软件，即世界第

一个万维网网页。此后，万维网迅速在全球范围推广。在 20 世纪即将结束的年代，万维网已遍及全世界，涉及约 3 亿台计算机，包括约 30 亿个网页。自 1999 年以来，他的《编织互联网》一书被《商业周刊》评为最佳 10 本商业书籍之一；他被《时代》周刊评选为 20 世纪百名最有影响的人物之一。美国《网络计算》杂志评选在过去 10 年中对电脑业影响最大的 10 个人时，他又位居第一。2004 年，在芬兰"千年技术奖"获奖者中他再次成为排名第一的科学家。

图 1.11　刘韵洁

1998 年 10 月 5 日，美国《时代周刊》评选出影响全球数字经济发展的 50 位精英。中国骨干网 ChinaNet 的重要奠基人刘韵洁（1943—）名列第 28 位（图 1.11）。1968 年，他毕业于北京大学技术物理系，曾任邮电部数据通信研究所所长、邮电部电信总局副局长兼数据通信局局长、邮电部邮政科学规划研究院院长，于 2005 年当选中国工程院院士。他曾经主持完成了数据通信方面一系列重大课题的科研攻关，研究制订了多种数据通信网络的体制标准，为在一个网络平台上同时提供多种电信业务、因特网业务和视频业务的"三网融合"提供了一种可行的解决方案，进行了发展新一代网络的一次大规模实验。刘韵洁对发展 ChinaNet、促进中国网络经济与网络科学技术发展建立了功勋[28]。在 2008 年 4 月 23 日，据新浪网（http://www.sina.com.cn）报道，根据从工业和信息化部了解到的消息，截至 2 月，我国网民数已达 2.21 亿人，超过美国居全球首位。2015 年 2 月 3 日，中国互联网络信息中心 CNNIC 发布了《第 35 次中国互联网络发展状况统计报告》，截至 2014 年 12 月，我国网民总规模达 6.49 亿，其中手机网民规模达 5.57 亿。较 2013 年年底增加 5672 万人。网民中使用手机上网人群占比由 2013 年的 81.0%提升至 85.8%（详见 http://www.cnnic.net.cn/hlwfzyj/hlwxzbg/hlwtjbg/201502/t20150203_51634.htm）。

1.3.6　从复杂网络到网络科学研究的新进展

在 20 世纪即将结束的年代，面对有多达约 3 亿台计算机和 30 亿个网页连线、动态发展的因特网和万维网，还有其他各种社会、生物、物理网络，一些科学家发现已无法用上述两种网络理论来解释其中一些网络结构和演化的新问题，他们粗略地称这类网络为"复杂网络"（Complex Networks）。此种网络的研究取得的突破，引起了国际和国内学术界的广泛关注，掀起了复杂网络理论和应用研究的高潮。现在，有代表性的复杂网络主要是无标度网络与小世界网络，还出现了一些新型复杂网络。21 世纪开始后，又出现了网络科学研究的热潮，从新的高度和广度来研究复杂网络。

1. 从"六度分离"理论到"小世界网络"

1967 年，美国哈佛大学的社会心理学家 Stanley Milgram（1933—1984.12.20，图 1.12，取自 http://www.stanleymilgram.com/）寄出了数百封信给内布拉斯加州的公众，并请求他们把信转交给某位相识的人，条件是对方必须是最有可能把信再转给波士顿一位股票经纪人手里的人。为了跟踪每一条不同的传送路径，他请求参与者在转寄信件的同时，也给他寄一张明信片。通过这个实验，他发现，信件到达最终收信人之前平均要经过 6 个人之手。Milgram 后来提出的"六度分离"（six degrees of separation）理论认为：在人际关系网络中，任意两个陌生人都可以通过"熟人的熟人"建立联系，其间只要通过 5 个熟人就能达到目的[29]。

图 1.12　Stanley Milgram

1989 年 1 月 1 日，美国密执安大学教授 Manfred Kochen（1928—1989.1.7，图 1.13）主编的《小世界》一书正式出版[30]。2005 年年末，在美国科学院国家研究委员会发表的研究报告《网络科学》中推荐了 35 种网络科学代表性著作，该书也被列入（图 1.14）。

Manfred Kochen
Book Code: AB4797
ISBN: 0-89391-479-7
DOI: 10.1336/0893914797
432 pages
Ablex Publishing
Publication Date: 1/1/1989
List Price: $131.95 (UK Sterlir
Availability: Print on demand
Media Type: Hardcover

图 1.13　Manfred Kochen

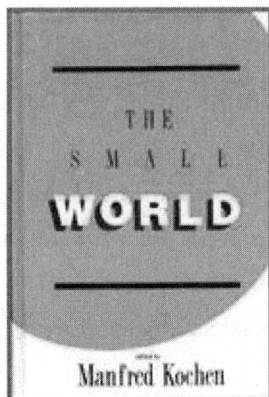

图 1.14　Manfred Kochen 于 1989 年 1 月 1 日
出版了他主编的《小世界》一书

2004 年，美国西北大学的 A. L. N. Amaral 和 J. M. Ottino 指出[23]：在 1989 年正式出版之前，Kochen 和 Pool 等人的有关论文就已经以待发表的形式为许多人传阅。他们是通过实验发现六度分离现象的先行者。这一现象在科学文献中通常又称小世界现象。原文为：Kochen and Pool's work, which was widely circulated in preprint form before it finally was published in 1989[66, 原文参考文献] *The Small World*, edited by M. Kochen (Norwood, N. J. Ablex, 1989), was a precursor to experimental work that lead to the discovery of so called six-degrees of separation phenomenon⋯⋯The six-degrees of separation phenomenon is typically referred to in the scientific literature as the small world phenomenon。

1986 年，本书作者在应邀赴法国阿维尼翁参加第 7 届国际专家系统学术会议（ECCAI）时，有幸结识了 Kochen 教授。1987 年 7 月，我邀请他在中国军事科学院军事运筹分析研究所作了学术报告（相关照片见文献[31]）。1988 年，他写信建议我将在上述第 7 届国际专家系统学术会议论文集摘要发表的论文修改后，向即将在 1989 年 1 月 3～6 日召开的大型国际学术会议——第 22 届夏威夷国际系统科学会议投稿。后来，这篇题为"战略 1 号：在微机以太网上的分布式军事专家系统"论文在该会议文集中全文发表并被美国工程索引（EI）数据库收录[32]。1986 年，该系统曾通过了慈云桂院士主持的技术鉴定，先后获得 1987 年军事科学院军事学术研究成品一等奖及 1992 年全军军事科研成果一等奖。

Ithiel de Sola Pool（1917.10.26—1984.3.11，图 1.15，取自 http://web.mit.edu/cis/pdf/Panel_SCI_and_TECH.pdf）曾任美国斯坦福大学和麻省理工学院教授，先后出版了专著

图 1.15　Ithiel de Sola Pool

24 本。1995 年，美国政治科学协会（APSA，American Political Science Association）设立了 Ithiel de Sola Pool 奖，每 3 年颁发一次，以纪念他在政治学及社会学领域取得的多项重大成就。1997 年，Lloyd S. Etheredge 在美国麻省理工学院的一次演讲中指出[33]："Ithiel de Sola Pool 是研究人际关系网络（contact networks）及其影响的先行者。现称为'小世界'现象。在 20 世纪 50 年代，他与数学家 Manfred Kochen 开始了此项研究"。"我认为 Ithiel 的概念和数学基础将被视为一个重大的发展"。原文为："Ithiel pioneered the rigorous study of contact networks and influence, a line of work that become known as 'the small world' phenomenon"，"Ithiel began this work, with the mathematician Manfred Kochen, in the 1950s ⋯⋯"。"I think Ithiel's conceptual and mathematical foundation will be seen as a major advance."

1998 年，美国康内尔大学理论和应用力学系的 Duncan J. Watts（1971—，图 1.16，2005 年为美国哥伦比亚大学社会学系副教授）和 S. H. Strogatz 发现，其他网络也具有上述"小世界"的特性。他们通过以某个很小的概率 p 去除规则网络中原有的边，并随机选择新的端点来连接边，构造出了小世界网络（Small-World Networks）[34]。这是一种介于规则网络（大的节点平均连线数和节点之间大的平均路径）和随机网络（小的节点平均连线数和节点之间小的平均路径）之间的新型网络（大的节点平均连线数和节点之间小的平均路径）。它反映

图 1.16　Duncan J. Watts

了许多真实网络尽管规模很大，但是任意两个节点之间路径却相当短的事实。还反映了网络使地球变得越来越小而成为"地球村"的现实。例如，虽然万维网的页面数高达 30 亿，但一般只要经过 19 条链接边，就可从一个网页到达另外任何一个网页。在社会网络中，假设你认识 1000 个人，他们中的每个人又认识（不重复的）1000 个人，那么你只要通过一层中间人就可以认识 100 万人。通过两层中间人，就可以认识 10 亿人。要认识地球上所有的人，三层中间人就够了。图 1.16 取自 http://www.sociology.columbia.edu/fac-bios/watts/ faculty.html。

2. 无标度网络

1999 年，美国圣母大学物理系的 A. L. Barabási（1967—，2005 年为美国哈佛大学癌症系统生物学研究中心，圣母大学复杂网络研究中心和物理系教授，图 1.17，取自文献[35]）和 R. Albert 提出了无标度网络（Scale-Free Networks）模型[36, 37]。他因此于 2006 年荣获了匈牙利冯·诺依曼（Von Neumann）计算机学会颁发的金质奖章（他是该奖章自 1976 年设立以来的第四个获得者，详情参见 http://newsinfo.nd.edu/content.cfm?topicid=18782）。他们在研究万维网时，考虑到由于人们会根据多种多样的兴趣来决定链接到哪些网站，可选择的网页数量极其庞大，原以为会找到一个随机网络。然而，却发现了新型的网络——无标度网络（也有人称为无尺度或自由标度网络）。他们利用专用工具软件，从

图 1.17 A. L. Barabási

一个网页跳转到另一个，尽可能地收集网络上的所有连接。他们发现万维网是由少数高连接性的页面串连起来的，80%以上页面的连接数不到 4 个。然而只占节点总数不到万分之一的极少数节点，却有 1000 个以上的连接。其中有一份文件竟然已经被超过 200 万的其他网页所链接！他们发现网页的连接分布并不是随机网络的泊松分布，而是服从"幂指数定律"（Power Law，通常简称幂定律或幂律）：在网络中，连线数只有某节点一半的那些节点的数量为该类节点数的 4 倍。幂律说明了为什么万维网是由少数集散节点（如 Google 和 Yahoo 公司等）所主控的网络。随机网络中绝对不可能出现集散节点。Barabási 在解释采用"无标度"用语时指出："当我们开始研究万维网时，原本预期节点会像人类的身高一样呈现钟形的泊松分布，但是，后来发现有些节点不遵循这种分布。我们就像突然发现了很多身高百尺的巨人一样，大吃了一惊。因此，我们想出了'无标度（Scale-Free）'这样的用语"[38]。

2005 年 7 月 2 日，在匈牙利首都布达佩斯召开的欧洲生物化学联合会（FEBS，Federation of European Biochemical Societies）第 30 届年会上，授予美国圣母大学物理学教授、网络科学家 Barabási 教授"系统生物学的周年纪念日奖"（2005 FEBS Anniversary Prize for

Systems Biology），奖励他在细胞网络研究，主要是在代谢网络和蛋白质相互作用网络的无标度特性研究中的重大贡献。FEBS 周年纪念日奖专门授予在生物化学和分子生物学领域取得杰出成就的 40 岁以下的科学家。FEBS 于 1964 年建立，在欧盟 36 个成员国拥有 40000 名会员，是世界上研究生命科学的最大学术组织之一，重点支持生物化学、分子细胞生物学和分子生物物理学研究。

　　Barabási 是建立基于网络共性的统一科学理论的先行者。他研究了涉及人类生活各方面的网络，从万维网到细胞的分子网络，在研究网络结构和动力学机制方面的杰出成果发表在《*Nature*》、《*Science*》等世界知名的学术刊物上。

3．网络信息搜索算法

图 1.18　Jon Kleinberg

　　网络科学研究的一个热点问题是网络搜索算法。Google 公司研究万维网的信息搜索算法并取得重大经济效益。这家搜索引擎技术公司凭借其对数十亿网页、书籍、图像和视频的索引，已成为"人类知识电子中心"。2006 年 8 月 22 日，美国康内尔大学计算机科学系教授 Jon Kleinberg（1971—，图 1.18，取自 http//:connectedness.blogspot.com/2005/10/jon-Kleinberg-networker-extraordinaire.html）在西班牙首都马德理召开的国际数学家大会上，获得内万林纳奖（Nevanlinna）。他最重要的研究成果是提出了网络结构的数学分析方法，并成功地应用在万维网上，改进了万维网的搜寻引擎算法。网络科学是一门迅速发展的新兴科学，它特别为青年人提供了施展才华的众多机遇。

1.3.7　百家争鸣和百花齐放的网络科学研究

　　近年来，在网络科学研究中出现了百家争鸣和百花齐放的可喜现象。本节主要列举一些在 2010 年之前有影响的学术观点、学术争论与对比研究。本书将从第 2 章起详细介绍在 2010 年之后网络科学研究和应用的新进展（重点涉及国家大型基础设施网络和军事指挥控制网络等）。

1．研究网络社会的新理论

　　20 世纪 80 年代在美国兴起的信息技术革命，不仅迅速引发了一场新经济革命并创造了网络经济，还带来了人类社会的巨大变革并引发了网络社会的崛起。从 1996 年起，美国加州大学伯克利分校的 Manuel Castells 开始出版他的新书《信息时代三部曲：经济、社会与文化》[39~41]。该书共分三卷，第一卷为《网络社会的崛起》（1996 年）。

　　1995 年，美国政治科学协会设立了 Ithiel de Sola Pool 奖。2004 年，Castells 获得此

奖。评奖委员会指出："Castells 最有影响的贡献是他在 20 世纪 90 年代撰写的有关全球化对于社会与政治影响的三卷专著"，"这些著作论述了新信息和通信技术对就业、社会与国家的革命性影响"，"该书的一个重要的影响力指标数据是已被翻译成 20 种语言出版"（参见 http://www.apsanet.org/content_4543.cfm）。

Castells 在《网络社会的崛起》一书中论述了网络社会的基本概念、理论、结构和特点。他所言的"网络社会"实质上是指以新的信息技术作为物质基础的信息化社会中一种新的社会结构，而"网络社会"所蕴含的"网络化逻辑"正是信息化社会的关键特色和基本结构。在学术界，有些人认为"网络社会"较多是指在因特网的网络空间中形成的一种社会形式（cybersociety），其内涵比 Castells 的"网络社会"（network society）较小。有学者指出[42]，Castells 揭示了许多由因特网带给现实社会的影响和变化，但他未能深入因特网社会中去揭示那里的社会组织、人际关系、群体行为、权力分配、地位和影响力等方面的特点。

2. 动态社会网络的研究进展

2002 年 11 月，美国科学院国家研究委员会所属的人类因素委员会（CHF，Committee on Human Factors）应美国海军研究办公室的提议召开了动态社会网络建模和分析学术会议。在这次会议上，美国卡内基·梅隆大学计算、组织和社会学及国际软件研究所教授 Kathleen M. Carley 报告了使用动态网络分析方法研究如何有效地打击暗藏恐怖组织网络取得的新进展[43]。她指出此方法有 3 个优点：

（1）利用元矩阵描述各种网络实体的连接关系，例如个体（Agent）、知识及事件等；

（2）利用变量（权重和概率值）描述各种网络实体连接关系的变化；

（3）将社会网络分析方法、认知科学及多 Agent 系统结合起来，使 Agent 具有自适应能力。

2007 年，美国科学院国家研究委员会的研究报告《陆军网络科学技术与实验中心的政策》介绍了 Carley 的上述论文，说明该项目由美国陆军研究实验室 ARL 协作技术合同资助[44]。

Carley 的研究成果引起了较广泛的关注。2008 年，本书作者指导学生陈甲晖学习并借鉴 Carley 的成果，利用自行拟定的试验数据，自行编写了仿真软件，撰写了专题研究报告[45]。我们认为动态社会网络分析法不仅可对人际关系网络的结构、资源分配和人类行为等问题进行研究，还可通过加权计算来预测网络未来的行为。其中的一个关键问题是能否正确地分配权重，而目前的权值还较多采用经验赋值方法。由于收集此类信息的途径非常有限，收集到的信息往往不够准确和全面，这是阻碍正确分配权重的重要原因。动态社会网络分析法方法还需要进一步在实践中验证并不断改进。

3．社会网络倾向于更多连接，而生物和技术网络却相反

2004 年 3 月出版的欧洲物理学杂志《网络应用》专辑列出了领导网络研究的 10 大问题，反映了未来网络科学的热点问题及可能的发展趋势[3]。其中的一个问题是"一些实验表明社会网络中的集散节点常倾向于接通有更多连线的节点，而另一些生物和技术网络的集散节点却常倾向于接通有更少连线的节点"。有些生物和技术网络并不符合 Barabási 提出的无标度网络模型。需要深入研究造成这种不同倾向的原因、无标度网络模型及其他各种网络模型的适用范围。

4．复杂网络子图的不同演化机制

2005 年，Vázquez[46]研究了科研论文合作者网络、因特网、语言网络及一些确定性模型，发现在一些网络增长过程中，子图进行了系统性的重新组织，它与时间高度相关。受到网络节点度分布 $P(k)$ 和聚集系数 $C(k)$ 影响，一些子图的谱密度保持不变且与网络大小无关，另一些子图的谱密度却可能随着网络的演化以自己特有的不同速率增加。一些真实网络的测量数据也证明了在同一网络中，不同子图可具有不同的增长进程和不同的动力学机制。根据上述重要发现，Vázquez 认为现有的网络理论不能解释这些现象，需要重新评估以往提出的许多关于复杂网络子图的认识。

5．基于优化原理的因特网新模型和无标度网络模型的对比研究

2005 年，Doyle 进一步提出了一个改进的 HOT 模型，采用"近似最优、整体组织的容错和权衡"（Highly Optimized/Oganized Tolerance/Tradeoff）原理。Doyle 对比了 HOT 模型与 Barabási 提出的无标度网络模型（以下简称 BA 模型），引起较广泛的关注，该论文进入了当年被引用最多的 PNAS 论文之列[47]。

Doyle 指出，BA 模型是基于择优连接和增长原理的模型，它有关因特网最重要的论点是节点具有幂律度分布及存在高连接度节点（也称集散节点，以下简记为 Hub）。Doyle 认为，因特网最明显的特征之一是完全没有 BA 模型所述的 Hub。因特网使用高连接度节点，但是将其设置在网络外围的局域网络中，并不靠近通信干线，不在网络核心中，这种配置不符合 BA 模型有关因特网高连接度节点具有脆弱性的论点。BA 模型网络结构未能反映真实的路由器级因特网结构，路由器级因特网遵循幂律的论点可能是对于检测数据错误解释、过于简单化的统计分析造成的。实践证明，现有的因特网路由器技术可以支持各种不同类型的大型复杂网络。由于因特网大量采用分层结构、网络协议、多种反馈控制机制和设备冗余措施，使它对于频繁出现的通信线路中断和大量的不同类型设备故障表现出良好的健壮性。因特网的系统设计允许去除一些网络组成部分，因此它对于一些类似去除网络设施的故障也具有良好的健壮性。在底层的物理设施和在高层的应

用中，它对于大学的研究网络及国家重要基础设施网络的各种应用也具有良好的适应性。例如万维网的文件和虚拟连接性的设计基本上完全不受限制。但是，由于设计缺陷，因特网对于敌人有计划的攻击和针对网络连接协议高层的黑客入侵也很脆弱。

Doyle 对 HOT 与 BA 模型的优点和缺点进行了比较，有利于研究人员更好地评价这两种模型。应该指出的是，由于因特网和万维网规模大、技术复杂及发展变化很迅速，研究利用多种学科、理论和方法来建立它们的模型是有益的。

6. 人脑与社会网络拓扑结构的相似性

2007 年 1 月，Shuzo Sakata 等人在《神经网络》杂志上发表论文，报告了人脑与社会网络拓扑结构相似性的研究进展[48]。人脑是复杂网络。以前，他们曾发现大脑皮层细胞网络连接结构有的相当密集，有的很稀疏。但是，未曾发现其他网络与大脑有相似的结构。最近，通过使用网络理论的方法，他们发现大脑和社会网络的拓扑结构相似。采用统计学的关联性方法，发现了在社会网络中"友好"和"不友好"网络之间的结构不同，表明社会网络存在关系类型的特定拓扑结构（relation-type-specific topology）。令人吃惊的是，在各种不同类型网络中，大脑网络的连接结构更类似于那些关系类型的网络。在大脑网络节点之间的平衡而稳定连接相当密集，而不平衡、不稳定连接则相当稀疏。这一结果仅仅通过计算相互连接的边数是无法得到的。他们将此称为节点之间平衡稳定关系的积极性选择，这也表明在大脑和社会网络结构中存在普适性原则。

1.3.8　新世纪初网络科学的新进展

1. "9·11 事件"促进利用动态社会网络方法分析恐怖组织网络

"9·11 事件"，是 2001 年 9 月 11 日发生在美国本土的一起系列恐怖袭击事件。2001 年 12 月，美国 LLC Orgnet 公司的社会组织网络分析专家 Valdis E. Krebs（详见本书第 6 章）在《Connections》杂志上发表了文章，对 2001 年恐怖组织网络进行了分析[49]。他从当时的《纽约时报》、《华尔街日报》、《华盛顿邮报》、《洛杉机时报》和《悉尼先驱晨报》等报纸上收集数据并绘制了涉及 19 名劫机者的恐怖组织网络图，"堪称经典之作"[50]，"是最吸引公众的分析'9·11 事件'恐怖组织网络的文章"[51]。

"9·11 事件"之后，网络科学研究专家迅速有效地开展了研究工作，利用动态社会网络方法分析恐怖组织网络，得到了美国各界人士的称赞，引起了美国政府和军方对于网络科学研究的更多支持。

2. 美国科学院发表论文集《动态社会网络建模与分析：综述与论文》

2002 年 11 月，根据美国海军研究办公室的提议，美国科学院国家研究委员会所属的人类因素委员会（CHF，Committee on Human Factors）召开了动态社会网络建模和分析学术会议。2003 年，美国科学院出版社出版了此次会议的文集《动态社会网络建模与分析：综述与论文》（图 1.19）[43]。这次学术会议是国家研究委员会为动员科技界为反对恐怖主义作贡献而组织的几项活动之一，对于推动网络社会学发展具有重要作用。此次会议的主要目的是科学家们讨论社会网络分析研究和应用问题。第二个目的是为政府和企业评估利用社会网络分析模型解决当前国家面临重要问题的可能性，特别是有关国家安全的问题。包括四个分会议：社会网络理论，动态社会网络，度量方法和模型，网络世界。共有 22 个人宣读了论文。会议主席、亚利桑那大学教授 Ronald Brieger 在开幕式发表了讲话。卡内基·梅隆大学教授 Kathleen M. Carley 在闭幕式作了总结报告，介绍了利用动态社会网络解决有关国家安全问题的研究成果。

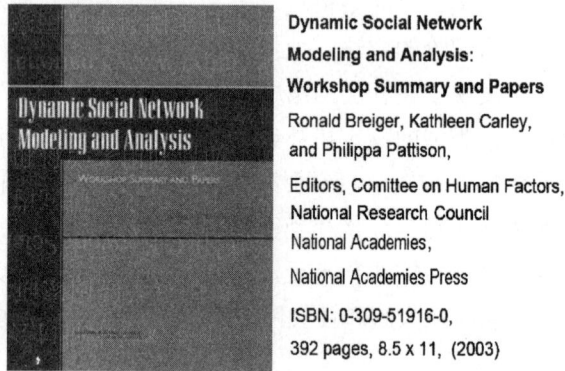

Dynamic Social Network Modeling and Analysis: Workshop Summary and Papers
Ronald Breiger, Kathleen Carley, and Philippa Pattison,
Editors, Comittee on Human Factors,
National Research Council
National Academies,
National Academies Press
ISBN: 0-309-51916-0,
392 pages, 8.5 x 11, (2003)

图 1.19　美国科学院国家研究委员会 2003 年出版的学术
讨论会文集《动态社会网络建模与分析：综述与论文》

3. 利用网络科学研究 2003 年意大利和美国的电力网络大停电事故

2003 年 9 月 28 日，在意大利发生了大停电。其电力网络的一个电站发生的故障，直接导致了通信网络（电力网络的监督控制和数据采集系统）节点的故障，进而又导致了电力网络的大崩溃。2010 年，美国东北大学复杂网络研究中心 S. V. Buldyrev 等析了两个相互依存电力网络的级联故障（详见本书第 5 章第 5.3 节）。2011 年，我国上海交通大学的博士生高建喜（后为美国东北大学复杂网络研究中心博士后、副研究员）等提出了可研究 n 个相互依存网络构成的树形网络的级联故障的通用框架（详见本书第 5 章第 5.4 节）。

2003 年 8 月 14 日，发生了北美历史上最大面积的连锁停电事故。事故从美国俄亥俄州电力网传到密歇根州，再传到加拿大安大略省和美国纽约州，最后造成铺天盖地的北美东北电力网络大停电。2012 年，美国加利福尼亚大学（戴维斯分校）的 C. D. Brummitt 研究了抑制电力网络和其他基础设施网络的级联过载（详见本书第 5 章第 5.5 节）。

近年来，全球规模的因特网、经济网络和军事指挥控制网络使用了越来越复杂的计算机系统、通信网络设施及智能技术，上述重大研究成果促进了利用网络科学研究和建设能在故障和蓄意攻击等情况下自动恢复的自适应网络（详见本书第 3 章），开辟了网络科学中"网络的网络"这一新研究领域（详见本书第 5 章）。

4．美国科学院发表研究报告《网络科学》列出重要研究课题

2004 年 9 月，美国科学院国家研究委员会所属"陆军科学技术专业委员会"（BAST，Board on Army Science and Technology）开始了为期 14 个月的"网络科学在未来陆军的应用"研究项目（合同号：BAST-J-04-05-A），组织了 4 次学术研讨会。该项目主持人是陆军部长助理（负责情报、后勤，研究和技术）。美国科学院国家研究委员会还成立了以 Charles Duke 博士为主席的网络科学研究委员会（NRC Network Science Study Committee）负责组织实施该项目。主要研究内容是：网络科学的定义、研究内容、应用领域，对科研人员就网络科学相关问题进行问卷调查，就"如何利用多学科和领域的交叉来发展创新网络科学的理论、方法和知识，提高陆军网络中心战能力"的问题及将来应投资的重点项目，向美国政府及军方提出了建议（参见 http://www8.nationalacademies.org/survey/deps/networksci2.htm）。图 1.20 是 2005 年 11 月 1 日美国科学院国家研究委员会发表的研究报告《网络科学》[1]（取自 http://isbn.nu/0309100267）。

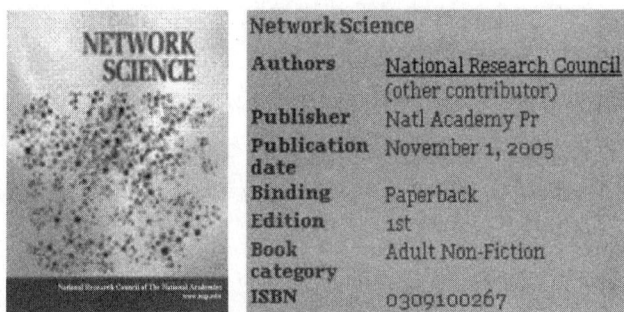

图 1.20　美国科学院国家研究委员会 2005 年 11 月 1 日发表的研究报告《网络科学》

根据问卷调查，该报告列出了当前网络科学面临的七大重要研究课题。

（1）网络的动力学、特殊状态定位及信息传播

对于网络科学的基本需求是更好地研究网络结构与功能之间的关系。这一需求对于动力学起重要作用的网络而言更显迫切。这些网络的动力学过程包括信息或物质的传输，还有通过进化及自适应性造成的结构演变。对于网络结构如何影响系统行为了解不够，是网络科学研究和应用领域面临的主要困难。

（2）大规模网络的建模和分析

现有的工具和方法大多只适用于小型网络的设计和运用。生物、社会、经济网络和计算机通信网络（包括军事指挥控制网）具有规模庞大、节点经常受某些规则限制等与

小型网络不同的特点，需要研究能对这些超大规模网络进行推理和预测的工具，合理抽象和近似的问题求解方法，及在遇有干扰和不完全数据条件下的建模技术。网络科学的一个关键是解决度量大型网络的指标体系和度量方法问题。

（3）网络设计和集成

虽然现在有许多工程技术人员、科研人员、数学家和社会学家对真实的网络进行了大量研究，但大多只是尝试简单地理解复杂网络。其目标大多是设计网络并使其具有期望的行为。例如，可度量性，健壮性，可用性，可恢复性，可进化性（自适应性）等。也许可以向生物系统学习如何设计工程化系统的并展现与生物网络类似的复杂性、自适应性及健壮性等行为。

（4）提高网络科学的数学严密性和数学基础

许多人认为目前的网络科学缺乏适当的数学基础。提高其数学严密性可以通过采用适当程度的数学抽象分析方法，借助图论等相关学科来发展更好的工具，探索网络性能和行为的基本范围与限制。

（5）抽象出各领域共同的基本概念

网络科学的重要组成部分应是抽象出各学科和应用领域共同适用的基本原理和概念。网络科学是多学科交叉科学，具有极大的挑战性。如果能提出一些共性的基本理论，则它的研究成果就可能从一个领域转用于其他领域。

（6）提供更好的网络实验和测量方法

目前，大型网络的数据很缺乏，研究网络结构和功能的工具较少。研究人员普遍需要更多更好地使用各种数据，需要新的测量技术。例如，需要测量单个细胞的活动过程和细节，还有人建议研制观察大型网络结构和动力学过程的"宏观望远镜"。

（7）网络的健壮性和安全性

加强研究和设计网络系统，使其能更好地适应一些组成部分的变化（包括局部地区的设备故障）及更好地防范和承受蓄意攻击。需要研究网络故障产生机理，研制专门的工具来预测对于网络干扰破坏企图。

5. 美国科学院发表研究报告《陆军网络科学技术与实验中心的政策》

2007 年 7 月 20 日，BAST 又发表了研究报告《陆军网络科学技术与实验中心的政策》，讨论了网络科学技术与实验的定义及内容，提出了未来陆军网络科学技术与实验中心的任务和组织机构，建议实施多阶段规划来建设世界一流的网络科学技术与实验中心。图 1.21 是美国科学院国家研究委员会 2007 年 7 月 20 日发表的研究报告《陆军网络科学技术与实验中心的政策》[44]。此后，美国陆军开始在马里兰州的阿伯丁市（Aberdeen Proving Grounds）建立网络科学研究中心。该报告在"建议 1"中提出按照表 1.1 所列的优先级对网络科学投资。

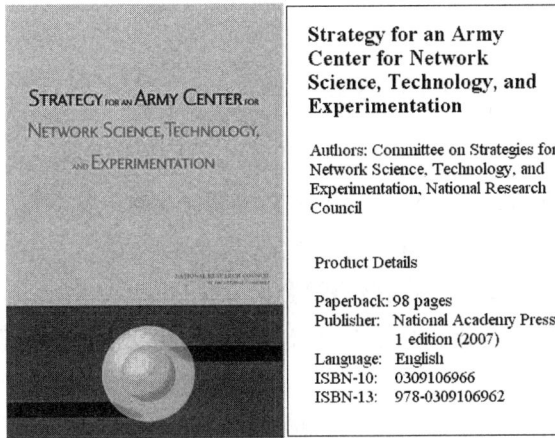

图 1.21　美国科学院国家研究委员会 2007 年 7 月 20 日发表
的研究报告《陆军网络科学技术与实验中心的政策》

表 1.1　未来对陆军非常重要的网络科学领域和应用及优先等级

优先级	网络领域	重要应用
1	通信和信息	预测指挥、控制、后勤和训练等各种用途的基础设施网络的性能，使之能更好地适用于大兵团、基本作战单位与士兵，适用于高级别和低级别的作战
2	人员使用网络的性能	改进指挥决策网络、士兵和部队之间的通信、训练以及与社会网络的通信联系
2	研究敌人	敌方社会、文化、组织、宗教、经济、指挥控制网络；情报分析；反暴乱应急协调
3	网络科学的非物理领域	系统生物学，神经网络和经济网络

6. 在 2001 年阿富汗战争后对于军事网络科学特殊性的研究

2001 年阿富汗战争是以美国为首的联军在 2001 年 10 月 7 日起对基地组织和塔利班的一场"反恐战争"，出乎美军意料，这场旷日持久的战争拖延至今。2011 年，美国霍普金斯大学 David Scheidt 在文献[52]中指出，"最近美军在阿富汗战争中的经验表明，具有大型互联网络和超强情报、监视及侦察装备的军队，并不总是比采用传统人工通信的敌军具有信息优势。美军未能实现对于装备很差敌人的信息优势，并不是由于缺乏感知能力，而是由于无法处理和传递信息给适当的、现时尚未执行其他繁重作战任务的作战人员。军用 C2 网络需要更多的上下级文传和更高的时效。军事指挥控制网络与民用网络之间的一个主要区别是：军用 C2 信息的价值更加随时间动态变化，因为军用信息的价值对时间变化更敏感。

本书第 4 章将详细介绍 Scheidt 在军队指挥控制网络优化及军事网络科学特殊性研究中的两项重要成果。在 2011 年第 16 届国际指挥控制研究与技术研讨会（ICCRTS）上，Scheidt 的论文《优化指挥控制结构》[52] 获最佳论文奖。2012 年，Scheidt 发表论文介绍他领导的"有组织、持久的情报，监视和侦察项目"[53]，该项目于 2013 年获得霍普金斯大学应用物理实验室最佳开发项目奖。

7. 各国的网络科学学术会议和论著

2003 年 9 月，在意大利罗马召开了主题为"在统计物理学、金融、生物和社会系统中发展的网络和图"学术会议。在此会议论文及其他特邀论文基础上，2004 年 3 月出版了欧洲物理杂志《网络应用》专辑，刊登了 33 篇专题论文[54]。

2006 年 5 月 16～25 日，国际网络科学会议（NetSci 2006）在美国印地安那大学召开。会议得到了美国国家科学基金（编号 NSF SES-0527638）资助[55]。NetSci 2015 于 2015 年 6 月 1～5 日在西班牙萨拉戈萨举行[56]。

在中国，近年来也掀起了研究复杂网络的热潮，网络科学的研究也开始兴起。2005 年 4 月 9～10 日，首届中国复杂网络学术会议（CCCN 05）在武汉大学召开，宣读了 80 余篇论文。该会议主席、香港城市大学的陈关荣教授统计了前些年被美国科学情报研究所编辑出版的引文索引 SCI（Science Citation Index）收录的关于复杂网络的文章数量，从中可以看出明显的增长趋势[57]，如图 1.22 所示。此后，CCCN 2015 于 2015 年 8 月 12～13 日在北京国家会议中心召开。2006 年 4 月，上海交通大学的汪小帆等编著的《复杂网络理论及其应用》一书由清华大学出版社出版[58]。2006 年 12 月—2010 年 5 月，本人编著的《网络科学》第一卷至第三卷先后由军事科学出版社出版[59~61]。

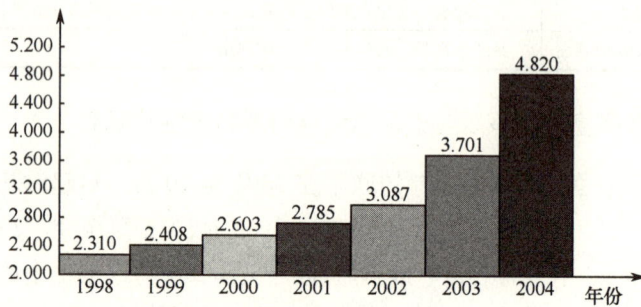

图 1.22　1998 年至 2004 年有关复杂网络的论文数量增长情况（本图发表在文献[57]，被文献[1]引用）

第一届世界互联网大会于 2014 年 11 月 19 日至 21 日在中国浙江乌镇召开，于此同时，世界互联网大会永久落户乌镇。第二届世界互联网大会于 2015 年 12 月 16 日至 18 日在乌镇举行。此次大会的主题是：互联互通·共享共治——构建网络空间命运共同体。中共中央总书记、国家主席习近平出席大会，并在开幕式上发表主旨演讲。共有 8 位外国领导人等 2000 嘉宾与会。

8. 量子科学技术与未来网络科学的发展

进入 21 世纪以来，量子科学技术取得了迅速发展。由于其在信息领域中的独特功能，在增大信息容量、提高运算速度、确保信息安全及量子通信网络等方面可望实现新突破，对于未来网络科学的发展可能产生深远影响。本书第 8 章将介绍有关问题。

1.4 网络科学研究方法及体系的初步框架简介

2005 年 11 月，Barabási 介绍了在无标度网络研究中成功采用的研究方法，主要是：采用统计学的方法来收集真实网络数据及实验数据，建立模型，进行仿真、分析和预测，注意克服以往一些数学家偏重对网络抽象的数学分析、较少研究真实网络的缺点[62]。文献[1]还指出网络科学需要采用优化工具[63]。在 2009 年 7 月 24 日出版的《Science》杂志的新专题"复杂系统与网络"发表的论文中，Barabási 在回顾及展望无标度网络研究时特别强调指出，"（今后网络科学发展的）瓶颈主要是数据驱动（data driven）。在今后，如果能获得网络动态过程的详细数据，则只有我们的想象力才将是对（网络科学）发展的唯一限制"[64]。2012 年 1 月，Barabási 进一步指出："复杂性，作为一个领域，发展势头疲软。复杂系统的基于数据的数学模型正在提供一种新视角，迅速发展成一门新的学科：网络科学。"原文为："complexity, as a field, is tired. Data-based mathematical models of complex systems are offering a fresh perspective, rapidly developing into a new discipline: network science."[65]

本书把图 1.23 作为简要描述网络科学体系框架的初步尝试，希望起到"抛砖引玉"的作用。该图显示了以大数据、建模（以网络结构与演化等模型为重点）与仿真、优化、分析与预测为重点，在网络技术与实验支持下的网络科学研究方法概貌。

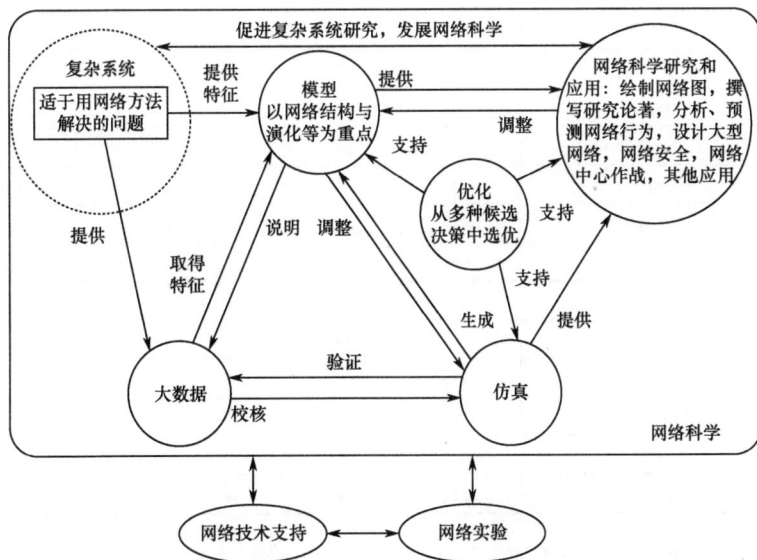

图 1.23 网络科学的研究方法示意

1.5　网络科学的子学科

　　文献[1]指出，到 2005 年 4 月 29 日为止，对超过 29 个国家的 23 个学科和专业领域的 2277 名科学研究专家进行了问卷调查，提出问题"你的工作未来可能成为网络科学的组成部分吗？"调查结果见表 1.2 所列，表明有 97%的被调查者认为自己的工作将来可能属于网络科学范围，还表明人们认为网络科学作为交叉科学，未来将具有广阔的研究领域。该表取自文献[1]。

表 1.2　对问题"你的工作未来可能成为网络科学的组成部分吗？"的调查结果

编号	学科/专业领域	是		否		未回答	
		人数	%	人数	%	人数	%
1	生物化学	61	100	0	0	0	0
2	生物学	141	99	1	1	0	0
3	化学	25	100	0	0	0	0
4	计算机科学	250	97	6	2	1	1
5	生态学	75	95	4	5	0	0
6	经济学	83	99	1	1	0	0
7	因特网	183	96	7	4	0	0
8	信息技术	196	96	9	4	0	0
9	管理	74	94	5	6	0	0
10	数学	149	97	4	3	1	1
11	医学	44	98	1	2	0	0
12	运筹学	106	99	1	1	0	0
13	组织理论	94	98	1	1	1	1
14	物理学	110	97	3	3	0	0
15	政治科学	51	98	0	0	1	2
16	心理学	38	96.4	1	1	0	0
17	公众健康	43	100	0	0	0	0
18	公众政策	69	99	1	1	0	0
19	社会学	81	96	2	2.4	1	1.2
20	通信	107	99	1	1	0	0
21	交通运输	41	98	1	2	0	0
22	公用事业	21	91	2	9	0	0
23	其他	169	94	9	5	1	1
总计	2277	2211	97	60	2.7	6	0.3

　　近年来，随着网络科学的迅速发展，人们开始讨论网络科学的子学科组成问题。本书作者也尝试性地提出网络科学的子学科目前主要包括如图 1.24 所示的 13 个子学科：生物

网络、物理网络、社会网络、复杂网络、动态网络、网络优化、网络健壮性和安全、网络的网络、量子网络、网络大数据管理及统计分析、图论及军事网络科学（同时也是军事科学的子学科），还有今后待扩充的"其他子学科"。这些子学科还可以进一步细分为若干下级子学科，例如，网络生物学可作为"生物网络"的下级子学科，网络社会学、网络经济学、网络政治学、网络文化、网络传媒及网络哲学可作为"社会网络"的下级子学科。

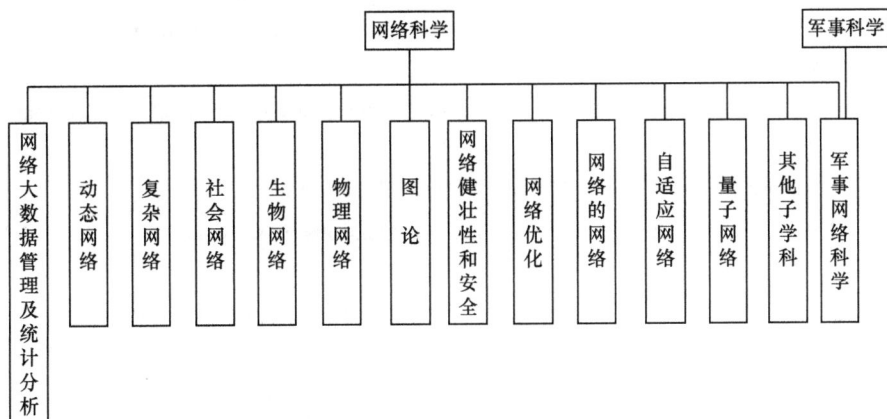

图 1.24　网络科学的子学科

在文献[1]中，将真实网络分为三种类型：生物网络、物理网络和社会网络。表 1.3是这三种类型的真实网络及其有代表性的示例。该表取自文献[1]。

表 1.3　三种类型的真实网络及其有代表性的示例

种类/编号		网络名称	应用
生物网络	1	疾病传播网络（禽流感、非典型性肺炎、疟疾、霍乱等）	研究疾病传播、传染病学
	2	生态学网络（食物链、江河水系、雨林等）	研究物种生存、全球气候、环境保护
	3	新陈代谢网络	研究生物学、生命科学
	4	群体网络（昆虫社会、野兽群体、鸟群、鱼群等）	研究生物进化、群体智慧
	5	基因网络	表示各代生命的进化
物理网络	6	分布式网络（供电、供水、商品流通网络等）	有效供应物资和商品
	7	电信网络（移动和固定电话、有线电视、因特网）	连续、全球范围的信息传播
	8	军用全球信息网、指挥控制网	网络中心作战、军用网络业务
	9	交通运输网络（航空、公路、铁路、水运）	快速供应物资、运送旅客
	10	电子金融网络（银行、信用卡、自动取款机）	电子货币交易
社会网络	11	人际关系网（恐怖组织、社会组织、商业、宗教、俱乐部）	有效合作与行动协调
	12	广播网络（无线电广播、电视）	同时向广大民众发送相同信息
	13	信息交换网络（邮政、本地和长途电话）	廉价的长途个人通信、通话
	14	社会群体组织网络（群体组织、内部局域网络）	机关团体网、网上交友和社团活动
	15	供应链和商业网络	提高经济效益、降低运输成本
	16	社会服务网络（社会安全、家庭服务、医疗卫生）	为大量、分散人员高效提供服务

参 考 文 献

[1] Committee on Network Science for Future Army Applications, Board on Army Science and Technology, Division on Engineering and Physical Sciences, National Research Council of The National Academies. Network Science[R]. Washington, D. C: National Academies Press. 2005.

[2] 联合国裁军研究所: 46 个国家组建了网络战部队[EB/OL]. http://ucwap.ifeng.com/news/news?aid= 62747089&p=2.

[3] Caldarelli, G. ; Erzan, A. ; Vespignani, A. Preface on "Applications of Networks" [J]. European Physical Journal B. 2004, 38(2): 141.

[4] 纪尧姆·格拉莱. 如果因特网崩溃[N]. 参考消息, 2005-11-30(9).

[5] Johson, J. L. Address at the U. S. Naval Institute Annapolis Seminar and 123rd Annual Meeting. Annapolis, MD. April 23, 1997.

[6] Cebrowski, A. ; Grastka, J. Network Centric Warfare: Its Origin and Future[A]. Proceedings of the U. S. Naval Institute[C]. 1998, 124(1): 28-35.

[7] Garstka, J. ; Alberts, D. Network Central Operations Conceptual Framework Version 1. 0[M]. Evidence Based Research, Inc. 2003.

[8] Clarke, Richard A. Cyber War[M]. HarperCollins, 2010. ISBN 9780061962233.

[9] Wikipedia. Cyberwarfare[EB/OL]. https://en.wikipedia.org/wiki/Cyberwarfare.

[10] Schepens, W. J. ; Ragsdale, D. J. ; Surdu, J. R. The Cyber Defense Exercise: An evaluation of the effectiveness of information assurance education[J]. The Journal of Information Security, vol. 1, July 2002.

[11] Wikipedia. National Cyber Range[EB/OL]. https://en.wikipedia.org/wiki/National_Cyber_Range.

[12] Saydjari, O. S. Structuring for Strategic Cyber Defense: A Cyber Manhattan Project Blueprint[A]. 2008 Annual Computer Security Applications Conference[C]. IEEE Computer Society. https://www.acsac.org/ 2008/program/keynotes/saydjari.pdf. doi: 10.1109/ACSAC.2008.53.

[13] Poulsen, K. Surprise! America Already Has a Manhattan Project for Developing Cyber Attacks[EB/OL]. http://www.wired.com/2015/02/americas-cyber-espionage-project-isnt-defense-waging-war/.

[14] Wikipedia. Comprehensive National Cybersecurity Initiative[E/OL]. https://en.wikipedia.org/wiki/Comprehensive_National_Cybersecurity_Initiative.

[15] Cyberwar: War in the Fifth Domain[J]. Economist, 1 July 2010.

[16] United States. National Security Agency. Fact Sheet: NSA/CSS Cyber Defense Exercise-After Exercise[N]. Press Releases-2010-NSA/CSS, 30 April 2010.

[17] Sanger, D. E. Obama Order Sped Up Wave of Cyberattacks Against Iran[J]. The New York Times, 1 June 2012.

[18] Satter, R. US general: We hacked the enemy in Afghanistan[N]. Associated Press, 24 August 2012.

[19] Serbu, J. DoD declassifies its long-awaited joint doctrine for cyberspace operations[J]. http://federalnewsradio.com/defense/2014/10/dod-declassifies-its-long-awaited-joint-doctrine-for-cyberspace-operati

ons/. October 27, 2014.

[20] Department of Defense. The DoD Cyber Strategy[EB/OL]. http://www.defense.gov/Portals/1/features/ 2015/0415_cyber-strategy/Final_2015_DoD_CYBER_STRATEGY_for_web.pdf.

[21] Benioff, M. R. ; Lazowska, E. D. Cyber Security: A Crisis of Prioritization(U. S. PITAC Report to the President)[EB/OL]. http://www.nitrd.gov.

[22] Dorogovtsev, S. N. ; Mendes, J. F. F. The shortest path to complex networks. 2004, arXiv: cond-mat/0404593 v2.

[23] Amaral, L. A. N. ; Ottino, J. M. Complex networks: Augmenting the framework for the study of complex networks[J]. European Physical Journal B, 2004, 38(2): 147-162.

[24] Erdös, P. ; Rényi, A. On random graphs[J]. Publicationes Mathematicae. 1959 (6): 290-297.

[25] Bonchev, D. ; Buck, G. A. Quantitative Measures of Network Complexity. Bonchev, D. DH Rouvray (Eds.): Complexity in Chemistry, Biology and Ecology[M]. New York: Springer, in press. 2005.

[26] Baran, P. On Distributed Communications: I. Introduction to Distributed Communications Networks (Prepared for United States Air Force Project, RAND)[R]. RM-3420-PR. August, 1964.

[27] Griffin, S. Internet Pioneers[EB/OL]. http://www.ibiblio.org/pioneers/baran.html.

[28] 凌曼文, 张静. 刘韵洁的电信强国梦[N]. 中国计算机报, 2006-07-19.

[29] Milgram, S. Behavioral study of obedience[J]. Journal of Abnormal and Social Psychology. 1963 (67): 371-378.

[30] Kochen, M(Eds.). The Small World[M]. Norwood, N. J. : Ablex Publishing Corporation. 1989.

[31] 美国密执安大学 M. 科钦教授来军事科学院军事运筹分析研究所讲管理智能系统[J]. 军事系统工程, 1987(2): 封里照片 5.

[32] Xianzhao, Z. , Huandong, S. , Junjie, R. , Zaijiang, Y. , Chenyu, T. Strategy 1: Distributed Military Expert System on a Microcomputer ETHERNET[A]. Proceedings of 22th Hawaii International Conference on System Sciences[C]. 1989:660-668.

[33] Etheredge, L. S. What Next? The Intellectual Legacy of Ithiel de Sola Pool[EB/OL]. http://web.mit. edu/comm-forum/papers/etheredge.html#F1.

[34] Watts, D. J. ; Strogatz, S. H. Collective Dynamics of Small-World Networks[J]. Nature, 1998 (393): 440-442.

[35] Barabási, A. L. Linked: The New Science of Networks[M]. Cambridge, MASS: Perseus Publishing. 2002.

[36] Barabási, A. L. ; Albert, R. ; Jeong, H. Mean field theory for scale-free random networks[J]. Physica. A. 1999(272): 173-187.

[37] Barabási, A. L. ; Albert, R. Emergence of scaling in random networks[J]. Science, 1999(286): 509-512.

[38] Barabási, A. L. ; Bonabeau, E. Scale-Free Networks[J]. Scientific American, 2003 (5): 50-59.

[39] Castells, M. The Rise of the Network Society[M]. Blackwell Publishers Ltd. 1996.

[40] Castells, M. The Power of the Identity[M]. Blackwell Publishers Ltd. 1997.

[41] Castells, M. End of the Millennium[M]. Blackwell Publishers Ltd. 1998.

[42] 姚俊. 网络社会学: 学科定位与研究主题再探讨[EB/OL]. http://www.xschina.org/show.php?id/7226. 2006.

[43] National Research Council(NRC)of The National Academies, U. S. Dynamic Social Network Analysis and Modeling: Workshop Summery and Papers[M]. Washington, D. C. : The National Academies Press, 2003.

[44] National Research Council(NRC)of The National Academies, U. S. Strategy for an Army Center for Network Science, Technology, and Experimentation[R]. Washington, D. C. : The National Academies Press, 2007.

[45] 陈甲晖, 曾宪钊. 运用动态网络评估方法对恐怖分子网络模拟仿真[R]. 北京科技大学信息工程学院电子系统系研究报告, 2008.

[46] Vázquez, A. ; Oliveira, J. G. ; Barabási, A. L. Inhomogeneous evolution of subgraphs and cycles in complex networks[J]. Physical Review E, 2005, 71(2): 025103.

[47] Doyle, J. ; Alderson, D. ; Li, L. ; Low, S. ; Roughan, M. ; Shalunov, S. ; Tanaka, R. ; Willinger, W. The "Robust Yet Fragile" Nature of the Internet[A]. Proceedings of the National Academy of Sciences USA[C]. October 11, 2005, 102(41): 14497-14502. (Published online before print October 4, 2005, 10. 1073/pnas. 0501426102)(Among Top 50 most downloaded PNAS articles).

[48] Shuzo Sakata; Tetsuo Yamamori. Topological relationships between brain and social networks[J]. Neural Networks, 2007, 20(1): 12-21.

[49] Krebs, V. E. Mapping networks of terrorist cells[J]. Connections, 2001, 24(3): 43-52.

[50] Wikipedia. Valdis Krebs[EB/OL]. http://en.wikipedia.org/wiki/Valdis_Krebs.

[51] Weinberger, S. Case Study: Connecting the 9/11 Hijackers[EB/OL]. http://nationalsecurityzone.org/ war2-0/case-studies/september-11-hijackers/.

[52] Scheidt, D. ; Schultz, K. On Optimizing Command and Control Structures[A]. Proc. 16th International Command and Control Research and Technology Symposium(ICCRTS)[C], Quebec City, Quebec, Canada, 2011: 1-12.

[53] Scheidt, D. Organic Persistent Intelligence, Surveillance, and Reconnaissance[J]. Johns Hopkins APL Technical Digest, 2012, 31(2): 167-174.

[54] Caldarelli, G. , Erzan, A. , Vespignani, A. Preface on "Applications of Networks" [J]. European Physical Journal B. 2004, 38(2): 141.

[55] International Workshop and Conference on Network Science 2006, Bloomington IN, USA. [EB/OL]. http://vw.Indiana.edu/netsci06/index.html/2006/06/16.

[56] NetSci 2015[EB/OL]. http://www.netsci2015.net/.

[57] 陈关荣. 复杂网络: 建模、控制与同步[EB/OL]. 中国复杂网络学术会议, 2005. http://www.sklse.org/ whucn/cccn/prog.htm.

[58] 汪小帆、李翔、陈关荣. 复杂网络理论及其应用[M]. 北京: 清华大学出版社, 2006.

[59] 曾宪钊. 网络科学[M]. 北京: 军事科学出版社, 2006.

[60] 曾宪钊. 网络科学(第二卷)[M]. 北京: 军事科学出版社, 2008.

[61] 曾宪钊. 网络科学(第三卷, 生物网络)[M]. 北京: 军事科学出版社, 2010.

[62] Barabási, A. L. Taming complexity[J]. Nature Physics. Nature Publishing Group. 2005(11): 68-70. http://www.nature.com/naturephysics.

[63] 曾宪钊. 军事最优化新方法[M]. 北京: 军事科学出版社, 2005.

[64] Barabási, A. L. Scale-free Networks: A Decade and Beyond[J]. Science, 2009, 325(7): 412-413.

[65] Barabási, A. L. The network takeover[J]. Nature Physics. 2012, 8(1): 14-16.

第2章
从发展军事网络到探索军事网络科学

2.1　概述：军事网络发展历史回顾

自古以来，人类就已懂得利用网络的方法来研究解决军事指挥通信及构筑防御体系等问题。随着人类社会的发展和科技进步，军事网络的研究和应用也经历了漫长的历史过程。

2.1.1　长城

1. 中国古代的万里长城

从中国古代周朝（公元前约 1066—公元前 221 年）起，就开始建设烽火台报警网络。西汉司马迁（公元前 145—公元前 90 年）的《史记·周本记》记载："幽王为烽燧大鼓，有寇至则举烽火"。后来用城墙把它们联系起来，便成了"烽燧万里相望"的世界奇迹——万里长城。公元前 3 世纪秦始皇统一中国，派遣蒙恬率领三十万大军北逐匈奴后，把原来分段修筑的长城连接起来，"北筑长城而守藩篱，却匈奴七百余里，胡人不敢南下而牧马"（《新书·过秦》）。汉武帝时，"建塞徼、起亭燧、筑外城，设屯戍以守之，然后边境得用少安"（《汉书·匈奴传》），其后历代不断维修扩建，到公元 17 世纪中叶明代末年，明长城西起嘉峪关，东至山海关，总长 6350 千米。宋代曾公亮（999—1078 年）等人编撰的中国军事经典《武经总要》中详细介绍了古代烽火台的制度，包括烽火台的设置、烽火的种类和程度、放烽火的方法、报警规定、传警方法及密秘信号等。

以长城为主体的整套防御工程和组织，也可视为长城军事防御网络体系。主要包括四个基础设施网络[1]：

（1）屯兵设施，包括城墙及城堡；

（2）预警网络，由烽火台组成，用燃烧烟火报警，传递军事信息；

（3）驿站网络，包括驿路城、递运所及驿站；用于传送公文、情报，接待人员，运输物资；

（4）后勤保障设施网络，包括军需屯田，军械制造、制盐及商贸场所等。

陕西临潼县骊山地区是周朝首都镐京所在地，曾建有数十座烽火台。图 2.1 是 1985 年在周朝烽火台遗址重建的骊山烽火台（取自 http://www.tripdv.com/view/n/news/200943-011390057818854_2.html）。图 2.2 是汉武帝时修建的新疆库车县孜尔尕哈烽火台遗迹（取自 http://www.zbxj.com/lvyouzixun/）。

图 2.1　陕西临潼县骊山烽火台　　　　　图 2.2　新疆库车县孜尔尕哈烽火台遗迹

2. 英国等多国古代的长城

公元 122 年，当时古罗马势力扩展到大不列颠岛，为抵御北方民族的入侵，罗马皇帝哈德良下令修建了约 120 千米的长城，高约 5 米，宽约 2 米至 3 米，只能通行人。该长城在英国历史上有着重要的地位。1987 年，哈德良长城与中国长城同被联合国教科文组织和世界遗产委员会选入世界著名文化保护遗产名录。

还有一些国家也建设了古代的长城。

古希腊长城：公元前 5 世纪，雅典人在巴尔干半岛上筑有两条长城。当时，古希腊的雅典城与重要的海港比雷埃夫斯之间有一条宽阔的直道。为了保障战时雅典与海上的联系，雅典人就在其直道两旁修筑了两条长达 8 千米的长城。

德国长城：公元 1 世纪，罗马皇帝为了防止日耳曼人的南侵，动用大批人力物力在黑海沿岸、多瑙河以及莱茵河流域修筑了几道巨大的土墙，以后不断扩建，总长达 580 余千米。

朝鲜长城：高丽为抵御契丹族的侵扰，于公元 11 世纪起修建长城，历时 12 年，该长城起于鸭绿江入海口至东海岸，绵延千里。

印度长城：是一条建于 15 世纪的长城。该长城全长 70 余千米，沿途还建有烽火台 32 座，是国外至今保存最完好的长城。

2.1.2　驿站

中国古代驿站的历史可以追溯到商代（约公元前 16 世纪—公元前 11 世纪）[2]。我国最早关于通信的记载，是来自殷墟出土的甲骨文。殷即商代，亦称殷商。殷的故都在今河南安阳小屯村，清光绪年间，在此掘得龟甲兽骨，上刻文字，后称甲骨文。甲骨文中记载着殷商盘庚年代（公元前 1400 年左右）边戍向天子报告军情的记述，其中有“来鼓”二字。“来鼓”，即类似今天的侦察及通信兵，主要依靠步行、骑马方式，传送在龟壳和兽骨上用甲骨文记录的信息。

周朝（公元前约 1066—公元前 221 年）为使军令、政令准确迅速下达，建立了以首都丰镐为中心的邮传通信网路，主要是采取专使为主的邮传方式。

秦朝（公元前 221—公元前 206 年）设立的主要通信机构的是邮亭，其特点是实行接力传送、路线固定、以律（邮驿的律令）保证。秦朝制订了我国第一部有关邮驿通信的法令《行书律》。1974 年，在湖北省云梦县发掘出来的大量秦代的竹简，其中有关于邮律的记载。

汉朝（公元前 206—公元 220 年）初期，规定“三十里一驿”，构建递送文书的网络。

唐朝（618—907 年），外国使节和官员公差往来大为增加，朝廷将“驿”改为“馆驿”，由尚书省的兵部管理，改变了汉魏历代由法曹兼管邮驿的体制。在《唐六典》中严格规定：都亭驿可拥有 75 匹马，配备驿夫 25 个；诸道第一等驿可以有 60 匹马，20 个驿夫。其中陆路行程为每日马行 70 里，车行 30 里，急递则必须飞骑日驰 300 里。在盛唐时，邮驿的规模相当大，全国有馆驿 1643 个，其中陆驿 1297 个，水驿 260 个，水陆相兼的驿 86 个，从业人员有 2 万多人。

在公元 1219—1260 年，蒙古国创建者成吉思汗率兵三次西征，在通往西域的大道上设置“站赤”（驿站）。例如，当时已有的鸡鸣山驿站（图 2.3），后经明、清两朝修缮，是我国保存较好的古代驿站，在河北省怀来县。在忽必烈建立的元朝（1271—1368 年）由兵部管理驿站。

还有一些国家也建设了古代的驿站。

埃及在第十二王朝（公元前约 1991—前 1786 年）时期，已有关于通信活动的记载。公元前 10 世纪，亚述帝国以本部为中心建筑石砌驿道，遗迹至今犹存。

波斯帝国在居鲁士（公元前 600—前 529 年）统治时期已有邮驿，由骑兵担任传递。大流士（公元前 558—前 486 年）在亚述帝国驿道的基础上修筑了驿道，四通八达，沿途设有驿馆。

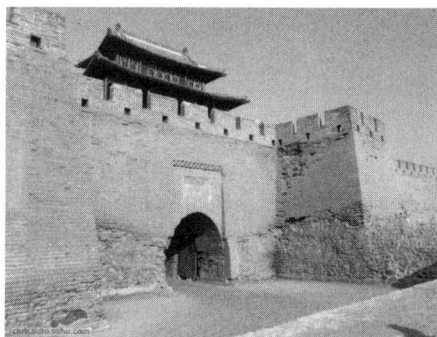

图 2.3 鸡鸣山驿站

在公元前 1 世纪后期开始的罗马帝国疆域广大，建立了邮驿系统。《后汉书·西域传》记载：罗马"地方数千里，有四百余城。小国役属者数十。以石为城郭，列置邮亭。……邻国使到其界首者，乘驿诣王都，……"。

阿拉伯帝国阿拔斯王朝（750—1258 年）在全国设置驿馆 900 多处。驿道干线以巴格达为中心，东达锡尔河，东南到波斯湾，北通摩苏尔，西通叙利亚，干线两侧设有若干支路。

日本在大化革新（646 年开始）时期开始建立邮驿，延续到 1871 年建立近代邮政。

2.1.3 灯塔

大约在公元前 280 年前后，古代埃及人在亚历山大港外的法罗斯岛上，建成了高 120～137 米的灯塔（图 2.4、图 2.5）。塔顶有可供燃烧柴火的火盆。它既可为船舶导航，还可在敌船接近时发出预警信号。法罗斯灯塔被誉为古代世界七大奇观之一，在 1303 年（另一说是 1323 年）毁于一场大地震[3]。后人只能从一些古币上概略地看到它。图 2.4 是在一种古币上的法罗斯灯塔像（取自 http://www.ostia-antica.org/portus/c001.htm）。图 2.5 是考古学家 Hermann Thiersch（1909 年）绘制的这座灯塔，取自文献[3]。

图 2.4 古币上的法罗斯灯塔

图 2.5 考古学家绘制的法罗斯灯塔

西班牙的灯塔"赫拉克勒斯（希腊神话中大力士）塔"（Tower of Hercules），在公元
2 世纪已经存在，被认为是仿法罗斯灯塔建造，并经重建的世界上现存最古老的灯塔[4]。图 2.6 取自文献[4]。

9 世纪初，法国在吉伦特河口外科杜昂礁上建立灯塔，现存的建于 1611 年。意大利的莱戈恩灯塔建于 1304 年，至今仍在使用。美国第一座灯塔是建于 1716 年的波士顿灯塔。

图 2.6　赫拉克勒斯灯塔

2.1.4　13 世纪蒙古帝国军队的指挥通信网络

13 世纪初，统一后的蒙古国开始向外扩张。蒙古的轻骑兵，创造了农牧业时代的"闪击战"。经过一个多世纪的征战，建立了世界历史上最大的蒙古帝国（1206—1635 年）。其创建者成吉思汗（1162—1227 年）非常重视军队通讯联络。他参考了中国的驿站，建成了空前庞大的驿站网络，能将情报信息飞速上报。蒙古军特别建立了执行通信任务的"箭骑兵"。每个士兵都有"从马"多匹，还携带奶制品和牛羊肉干，能在一日内马不停蹄地将情报送达数百千米外的战区指挥官，也能在几日内使几千千米外的最高领袖了解到前线的战况。因此，尽管蒙古军的数量并不占优势，但他们能经常发起"闪击战"，屡胜强敌[5]。

成吉思汗于 1227 年去世。1264 年，忽必烈夺得蒙古帝国的最高统治权。蒙古帝国包含大汗之国（元朝）和其他四大汗国。四大汗国名义上服从大汗之国的宗主权。1271 年，忽必烈改国号为"大元"，建立了元朝（1271—1368 年）。忽必烈将横跨欧亚大陆的驿站网络交由兵部和通政院管理。忽必烈制定了一份《站赤条例》，即驿站管理条令。基本内容有 10 多项，诸如驿站组织领导、马匹的管理、驿站的饮食供应、验收马匹和约束站官、检验符牌、管理牧地和站户、监督使臣和按时提调等。元朝全国 1119 处驿站共约有驿马45000 匹。在东北的晗儿宾（今哈尔滨）地区则有狗站 15 处，供应驿狗 3000 只。南方一些水运发达地区，有水驿 420 多处，备驿船 5920 多艘。这些交通设施，构成了元朝庞大的驿站网[6]。

2.1.5　信鸽用于军事通信

1. 历史上最早的记载之一

信鸽用于军事通信，在历史上很早就有记载。公元前 43 年，罗马的安东尼将军（公元前 83—公元前 30 年）严密包围了穆廷城，守军长官白鲁特利用信鸽将告急信送达城外驻罗马的领事官格茨乌斯，搬来救兵，打退了安东尼的军队。

2．13 世纪埃及在打败蒙古帝国的战争中利用信鸽通信

早在公元前 3000 年左右，埃及人就开始用鸽子传递书信。根据英国著名的生物学家达尔文的《物种起源》一书中介绍，在公元前 2000 多年，埃及的第五王朝就驯养信鸽；到了公元前 1000 多年，埃及人已开始举行公开的信鸽竞赛。

1260 年 9 月 3 日，在今天巴勒斯坦那布卢斯附近进行了艾因·贾鲁特战役，由埃及马木留克王朝的大约 12000 名马木留克骑兵和其他穆斯林军队战胜了蒙古军的 2 万多骑兵。这是蒙古帝国走向衰落，伊斯兰世界得以重生的一次重要战役。在此战中，埃及军队能随时掌握蒙古军行动路线和战场态势，迅速调动部队，快速实施对蒙古军的大规模包围作战。其重要原因之一是发挥了埃及人善于利用信鸽通信的特长，通信速度比蒙古军"箭骑兵"更快[7]。

3．英国在第二次世界大战中利用信鸽通信

第二次世界大战中，信鸽这种传统的通讯方式仍然被广泛使用。英国曾在"二战"中投入大约 25 万只信鸽，在英国和欧洲大陆之间传递信息。信鸽最大飞行时速可达 80 千米，飞行距离可达 1000 千米。和无线电通信相比，信鸽还拥有得天独厚的优势。无线电通信过于频繁往往意味着军队将采取行动，而信鸽就不会泄露这种信息，并且信鸽传递的情报也不会像无线电通信那样被监听。

2012 年 11 月初，英国 74 岁老人戴维·马丁在自家废弃烟囱里发现一只信鸽遗骸的腿上绑有一只红色胶囊，里面的纸片是一封"二战"密信，如图 2.7 所示（取自 http:// news.chinaxinge.com/pic/201211/201211124121125607.jpg）。经英国政府通信总部密码专家们确认，此信鸽腿上的铝环显示它生于 1940 年，而红色的胶囊说明它曾经是盟军空军的一员。这封密信在某一天下午 16 点 45 分发出，计划发给 X02 轰炸机指挥部。密信中共有 27 组密码，每组都由 5 个数字或字母组成，署名是"W. Stott 中士"。有历史学家认为，这只信鸽在 1944 年 6 月 6 日从法国起飞。当时正值约 300 万盟军士兵在诺曼底登陆期间，时任首相的丘吉尔下令禁止使用无线电通信。所以，法国前线的英军纷纷使用信鸽向国内传达军事情报。2012 年 11 月 23 日，英国政府通信总部宣布，由于当年的密码本和加密系统均已被销毁，呼吁还活着的"二战"通信和情报人员帮忙破译此密信。很快，当时供职于加拿大安大略的"莱克菲尔德遗产研究中心"的 Gord Young 宣布使用叔祖父遗留下来的一本"二战"英军的密码手册破译了这封"二战"密信，他发现发信人是时年 27 岁的英国空降兵 William Stott 军士，隶属于 Lancashire 步兵团，他空降到了诺曼底并在几周之后牺牲（参见 http://www.rmlt.com.cn/News/ 201212/201212191726307697.html）。

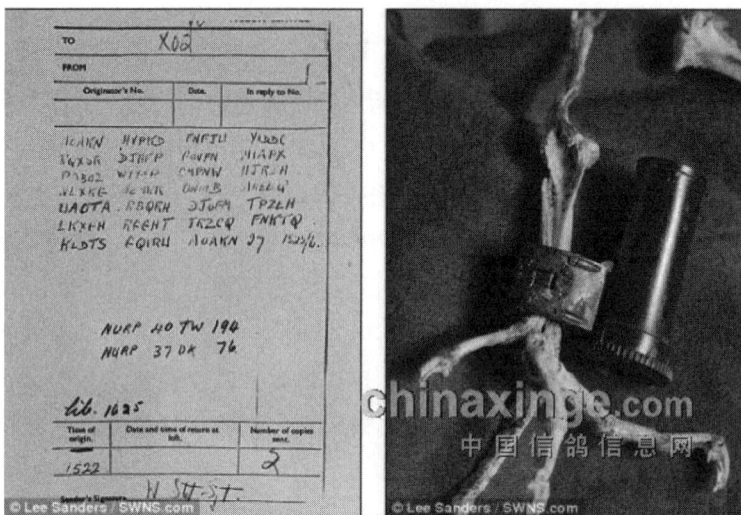

图 2.7　2012 年 11 月初在英国布莱切利发现一只"二战"信鸽遗骸及密信

2.1.6　15 世纪中国郑和舰队的指挥控制网络

从 1405 年到 1435 年，郑和（1371—1435 年）七下西洋，比西方探险家达伽马、哥伦布远航早了 80 几年，完成了人类历史上伟大的壮举[8]。郑和所率领的船队是一支特混舰队，最多时有 200 余艘不同用途、不同船型的远洋海船组成，将士 2.7 万余名，是 15 世纪世界上最大的船队。英国学者李约瑟（Joseph Needham）对郑和船队曾有如下评价："明代海军在历史上可能比任何亚洲国家都出色，甚至同时代的任何欧洲国家，以致所有欧洲国家联合起来都无法与明代海军匹敌"[9]。图 2.8 是郑和的画像（取自 http://baike.baidu.com/picture/1988/16935833/0/a6efce1b9d16-fdfa21750cf1b68f 8c5494ee7b90.html?fr=lemma&ct=single#aid=0&pic=a6efce1b9d 16fdfa21750cf1b68f8c5494ee7b90）。

图 2.8　郑和的画像

在没有无线电通信手段的 15 世纪，郑和船队的海上指挥控制网络主要依靠视觉通信和听觉通信（旗、灯、音响信号），白天通过各色旗语进行联络，夜间通信则采用灯笼，还以吹号、敲鼓、放炮互通信息，还利用信鸽建立起了与本国之间传递信息的系统[10]。

2.1.7　16 世纪英国将灯塔网络用于海战预警

1588 年 5 月末，西班牙"无敌舰队"从里斯本出航，远征英国。这时该舰队共有舰船 134 艘，船员和水手 8000 多人，摇桨奴隶 2000 多人，船上满载 2.1 万名步兵。英军共有 100 多艘战舰，载有作战人员 9000 多人。1588 年 7 月，当西班牙无敌舰队在英国南部的利泽德角附近海域被英军侦察舰船发现后，通过遍布英国沿海的灯塔预警网络，这一情报很快就被送达在普利茅斯的英国海军副统帅 Francis Drake，和在伦敦的英国海统帅 Charles Howard 及伊丽莎白女王。Drake 奉命率领英国舰队迅速出航并抢占了尾随敌舰队且顺风的有利位置。此后，无敌舰队几乎全军覆没。此战使大英帝国成为前所未有的海洋大帝国[11]。

2.1.8　第一次世界大战前后的指挥通信网络

1895 年，意大利人马可尼（Guglielmo Marchese Marconi，1874.4.25—1937）[12]和俄罗斯人波波夫（Александр Степанович Попов，1859.3—1906.1.16）[13]分别研制成功了无线电收发报机。1897 年，美国人贝尔（Alexander Graham Bell，1847.3.3—1922.8.2）发明了电话机[14]，使军事通信全面迅速地进入了无线和有线通信网络时代。图 2.9 取自文献[12]，图 2.10 取自文献[13]，图 2.11 取自文献[14]。

图 2.9　G. M. Marconi　　　图 2.10　A. C. 波波夫　　　图 2.11　A. G. Bell

从 1905 年起，世界主要海军国家都在大型军舰上安装了无线电台。1910 年前后，法、俄、英等国开始在大型飞机上用发报机与地面进行单向的电报通信。1907 年，美国人德福雷斯（Lee De Forest，1873.8.26—1961.6.30）申请了真空三极管专利，可大幅提升当时通信设备的性能。1912 年，他在美国联邦电报公司主持研制第一个全球无线电通讯系统[15]。图 2.12 取自文献[15]。

第一次世界大战（1914.8—1918.11）期间，1916 年，法国生产的 R 型真空三极管很快被广泛用于协约国军队的通信设备中。1917 年，德国生产的 RJW 型真空三极管也很快用于同盟国

图 2.12　Lee De Forest

军队的通信设备中。交战双方军队都相继使用了新型中、长波无线电台，并用于陆、海、空军的作战指挥。

2.1.9　第二次世界大战前军用无线电通信装备迅速发展

1919 年，第一次世界大战刚结束，飞机上开始安装真空管的收、发报机，实现了地—空、空—空之间的双向电报通信。1921 年前后，飞机上使用了无线电话实现对单座飞机的指挥。1926 年，美、苏等国相继将飞机上长波电台改装为短波电台，使对空指挥距离显著增大。1942 年，英国首先将歼击机上单一波道的短波电台，换装成多波道的超短波电台，增强了对空指挥的稳定性。

1928 年英国首先制成供坦克使用的调幅短波电台，并大量安装在坦克上，保障坦克与坦克的通信，使各级指挥员能够对坦克部队进行有效的指挥。

在第二次世界大战（1939.9.1—1945.9.2）中，坦克普遍装备无线电台和车内通话器，并在坦克部队中组建通信分队。许多新式电子通信装备，例如短波、超短波电台，无线电接力机、传真机、多路载波机、机载通信等大量运用于战场。

2.1.10　英国创建军用雷达网并成功用于第二次世界大战

1．英国首先研制出脉冲雷达，建成防空雷达网

1935 年 6 月，英国人 R.A.Watson-Watt（1892.4.13—1973.12.5）首先研制出频率为 12 兆赫、探测距离达 64 千米的脉冲雷达[16]。图 2.13 取自文献[16]。他是蒸汽机发明者瓦特的后代，1914 年毕业于敦提的圣·安德鲁斯大学，后进入国家物理研究所无线电部工作。1938 年，在他主持下，英国在东海岸建成称为"本土链"（chain home）的防空雷达网，第二次世界大战中，该防空雷达网在 1940 年不列颠空战中击败纳粹德国空军起了重要的作用。

第二次世界大战期间，由于作战需要，雷达技术发展极为迅速，雷达的战术使用也由单一的对空警戒扩展为引导、截击、火控、轰炸瞄准、导航、探测潜艇及水面舰艇等多方面。1939 年，英国发明频率为 3000 兆赫的磁控管，并与美国合作研制出采用这

图 2.13　R.A.Watson-Watt

种磁控管的微波雷达，使盟军在空中和空海作战方面获得优势。1943 年中期，美国研制成精密自动跟踪炮瞄雷达 SCR-584，它与指挥仪配合，大大提高了高炮射击命中率。1944年，德国发射 V-1 导弹袭击伦敦时，英国最初需要发射上千发炮弹才能击落一枚 V-1，而使用 SCR-584 雷达后，击落一枚 V-1，平均仅需 50 余发炮弹。雷达在战争中发挥了重大

的作用，并与导弹、原子弹并列而被称为"二次世界大战"中的三大新武器。

2. 英国首创防空雷达网络，用于不列颠空战

1936 年，Hugh Dowding 上将（1882.4.24—1970.2.15）任战斗机部队司令[17]。他大力支持 Watson-Watt 研制脉冲雷达，推动研制新式战斗机，是英国防空网络的总体设计者。图 2.14 取自文献[17]。

在第二次世界大战中，英国防空网络采用了先进的低空搜索雷达和远程警戒雷达，及指挥、控制和通信系统，当时也被称为"道丁系统"（Dowding System），该系统以对空雷达网提供的空情为主，以遍布英国各地的近距离对空观察哨网络提供的空情为辅。该系统的雷达操作人员发现目标、测报目标飞机的高度、航向、航线、飞机数量和类型等准确情报，由通信人员用电话或电报向指挥所报送情报，再由标图人员标图，整理出全部空中目标情报，供指挥员分析、判断和决策，如图 2.15 所示（取自文献

图 2.14　Hugh Dowding

[18]）。雷达操作员可直接通过电话向指挥控制中心报告重要空情，电话线用水泥板保护并深埋地下，以防敌机轰炸。该系统还实现了地—空、空—空及对空观察哨的双向无线电通信。图 2.16 是英国雷达网部署示意图，取自文献[17]。当时，英国的雷达网络主要包括远程警戒雷达和低空搜索雷达，总共由 80 部雷达组成。当时英国防空网络还包括近 2000 门高射炮，约 1500 个拦阻气球，还有大量探照灯[19]。正是由于英军可以准确及时地了解空情，使战斗机部队和高炮部队有限的资源发挥了最大的作战效能，保证了对空作战的胜利。

图 2.15　第二次世界大战中的英国雷达网的地下指挥
控制中心，右起第 4 人为英军战斗机部队司令 Dowding

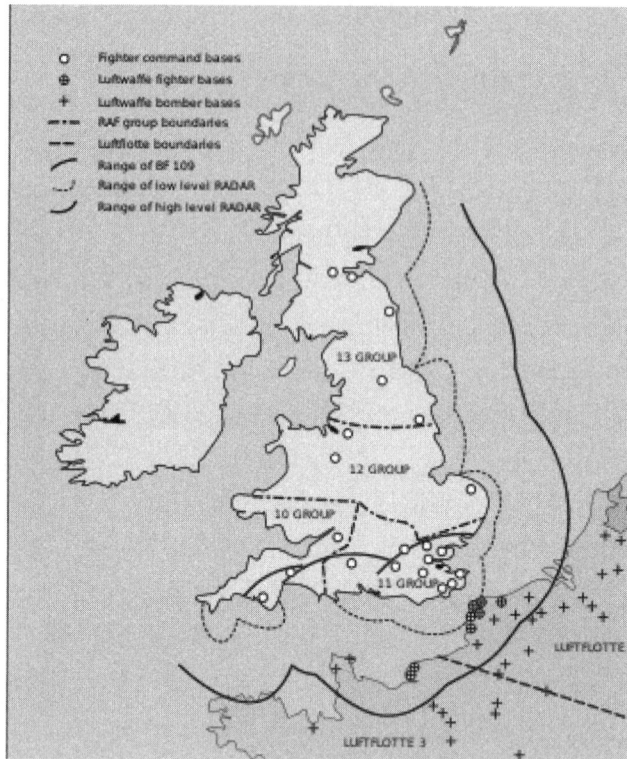

图 2.16　第二次世界大战中的英国雷达网部署图

　　在 1940 年 7 月 10 日至 11 月底的不列颠空战中，德国空军集结作战飞机 2669 架，被击毁 1818 架飞机。英国空军付出损失 995 架飞机的代价，取得了空战的胜利。因此，德国被迫放弃进攻英国的"海狮"登陆作战。

3. 英国再创机载对海搜索雷达网络，用于大西洋战役

　　1935 年，英国人 Edward George Bowen（1911—1991 年，图 2.17 取自 http://www.asap.unimelb.edu.au/bsparcs/aasmemoirs/gifs/bowen.jpg）进入 R.A. Watson-Watt 领导的雷达开发团队。1937 年 7 月，Bowen 领导研制出世界上第一部小型机载雷达，并把它安装在一架飞机上。1938—1939 年，他领导研制出第一批 ASV（Air to Surface Vessel）Mark Ⅱ型机载对海搜索雷达（波长 1.7 米）和 A1 型机载截击雷达。1940 年 12 月，ASV Mark Ⅱ在白天和夜间成功探测到 28 千米处的德国潜艇，立即开始装备英军多种飞机，其中约有 110 架反潜机装备了此雷达，建成对德国潜艇严密的机载雷达搜索网络[20]。1942—1943 年，英国国又研制出 H2S 型（波长 10 厘米）、

图 2.17　E. Bowen

H2X 型（波长 3 厘米）机载雷达并投入使用。

从 1939 年到 1945 年，在打破德国对盟军海上封锁的大西洋战争初期，盟军空中反潜兵力达 3000 架飞机，平均用 20～30 架飞机对付 1 艘德国潜艇。1943 年，是大西洋战争的转折点。盟军在大西洋采取以护航航空母舰为核心组成反潜兵力群攻击德国潜艇的战术，每群至少编有 1 艘护航航空母舰，利用以舰载反潜机为主的雷达网络搜索德国潜艇。仅 5 月头三周，就击沉德国潜艇 41 艘，而盟国只损失了 34 艘商船，迫使德国潜艇退出北大西洋主航道。到 1945 年，盟军共击沉德国潜艇 783 艘。1941 年 5 月，英国胜利号与皇家方舟号航空母舰的鱼雷攻击机在 ASV Mark Ⅱ 机载雷达引导下成功攻击了德国新建最大的战列舰俾斯麦号。5 月 24 日，胜利号航空母舰鱼雷攻击机的 1 枚鱼雷命中。5 月 26 日，皇家方舟号航空母舰鱼雷攻击机的 3 枚鱼雷再次命中，导致俾斯麦号的舵角卡死在 15 度，在海流和风的影响下飘向英军包围网中央，最终被击沉。

2.1.11　美军研制预警飞机和数据链

1. 第二次世界大战中美国海军最早开始研制发展空中预警机及数据链

1940 年 8 月，英国派 E. G. Bowen 率团到美国，联合研制微波雷达。1941 年 3 月，美国麻省理工学院辐射实验室测试了 DMS-1000 型机载对海搜索雷达（波长 10cm）。1943 年 5 月，带有旋转天线的 DMS-1000 机载雷达成功地将目标飞机位置信息发送到地面站，并可在接收机的荧光屏上利用雷达扫描图像显示目标的位置。装备此雷达的反潜飞机很快就被用于搜索大西洋的德国潜艇。

1942 年春，美国海军作战部长 Ernest J. King 上将（1878.11.23—1956.6.25）向国防研究委员会（NDRC）提出研制机载"雷达中继系统（radar-relay system）"，要求通过建立"雷达中继链路"（radar-relay Link）来构建雷达情报网络。该系统可将分散的、各舰艇获取的雷达情报综合起来，帮助指挥员更全面地了解战场态势。图 2.18 取自 http://www.ibiblio.org/hyperwar/USN/Admin-Hist/USN-Admin/img/USN-Admin-p127.jpg。该系统比英军的机载雷达又进了一大步，后来发展成为美军全球作战指挥网络的关键装备。

图 2.18　E. King

1944 年年初，美国海军航空局的 Frank Akers 和 Lioyd V. Berkner 主持将上述研究转向研制空中早期预警（AEW，Airborne Early Warning）雷达，继续由麻省理工学院辐射实验室承担并很快研制出一种小型化、大功率的 APS-20 机载预警雷达。1945 年春，研制人员把它安装到一架鱼雷攻击机腹下，成功试飞了世界上第一架 TBM-3W 型舰载预警机（图 2.19，取自 http://war.163.com/11/0509/16/73KGV4P500014J0G.html）。1945 年初夏，其余 39 架 TBM-3W 型舰载预警机也正式交付使用。APS-20 雷达搜索能力比舰载雷达提高了 2 倍到 6 倍，可使舰队指挥员提早发现来袭的敌方飞机、潜艇和水面舰艇。该机采用无线数据链先向一艘水面支持舰艇的接收设备传送低空来袭敌机或敌潜艇的数据，再利用中继设备将数据转送到航母或其他舰艇上的作战情报中心及上级司令部，从而建成海军早期预警和指挥控制网络。

图 2.19　TBM-3W 型舰载预警机

1944 年，研制人员还开始将 APS-20 雷达和目标显示器及指挥控制通信设备安装在一架 B-17G 轰炸机上，后来建成了比 TBM-3W 更先进的岸基 PB-1W 型预警机（图 2.20，取自 http://upload.wikimedia.org/wikipedia/commons/7/78/Boeing_PB-1W_May_1949.jpg）。当时该机最首要的任务是发现和拦截日本"神风"自杀飞机。该机采取岸基部署方式，与舰载的 TBM-3W 预警机共同担负舰队防空预警任务，也兼作远程反潜飞机使用。美国海军在"二战"结束前共装备了 25 架 PB-1W 型预警机，一直服役到 1955 年。后来，美国海军先后装备了 E-1B 预警机（1960 年 1 月），E-2A 预警机（1964 年 1 月），E-2B 预警机（1971 年 12 月），E-2C 预警机（1973 年 12 月）。

图 2.20　PB-1W 型陆基预警机

1998 年 4 月 E-2K 鹰眼 2000 预警机试飞，2001 年开始交付使用。该机采用了新型任务计算机和高级指挥控制系统，能够为战区作战提供实时的任务支持和多层次作战管理任务，提高与其他作战平台的网络互联互通性。

2. 美国空军研制预警机并用于指挥空战

1953 年年底，美国空军开始装备海军研制的 WV-2 型预警机的改进型，即 RC-121 预警机，到 1955 年，共装备了 50 架。1963 年，美国空军也开始研制预警机，选用波音公司的 707-320B 客机作预警机。1977 年，研制成功 E-3 预警机。在 1991 年的海湾战争中，E-3 指挥了 40 次空对空作战，其中 38 次击落敌机。历史上第一次用预警机雷达记录下了所有空战经过程。

2.1.12　冷战时期美军建设的防空网络

1. 世界上第一台电子计算机的司法判决

在 1937 年至 1939 年 10 月间，美国 Iowa State University 物理系副教授 John Vincent Atanasoff（1903.10.4—1995.6.15）和研究生 Clifford Berry（1918.4.19—1963.10.13）研制成功了世界上第一台电子计算机。它采用二进制运算，能解含有 29 个未知数的线性方程组。装有 300 个电子管执行数字计算与逻辑运算，还装有两个记忆鼓，使用电容器来进行数值存储，以电量表示数值。数据输入采用打孔读卡。该机已经包含了现代计算机中四个最重要的基本概念。该机称为 Atanasoff-Berry Computer，简称 ABC 计算机。图 2.21 取自 http://www.ushistory.org/more/eniac/images/atanasoff.jpg。图 2.22 取自 http://www.ushistory.org/more/eniac/images/berry.jpg.

图 2.21　J. V. Atanasoff　　　　　　　图 2.22　C. Berry 在 ABC 计算机旁

1973 年，美国最高法院裁定，世界最早的电子数字计算机应该是 Atanasoff 和 Berry

于 1939 年 10 月制造的计算机。此前之所以人们误以为 1946 年研制的 ENIAC 是世界最早的电子数字计算机[21]，是因为 ENIAC 研制者之一 John Mauchly 于 1941 年剽窃了 Atanasoff 的研究成果。1990 年，美国时任总统布什授予 Atanasoff 美国最高科技奖项——国家科技奖。

1943 年 6 月 5 日，美国陆军签约资助研制"电子数值积分器和计算机"（ENIAC，Electronic Numerical Integrator And Computer），它主要用于陆军弹道研究实验室（Ballistic Research Laboratory）。由美国宾夕法尼亚大学莫尔电工学院研制并于 1946 年 2 月 14 日宣告成功。其运算速度为每秒执行 5000 次加法或 400 次乘法，它体积庞大，占地面积 170 多平方米，重量约 30 吨，使用 18800 个电子管，耗电近 150 千瓦。ENIAC 于 1955 年 10 月 2 日最终停止使用。图 2.23 取自 http://www.fi.edu/learn/case-files/eckertmauchly/team.html。

图 2.23　ENIAC 计算机

2. 半自动化防空预警和指挥系统 SAGE 开创了网络时代

1950 年，美国与加拿大组建北美防空司令部，开始研究在阿拉斯加建设世界上第一个半自动化防空预警和指挥系统（SAGE，Semi-Automatic Ground Environment），防御前苏联轰炸机攻击[22]。图 2.24 是该中心的指挥室，采用了大屏幕投影、数据显示及控制台。图 2.25 是该中心的计算机室，采用"双备份"，安装了两台 IBM 公司制造的电子管计算机 AN/FSQ-7（各有 55000 个电子管，每台整机重达 275 吨），用电 3 兆瓦，占用了一层楼（后来升级成集成电路计算机，用电量、体积和重量均大大减少）。此计算机利用调制解调器经电话线与多个雷达站连接，接收雷达站用实时数字数据处理机 AN/FST-2B 发送的数字化格式目标数据。该处理机可自动将雷达输出的模拟数据转变为数字化格式的数据。该计算机还可用调制解调器经电话线与其他中心的计算机联网，成为世界上第一个计算机广域通信网络。图 2.24 及图 2.25 均取自文献[22]。

图 2.24　SAGE 指挥控制中心的指挥室　　　图 2.25　SAGE 指挥控制中心的 AN/FSQ-7 计算机室

1968 年，美国研制了世界第一个采用数据分组交换通信协议的计算机通信网络 ARPANET 并用于 SAGE，它是现已遍及世界的因特网的基础。此前，1962 年，Lawrence Roberts（1937—）开始思考利用数据分组交换通信来构建计算机网络的设想[23, 24]。1966 年，他成为美国防部高级研究计划局（DARPA）信息处理技术办公室（IPTO）负责研制 ARPANET 的项目主管，后来他被尊称为 ARPANET 之父。1983 年，美国国防部将 ARPANET 分成两部分：军用网络 MILNET 及以 ARPANET 为主体与其他网络互连而成的新网络（称为因特网或互联网）。由此，因特网正式诞生，人类开始进入网络时代。图 2.26 取自 http://www.techcn.com.cn/index.php?doc-view-148223.html。

图 2.26　L. Roberts

　　SAGE 项目历时三十多年，耗资非常庞大，总经费支出至今不明，但有人估计按 1964 年美元市值计算约为 80 亿～120 亿美元，若按 2011 年美元市值计算约为 600 亿～900 亿美元，超过 1942—1946 年美国研制原子弹的曼哈顿计划的总经费支出（按当时美元市值计算约为 20 亿美元，若按若按 2013 年美元市值计算约为 258 亿美元）[22, 25]。

3. 联合监视系统 JSS

　　1984 年，美国与加拿大建成北美防空防天司令部管辖下的联合监视系统（JSS），取代了 SAGE。JSS 主要包括：司令部指挥中心、3 个地区级指挥中心（加拿大地区、美国 48 个州地区与阿拉斯加地区）、6 个分区级防空作战控制中心（加拿大境内 2 个、美国本土 48 个州内共 4 个）以及 94 部雷达（加拿大 23 部、美国本土 54 部、阿拉斯加 17 部）组成，另外还有 30 余架 E-3 空中预警飞机配合工作。

2.1.13　美国建设全球指挥控制系统 WWMCCS

1991 年，美国建成"全球指挥控制系统"（WWMCCS），主要由国家、美军各作战司令部、国务院、中央情报局等部门的指挥控制系统组成，包括 10 多种探测系统、30 多个指挥中心、60 多个通信系统。美国还拥有可根据联合作战需要由多军种组建的战术级指挥控制系统。它首次在 1991 年海湾战争中使用。该系统原称全球军事指挥控制系统，是美国 1962 年 10 月组建的战略 C（U3）I 系统，主要由国家军事指挥系统、美军各作战司令部及国务院、中央情报局等政府有关部门的指挥控制系统组成，包括 10 多种探测系统，如侦察卫星、预警卫星、预警飞机、地面雷达预警网等。有 30 多个指挥中心：国家地下、地面、空中指挥中心，北美防空防天司令部指挥中心，航天司令部地下、地面指挥中心，各联合司令部和各战区指挥中心等。60 多个通信系统，如国防通信系统、国防卫星通信系统、舰队卫星通信系统、极低频和甚低频对潜通信系统等。全球军事指挥控制系统的主要任务是保障国家最高指挥当局、参谋长联席会议、各联合司令部和特种司令部指挥控制的需要，用于监视当前态势、判断情况、快速反应、管理部队和指挥作战。全球军事指挥控制系统最初是由一系列现成的设备拼凑在一起，没有整体设计，也没有统一的管理机构，数字格式不统一，互连有困难，组建后 10 年仍然是一个松散的联合体。20 世纪 70 年代初成立以国防部副部长为主席的全球军事指挥控制系统委员会，作为该系统的管理机构，同时进行设备改造，更换了计算机，统一了数字格式，实现数据处理设备标准化。1991 年在海湾战争中，该系统又暴露出兼容性、互通性和信息共享能力差和设备老化等问题。经过大规模改进，于 1995 年年底更名为"全球指挥控制系统"。

2.1.14　军事卫星网络

1. 前苏联发射了世界第一颗人造卫星

1903 年，俄国科学家康斯坦丁·齐奥尔科夫斯基（1857—1935 年）于 1903 年出版了《利用喷气推进装置探索太空》，这是使用火箭发射航天器的第一本学术著作。他第一个研究了从火箭到人造地球卫星、关于建立近地空间站和星际航行的中间基地问题、在长时间宇宙飞行中的医学和生物学问题，在火箭技术和宇航理论领域做出了开创性的贡献。图 2.27 取自 http://xueke.maboshi.net/wl/wlgj/wlsh/htsh/19929.html。他计算出围绕地球旋转所需的最小轨道速度是 8 千米/秒，他提出了人类可利用液态氢和液态氧作为推进剂的多级火箭飞向太空[26]。人们都熟悉齐奥尔科夫斯基的名言："地球是人类的摇篮，但人类不会永远生活在摇篮里，首先，他

图 2.27　康斯坦丁·
齐奥尔科夫斯基

们将小心翼翼地穿出大气层，然后便去征服整个太阳系。"

1957 年 10 月 4 日，前苏联发射了世界第一颗人造卫星"斯普特尼克 1 号（俄文为 Спу́тник-1）"[27]，其总设计师为谢尔盖·科罗廖夫（1907.1.12—1966.1.14）。图 2.28 取自 http://baike.haosou.com/doc/5956743.html。图 2.29 取自文献[27]。

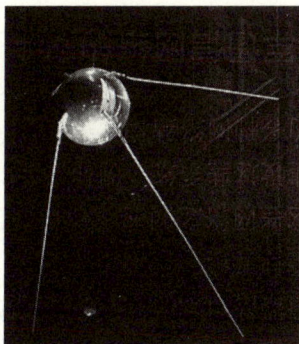

图 2.28　谢尔盖·科罗廖夫　　　　　图 2.29　世界第一颗人造卫星"斯普特尼克 1 号"

2. 中国的万户——世界航天第一人

中国是最早发明火箭的国家，早在 2000 年前，中国人就发明了"起火"，是当今火箭的雏形。在公元 970 年左右，冯继升向宋太祖赵匡胤献上了自己发明的火箭技术，并当场做了表演。《宋史·兵志》上所记："时兵部令史冯继升等进火箭法，命试验，且赐衣物、束帛。"

美国火箭专家 H.S. 基姆（Herbert S. Zim）在 1945 年出版的《火箭和喷气发动机》（Rockets and Jets）一书中写道："必须提一下万户（Wan Hoo）的事迹，这位生活在大约 14 世纪晚期（大约是明洪武朱元璋时期）的中国官员，是实验用火箭上天的第一人。他坐在椅子上，椅子下面捆绑了 47 枚当时可能买到的最大火箭。他把自己捆绑在椅子上面，两只手各拿一个大风筝。然后叫他的仆人同时点燃 47 枚火箭，想借火箭向前推进的力量，加上风筝上升的力量飞向天空，然而随着一声巨响，万户消失在火焰和烟雾之中，火箭发生爆炸，万户为此献出了生命。人类首次火箭飞行尝试没有成功"。苏联两位火箭学家费奥多西耶夫和西亚列夫在他们的《火箭技术导论》中说，中国人不仅是火箭的发明者，而且也是"首先企图利用固体燃料火箭，将人载到空中去的幻想者"。英国火箭专家 W. 查克斯韦尔说："Wan Hoo 的事迹是早期火箭史中一件有趣的重大事件"。德国火箭学家威利·李在他 1958 年出版的一本书中也说到，在公元 14 世纪左右，Wan Hoo "在发明并实验一种火箭飞行器时，颇为壮烈地自我牺牲了"。为了纪

图 2.30　世界航天第一人万户的纪念雕塑

念万户，国际天文学联合会已将他的名字用来命名月球背面东方海附近的环形山。图 2.30 是世界航天第一人万户的纪念雕塑。取自 http://baike.baidu.com/subview/57486/10950759.htm。文献[28]指出，万户就是元末明初的陶成道，他以火器神技艺助明朝皇帝朱元璋开天下，被封万户，去世时间为明洪武二十三年（1390 年）。

3. 美国火箭专家戈达德发射了世界第一枚液体火箭

罗伯特·哈金斯·戈达德（Robert Hutchings Goddard，1882.10.5—1945.8.10）是美国火箭专家，液体火箭的发明者，被公认为现代火箭技术之父[29]。

1926 年 3 月 16 日，在马萨诸塞州的奥本（Auburn）冰雪覆盖的原野上，他发射了世界第一枚液体火箭。图 2.31 取自文献[29]。火箭长约 3.4 米，发射重量为 4.6 千克，空重为 2.6 千克，飞行时间约 2.5 秒，最大高度为 12.5 米，飞行距离为 56 米。

1930 年 12 月 30 日，Goddard 研制的一枚新的液体火箭发射成功，高度达到 610 米，飞行距离 300 米，飞行速度达到 800 千米/小时，打破了以往的火箭飞行纪录。

1931 年，他在火箭发射试验中，首先采用了现代火箭目前仍然使用的程序控制系统。

1932 年，他首先用燃气舵控制火箭的飞行方向。同年，首次解决了用陀螺仪控制火箭飞行姿态的问题。

图 2.31　R. Goddard 于 1926 年 3 月 16 日在世界第一枚液体燃料火箭的发射架旁

1935 年，Goddard 研制的液体火箭最大射程已达到 20 千米，时速达到 1103 千米，是人造飞行器第一次超过音速，飞行高度达到海拔 2.6 千米。

1941 年 9 月，Goddard 获得一项 6 个月的合同，为海军和陆军航空部研制一种液体燃料起飞助推火箭。这年年底太平洋战争爆发。为了战争的需要，美国政府于 1942 年委任他为海军研究局主任。他不仅圆满地完成了研制飞机起飞助推火箭的合同任务，并进行了变推力液体火箭的研究。可惜，从小体弱多病的 Goddard 这时肺结核病已到晚期。他不顾朋友和医生的忠告，仍然忘我地工作，取得了许多研究成果。1944 年 6 月，Goddard 从德国人的 V-2 导弹残骸中发现，德国人的火箭竟与他制造的火箭一模一样。虽然不能肯定 V-2 直接使用了他的研究成果，但至少可以证明，他可以研制出与 V-2 同样先进的火箭。在日本投降的前夕，即 1945 年 8 月 10 日，Goddard 逝世。

Goddard 一生为火箭事业做出了重大贡献。然而，当时的美国政府却没有认识到他的贡献的重要意义，没有给予他应有的支持。20 世纪五六十年代，前苏联在洲际导弹、人造地球卫星及载人航天等方面领先于美国，引起美国民众的强烈反响。在历史的检讨中，美国于 1961 年发表了 30 年来 Goddard 研究液体火箭的全部报告，使 Goddard 获得"美国火箭之父"的尊称。设立于 1959 年的美国国家航空航天局 Goddard 太空飞行中心就是以他的名字命名，在这个空间中心的入口处建有一块纪念碑，碑上刻着他的一句名言："很难说有什么办不到的事情，因为昨天的梦想可以是今天的希望，而且还可以成为明天的现实"。月球上 Goddard 环形山也是以他的名字命名。

4．美国在海湾战争中应用的军事卫星网络

世界上最早部署军事卫星网络的是美国。1991 年海湾战争中，美英等多国部队共动用军事卫星 33 颗。在 1999 年科索沃战争中共动用军事卫星 50 多颗，在 2001 年阿富汗战争中先后动用军事卫星 50 余颗。

美国的军事卫星网络，包括通信、导航、侦察、预警和气象卫星等[30]，简介如下。

（1）通信卫星网络

1991 年海湾战争，多国部队前线总指挥传送给五角大楼的战况有 90% 是经卫星通信网传输的。其中国防卫星通信系统提供了战区内和战区间全部卫星通信的 75%。多国部队以美国全球军事指挥控制系统（WWMCCS）为核心，进行战略任务的组织协调工作，以国防数据网（DDN）为主要战略通信手段，用三军联合战术通信系统（TRI-TAC）来协同陆、海、空的战术通信，构成完整的陆、海、空一体化通信网。多国部队共动用了 14 颗通信卫星，包括用于战略通信的"国防通信卫星"II 型 2 颗，"国防通信卫星"III 型 4 颗；用于战术通信的舰队通信卫星 3 颗，"辛康"IV 型通信卫星 4 颗。还有一颗主要用于英军通信的"天网"IV 通信卫星。

（2）导航卫星网络

1958 年，美国军方开始研制导航卫星系统，通常简称 GPS（Global Positioning System），1964 年投入使用。20 世纪 70 年代，美国陆海空三军联合研制了新一代 GPS。1991 年海湾战争时，美国 GPS 由 16 颗卫星组网，对取得战争全面胜利起了重要作用，例如：

① 为海军和空军从防空区外发射对地攻击导弹提供中段制导，使其能更准确地捕获目标。

② 提高飞机导航、对敌雷达等定位及测定被击落飞行员位置的准确性。

③ 为地面部队提供更精确的地面导航。GPS 对于在毫无地貌特征的沙漠里进行地面作战非常有用，它帮助美军第 7 军成功穿越沙漠发动袭击。

④ 可以更精确地标记陆地和海洋雷区及更有效排雷。

（3）测地卫星

当时，许多科威特、伊拉克和沙特阿拉伯的地图是不精确的。测地卫星及时提供了该地区最新的、非常精确的地图，还能显示海岸线附近的浅水区。

（4）气象卫星网络

多国部队利用国防气象卫星和民用气象卫星预报伊拉克地区快速变化的天气形势，还用于确定风向并预防化学战剂可能的扩散并预报沙尘暴和其他天气现象，还利用国际海事卫星极大地改善了军舰航行中的天气预报质量。

（5）导弹预警卫星网络

在海湾战争中，美军至少将两颗预警卫星转到战区上空，用于监视伊拉克飞毛腿战术导弹的发射并预报落点，给前线提供 90 秒的预警时间。还用于引导爱国者导弹进行拦击并轰炸其发射架。

2.1.15　美国的全球信息网格

美国的全球信息网格（GIG，Global Information Grid）是继因特网、万维网之后的第三代网络，是计算机网络发展的新阶段。其全球应用层次包括军用和民用，如军队的指挥控制系统、全球战斗支持系统[31]。

1999 年 9 月 29 日，美军国防信息部门向国防部提出建设全球信息网格的建议。2000 年 3 月 31 日，美国国防部发布了关于全球信息网格的指南和政策备忘录。2001 年 9 月，美国国防部在《网络中心战报告》中又对全球信息网格计划作了全面的描述，指出全球信息网格将成为美军未来信息保障的数据中枢，成为战争中以武器平台为中心向以网络为中心转变的关键。

按照美国国防部的计划，全球信息网格将分三个阶段实现：2003 年前，初步形成将国防部和各军种现有的系统集成到一起的信息环境；2010 年前，初步实现全球信息网格未来系统的总体蓝图；到 2020 年，全面完成全球信息网格的建设。

2.1.16　世界各国的导弹防御系统

导弹防御系统是一个国家对来袭导弹，如洲际弹道导弹或其他导弹的导弹防御系统。美国、俄罗斯、中国、印度和以色列等多国都研制了导弹防御系统[32]。它包括来袭导弹预警卫星网络、远程搜索雷达网络，拦截导弹基地（分为陆基、海基和空基）网络，目标识别、引导、指挥控制和通信网络等多层次防御网络。

1. 美国的导弹防御系统

美国克林顿总统于 1993 年 5 月宣布终止"星球大战"计划，开始着手"弹道导弹防御"计划。该计划包括两个部分：用于保护美国海外驻军及相关盟国的"战区导弹防御系统"（TMD，Theater Missile Defense）和用于保护美国本土的"国家导弹防御系统"（NMD，National Missile Defense）。2002 年，布什总统将导弹防御系统扩展为由陆基、海基和空基拦截导弹组成的多层次防御网络。2005 年 2 月 24 日，海基拦截系统测试成功。标准 3 型导弹（SM-3）成功拦截了靶弹。2006 年 9 月 1 日，陆基中段拦截系统测试成功。末段高空区域防御系统（THAAD，Terminal High-Altitude Area Defense）是美国陆军正在研制的系统，计划利用陆基导弹拦截处于下降阶段的来袭导弹。目前只有美国海军的"宙斯盾"弹道导弹防御系统可以拦截处于上升段的来袭导弹。因为它可在国际水域机动，雷达探测范围达 400 千米，具有更高的安全性。2012 年 10 月 24 日，美军开展了迄今规模最大，也是最复杂的一次导弹拦截试验。共发射了 5 枚目标导弹，其中 4 枚被成功拦截。自 2001 年以来，美军各种弹道导弹防御系统已在 71 次拦截试验中成功完成 56 次拦截，成功率接近 80%。参演的海基"宙斯盾"反导系统、陆基"爱国者-3"反导系统及 THAAD 系统实现了多系统的作战集成，一定程度上检验了美国弹道导弹防御系统的整体作战能力。

2. 俄罗斯的导弹防御系统

俄罗斯的导弹防御系统主要由早期预警系统、指挥控制系统和拦截打击系统三大部分组成。目前，俄罗斯正在逐步更新现有的 20 多颗导弹预警卫星、照相侦察卫星、电子侦察卫星，建立预警卫星网络，并提出建立全球预警系统网络的国际合作计划。全球预警系统网络由 18 颗中高轨道卫星组成，可全天候对全球进行不间断侦察并预报导弹的发射。

2011 年 12 月，在航天兵的基础上，俄组建了空天防御兵，建立统一的防空、反导和导弹预警指挥控制系统，主要装备包括空军军区和地空导弹旅（团）的指挥自动化系统，电子对抗部队和空天导弹防御系统的指挥自动化系统。

俄罗斯的拦截打击系统已发展了五代、共 20 余种地空导弹系统，形成种类齐全、空域配套的防空导弹系列。目前主要使用各型 S-300、S-400、山毛榉-M1、托尔-M1、奥萨河-AKM 和通古斯-M1 等防空系统。

3. 以色列的导弹防御系统

以色列的导弹防御系统主要有三层，低层是"铁穹"（Iron Dome）近程导弹防御系统，中层是"大卫投石索"（David's Sling）中程导弹防御系统，高层是"箭"（Arrow）系列战区导弹防御系统。

箭式系统是美国和以色列防卫合作的中心，美国给以色列提供大量经费，联合研制、联合生产拦截导弹。它是世界上第一个部署的战区导弹防御系统，用于拦截来自伊朗的远程导弹，也是美国建设自身导弹防御系统的重要组成部分。2012 年，以色列的中程反导系统成功拦截射程达 300 千米的中程导弹，并用提前部署的"铁穹"近程反火箭弹系统进行实战检验，拦截来自加沙地带和黎巴嫩真主党游击队发射的短程火箭。2012 年 11 月 14 日至 21 日，以色列提前部署了 1 套"铁穹"Block 2 型火箭弹近程防御系统与 4 套

Block 1 系统，共对 1400 枚多枚火箭弹执行了 421 次拦截，成功率 88%。新型"铁穹"系统由一部雷达和一部指挥控制车及 3 组 20 联装拦截弹发射系统组成，据称在这次冲突中减少了 50 万人撤离家园的巨额损失。

2.1.17　在生物武器防御作战中使用的网络

在生物武器防御作战中，需要研究生物网络来了解造成疾病的机理。公共卫生机构需要利用各种社会网络进行跟踪监测、防止疾病传播和治疗疾病[33]。图 2.32 简单描述了网络在防范对美国的生物武器攻击中的作用（取自文献[33]）。

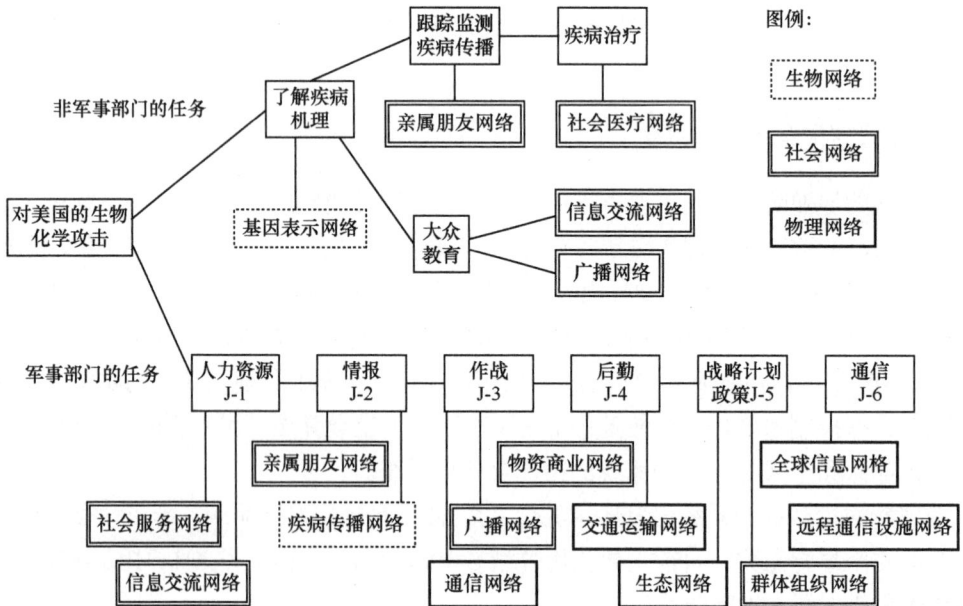

图 2.32　在生物武器防御作战中使用的网络

2.2　美军建设大型网络、进行网络战的经验教训和有争议问题

2.2.1　美军防空司令部指挥控制网络的虚警事故

1979 年和 1980 年，北美防空防天司令部和战略空军司令部指挥控制网络先后发生两次惊动美国高层领导的虚警事故[34]。

1．训练磁带事件

1979 年 11 月 9 日上午 9 时，美国北美防空司令部夏延山基站、五角大楼的国家军事指挥中心、马里兰州里奇堡的国家预备军事指挥中心的计算机都不约而同地显示，苏联发动了旨在摧毁美国指挥系统和核力量的大规模核打击。美国立即召集了一次由三个指挥所高级军官参加的威胁评估会议。"民兵"导弹发射控制中心收到了美国受到大规模核打击的初步警报。防空歼击机部队都处于高度的戒备状态，至少有 10 架战斗机已起飞升空。甚至连国家紧急空中指挥所，即总统的"末日飞机"也受命起飞，只是总统不在机上。后来经确认，是由于一盘训练磁带错误插入了正在运行国家早期预警程序的电脑中，导致了这场虚警事故。

2. 电脑芯片故障

1980 年 6 月 3 日，美国国防部的一部计算机接连两次发出苏联地面发射的导弹和潜艇发射的导弹正朝美国飞来的警报。屏上显示的来袭导弹的数目好像是随机数字，一会儿显示两枚导弹来袭，过一会儿又变成了两百枚导弹来袭。美国战略空军司令部的所属部队迅速处于紧急战备状态。美国召开了威胁评估会议，再次核查了早期预警体系的原始数据，结果发现苏联并未发射任何导弹。事后的调查表明，因为一块电脑芯片失灵，导致出现了上述来袭导弹的随机数字。

2.2.2　美军对伊拉克军事指挥控制网络的攻击效果不佳

在 1991 年海湾战争中，美军经过相当艰难的努力才打垮了伊拉克的军事指挥控制网络。战争结束后发现伊军网络使用的是当时市场上就可买到的因特网路由器，具有先进的动态路由选择技术，使得伊军指挥控制网络具有较好的线路恢复和抗打击能力。因为美军没有对这些路由器进行有效打击，所以迟迟没有完全切断伊军指挥控制网络，直到最后伊军还有一条主要干线的光纤电缆未被切断。这是军事历史上最早的对因特网攻击战例。

2.2.3　伊拉克战争暴露出美军通信网络设计的弱点

在 2003 年伊拉克战争初期，美军发现伊军使用了 GPS 干扰机对美军卫星通信网络发动攻击，可有效降低美军的多种 GPS 精确制导武器的命中率。2003 年 3 月 25 日，美军的 V. 雷诺尔顿少将在驻卡塔尔中央司令部的记者招待会上称，已摧毁了伊拉克的 6 台 GPS 干扰机。与此同时，美国总统 G. W.布什打电话给俄罗斯总统普京，指责俄罗斯公司向伊拉克出售了武器装备并特别提到了卫星信号干扰设备。白宫发言人也表示对于有关俄罗斯公司向伊拉克提供 GPS 干扰机的报告十分关注。美国政府和军方的上述一系列动作表明 GPS 干扰机在一定程度上打中了美军卫星通信网络抗干扰能力较弱的"软肋"。

在这次战争中，美军通信网络还经常出现由于带宽不足造成的通信阻塞问题。当时带宽最高峰值速率是 1991 年沙漠风暴作战的 30 倍，其中有 84% 的带宽由美军被迫紧急租赁的民用卫星提供。图像传输量剧增是其中的重要原因。例如，远在美国大陆的指挥中枢通过卫星直接控制 16 架"天敌"和 1 架"全球鹰"式无人机，占用了大量传输带宽来传送侦察图像，迫使管理人员关闭了一些低优先级别的通信设备。出现这一问题的原因是，美军通信网络缺乏预先的全局优化设计。

2.2.4　美军建设的全球最大内部网络未达标

2006 年 12 月，美国国会政府问责局发表报告指责耗资 93 亿美元、拥有 65 万用户、拟将 1000 多个内部网络一体化的全球最大内部网络——美国海军与海军陆战队内部网络计划的 20 项指标只有 3 项达标。其依据是对海军和海军陆战队各级作战指挥官的问卷调查，调查的三个主题是对军事任务的支持、网络管理及服务。

过去多年来，美军各军兵种未制定统一的全局优化计划就各自建设了使用非机密通信规程的路由器网（因特网），以及使用秘密通信规程的路由器网 NIPRNET 及 SIPRNET。上述网络由全球光缆、微波塔、低轨道和高轨道卫星等构建，一些专家早就怀疑是否能真正实现在这些网络之间的一体化，他们指出，我们仍在研制烟囱系统，我们的领导机构仍在批准建设这些系统。例如，全球指挥和控制系统还在使用 16 个不同的数据库，采用各军兵种的多种网络结构。

2.2.5　美军通信网络的安全漏洞

现在美军的全球指挥控制系统仍然基于过去 ARPANET 的通信协议，存在很多安全漏洞。例如，2003 年 10 月，一个黑客经由民用因特网闯入并迫使许多军方网站临时关闭。许多专家认为，传统的网络安全设施需要更新换代，现有的网络安全技术急需创新发展。仅仅被动地打补丁、堵漏洞不能彻底解决因特网的安全问题，只有开创新思路、大力发展网络科学、研发新技术、建立新机制、制定新措施，才能从根本上消除因特网等关键信息基础网络设施存在的不安全因素。当前，迫切需要网络科学研究因特网的重大安全问题是：对于复杂的、多层次的、覆盖全球的因特网，如何从全局着手，优化网络安全性能和抗打击能力，预防未来可能发生的灾难性攻击。

2.2.6　在反恐战争中美军无人侦察通信网络出现泄密问题

目前，无人侦察和攻击飞机已经成为美军最重要的军事武器之一，但是这些无人机的通信网络却没有加密保护。据美英媒体的报道，美国国防部一位不愿透露姓名的高级官员于 2009 年 12 月 17 日证实，伊拉克的一些什叶派武装分子使用一些软件侵入了美军无人机通信网络，获取了美军的重要军事情报。这些软件在互联网上就有出售，像 SkyGrabber 软件，售价才 25.95 美元。2008 年 12 月，美军在伊拉克抓获一名什叶派武装分子，在他的笔记本电脑中发现了武装分子截获的无人机上的视频。这些入侵事件表明武装分子也有可能控制美军无人机来攻击美军或英军的海外基地，甚至袭击美国本土。据悉美国国防部近日已紧急要求对伊拉克、阿富汗和巴基斯坦部署的所有无人机通信网络进行加密。

2.2.7　网络作战既可产生巨大效益，也潜藏着巨大风险

近年来，美军有专家指出，虽然使用了非常复杂的网络中心管理技术，美国公司的经济表现不佳。例如，知名的拥有数十亿美元对冲基金的长期资本管理公司（LTCM），以及高科技公司思科系统（Cisco Systems），都使用了先进的网络系统而获得竞争优势。然而，在 1998 年，在美国政府要求银行财团补助它的贸易损失后，长期资本管理公司的交易损失导致全世界金融危机。在 2001 年，思科系统公司不得不拿出 22.5 亿美元库存来补充亏损。造成上述问题的原因是管理者过分信任信息网络提供的信息，忽略了当时已经见诸媒体的市场报警信息。

事隔 10 年之后的 2008 年，堪与 20 世纪 30 年代美国大萧条相比的金融海啸又在美国突发，它起源于次贷危机，席卷了房地产、金融、能源、汽车等多个行业，波及全世界。美国政府拥有全球最先进的信息网络，却没能及时发现。这再次证明上述专家所说的"过分依赖信息网络的巨大风险"确实存在。网络化的军队也面临过分依赖信息网络的巨大风险，急需利用网络科学对此风险进行预测研究。正如美国科学院的研究报告《网络科学》所言，"实现美军向网络中心作战的转型，可能是美国政府历史上最复杂的任务，它可以和第二次世界大战及对前苏联的冷战相比，是长期、困难、高费用和高风险的任务"。

2.2.8　在网络战争中，最有可能遭受巨大损失的是美国

2007 年，美国空军为有效展开网络战，资助兰德公司展开了专项研究。2009 年，兰德公司发表了 Martin C. LibiCki 撰写的《网络威慑与网络战争》的研究报告指出[35]，相比世界上其他国家，美国的军队和民间都高度依赖计算机网络。一旦网络空间发生战争，最有可能遭受巨大损失的是美国，而较少依赖网络的国家受损较小。Libicki 认为，很难预测一次战略性电脑网络战的破坏性。电脑网络战能对整个战争做出多大贡献是很难预测的，甚至在很大程度上是不可知的。如果美国遭受当今类型的电脑网络

攻击，预计每年造成的损失可能价值数十亿至数千亿美元。他引用了美国情报局长
（DNI）M. McConnell 的说法："电脑网络攻击每年使美国经济损失达 1000 亿美元"。
Libicki 强调：未来的敌军在受到美军的战略性电脑网络战攻击时，一定会还击。而且，
可能不仅只是袭扰我方的电脑网络。因此，电脑网络防御才是美军在网络空间最重要
的任务。空军必须认真研究制定自己的电脑网络防御作战的目标、组织结构、政策、
战略和战术。他还指出，对美国空军而言，推而广之，对美国而言，不应该将战略性
电脑网络战作为优先投资领域。战略性电脑网络战只可能扰乱敌方，但不可能解除敌
方的武装。当然，由于实施电脑网络攻击有助于提高、甚至成倍地增加物理领域中的
作战效能，并且因为发展电脑网络战争能力的费用相对较少，所以美国还是值得发展
电脑网络战能力的。

2.2.9　不可低估网络战效能评估的复杂性，特别要正确评估网络战中人的因素

据 2003 年的 NCOCF 1.0 介绍[36]，RAND 研究了一种分析模型，试用于空战中只使
用语音与使用语音加 Link-16 数据链的两种不同信息系统的对比，计算了 NCW 指标体系
中的 8 项主要指标效能值。双方数值的对比用图 2.33 所示的"蜘蛛网络图"显示（该图
取自文献[36]）。两个系统只有"群体信息"效能值相同，其他的效能值差距较大，包括
网络连接质量、信息共享能力、个人信息质量、信息共享程度、态势感知共享程度、动
作/实体同步程度及双方作战损失比（用交换比表示：前者的战损率是后者的 8.11 倍）。
但是，据 1997 年的文献[37]介绍，美国空军统计了超过 12000 次空战对抗训练结果，交
战双方使用上述两种不同的信息系统的战损率比是 2.5 比 1。这表明 NCOCF 虽然能够初
步反映网络中心战的特点，但由于所提出的指标体系中尚未反映人的因素等重要指标，
低估了构建 NCW 效能评估指标体系的复杂性。另外，NCOCF 指标体系中定量与定性指
标均有，难于将指标数值进行规范化和综合，可信度有待进一步提高。

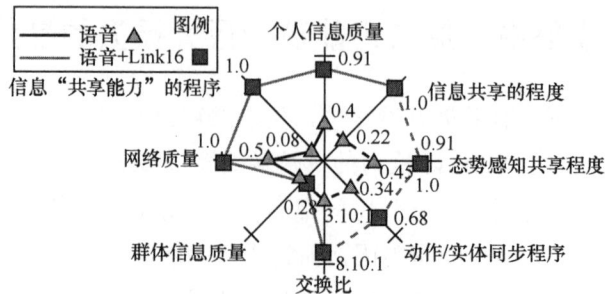

图 2.33　RAND 公司关于空战中只使用语音与使用语音加 Link-16 系统的对比

2.2.10 既要研究网络科学的普遍规律，更要研究网络战中军事网络的特殊规律

近年来，一些网络科学家为促进军事网络科学研究，提出许多重要建议。例如，1999年 1 月，著名网络科学家 Barabási 的论文[38]指出，与因特网类似的网络是无标度网络，依靠准集中式的关键节点来快速连接邻节点，从而可以高效连接大量的并行分布式系统。Barabási 在 2013 年 2 月 18 日出版的英国皇家学会哲学会刊 A 发表了题为"网络科学"的论文[39]。他指出，目前基于因特网的万维网大约有 1 万亿个文件，其中绝大多数与其他网站的页面或文件之间的联系并不紧密。但是，拥有搜索引擎、索引和聚合等强大功能的少数网站却具有众多链接，成为整个万维网相互联系的关键节点。用户以任何一个网页为起点，最多只需要点击 19 次，便可到达其他任意一个网页。当然黑客也可以很快找到要攻击的网页。这种现状也暴露出了网络安全风险。由于关键节点的数量相对较少，因此一旦这些数量较少的关键节点遭到敌方攻击，便会导致大量页面相互无法实现互连，使整个网络出现大面积瘫痪。

军事网络科学的先行者和网络中心战研究的代表性人物之一 David S. Alberts[40]（1942—，图 2.34 取自 http://www.afcea.org/content/?q=node/1989）并不认同文献[38]的说法完全适用于军事指挥控制网络（以下简称 C2）。他在文献[41]和文献[42]中强调具有敏捷性的 C2 可以提供在作战中的一个决定性优势。网络中心战的 C2 系统使用类似因特网的网络作为基础设施，可能不利于实现敏捷的 C2。最近美军在伊拉克和阿富汗作战的经验支持了 Alberts 的观点。这些经验表明，具有类似因特网的大型 C2 和

图 2.34   David S. Alberts

超强情报、监视及侦察装备的美军，并不总是比采用传统人工通信的敌军具有信息优势。究其原因，Barabási 认为因特网的无标度网络结构优于其他网络结构，但是他没有考虑到民用因特网与军用 C2 的不同应用需求。因特网便于任意用户之间的信息交流（例如，文献[39]指出"用户最多只需要点击 19 次，便可到达其他任意一个网页"），而 C2 特别需要上下级之间在尽可能短的时间内更高效地传送信息。二者的一个主要区别是军事信息的价值对时间变化更敏感。本书第 4 章将进一步详细分析此问题，并启发军事网络科学研究人员既要重视研究网络的普适性规律，更要重视研究军事网络的特殊性规律。

Alberts 是为美国国防部服务的国防分析研究所（IDA，Institute for Defense Analyses）指挥控制研究计划（CCRP，Command and Control Research Program）的主管，该研究所属于联邦资助的研究和开发中心（FFRDC，Federally Funded Research and Development Center）。在此之前，他是美国国防部副部长办公室分管网络和信息集成（OASD/NII）的

负责人（引自 http://www.dodccrp-test.org/20thiccrtshome/）。

　　据文献[40]介绍，从 2001 年以来，Alberts 出版了下列 9 本书：《理解信息时代的战争》（2001 年），《放权到连边》[41]（2003 年），《信息时代的转型》（2003 年），《实验的战役：通往创新与转型》（2005 年），《了解指挥与控制》（2006 年），《规划：复杂的努力》（2007 年），《北约网络中心战指挥与控制的成熟模型》（2010 年），《敏捷性优势：复杂企业和努力的生存指南》[42]（2011，图 2.35 取自 http://www.dodccrp.org/html4/books_main.html），《指挥与控制中的大趋势》（2012 年）。近年来，Alberts 获得的荣誉包括：由美国国防部部长颁发的杰出公共服务奖，由航空周刊和空间技术杂志颁发的政府/军事桂冠奖，由国防和政府进步研究院（IDGA，Institute for Defense and Government Advancement）颁发的首届网络中心战奖（对于网络中心战理论最佳贡献奖）。

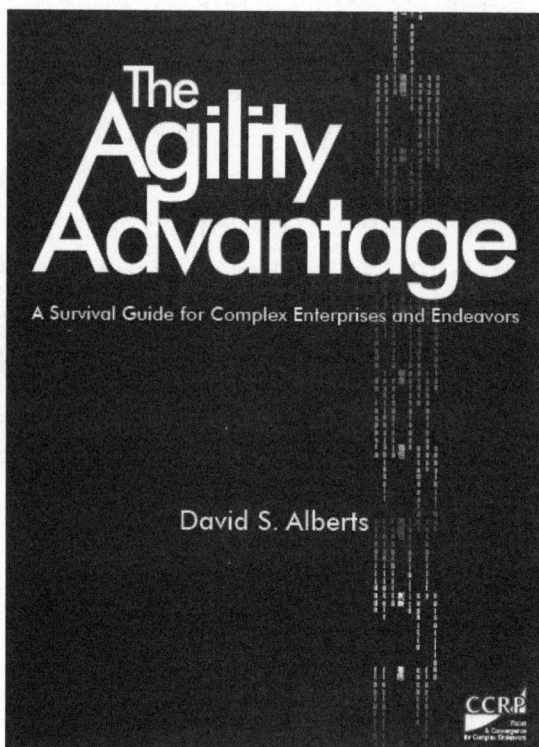

图 2.35　D. Alberts 的专著《敏捷性的优势》

2.3　美军重视探索军事网络科学

2.3.1　军事网络科学的一个基本任务

　　综上所述，自古以来，在各种军事领域积累了很多网络知识，但其中定性知识较多，而定量知识和数学模型较少，缺乏对有关知识进行全面的整合，特别是缺乏对于普适性规律和特殊性规律的定量描述。这是军事网络科学需要解决的基本问题之一。

2.3.2　国防大学成立信息资源管理学院培养网络战骨干人才

1. 信息资源管理学院概述

1988 年，在美国原国防部计算机学院（DODCI，DoD Computer Institute）基础上，国防大学（NDU，National Defense University）成立了信息资源管理学院（iCollege，Information Resources Management College）[43, 44]。

iCollege 于 1990 年制订了第一个教学计划。1994 年，首先开设了培养军队的首席信息官（CIO）及参谋人员的课程。1995 年，培养选拔出美军的第一代网络战骨干人才。至今已开设了大约 40 门研究生课程，可授予硕士学位，主要的专业领域包括：网络安全、信息保障、首席信息官、e 政府、财务总监、IT 项目管理及培养政府职务员的网络战略领导能力等。该院被国家安全局（NSA）认定为优秀的国家信息保障和网络教育中心，建立了多个网络战实验室，广泛开展了国内和国际合作。培养了超过 16000 名的学生，其中大约有 70%是国防部人员（大多为文职），其余的来自美国政府机构、美国私营企业和外国留学人员。该院现有教职人员 54 人，研究生 1900 多人。该院位于华盛顿特区的麦克奈尔堡（Fort Lesley J. McNair）。

在过去的 28 年中，iCollege 引领网络战教学，促进军事网络科学发展。该院不断发展和完善了网络战教学的理论、模型、实验，出版了多种高质量的教科书，将网络战建成为军事网络科学的核心子学科之一。

2. 网络安全和网络战实验室

iCollege 建立了若干网络安全和网络战实验室，例如：

（1）交互式的网络攻击/防御实验室，可以利用各种入侵技术进行对抗演习，提供了一个环境来检测计算机和网络的防御能力。

（2）交互式的危机管理/监控与数据采集（SCADA，Supervisory Control and Data Acquisition）实验室，可模拟对国家基础设施网络和工业控制系统（例如电力、石油、天然气气、水及交通运输网络）的各种攻击和保护方法。

（3）交互式的创新中心（Center for Innovation）：这是一种最新型实验室，是一个"教学生态系统"（instructional ecosystem）。它使用尖端技术，可灵活地集成最新的物理和技术要素，并可以访问多个学习环境。它促进了教学方法的创新，力求在"任何地方，任何时间"夺取网络战功能的优势。它是可灵活定制的教学空间，可在各种物理和虚拟现实之间互动。

3. 信息资源管理学院的领导人

从 2000 年起至 2014 年，Robert D. Childs 担任 iCollege 的院长长达 14 年[45, 46]。他是退役的美国空军上校，从 1991 年起，他就在该院担任教师和教务长。图 2.36 取自文献[46]。

在 Childs 的领导下，iCollege 积极为美国国防部和其他政府部门、大学、科研单位、学术协会及私营企业等服务，还与英国、爱沙尼亚、罗马尼亚、保加利亚、瑞典、瑞士、澳大利亚、新西兰、巴西、伊拉克、阿联酋、日本、中国、韩国、泰国及新加坡等国开展了合作。该院目前已居同类院校中的国际领先水平。

Childs 将在学院学习和"在线"学习相组合，创建了新型的交互式学习模式，并将其首先成功应用于上述三个实验室。该院由于利用虚拟世界演示各种网络教育和学习技术而广受欢迎。

图 2.36　Robert D. Childs

Childs 带领该学院及其成人员赢得了许多奖项。最具代表性的是：Childs 前所未有地获得五年（2001 年、2002 年、2009 年、2010 年与 2011 年）"联邦 100 大奖"，该奖项由《联邦计算机周刊》（*Federal Computer Week*）评选。2013 年，Childs 入选《政府计算机新闻》（*Government Computer News*）名人堂（Hall of Fame）。他曾获得国防部高级服务奖章（Defense Superior Service Medal）等军队颁发的多项奖励。

iCollege 现任院长是 Janice Hamby（图 2.37），美国海军少将，2012 年退役。她长期分管电信、太空和计算机等系统，曾在伊拉克的巴格达工作一年，获得国防高级服务勋章[43]。图 2.37 取自文献[47]。

图 2.37　Janice Hamby

2.3.3　组建陆军网络科学、技术与实验中心

2003 年 12 月 1 日，军事网络科学的先行者之一、美国陆军研究与实验室管理部门负责人（U. S. Army Director for Research and Laboratory Management）John A. Parmentola 在陆军科学技术委员会（BAST，Board on Science and Technology）建议将网络科学作为陆军一个新的研究领域[48]。BAST 隶属于美国科学院国家研究理事会（NRC，National Research Council），分管美国国家科学院对重要军事科技的研究。图 2.38 取自 http://www.kpbs.org/news/2012/may/21/better-nuclear-power-plant/。2004 年 9 月，BAST 开始了"网络科学在未来陆军的应用"研究项目。2007 年 7 月，出版了研究报告《陆军网络科学、技术与实验中心的政策》[49]。参见 2008 年 8 月出版的本作者所著《网络科学》第二卷的第

二章"美国军队有关网络科学技术与实验的研究及应用"[50]。
该报告建议陆军网络科学、技术与实验中心（NSTEC，Network
Science，Technology，and Experimentation Center）主要科研工
作如下：

（1）网络科学的理论探索；

（2）进行生物和社会网络（非物理网络）的军事应用和基
础研究；

（3）组织开展陆军的网络科学、技术与实验活动；

（4）完成用于提高网络中心作战能力的科技投资项目；

（5）进行利用社会网络提高陆军作战能力的科技应用研究；

（6）开发网络科学应用设施，用于陆军和联合作战。

图 2.38　John A. Parmentola

该报告建议 NSTEC 主要的组织机构如下：

（1）NSTEC 负责人直接归陆军研究发展和工程指挥部（RDECOM）领导；

（2）NSTEC 的核心是美国大学的研究开发中心及政府资助研究开发中心；

（3）NSTEC 包括两个重要组成部分：

① 陆军研究实验室/陆军研究办公室（ARL/ARO，其总部位于马里兰州的 Adelphi）
所属的所有网络科学技术实验单位；

② 陆军通信电子研究发展和工程中心（CERDEC，现在新泽西州的 Monmouth 堡）
所属的所有网络科学技术实验单位。

（4）NSTEC 还包括其他研究开发组织，网络科学技术实验单位。

该报告建议将 NSTEC 本部设在马里兰州的阿伯丁试验场（APG，Aberdeen Proving
Ground）。APG 曾是陆军最早的试验场，自 2005 年以来，它是国防部在建的最重要的科
学技术研究发展中心和大型基地之一。

2008 年 10 月 14 日，美国总统签署的 2009 财年国防授权法案的 PE 61104A 号预算，
专门拨款 1000 万美元用于该中心的基础研究。美国国会参议院和众议院的国防授权和拨
款委员会在对此项预算的联合解释性发言中指出："在编号 PE 61104A 的预算中，要求拨
款 1000 万美元，用于建立一个网络科学和技术研究中心。这是陆军仍然继续重视投资基
础研究的范例，特别是在当前由于作战和部队重组而严格控制预算经费之时。人们普遍
预计，对于网络科学的新投资可望使作战能力有很大提高"。"目前陆军计划建立一个统
一的网络科学和技术研究中心并要求拨款是很引人关注的。2007 年，美国科学院国家研
究委员会的报告'陆军网络科学技术和实验中心的政策'得出的结论是，'根据陆军的需
要，网络科学技术和实验中心应该是一个综合机构，由两个或三个集中设施组成，可以
与各种分布式配置的下属支持单位利用网络互连'"。"陆军现在决定建立网络科学技术研
究中心，这是很先进的分布式和网络化的研究机构。显然，应拨款支持此项研究工作，

但以往的多数资金主要支持网络化的研究和选择优秀的研究人员和单位"。"陆军进一步明确，PE 61104A 预算授权拨款的 1000 万美元不会用于建立网络科学技术研究中心的基础设施和设备研发，而是用于基础研究的资金。基础研究是一个重要而经费短缺的领域，应确保此项拨款用于指定的研究项目。这些资金不应该用于基础设施和设备研发"[51]。

另据 2012 年的文献[52]介绍，作为 NSTEC 的核心，与 APG 地区乃至美国各大学研究开发中心的合作项目也正在加速开展。APG 地区大学在新兴技术领域人才培养和科研合作方面有五项关键的合作机会，包括：

（1）体系（系统的系统）网络的发展，有助于 C4ISR 全生命周期的发展（原文是：System of systems network development that goes to the promise of C4ISR full life cycle development）；

（2）网络安全人才培养和应用研究合作；

（3）系统生物学，特别是在基因组学和蛋白质组学，参见 2010 年 3 月出版的本作者所著《网络科学》（第三卷，生物网络）[53]；

（4）高性能计算建模（原文是：High performance computing for modeling），它与理论研究、实验并称为科学研究的三大支柱，利用计算机模型和数值分析技术来模拟、评估和解决所研究的问题；

（5）新材料科学。

美国陆军研究实验室作为 NSTEC 的重要组成部分之一，还参与组织了两个网络科学合作联盟。2006 年，美国军方和英国军方组成两国网络与信息科学国际技术联盟（United States/United Kingdom International Technology Alliance in Network and Information Sciences），包括美国陆军研究实验室，英国军方和企业及大学。该联盟的目标是开展相关基础研究，支持两国家对网络中心作战的需求。2009 年，美国陆军组织了网络科学合作联盟（NSCTA，Network Science Collaborative Technology Alliance），包括陆军研究实验室、陆军通信电子研究发展和工程中心（CERDEC）和美国的 30 多个企业及大学的研究开发实验室[48]。

2.3.4　在西点军校建立网络科学中心和网络战靶场

美国军事学院（USMA，United States Military Academy）网络科学中心（NSC，Network Science Center，http://www.netscience.usma.edu）正式成立于 2007 年 4 月 1 日（引自 http://en.wikipedia.atpedia.com/en/articles/n/e/t/Network_Science_Center_8ebc.html），以下简称西点军校网络科学中心（USMA NSC）。该中心隶属于 USMA 的电子工程和计算机科学系，负责跟踪研究和应用网络科学这门新兴科学，并为当前和未来的陆军领导人员提供相关的教育和培训。其中的重要内容是网络中心战基础理论和应用研究及相关教学。美国国防部长办公室（OSD）指挥与控制研究计划（CCRP）管理部门为 USMA NSC 提供研究经费支持[54]。

　　2007 年，美国西点军校网络科学中心副主任 Frederick I. Moxley（图 2.39 取自 http://www.world-academy-of-science.org/worldcomp08/ws/keynotes/keynote_moxley）接受了美国《国防》杂志记者 Paul Serluco 的采访，介绍了西点军校成立的网络科学中心，在该杂志发表了题为"理解网络科学"的访谈录[55]。Moxley 现在是参与领导美国陆军发展军事网络科学的代表性人物之一。他曾获得两个博士学位：信息系统和科学博士学位及生物武器防御（Biodefense）博士学位[56]。

图 2.39　F. Moxley

　　陆军将建设网络科学中心和开设有关课程的任务下达给西点军校，此后，西点军校决定把建立网络科学中心、开展科研项目和开设相关课程作为学校最重要的工作之一。

　　科研项目包括一个为期 5 年、研究恐怖组织网络的 ELCIT 项目，帮助我们更深入了解因特网和其他信息技术怎样实现人员之间的网络连接，某些人怎样成为中心节点并在不同级别和层次无形中取得非正式的、实际上的权力。从此项研究中，我们能发现恐怖组织怎样宣传其思想意识形态，怎样实施他们的行动计划。

　　另一个研究项目是研制可用于军用战术因特网及民用因特网的称为 Ancile 的设备，它可以在士兵接近恐怖组织自制爆炸装置（IEDs，Improvised Explosive Devices）时自动报警。这个项目由陆军"联合防御爆炸装置项目办公室"（JIEDDO，Joint IED defeat office）资助，采用了将社会网络、认知网络和信息网络相结合的新技术。

　　还有其他一些有关从理论和实战两方面评估和改进网络中心战的研究计划。

　　2010 年 8 月 9 日，在网络安全实验测试学术会议（CSET 10）上，西点军校的 R. L. Fanelli 和 T. J. O'Connor 介绍了该校开设本科生课程《网络安全》的经验。其教学以实践应用为重点，分两个阶段实施[57]：

　　第一阶段是课堂教学，共有 18 节课。采用两本教科书：一本是 Skoudis 的《反计算机黑客实战步骤指南》[58]，另一本是 Bejtlich 的《网络安全管理》[59]。每两周有一次实验课。西点军校建立了信息战实验室（Information Warfare Laboratory），又称网络战靶场（Cyber Range）。建立此"靶场"的目的主要是为美军军校学员和教员从事网络作战训练与研究提供仿真环境。为网络作战模拟、推演、训练以及新作战理论研究和论证，提供了逼真的战场实验环境。在此，学生可使用多种网络（与外界网络隔离），包括目前使用的所有计算机操作系统，有多种网络的防御设施，还有与军队战术指挥控制网相连的网络，可以模拟针对国家大型基础设施计算机网络的攻防对抗，随时评估网络攻击或防御的效果，还可以研究网络武器[60]。

第二阶段中心任务是参与规划和实施国家的高层演习，即每年美国国家安全局（NSA，National Security Agency）的网络防御演习（CDX，Cyber Defense Exercise）[61]。

2.3.5　美国国防部《网络中心作战概念框架》

《网络中心作战概念框架》（NCOCF，Network Centric Operations Conceptual Framework）正在由美国国防部军队转型办公室（FTO）和国防部长办公室（OSD）指挥控制研究计划（CCRP）管理部门联合研究开发。目的是要建立一个效能指标体系，用于评价在 David S. Alberts 的《网络中心战：发展和利用信息优势》和《理解信息时代的战争》[40]等著作中提出的 NCW 新理论和概念。

2003 年 11 月，发布了 NCOCF 1.0[62]；2004 年 6 月，发布了 NCOCF 2.0[63]。2.0 版本扩展了 1.0 版本中提出的网络中心战 NCW 宗旨，并提出高度联网的军事力量之间如果能够进行信息共享和协同，则必将极大提高其完成军事或非军事行动的效果；提出了网络中心作战顶层概念并明确它们之间的关系，提出用以评价各个顶层概念的效能指标体系，给出了评价和验证 NCW 设想的过程和方法。

2.3.6　美国国防部《C4ISR 体系结构框架》与《国防部体系结构框架》

过去长期以来，美军各军兵种未制定统一的计划就各自建设了信息网络。美军一些专家早就怀疑是否能真正实现在这些网络之间的一体化，指出"我们仍在研制烟囱系统，我们的领导机构仍在批准建设这些系统。例如，全球指挥和控制系统还在使用 16 个不同的数据库，采用各军兵种的多种网络结构"[64]，增大了 C4ISR 各网络之间互连、互通和互操作的困难。例如，在 1991 年海湾战争中，美军联合司令部经常为传达同一作战命令的兵力分配方案，必须专派两架飞机分别飞赴位于波斯湾和红海的航空母舰传送不同格式的磁盘文件[65]。

为扭转这种局面，1995 年，美国国防部 C4ISR 系统综合任务委员会下属的综合体系专委会正式提出 C4ISR 体系结构概念。体系结构是组成系统各部件的结构、它们之间的关系以及制约它们设计和随时间演进的原则和指南[66]。它是支持 C4ISR 网络系统顶层设计的一个重要组成部分，是保证 C4ISR 各网络系统之间的集成、互连、互通及互操作的关键。在 20 世纪末，美国国防部曾先后发布了《C4ISR 体系结构框架 1.0》（1996 年）[67]和《C4ISR 体系结构框架 2.0》（1997 年）[66]，用以规范指导 C4ISR 网络系统的建设。

进入 21 世纪以来，美国国防部继续发布了三个版本的《美国国防部体系结构框架》（DoDAF，DoD Architecture Framework）。2003 年 8 月 30 日推出的 DoDAF 1.0 已不只限于 C4ISR，可以应用到所有的任务领域（Mission Area）[68]。2007 年 4 月 23 日推出 DoDAF

1.5 利用网络中心战的基本概念改造了 DoDAF，特别强调以网络为中心（Net Centric）的概念[69]。2009 年 5 月 28 日推出的 DoDAF 2.0 进一步提出以数据为中心（Data Centric）的全新体系结构框架版本[70]。

近年来，美国防部主导在 C4SIR 体系结构框架理论、设计方法、效能评估、工程应用、开发工具等领域取得了一定进展。在未来将重点研究的一个新问题是：C4SIR 体系结构演化研究，即研究由于军事需求、技术、环境、地理分布等因素变化及 C4SIR 体系网络的复杂性，导致体系结构演进和变化的规律性。复杂网络的结构和演化，正是网络科学及其子学科军事网络科学研究的基本问题。

2.3.7　开展对于恐怖组织网络的研究

2001 年的美国"9·11"事件发生后，2002 年 11 月，美国科学院国家研究委员会所属的人类因素委员会（CHF，Committee on Human Factors）应美国海军研究办公室的提议召开了动态社会网络建模和分析学术会议。在这次会议上，美国卡内基·梅隆大学计算、组织和社会学及国际软件研究所教授 Kathleen M. Carley 报告了使用动态网络分析方法研究如何有效地打击暗藏恐怖组织网络取得的新进展[71]。

2007 年，美国科学院国家研究委员会的研究报告《陆军网络科学技术与实验中心的政策》介绍了 Carley 的上述论文，说明该项目由美国陆军研究实验室 ARL 协作技术合同资助[49]。文献[49]在"结论 1"提出了未来对陆军非常重要的网络科学领域和应用及优先等级，其中的"网络中人员的表现"（human performance in networks）和"研究敌人"两个领域都涉及社会网络。其中的重要原因是美军在反恐战争中迫切要求加强对敌方社会网络，特别是恐怖组织网络的研究。

近年来，Carley 提出了使用动态网络分析方法研究打击暗藏恐怖组织网络的新方法。2009 年 7 月 24 日出版的《Science》杂志中的"复杂系统与网络"专题文章称该方法为"反对恐怖主义的新工具"。还指出现在研制的动态社会网络分析工具已经可以同时处理数千万人的信息，便于监控其中重点人群的信息[72]。

2007 年，美国西点军校网络科学中心副主任 F. Moxley 接受了美国《国防》杂志记者 P. Serluco 的采访，共提及 8 个问题，以"理解网络科学"为题发表[55]。Moxley 举了一个美军应用网络科学的实例，他说："大家都看过伊拉克前总统萨达姆·侯赛因被从一个地洞中抓出的电视节目。他在多个藏身地点之间不断移动达数个月之久，并且没有使用移动电话。但是，他完全靠其支持者构成的社会网络来生存。利用各种公开信息和对嫌疑犯审讯的结果，我军情报分析人员详细描绘出了上述社会网络，逐步缩小了他可能藏身的地域，持续严密监视，终于抓住了他。除了分析萨达姆支持者的社会网络之外，还分析敌人的宗教信仰和意识形态网络，敌人在各行各业和政府内部组建的情报网络，当然，还有敌人的指挥控制和通信网络。"

西点军校也与美国大学合作开展了恐怖组织网络研究。例如，2007 年，I. A.McCulloh 与 Cayley 发表题为"监控基地组织的社会网络"的研究报告[73]。

在 2000 年，Jone Garstka 曾提出过 NCW 有 3 个行动领域：物理域、信息域和认知域[74]。后来又增加了第 4 个行动域：社会域。包括社会中的人员、组织和文化等方面，关键的属性是网络化的社会结构、文化，网络中心的人员（net-centric people），人员之间的合作，特别强调作战效能对于作战人员在认知域及社会域表现的依赖关系[33, 75]。

综上所述，今后社会网络将继续是军事网络科学的重要研究方向。

2.3.8　国家网络靶场

1. 国家网络靶场项目概述

2008 年 1 月，美国布什总统批准了《国家网络安全综合计划》（CNCI，Comprehensive National Cybersecurity Initiative），要求建立国家专门的试验平台，为国防部、军队和国家安全机构等政府机构服务，对信息安全系统进行验证，共享数据，提高国家信息安全水平[76]。在 CNCI 的"Initiative 9"中指出，"CNCI 的目标之一是发展持久、跨越式前进的网络安全技术系统，并且可在未来 5 至 10 年部署"。该计划直接促成了"国家网络靶场"（以下简称为 NCR）立项。2008 年 5 月 5 日，DARPA 的战略技术办公室发布了关于开展 NCR 项目研发公告[77]。征集项目申请者和建议书，截止日期为 2009 年 5 月 4 日。

该公告提出了建设 NCR 的目标：

（1）在各种典型的网络环境中对信息保障设备和信息安全工具进行定量、定性评估；

（2）对美国国防部目前和未来的武器系统，与作战行动中复杂、大规模、相互依存的异构网络及用户进行逼真的模拟；

（3）在统一的基础设施上，同时进行多项独立的实验；

（4）实现针对因特网/全球信息栅格等大规模网络的逼真测试；

（5）开发具有创新性的网络测试能力并研发相应的工具和设备；

（6）通过科学的方法对各种网络进行全方位严格的测试。

该公告提出项目分三个阶段实施。

（1）第一阶段：进行靶场设计。

（2）第二阶段：建立原型系统。

（3）第三阶段：实现上述的建设靶场目标并达到预定指标。

2. 国家网络靶场项目进展

（1）选择 7 家承包商进入项目的第一阶段

第一阶段从 2008 年 6 月开始。主要任务是：初步概念设计，原型系统演示验证，提出工程计划，制定实施方案。

第一阶段开发工作由 7 家承包商分摊 3000 万美元经费。其中约翰·霍普金斯大学应用物理实验室（JH，John Hopkins University Applied Physics Laboratory）获得了 730 万美元、洛克希德·马丁公司（LM，Lockheed Martin Corp.）获得了 530 万美元，其他的承包商包括诺斯罗普·格鲁曼公司（34 万美元）、国际科学应用公司（280 万美元）和斯巴达公司（860 万美元），BAE 系统公司（330 万美元）及通用动力公司（190 万美元）。

（2）选择洛克希德·马丁公司和霍普金斯大学进入项目计划的第二阶段

2010 年 1 月 12 日，DARPA 公布了国家网络靶场项目进入第二阶段的两个承包商[78]：LM 获得了 3080 万美元经费，JH 获得了 2477 万美元经费。

第二阶段从 2010 年 2 月开始。主要目标是：执行工程计划和演示计划，建成 NCR 原型系统。在此期间，LM 和 JH 的分别完成了各自的原型系统。

（3）第三阶段：DARPA 在 LM 的原型系统基础上继续研发 NCR

2014 年 5 月 23 日，DARPA 选定 LM 签订了为期 5 年（2014 年 6 月—2019 年 6 月）的 1400 万美元的合同，用于 NCR 的运行和维护[79, 80]。要求 LM 做好各项资源的技术准备，完成详细的综合集成测试；正式运行和管理；交付使用，开展相关研究与开发。

3. 洛克希德·马丁公司提出的原型系统方案简介

2010 年 2 月之后，LM 向 DARPA 提交了 NCR 的原型系统方案。下面根据 LM 科研人员 Lori Pridmore 等在 2010 年和 2012 年公开发表的论文，简介该原型系统[81, 82]。图 2.40～图 2.46 均取自文献[82]。Lori Pridmore 女士是 LM 全球训练和后勤（Global Training and Logistic）部门的"网络支持作战"（Cyber Support Operations）业务负责人。该业务涵盖网络测试和训练及 NCR 等领域，是 LM 的重要基础和支柱项目之一[83]。

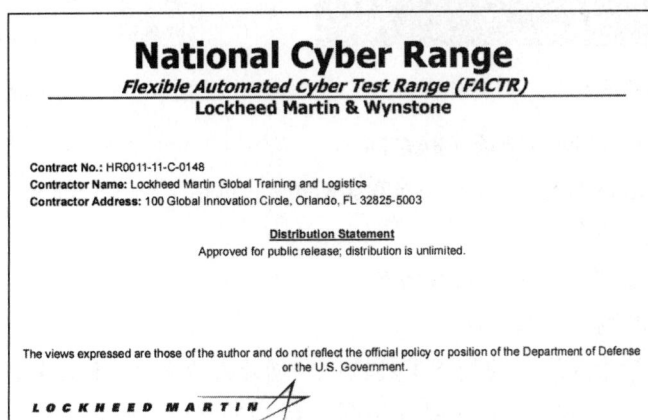

图 2.40　LM 提交的 NCR 原型系统方案简介

（1）LM 的 NCR 原型系统概述

NCR 将是一个可扩展（到数千个网络节点）、安全、可重构及高可信度的测试靶场，用来快速评估各种新的网络技术。其主要创新之处包括：自动化测试靶场的配置和验证，测试仪表和测试数据的分析，以及测试大规模网络系统的科学方法。

NCR 是一个通用的测试靶场，可以快速地利用大致相同的方法，反复进行对于各种网络技术和结构的评估。这是一种自动测试系统，类似美国海军现有的某些通用测试和诊断系统，可用于范围很广的各种电子、光电和电动的机械装置。

NCR 正在研发的自动化测试系统，超出了传统的武器装备生产和维修的自动化测试系统。自动化网络靶场将用于支持各种原型网络的实验和评估，并可用于各种网络产品的设计、验证和测试。NCR 将创新自动化网络测试技术并支持网络作战。

NCR 面临的难题之一是如何确保在安全和真实的网络环境中测试美军研制的设备，及现有测试设备难以应对迅速发展的现实威胁。

图 2.41 是美国的敌人的"测试靶场"，其特点是：真实网络+真实用户=真实的结果。

图 2.42 是美国现有的测试靶场，其特点是：采用有限数量的模拟（近似）网络+人工自行设定敌对用户的行为=可疑（降低了可信度）的结果。

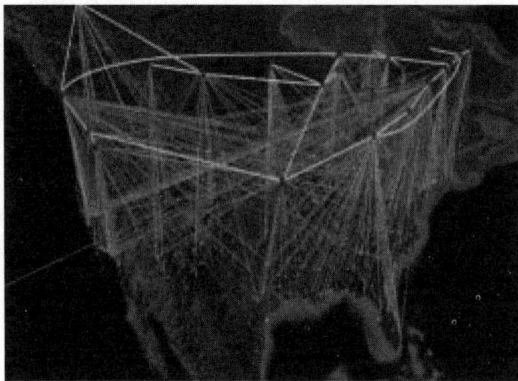

图 2.41　美国的敌人的"网络测试靶场"

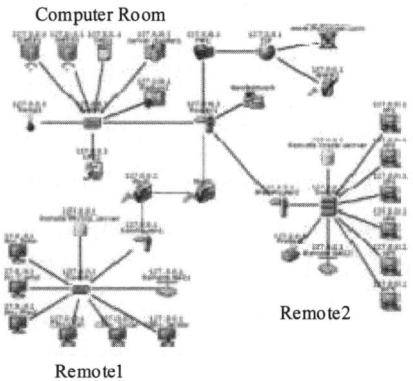

图 2.42　美国现有的网络测试靶场

（2）灵活自动化的网络靶场（FACTR）

FACTR（Flexible Automated Cyber Test Range）包括下列 3 个部分。

① 计算机设施和资产

图 2.43 是 NCR 的计算机设备和资产。

② 集成配套的测试工具软件

图 2.44 显示的集成配套的测试工具软件，划分为两大类：FACTR 工具（用图 2.44 中的深色方框表示）和安全飞地工具（用图 2.44 中的浅色方框表示）。

测试工具软件可划分为三个层次。

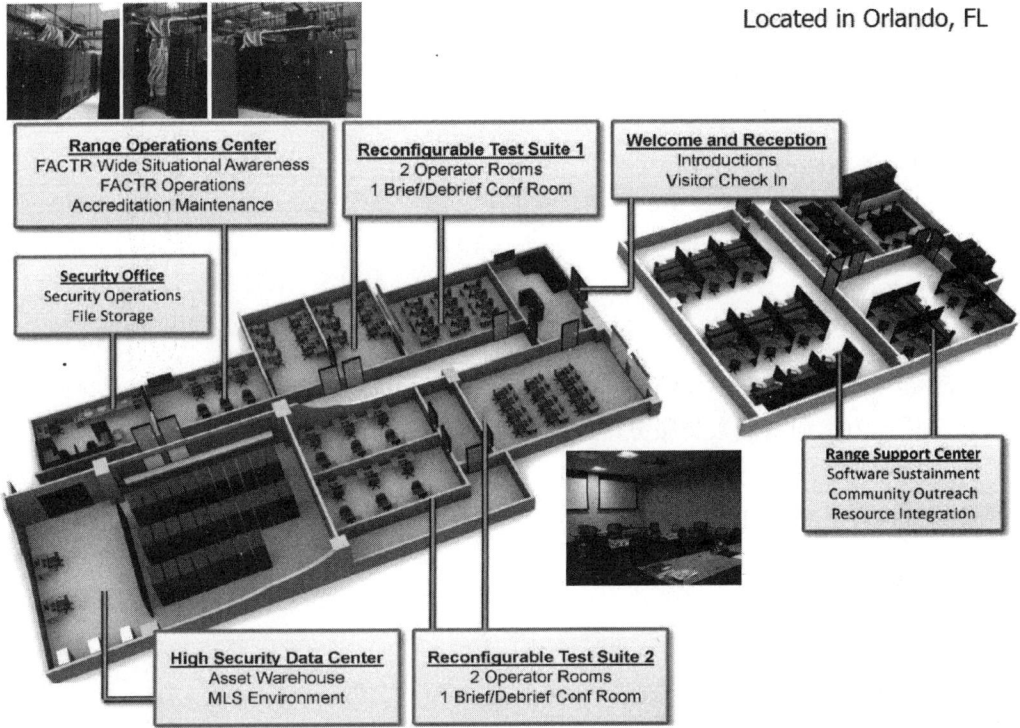

Located in Orlando, FL

Range Operations Center
FACTR Wide Situational Awareness
FACTR Operations
Accreditation Maintenance

Reconfigurable Test Suite 1
2 Operator Rooms
1 Brief/Debrief Conf Room

Welcome and Reception
Introductions
Visitor Check In

Security Office
Security Operations
File Storage

Range Support Center
Software Sustainment
Community Outreach
Resource Integration

High Security Data Center
Asset Warehouse
MLS Environment

Reconfigurable Test Suite 2
2 Operator Rooms
1 Brief/Debrief Conf Room

图 2.43 NCR 的计算机设备和资产

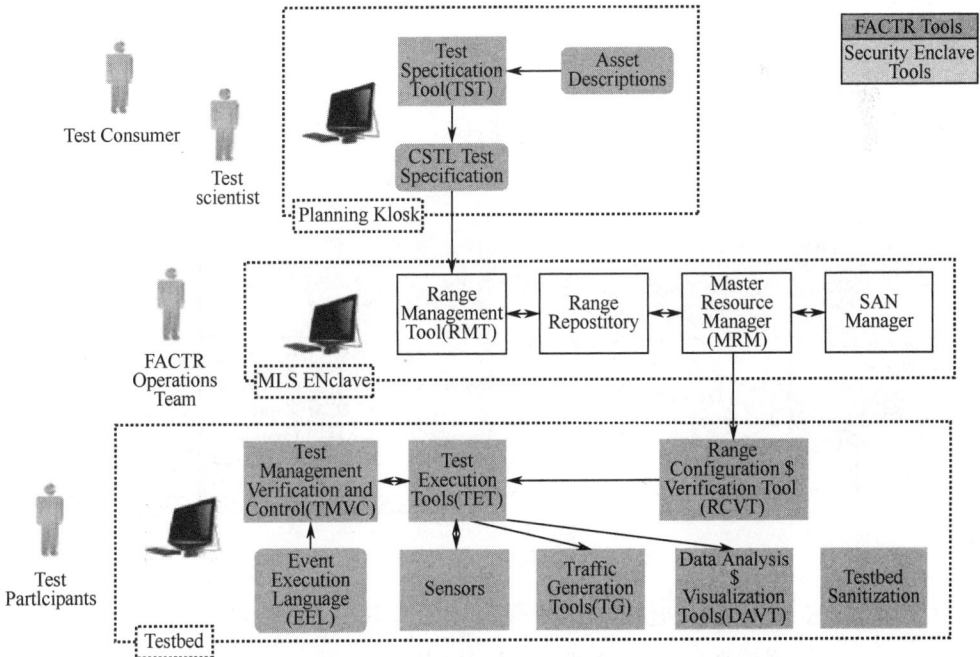

图 2.44 集成配套的测试工具软件

第一层：为委托测试的用户和实施测试的科学家服务，包括：

- 测试规范工具（TST）；
- 资产说明；
- CSTL 测试规范。

第二层：为 FACTR 操作团队服务，包括：

- 靶场管理工具（RMT）；
- 靶场库；
- 主资源管理（MRM）；
- 战略/策略区域网络（SAN，Stratege Area Network）管理。

第三层：为参加测试人员服务，包括：

- 测试管理验证和控制（TMVC）；
- 测试执行工具（TET）；
- 靶场配置和验证工具（RCVT）；
- 测试执行工具（TET）；
- 事件执行语言（EFL）；
- 传感器；
- 流量生成工具（TG）；
- 数据分析和可视化工具（DAVT）；
- 试验平台消毒。

③ 封闭式的工作架构和流程

图 2.45 显示了封闭式的工作架构和流程。

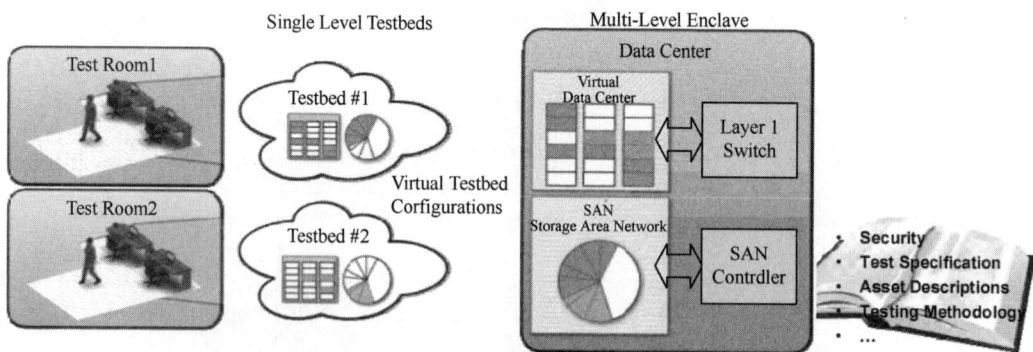

图 2.45　封闭式工作架构和流程

参加测试的工作人员分别位于在两个测试室并可获得下列支持。

a. 单一层次的测试平台（Single Level Testbeds）。

虚拟的测试平台结构，包括分别为两个测试室服务的两个测试平台。

b. 多层次的飞地（Multi Level Enclave）。

飞地的数据中心包括：

- 虚拟数据中心（Virtual Data Center），可与 Level 1 交互；
- 战略/策略区域网络（SAN），可与 SAN Controller 交互。

c. 靶场可为用户提供各种文档资料：

- 安全保密规定；
- 测试规范；
- 资产说明；
- 测试方法；
- 其他有关资料。

（3）NCR 的自动测试流程

图 2.46 是 NCR 的自动测试流程。

开始：启用硬件/软件资源的公用库和网络工具集。

第 1 步：利用测试规范工具定义测试的端到端方面。

第 2 步：自动调度程序选用公用库中的有关资源并安排它们用于测试。

第 3 步：靶场配置工具自动连线并建立适当的系统配置。

第 4 步：靶场配置工具自动配置和验证所需的测试软件。

第 5 步：测试团队验证环境，安装被测系统，实施测试并利使用相关工具收集数据。

第 6 步：消毒硬件，"虚拟"地把硬件/软件资源放回公用库中。

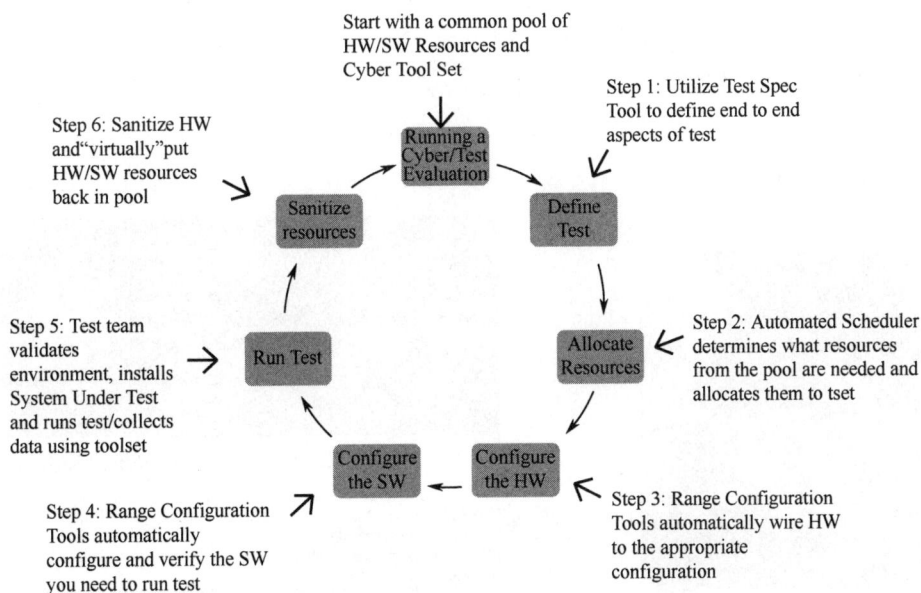

图 2.46　NCR 的自动测试流程

（4）体系结构的安全保密

① 保护靶场的基础设施和控制系统，可防止：

a. 源于靶场内部的拒绝服务；

b. 恶意软件从测试平台外泄到飞地；

c. 无授权访问任何飞地的系统或资源；

d. 将超出规定范围的数据存档。

② 封闭式测试平台，以确保：

a. 靶场可以在不同的安全性/敏感性级别同步运行多个测试；

b. 靶场数据不会在测试过程中或测试平台中外泄；

c. 测试平台不能干扰其他测试平台的性能和特性；

d. 恶意软件代码和技术机密不会外泄。

2.3.9　研究报告《陆军网络科学》

2009 年 4 月 21 日，在美国国防工业协会（NDIA，National Defense Industrial Association）主办的第 10 届年度科学与工程技术会议/国防科技展览会（10th Annual NDIA Science and Engineering Technology Conference/DoD Tech Exposition）上，David D. Skatrud 作了题为《陆军网络科学》的学术报告[84]。图 2.47 取自 http://summit-grand-challenges.pratt.duke.edu/deans_dinner。图 2.48 取自文献[84]。他是军事网络科学的先行者和网络中心战研究的代表性人物之一，美国陆军研究办公室主任（ARO），陆军研究实验室（ARL）副主任（分管基础科学）。他介绍了近年来陆军积极响应美国科学院的两个研究报告——《网络科学》（2005 年）与《陆军网络科学、技术与实验中心的政策》（2007 年），以及实施陆军网络科学重点计划项目的进展。他从陆军的实际情况讨论了军事网络科学的若干重点问题，摘要介绍如下。

图 2.47　D. Skatrud

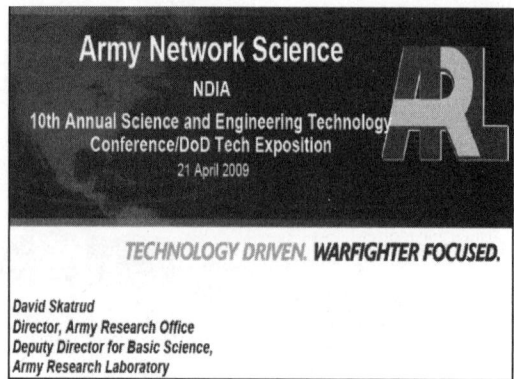

图 2.48　Skatrud 的《陆军网络科学》报告

1. 国防部面临在军事网络领域的独特挑战

为了说明美军在军事网络领域面临的独特挑战，强调注意研究网络科学的普遍规律和军事网络科学的特殊规律，Skatrud 首先以陆军通信网络为例，对比了它与民用通信网络的不同特点。

民用通信网络具有下列特点：

（1）可移动的用户，固定的通信网络基础设施；

（2）通信网络是预先建设好的；

（3）采用高大及固定的中继塔；

（4）通信网络节点之间采用光纤连接；

（5）采用很宽的频谱；

（6）用户使用固定的频率分配；

（7）仅有较弱保密功能；

（8）抗干扰和防阻塞功能弱；

（9）较少考虑无线通信设备被敌方探测的概率。

军事通信网络具有下列特点：

（1）机动的作战部队用户和移动的通信网络装备；

（2）可快速自行组织构建通信网络；

（3）小型、易架设的中继设施；

（4）小型移动天线；

（5）通信网络节点间连接常采用移动和无线通信设备；

（6）较窄的频谱；

（7）受地理位置和地形影响较大；

（8）保密功能强：可采用包括从明码到高级绝密的多级加密方式；

（9）抗干扰和防阻塞是很关键的功能；

（10）非常关键的问题是无线通信设备被敌方探测发现的概率必须很低。

综上所述，Skatrud 进一步归纳了军事通信网络与民用通信网络的重要不同特点。

民用通信网络：

（1）高频谱宽度；

（2）主要基础设施是固定的，健壮性好；

（3）维修设备齐全，维修工技术熟练，具有大型维修保障团队。

军事通信网络：

（1）较窄频谱宽度；

（2）高度依靠无线电移动通信，健壮性较低；

（3）维修设备较少，维修保障人员数量也较少，常常一人身兼多项任务。

2. 网络科学纳入了美军三个高级战略性研究计划

网络科学纳入了美军正在实施的三个高级战略性研究计划。

（1）国防研究与工程（DDRE）重大挑战计划

DDRE（Director of Defense Research and Engineering）即国防研究与工程主任，隶属美国国防部长办公室。该计划确定了下列重点研究项目：

① 信息保障；

② 网络科学；

③ 反大规模杀伤性武器；

④ 自主性科学（Science of Autonomy）；

⑤ 信息融合与决策科学；

⑥ 生物传感器和仿生系统；

⑦ 量子信息科学；

⑧ 能源与动力管理；

⑨ 反定向能武器；

⑩ 沉浸科学（Immersive Science）用于培训与任务演练；

⑪ 人类科学。

（2）陆军研究实验室的《战略性技术创新计划》

该计划确定了下列重点研究项目：

① 信息保障；

② 网络科学；

③ 机器人；

④ 信息融合；

⑤ 生物科学；

⑥ 高性能计算；

⑦ 电力和能源；

⑧ 神经科学；

⑨ 系统的系统（System of Systems）分析；

⑩ 纳米科学。

（3）陆军训练与条令司令部的《十大作战装备计划》

陆军训练与条令司令部（TRADOC）隶属美国陆军总部。负责监督训练陆军部队，研究新作战理论和条令，研究开发和采购新的武器系统。

该计划确定了下列十个重点研究项目：

① 作战指挥网络；

② 反简易爆炸装置，如土制炸弹、地雷等；

③ 无人机和车辆；

④ 战场态势认知；

⑤ 人员用户的服务；

⑥ 电力和能源；

⑦ 人员防护；

⑧ 人员培训；

⑨ 兵力使用；

⑩ 后勤保障。

陆军训练与条令司令部下属 37 所院校和中心，开设 1304 门专业课程和 108 种语言课程。教室拥有 516000 个座位[85]。作战指挥网络作为重点研究项目，相关的教学课程必将逐步形成体系，对于发展军事网络科学具有重大意义。

3．陆军支持建立的美国网络科学技术合作联盟

2009 年成立的网络科学技术合作联盟（NSCTA，Network Science Collaborative Technology Alliance），包括陆军研究实验室、陆军通信电子研究发展和工程中心（CERDEC）和美国的 30 多个企业及大学的研究开发实验室。

重点研究领域如下。

（1）社会网络和认知网络，提高分布式决策能力

① 人际网络的信息互动与交流；

② 数据采集与显示；

③ 动态的社会网络系统。

（2）人际网络的探查（Underpinnings）和信息获取方法

① 知识管理，分布式数据挖掘，数据学习管理；

② 基于各种源数据的信息综合；

③ 基于各种信息的知识综合；

④ 安全的信息交流、采信及来源查询。

（3）战术网络建模、设计和行为预测的基础技术

① 自适应且安全的移动通信网络；

② 自感知及自适应的网络控制；

③ 具有认知能力的网络，可以提高选择频谱的灵活性和效率。

（4）全方位决策网络（full spectrum decision-making networks）的集成、评估和分析

① 多学科交叉融合研究，如社会、认知、信息、通信及物理学等；

② 建模与分析的工具和技术；

③ 实况、虚拟和结构化的模型。

4. 美国与英国建立的网络和信息技术联盟

2006 年 5 月，美国与英国建立了网络和信息技术联盟（ITA，International Technology Alliance）。该联盟由美国和英国产业界、学术界和政府参与领导，具体由美国陆军研究实验室（ARL）与英国国防部下属的国防科学技术实验室（DSTL，Defence Science and Technology Laboratory）共同组织实施，由 IBM 为首的两国财团提供资助，开展网络科学和信息科学的基础研究。

（1）重点研究领域

① 盟国军队的机动作战指挥网络理论。

a. 机动战术网络；

b. 移动无线通信网络，包括计算机，路由器，有线局域网接口，无线网络接口，卫星通信接口；

c. 传感器网络。

② 盟国军队多系统的体系（System-of-Systems）的安全保密，如基于身份的密钥管理。

③ 盟国军队传感信息处理和传递。

④ 盟国军队的分布式计划和决策。

（2）交叉学科领域的主题和目标

① 盟国军队与某些特定社区有关行动的动态综合；

② 盟国军队的端对端的信息交流；

③ 基于战争背景和风险的决策（Context and Risk Based Decision Making）；

④ 在战争资源利用效率与适应性之间取得平衡。

5. 网络科学面临巨大挑战和广阔前景

（1）发展建模、设计、分析、预测与控制行为的新科学，将使我们建立安全可靠的战术通信、传感、指挥与控制网络；

（2）发展基本的认识，使人员和不同信息来源的各种网络可以根据全方位、结构化和非结构化数据源，发现、推断和优化数据、信息和知识；

（3）理解物理域与人类域之间的联系，因为它涉及人员在军队指挥与控制结构中的决策；

（4）未来的联合网络设计。

未来的联合军事网络设计方法如图 2.49（取自文献[84]）所示，分为四个层次。

① 社会/认知层：面向网络的使用人员和用户

a. 共享理解；

b. 同步；

c. 信任；

d. 分布式计划。

② 信息层：面向信息融合及信息安全保障

a. 知识管理；

b. 态势认知；

c. 可用性。

③ 通信层：面向机动作战指挥网络

a. 动态的互操作性；

b. 自主网络；

c. 移动无线网络；

d. 移动战术网络；

e. 传感器网络。

④ 物理层

a. 无线通信设备；

b. 传感器；

c. 频谱选择的敏捷性。

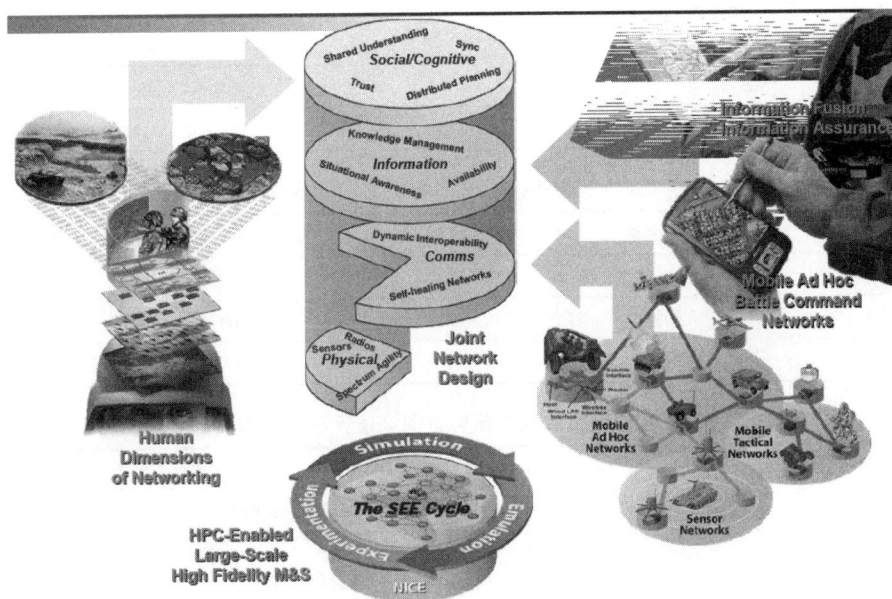

图 2.49　未来的联合军事网络设计分为四个层次

2.3.10　美军 2015 年有关军事网络科学的研究方向及项目

1. 2015 年 DARPA 研究方向及有关军事网络科学的项目

美国国防部高级研究计划局（DARPA）在 2015 年的重点研究方向及涉及军事网络科学的项目见表 2.1～表 2.3[86]。

表 2.1　2015 年 DARPA 的重点研究方向及涉及军事网络科学的项目

编号	方向名称	项目数（个）	涉及军事网络科学的项目数（个）
1	国防研究	29	11
2	军事医学科学基础研究	2	
3	生物医学技术	9	2
4	信息通信技术	22	13
5	生物防护	3	
6	战术技术	22	9
7	材料和生物技术	11	
8	电子技术	16	2
9	前瞻性的航空航天系统	7	1
10	太空计划和技术	6	
11	前瞻性的电子技术	6	
12	指挥，控制和通信系统	12	6
13	作战技术	10	8
14	传感器技术	15	4
总　计		170	56（占项目总数的 33%）

表 2.2　DARPA 在 2015 年新方向的经费分配

编号	方向名称	项目数（个）	经费（万美元）	百分比（%）
1	机器人技术	8	60210	18
2	人的技术	9	82000	24
3	网络技术	21	196220	58

表 2.3　DARPA 目前的技术创新研究方向（预计至少要持续到 2020 年）

编号	新研究方向名称	优先研究项目
1	人的技术	从以前未知的病原体的生物防护 治疗中枢神经网络 机体衰老的基本机制 计算机辅助分析系统

（续表）

编号	新研究方向名称	优先研究项目
2	机器人的技术	运输人员和货物的高效交通机器人 自主操作的机器人（潜艇、地面，具有长期能源，自主行动） 在干扰条件下的导航 陆地、空中与水下的运输机器人，适应崎岖的地形和道路，满足多种用户
3	网络技术	处理的结构化和非结构化的海量数据，获取人可阅读的多种结果 实现"体系（System of Systems）"概念的系统 网络战的管理
4	整合人和机器人技术的作战能力	可减轻人体负荷的机器人 无人驾驶车辆的自动监测和校正 利用电子传感器系统扩展人的感官能力
5	真实与虚拟现实中的事件	管理多机器人组成的网络 信息网络的构件 自适应的生产线和工厂 系统增强现实和电子刺激
6	人类和计算机网络的技术集成和相互增强	增强人的学习能力 在科学和医学研究中运用决策支持系统 人工智能系统用于网络业务 利用非传统的硬件工具（连接神经的芯片等）处理复杂的结构和数据
7	通过人与机器人的交互作用，集成人与网络，改变传统的技术	人和动物大脑的结构和管理机制 在战场空间（虚拟和真实的统一）中按通用的协议进行作战 自主独立的机器人技术资源和基础设施

2. 2015 年国防部 MURI 资助指南中有关军事网络科学的项目

美国国防部的多学科大学研究倡议（MURI，Multidisciplinary University Research Initiative），是国防部面向三军赞助的基础科学研究计划[87]。MURI 支持的研究项目必须是超过一个且属于一级学科的科学与工程的交叉，以加快应用研究进展和研究成果转化。

美国 2015 财年 MURI 项目招标指南已通过网络公告 BAA（Broad Agency Announcement）发布[88]，提出 27 个重点选题（基础研究 9 项，应用研究技术 18 项）。其中与军事网络科学相关的 13 项（基础研究 4 项，应用研究技术 9 项），分别见表 2.4 和表 2.5。

表中分管单位分别是：

美国陆军研究办公室（ARO，Army Research Office），负责管理陆军的基础科学研究。

美国海军研究办公室（ONR，Office of Naval Research），负责管理海军和海军陆战队的科学技术研究。

美国空军科研办公室（AFOSR，Air Force Office of Scientific Research），负责管理空军的基础科学研究。

表 2.4 2015 年 MURI 支持的与军事网络科学有关的基础研究项目

编号	MURI 选题	分管单位	与军事网络科学有关的内容
1	量子科学研究中心（Center for Quantum Science Research）	ARO	探索量子信息科学关键的新概念，例如量子网络
2	分层式处理机（Cortical Processor）	DARPA	用于通信和计算的芯片层次的网络，适应对于功率和性能的特殊要求
3	网络科学（Cyber Sciences）网络计算智能（Cyber Computational Intelligence）	DARPA	创建专用于网络领域计算智能的新的方法
4	实现量子技术（Enabling Quantum Technologies）	DARPA	利用量子密码技术提高通信网络的保密性

表 2.5 2015 年 MURI 支持的与军事网络科学有关的应用研究项目

编号	MURI 选题	分管单位	与军事网络科学有关的内容
1	连续学习（Continuous Learning）	AFOSR	更好地完成分布式作战任务，适应真实战场、虚拟现实和构造性环境的多种需求，研制与真实现场相似、如同身临其境的作战训练技术。通过连续学习提高辅助决策能力，提高作战训练、指挥与控制、情报、监视、侦察和网络战的能力
2	网络防御技术（Cyberdefense Technologies）	AFOSR	研制网络防御和技术保障的新技术
3	用于全谱作战的网络技术（Cyber Technologies for Spectrum Warfare）	AFOSR	将电子战、信号监测情报分析、通信及网络技术综合集成的新技术
4	神经自适应技术（Neuro-Adaptive Technology）	DARPA	研究军事医学成像系统，积极保护参战军人的大脑神经系统
5	主动反应的网络系统（Active-Reactive Cyber Systems）	DARPA	使主机、系统和网络能主动发现威胁，并及时应对敌方攻击，提高网络态势情报分析能力，优化网络防御
6	自适应信息访问和控制（Adaptive Information Access and Control）	DARPA	设计自适应及软件定义的网络互联技术，并可军民两用
7	防御大规模恐怖威胁（Defense Against Mass Terror Threats）	DARPA	研制新型传感器网络，应对核、生化武器威胁
8	无人机（车、船）群体带来的挑战（Swarm Challenge）	DARPA	群体决策、协同作战
9	全球性的定量分析（Quantitative Global Analytics）	DARPA	社会网络分析，网络—社会—经济—环境威胁的新类型

表中"与军事网络科学有关的内容"系由本书作者根据文献[88]编写的内容提要。有关量子科学技术的内容参见本书第 8 章。

2.3.11　指挥与控制、研究与技术学术研讨会有关军事网络科学的讨论专题

1. 第 1 届国际指挥控制研究与技术研讨会

1995 年，美国国防部长办公室（OSD）指挥与控制研究发展计划（CCRP）管理部门举办了第 1 届国际指挥控制研究与技术研讨会（ICCRTS，International Command and Control Research and Technology Symposium），地点在华盛顿特区的国防大学。首届会议参加者只有 63 人，其中只有少数的非美国人[89]。后来 ICCRTS 参与者已大幅度增加，包括数十个国家的学者，还有现役和预备役军人。该研讨会的讨论议题涉及军用、民用、政府、国际组织、民间组织的各种指挥与控制（以下简称 C2）问题，其中一些议题对于促进军事网络科学的发展起到了积极作用。

2. 第 5 届 ICCRTS 讨论的专题

2000 年 6 月 26～28 日在美国加利福尼亚州的 Monterey 市举行了第 5 届 ICCRTS。由美国海军研究生院主办，主题是"获取信息优势"（Making Information Superiority Happen）[90]。该会议包括下列 8 个专题分会议，共有 107 篇论文。

专题 1：C2 试验（16 篇论文）。

专题 2：网络中心的应用、C4ISR 和空间（15 篇论文）。

专题 3：建模仿真（14 篇论文）。

专题 4：C2 决策和认知分析（20 篇论文）。

专题 5：C2 评估工具和指标（16 篇论文）。

专题 6：信息战（11 篇论文）。

专题 7：盟军之间的 C2 互操作性（7 篇论文）。

专题 8：用信息技术支持国防部的各种业务（8 篇论文）。

3. 第 20 届 ICCRTS 讨论的专题

2015 年 6 月 16～19 日，在美国马理兰州的 Annapolis 市举行了第 20 届 ICCRTS。本次会议的主题是"C2，网络和可信度"（C2，Cyber，and Trust）[91]。

该会议提供了一个机会，以讨论不断变化的网络环境的各种挑战，特别是在社会网络、信息和通讯网络对指挥与控制的影响中，可信度所起的关键作用。

更多的联网和更敏捷的 C2 需要适当提升共享认知的水平。反过来，这又取决于确保信息流及时送达各级组织、部队、单位及有关实体。当前首先要解决的是下列问题：

（1）是否有证据表明，可以利用数据描述对 C2 网络行为和敏捷性可信度的影响？

（2）如何度量可信度？

（3）可信度是否可以影响各类型网络的级联？

（4）如何提高社交网络可信度，以便弥补对通信和信息网络缺乏信任造成的不良影响？

上述主题将在全体会议发言和下列 12 个专题的分会议中进行讨论。

专题 1：概念、理论和政策

当今作战任务出现了实质性的变化，创造了新的作战样式。应该根据作战实际需求重新审视和调整原有的作战概念、理论和政策，建立新的概念、理论和政策。

专题 2：组织理念和方法

研究、设计、分析并实施各种新方法，共享战场态势、情报、作战意图的认知，促进协同作战的集体行动（例如 C2、管理、自同步及应急行为）。

专题 3：数据、信息和知识

（1）如何获得新的数据、信息和知识，包括探测、采集和仪器仪表设备；

（2）如何从数据中提取信息及知识；

（3）提高数据、信息及知识的价值，使其更容易被找到、查询、共享和理解。

专题 4：实验、度量和分析

实验、度量和分析应该涵盖 C2 系统的各个方面，包括联网、管理、信息共享、采信、共享对于态势认知及作战意图的理解、决策、计划、执行及当前作战评估等。

专题 5：建模与仿真

包括应对突发行为的 C2 模型和仿真。

专题 6：网络空间、通信和信息网络

网络空间的管理，通信和信息网络的设计、开发、实施和运行（包括保护和备份）。

专题 7：自主性

将自治实体、人员和基于 Agents 的代理者统一整合到各种组织、行动流程和系统中。

专题 8：社交媒体

（1）监测方法和技术，用于发现趋势和异常情况、过滤、捕获和存储社交媒体数据（文本、视频和图像等）。

（2）元数据的分析方法和技术，可查清数据来自何处、何时及何人。

（3）非结构化及混乱的社交媒体数据及内容的分析方法和技术，可以从中提取信息。

（4）将上述研究结果用于搜索社交媒体的社会、文化及政治过程和行为。还应说明上述研究结果如何影响 C2 网络在执行作战任务中的敏捷性。

专题 9：C2 网络互操作性的模拟

美军和盟军 C2 网络的互操作、集成和模拟功能。重点是仿真技术专题研究，及在网络上如何描述和传送指挥意图。

专题 10：作战问题

研究在作战中与"任务伙伴"（Mission Partners）合作的问题，包括作战中的需求、隔阂、摩擦、教训及成功经验；"任务伙伴"涉及国防部、部门、局、机构、政府、军队、特种作战部队和常规部队。应使"任务伙伴"了解怎样参加作战及其相互关系如何影响完成作战任务。

专题 11：敏捷的 C2 网络的安全性

在网络空间中，C2 网络的可组合和重构设计、开发和运营，可恢复的网络安全系统。

专题 12：用于决策支持的情报、监视和侦察（ISR）

研究 ISR 更有效地支持作战，能在面临新威胁时提高 C2 网络自适应性的新技术，以及加快信息处理速度。情报分析的新流程、新工具和技术，将使决策更敏捷地用于各种尺度范围，跨越各种组织界限。特别感兴趣的是提出新概念，它将超越"传统"观念、地理空间及基于网络的数据描述。

参 考 文 献

[1] 董耀会. 万里长城纵横谈[M]. 北京: 人民教育出版社, 2004.

[2] 楼祖诒. 中国邮驿发达史[M]. 上海: 上海中华书局, 1940.

[3] Wikipedia. Lighthouse of Alexandria[EB/OL]. https://en.wikipedia.org/wiki/Lighthouse_of_Alexandria.

[4] Wikipedia. Tower of Hercules[EB/OL]. https://en.wikipedia.org/wiki/Tower_of_Hercules.

[5] 向守志, 朱清泽. 成吉思汗. 中国军事百科全书, 军队指挥分册[M]. 北京: 军事科学出版社, 1993.

[6] 臧嵘. 中国古代驿站与邮传[M]. 北京: 中国国际广播出版社, 2009.

[7] John Arquilla and David Ronfeldt. Cyberwar is Coming! Comparative Strategy, Vol 12, No. 2, Spring, 1993: 141-165.

[8] 童来喜. 郑和. 中国军事百科全书, 中国古代战争史——元、明清部分分册[M]. 北京: 军事科学出版社, 1992.

[9] Joseph Needham. Science and Civilization in China[M]. Cambridge at the University Press, 1954.

[10] 邹振环. 郑和下西洋与明人的海洋意识[EB/OL]. http://tech.gmw.cn/2014-08/18/content_12593535.htm.

[11] Hickman, K. The Anglo-Spanish War: The Spanish Armada, the Protestant Wind Aids England[EB/OL]. http://militaryhistory.about.com/od/battleswars14011600/a/armada.htm.

[12] Wikipedia. Guglielmo Marconi[EB/OL]. https://en.wikipedia.org/wiki/Guglielmo_Marconi.

[13] Simple English Wikipedia. Alexander Stepanovich Popov[EB/OL]. https://simple.wikipedia.org/wiki/Alexander_Stepanovich_Popov.

[14] Wikipedia. Alexander Graham Bell[EB/OL]. https://en.wikipedia.org/wiki/Alexander_Graham_Bell.

[15] Wikipedia. Lee De Forest[EB/OL]. http://en.wikipedia.org/wiki/Lee_De_Forest.

[16] Wikipedia. Robert Watson-Watt[EB/OL]. http://en.wikipedia.org/wiki/Robert_Watson-Watt.

[17] Wikipedia. Battle of Britain[EB/OL]. http://en.wikipedia.org/wiki/Battle_of_Britain.

[18] Ministry of Defence, U. K. Understanding Network Enabled Capability[M]. London: Newsdesk Communications Ltd. 2009. http://www.newsdeskmedia.com.

[19] A. C. 奥尔洛夫. 英国会战. 苏联军事百科全书(第五卷)[M]. 中国人民解放军军事科学院编译. 北京: 战士出版社, 1983.

[20] Wikipedia. List of World War II British naval radar[EB/OL]. http://en.wikipedia.org/wiki/List_of_World_War_II_British_naval_radar.

[21] Wikipedia. ENIAC[EB/OL]. http://en.wikipedia.org/wiki/ENIAC.

[22] Wikipedia. Semi-Automatic Ground Environment[EB/OL]. http://en.wikipedia.org/wiki/Semi-Automatic_Ground_Environment.

[23] Arthur L. Norberg. An Interview with LAWRENCE G. ROBERT[EB/OL]. Shttp://conservancy.umn.edu/bitstream/107608/1/oh159lgr.pdf. 1989. 4. 4.

[24] Wikipedia. Lawrence Roberts[EB/OL]. http://en.wikipedia.org/wiki/Lawrence_Roberts_(scientist).

[25] Wikipedia. Manhattan Project[EB/OL]. http://en.wikipedia.org/wiki/Manhattan_Project.

[26] Wikipedia. Satellite[EB/OL]. http://en.wikipedia.org/wiki/Satellite.

[27] Wikipedia. Sputnik I[EB/OL]. http://en.wikipedia.org/wiki/Sputnik_I.

[28] 百度百科. 万户(世界航天第一人)[EB/OL]. http://baike.baidu.com/link?url=38x9Y4qWIU2vXq-YJDT8A6dgX7lysigUmHSw2JoyL1jYr6kpzHobNsoGC76QvgzYByDLLt3ymrxQLnYYvgnpq2lRfNvT4wYx7MVqU2xoXPhm.

[29] Wikipedia. Robert Hutchings Goddard[EB/OL]. https://en.wikipedia.org/wiki/Robert_Hutchings_Goddard.

[30] US Department of Defense. Conduct of the Persian Gulf War: An Interim Report to Congress[R]. Washington, July 1991.

[31] Wikipedia. Global Information Grid[EB/OL]. https://en.wikipedia.org/wiki/Global_Information_Grid.

[32] Wikipedia. Missile defense systems of various nations[EB/OL]. http://en.wikipedia.org/wiki/Missile_defense_systems_of_various_nations.

[33] Committee on Network Science for Future Army Applications, Board on Army Science and Technology, Division on Engineering and Physical Sciences, National Research Council of The National Academies. Network Science[R]. Washington, D. C: National Academies Press. 2005.

[34] 鲜为人知的四次核虚警[EB/OL]. http://tieba.baidu.com/p/142982687.

[35] Libicki, M. C. Cyberdeterrence and Cyberwar[R]. RAND Corporation, 2009.

[36] Garstka, J. ; Alberts, D. Network Central Operations Conceptual Framework Version 1. 0[M]. U. S. Office of Force Transformation and Office of the Assistant Secretary of Defense for Networks and Information Integration. 2003.

[37] JTIDS Operational Special Project(OSP). Report to Congress, Mission Area Director for Information Dominance[R]. Office of the Secretary of the Air Force for Acquisition. Washington, DC: Headquarters U. S. Air Force. December 1997.

[38] Barabási, A. ; Albert, R. Emergence of Scaling in Random Networks[J]. Physica A, Jan, 1999(272): 173-187.

[39] Barabási, A. L. Network Science[J]. Philosophical Transactions of Royal Society. Feb 18, 2013. http://rsta.royalsocietypublishing.org/content/371/1987/20120375.full.html#ref-list-1.

[40] Wikipedia. David S. Alberts[EB/OL]. http://en.wikipedia.org/wiki/David_S._Alberts.

[41] Alberts, D. ; Hayes, R. Power to the Edge[M]. CCRP Press. 2003.

[42] Alberts, D. S. The Agility Advantage[M]. CCRP Press. 2011.

[43] iCollege[EB/OL]. http://icollege.ndu.edu/.

[44] Wikipedia. Information Resources Management College[EB/OL]. https://en.wikipedia.org/wiki/Information_Resources_Management_College.

[45] Dr. Robert D. Childs to Retire as Chancellor of the iCollege at National Defense University[EB/OL]. http://icollege.ndu.edu/Media/PressReleases/tabid/8871/Article/571441/dr-robert-d-childs-to-retire-as-chancellor-of-the-icollege-at-national-defense.aspx.

[46] National Defense University, Board of Visiters and NDU Senior Leadership[EB/L]. http://www.ndu.edu/Portals/59/Documents/BOV_Documents/2013/BOV%20Bio%20Book_MAY%202013%20-%20FINAL.pdf.

[47] RADM(RET)Janice Hamby[EB/OL]. http://icollege.ndu.edu/About/FacultyStaff/Article View/tabid/8876/Article/571355/radm-ret-janice-hamby.aspx.

[48] Wikipedia. Network Science[EB/OL]. https://en.wikipedia.org/wiki/Network_Science.

[49] National Research Council of The National Academies. Strategy for an Army Center for Network Science, Technology, and Experimentation[R]. Washington, D. C. : The National Academies Press, 2007.

[50] 曾宪钊. 网络科学(第二卷)[M]. 北京: 军事科学出版社, 2008.

[51] FY 2009 NDAA Joint Explanatory Statement[EB/OL]. http://armedservices.house.gov/pdfs/fy09ndaa/FY09conf/FY2009NDAAJointExplanatoryStatement.pdf.

[52] Accelerating University - Related Talent and Research Collaborations with Aberdeen Proving Ground[R]. Battelle Memorial Institute, 2012. (PDF)

[53] 曾宪钊. 网络科学(第三卷, 生物网络)[M]. 北京: 军事科学出版社, 2010.

[54] CCRP. The Command and Control Research Program(CCRP)[EB/OL]. http://www.dodccrp.org/html4/links_ccrp_sponsored_usma.html.

[55] Paul Serluco. Understanding Network Science[J]. Homeland Defense Journal, 2007, 5(9): 44-46.

[56] Moxley, F. I. The Burgeoning Field of Network Science[EB/OL]. WORLDCOMP'08, http://www.world-academy-of-science.org/worldcomp08/ws.

[57] Fanelli, R. L. ; O'Connor, T. J. (USMA). Experiences with practice-focused undergraduate security education[EB/OL]. 3rd Workshop on Cyber Security Experimentation and Test. August 9, 2010. Washinton, DC. http://www.usenix.org/event/cset10/tech/full_papers/Fanelli.pdf.

[58] Skoudis, Ed and Tom Liston. Counter Hack Reloaded: a step-by-step guide to computer attacks and effective defenses[M]. New York: Prentice Hall, 2006.

[59] Bejtlich, Richard. The Tao of Network Security Monitoring: beyond intrusion detection[M]. New York: Addison-Wesley, 2005.

[60] Schepens, W. J. ; Ragsdale, D. J. ; Surdu, J. R. The Cyber Defense Exercise: An evaluation of the

effectiveness of information assurance education[J]. The Journal of Information Security, vol. 1, July 2002.

[61] United States. National Security Agency. Fact Sheet: NSA/CSS Cyber Defense Exercise-After Exercise[N]. Press Releases-2010-NSA/CSS, 30 April 2010. 29 June 2010.

[62] Garstka, J. ; Alberts, D. Network Central Operations Conceptual Framework Version 1. 0[M]. U. S. Office of Force Transformation and Office of the Assistant Secretary of Defense for Networks and Information Integration. 2003.

[63] Garstka, J. ; Alberts, D. Network Centric Operations Conceptual Framework Version 2. 0[M]. U. S. Office of Force Transformation and Office of the Assistant Secretary of Defense for Networks and Information Integration. 2004.

[64] Onley, D. S. Franks credits technology with decisive wins[N]. Government Computer News. Feb. 23, 2004: 28.

[65] 姜志平, 刘俊先, 黄力, 罗雪山. C4ISR 体系结构研究现状与问题[J]. 系统工程与电子技术, 2007, 29(10): 1677-1682.

[66] C4ISR Architecture Group. C4ISR Architecture Version 2. 0[R]. The United States: Department of Defense, 1997.

[67] Integrated Architecture Panel of the C4ISR Integration Task Force. C4ISR Architecture Framework Version 1. 0[R]. The United States: Department of Defense, 1996.

[68] DoD Architecture Framework Working Group. DoD Architecture Framework Version 1. 0[R]. The United States: Department of Defense, 2003.

[69] DoD Architecture Framework Working Group. DoD Architecture Framework Version 1. 5[R]. The United States: Department of Defense, 2007.

[70] DoD Architecture Framework Working Group. DoD Architecture Framework Version 2. 0[R]. The United States: Department of Defense, 2009.

[71] National Research Council(NRC)of The National Academies, U. S. Dynamic Social Network Analysis and Modeling: Workshop Summery and Papers[M]. Washington, D. C. : The National Academies Press, 2003.

[72] Bohannon, J. Counterterrorism's New Tool: 'Metanetwork' Analysis[J]. Science, 2009(325): 409-411.

[73] McCulloh, I. A. ; Carley, K. M. ; Webb, M. Social Network Monitoring of Al-Qaeda[R]. Network Science Report, Network Science Center, United States Military Academy, 2007, 1(1): 25-30. http://http://www.netscience.usma.edu.

[74] Garstka, J. Network Centric Warfare: An Overview of Emerging Theory[M]. PHALANX. 2000.

[75] U. S. Department of Defense. Report on Network Centric Warfare[R]. http://www.defenselink.mil/nii/NCW/ncw_sense.pdf. 2001.

[76] Comprehensive National Cyber-Security Initiative(CNCI)[EB/OL]. https://www.whitehouse.gov/issues/foreign-policy/cybersecurity/national-initiative.

[77] DARPA, Strategic Technology Office, DARPA-BAA-08-43. National Cyber Range[EB/OL]. http://www.darpa.mil/sto/solicitations/BAA08-43/index.html.

[78] DARPA looks to Lockheed Martin, John Hopkins University to further National Cyber Range[EB/OL]. http://www.networkworld.com/article/2233096/security/darpa-s-massive-cyber-security-project-awards-5 6-million-for-research.html.

[79] Lockheed Martin Awarded National Cyber Range Contract[EB/OL]. http://news.Clearancejobs.com/ 2014/05/23/lockheed-martin-awarded-national-cyber-range-contract-dod-daily-contracts/.

[80] Adminon. Lockheed Extends National Cyber Range Operations Support for Five Years[EB/OL]. http:// blog.executivebiz.com/2014/05/lockheed-extends-national-cyber-range-operations-support-for-five-years/.

[81] Pridmore, L. ; Hollister, R. ; Lardieri, P. National Cyber Range(NCR)Automated Test Tools: Implications and Application to Network-Centric Support Tools[A]. Proc. of AUTOTESTCON 2010 IEEE[C]. 13-16 Sept. 2010. Orlando, FL. http://www.AUTOTESTCON.com, IEEE Catalog Number: CFP10AUT-CDR, ISBN: 978-1-4244-7959-7. http://ieeexplore.ieee.org/stamp/tamp.jsp?tp=s&arnumber=5613539.

[82] Pridmore, L. Lockheed Martin & Wynstone. National Cyber Range: Flexible Automated Cyber Test Range(FACTR)[A]. Modeling & Simulation Multi-Con[C]. September 25-27, 2012. Suffolk, VA. http://www.ndia.org/Resources/OnlineProceedings/Pages/21M0-ModelingSimulationMulti-Con.aspx. http://www.ndia.org/resources/onlineproceedings/documents/1m0/odsim/3-defense-pridmore.pdf.

[83] Participant Biographies. Ms. Lori Pridmore[EB/OL]. http://www.ndia.org/Resources/Online Proceedings/ Documents/21M0/21M0_Conf_Program.pdf.

[84] Skatrud. D. Army Network Science[A]. 10th Annual NDIA Science and Engineering Technology Conference/DoD Tech Exposition[C]. North Charleston, SC. April 21-23, 2009.

[85] Wikipedia. United States Army Training and Doctrine Command[EB/OL]. https://en.wikipedia.org/wiki/ United_States_Army_Training_and_Doctrine_Command.

[86] DARPA. Program 2015[EB/OL]. http://government.fizteh.ru/darpa/Program_darpa2015_rus.

[87] Wikipedia. MURI(grant)[EB/OL]. http://en.wikipedia.org/wiki/MURI_(grant).

[88] Murday, J. Guide to FY2015 Research Funding at the Department of Defense(DOD)[EB/OL]. http:// research.usc.edu/files/2011/05/Guide-to-FY2015-DOD-Basic-Research-Funding-pdf.

[89] History of the ICCRTS[EB/OL]. http://www.dodccrp-test.org/history.

[90] 2000 CCRTS: Foreword[EB/OL]. http://www.dodccrp.org/events/2000_CCRTS/html/main.htm.

[91] 2015 CCRTS[EB/OL]. http://www.dodccrp-test.org/20thiccrtshome/.

第3章

自适应网络及美军的研究进展

3.1 概述

3.1.1 控制复杂网络中的集体现象与自适应网络协同演化研究

美国国防部的多学科大学研究倡议（MURI，Multidisciplinary University Research Initiative），是国防部面向三军赞助的基础科学研究计划[1]。美国 2013 财年 MURI 项目招标指南已通过网络公告 BAA（Broad Agency Announcement）发布[2]，提出了 23 个重点选题。其中由陆军研究办公室（ARO）分管的选题 7 "控制复杂网络中的集体现象"（Controlling Collective Phenomena in Complex Networks）选题指南指出，"令人鼓舞的是在过去几年中，自适应网络协同演化行为的研究取得了显著进展"，并向申请人首先推荐了 Thilo Gross 于 2008 年发表的论文《自适应协同演化网络综述》[3]。Gross 是马克斯-普朗克研究所（Max-Planck）从事复杂系统物理学的生物网络动力学研究团队的负责人，该研究所设在德国德累斯顿。

显然，上述选题与自适应网络（Adaptive Networks）协同演化（coevolutionary）研究密切相关，很可能将是军事网络科学研究重点之一。

3.1.2 NETSCI 2013 举办卫星学术研讨会：自适应网络的协同演化

2013 年 6 月 3～7 日，国际网络科学会议（NetSci2013）在丹麦哥本哈根皇家图书馆举行，Thilo Gross 等人发表了论文《自适应网络与集体行动》[4]。在 6 月 3 日和 4 日，会议还举办了多场卫星研讨会（Satellite Symposium），其中包括分会议 "自适应网络的状态和拓扑结构的协同演化"（STCAN 2013），（STCAN, State-Topology Coevolution in Adaptive Networks）。Adaptive Networks 的拓扑结构和状态是动态交互并协同演化的。其动力学机制的建模与预测是网络科学中目前公认的最重大的挑战之一（参见 http://netsci2013.net/

wordpress/satellites/）。

3.1.3　对于网络科学一些基本概念的特别说明

本章在讨论自适应网络之前，需要对下列网络科学基本概念予以特别说明[3]。

（1）动力学机制（Dynamics，也称动力学、动态等）。在文献中它通常是指网络状态或拓扑结构随时间的变化。在本章中，我们使用该术语专门特指状态变化。

（2）演化（Evolution，也称进化、演进等）。在文献中通常也是指网络状态或拓扑结构随时间的变化。在本章中，我们使用该术语专门特指拓扑结构变化。

（3）冷冻节点（Frozen nodes）。是指在长期网络行为中某个节点状态始终不改变。在本章讨论的某些系统中，冷冻节点的状态可能改变，但需要更长的（拓扑）时间标度。

（4）网络状态（State of the network）。在文献中通常可指网络节点状态，或整个网络状态（包括所有节点和拓扑结构）。在本章中，我们使用该术语专门特指节点集体的状态。因此，网络状态是完全独立于网络拓扑结构的。

（5）网络拓扑结构（Topology of the network）。是指网络节点之间的连接所构成的一个特定的网络图。

3.1.4　新出现的术语"自适应网络"简介

Thilo Gross 是 Max-Planck 研究所从事复杂系统物理学的生物网络动力学研究团队的负责人，该研究所设在德国德累斯顿（参见 http://www.biond.org/content/people）。他曾于2009 年 10 月 15 日应邀在合肥中国科技大学理学院作报告《自适应网络》。图 3.1 是 Thilo Gross 于 2009 年 10 月 15 日在合肥中国科技大学理学院作报告《自适应网络》时所摄，取自 http://www.reallygross.de/node/16。

图 3.1　Thilo Gross 于 2009 年 10 月 15 日在合肥中国科技大学理学院作报告《自适应网络》

　　Gross 在文献[3]中解释"自适应网络"时指出，在现实世界中大多数网络拓扑结构的演化必然与网络状态相关，反之亦然。例如，道路网络的拓扑结构，即道路网络分布图，将影响该网络动力学机制的状态，包括交通的流量和密度等。如果该道路网络经常发生拥堵，则需要兴建新的道路网络。这就形成了网络拓扑结构与状态之间的反馈回路。在网络拓扑结构和节点动力学机制的状态之间，这种反馈回路可产生随时间变化的复杂的相互作用。具有这种反馈回路的网络被称为协同演化网络或自适应网络。图 3.2 是 Thilo Gross 给出的自适应网络示意图（取自文献[3]）。

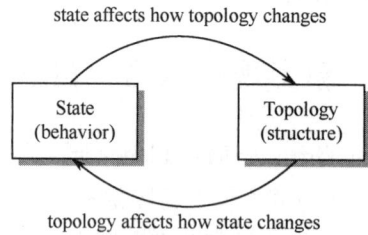

　　Connor McCabe 在文献[5]中指出，自适应网络是因为最近对于"状态-拓扑结构协同演化"重要性的认识才出现的新术语，它是一个普遍性的术语，已在从经济学到流行病学等许多学科领域中使用。图 3.3 是 McCabe 参考了文献[3]给出的更简化的自适应网络示意图（取自文献[5]）。

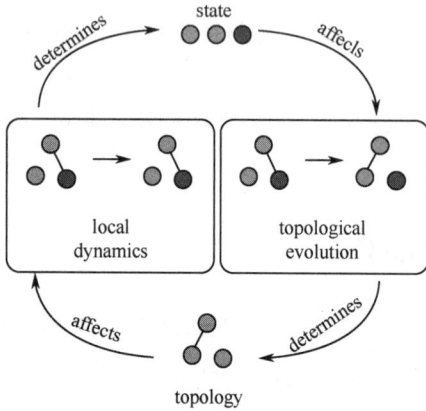

图 3.2　Thilo Gross 给出的自适应网络示意图　　　图 3.3　McCabe 给出的更简化的自适应网络示意图

　　自适应网络最早较多出现在各种生物学应用领域中，他们（指研究人员）将网络的拓扑结构演化与网络节点中的动力学机制相结合。近年来，在众多学科的不同领域，从基因组学到博弈论，都在研究自适应网络的动力学机制。通过全面观察最近的相关研究进展，许多科研人员发现，现在可以从一个独特的视角来观察它们。所有这些研究的共同特点是均围绕一些相同的主题，其中最突出的是：基于简单地方性规则的复杂的动力学机制，以及鲁棒的拓扑结构的自组织。

3.2　真实的自适应网络

3.2.1　道路网络

　　谈到在 3.1 节所述自适应道路网络拓扑结构与状态之间反馈回路的作用时，我们可以对比一下图 3.4 所示于 1652 年绘制的著名哥尼斯堡道路网络地图（取自 http://commons. wikimedia.org/wiki/File:Image-Koenigsberg,_Map_by_Merian-Erben_1652.jpg），与图 3.5 所示当今的哥尼斯堡地图（取自谷歌地图）。如图 3.5 所示，经历了三百六十多年的沧桑巨变，随着交通流量和密度的逐渐迅速增长，当今哥尼斯堡兴建了现代化的道路网络。现在七座桥的六座建成为高速公路大桥，并且其中两座另建到东侧。

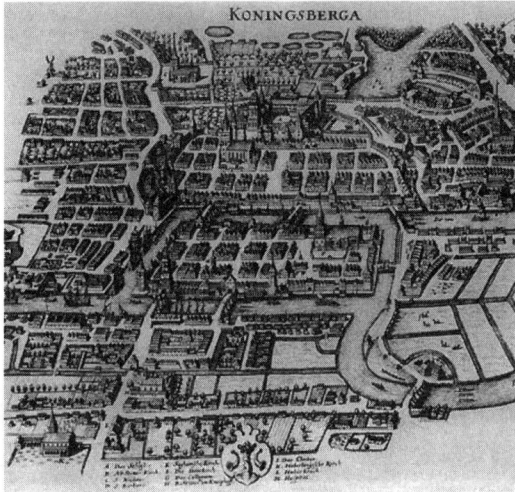

图 3.4 1652 年绘制的哥尼斯堡地图

图 3.5 当今的哥尼斯堡地图

应该说明的是，如本书 1.3.1 节和 1.3.2 节所述，网络科学的来源之一是瑞士数学家 Leonhard Euler（1707.4.15—1783.9.18）利用网络图解决了哥尼斯堡道路网络上著名的"七桥问题"[6]。

3.2.2　万维网

万维网（WWW，World Wide Web）的许多网站在结构和行为之间也存在一个反馈回路，构成了自适应网络。

1. 万维网拓扑结构与网站访问量之间的相互作用

万维网的节点就是网页，边就是从一个网页指向另一个网页的有向边——超链接（hyperlinks）[8]。图 3.6 是万维网的拓扑结构（取自文献[9]）。1991 年 8 月 6 日，Tim Berners-Lee（1955—）在因特网上创造了第一个万维网网页，他被人们尊称为"万维网之父"。在 2013 年 2 月 18 日出版的英国皇家学会哲学会刊 A 上 A. L. Barabási 发表的题为"网络科学"的论文[10]估计，目前万维网大约有 1 万亿个网页文件。网站由于访问量大可以吸引更多新的链接。特别是拥有搜索引擎、索引和聚合等强大功能的少数网站（例如谷歌公司，以下简记为 Google），它们具有数量巨大的链接，成为整个万维网用户相互联系的关键节点，对于万维网拓扑结构和动力学机制具有重大影响。反之，许多网站可能因访问量很少而被删除，其被切断的边随后也会被删除。特别要指出的是，网络设备故障和网络犯罪也经常造成大量网站无法正常工作，也可导致边被删除。例如，美国的杰里米·杰恩斯每天发送超过 1000 万封垃圾邮件，不到 5 年时间就成了亿万富翁。2005 年 4 月，他因为网络犯罪被判 9 年监禁[11]。

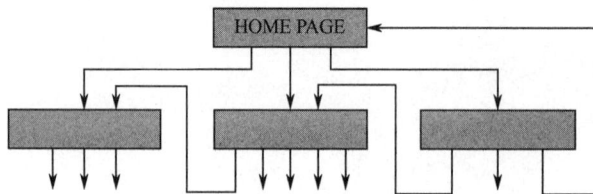

图 3.6　万维网的拓扑结构

2. Google 每天检查万维网数十亿网站地址的行为引发争议

Google 对于万维网拓扑结构与安全状态产生重大影响。它的《透明度报告》每天发布其从版权所有者或政府收到的删除要求（http://www.google.com/transparencyreport/）。据 Google 于 2013 年 7 月 1 日提供的数据，共涉及举报组织 20392 个，版权所有者 23131

个。Google 禁用许多违法侵权网站，势必会对于万维网拓扑结构和动力学机制产生重大影响。

　　该报告的"安全浏览"版块每周报告其监测结果，显示动态变化的万维网安全状况。该版块在发现 Google Chrome、Mozilla Firefox 和 Apple Safari 的某一用户网站尝试访问的网站可能会窃取用户的个人信息，或者安装意图控制用户计算机的软件时，就会向用户发出警告。图 3.7 显示了自 2007 年以来 Google 每周向上述用户发出的警告数（取自 http://www.google.com/transparencyreport/safebrowsing/）。本书作者摘引了 Google 每周向用户发出警告的数据，见表 3.1。其中"发现不安全网站数"见表 3.2。

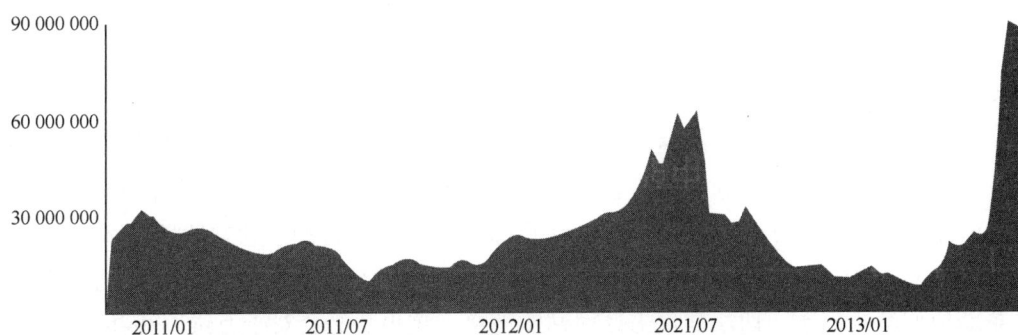

图 3.7　Google 自 2007 年以来每周向上述用户发出的警告数

表 3.1　Google 每周向用户发出警告的数据摘引

时　间	向用户网站发出警告数 A	发现不安全网站数 B	平均警告数 A/B
2011-6-26	20330582	37819	537.58
2012-6-24	61873492	52390	1181.02
2013-6-23	87521778	66083	1324.42

表 3.2　Google 每周报告的不安全网站数据摘引

时　间	恶意软件网站数 A	诱骗网站数 B	不安全网站总数 A+B	A 所占比例（A/A+B）
2011-6-26	18844	19375	37819	0.49
2012-6-24	33962	18428	52390	0.65
2013-6-23	38836	27247	66083	0.59

　　Google 每天都会检查数十亿的网站地址并发现大量不安全网站。这些不安全网站可分为以下两类：一类是恶意软件网站，专门将恶意软件安装到用户计算机上并窃取用户的隐私信息或敏感信息。另一类是网上诱骗（钓鱼）网站，会伪装成合法网站，例如，冒充合法的银行网站或网店，诱骗用户输入自己的用户名和密码或者透露其他隐私信息。图 3.8 显示了自 2007 年以来每周检测到的不安全网站数（来源同图 3.7）。本书作者摘引了 Google 每周报告的不安全网站数据，见表 3.2。

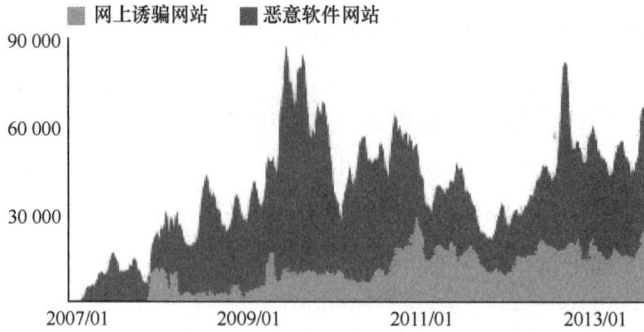

图 3.8　Google 自 2007 年以来每周检测到的不安全网站数

图 3.9 显示了自 2007 年以来 Google 每周检测到的恶意软件托管网站数（来源同图 3.7）。图中的"攻击性网站"是指黑客蓄意用来托管和传播恶意软件的网站。"被侵网站"是指被黑客植入攻击性网站内容的合法网站。当用户访问攻击性网站时，攻击性网站会在用户的计算机上偷偷安装恶意软件，从而控制用户的计算机，窃取隐私信息、盗用身份或攻击其他计算机。本书作者摘引了 Google 每周报告的恶意软件托管网站数据，见表 3.3。Google 在发现上述某一用户网站遭到黑客入侵后，会通知该网站并提供相关信息帮助他们解决问题，切断与攻击性网站的链接，这也势必会对于万维网拓扑结构和动力学机制产生重大影响。

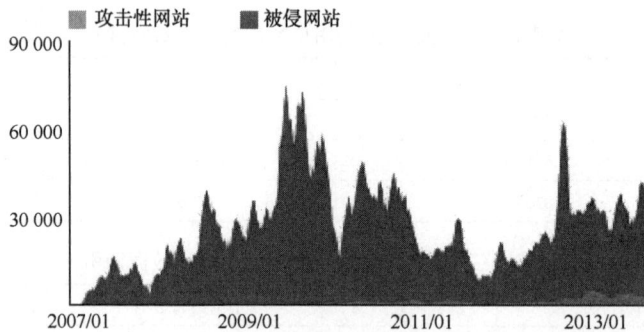

图 3.9　Google 自 2007 年以来每周检测到的恶意软件托管网站数

表 3.3　Google 每周报告的恶意软件托管网站数据摘引

时　间	被攻击网站数 A	攻击网站数 B	攻击网站平均成功率 A/B
2011-6-26	17298	1939	8.92
2012-6-24	31850	2133	14.93
2013-6-23	35861	3529	10.16

Google 在为维护万维网安全做出上述积极贡献的同时，它也通过每天检查万维网数十亿网站地址、提供电子邮件及社交网络等服务获取了大量用户信息，这些行为引发了

很大争议。2013 年 6 月 3 日，据美联社报道，德国内政部长 Hans-Peter Friedrich 建议，"如果民众担心自己的个人信息被美国情报机构截获，他们应该停止使用美国网站，例如 Google 或 Facebook"。美国国家安全局（NSA）泄密者爱德华·斯诺登（Edward Snowden）声称，按照美国政府所谓的"棱镜"（PRISM）秘密计划，Google，Facebook 和 Microsoft 等多家美国互联网公司向 NSA 提供了用户数据。如果由于 Google 等美国网站的上述行为，引发德国等一些国家的民众停止使用 Google 等美国网站，对于 Google 的访问量、商业利益和在全世界的信誉将产生负面影响。从长远来看，也将对于万维网拓扑结构和动力学机制的改变产生重大影响。

3．解决全球及万维网信息结构失衡问题

2012 年 9 月 1 日，在尼日利亚新闻世界杂志社的网站上发表了 Ccuma Wilson 的文章《信息帝国主义的新功能》[13]指出，"西方总是告诉我们，信息时代的世界已经变成为一个地球村。但事实是，全球信息流的内容实际上是面向西方的。只有非洲社会的负面事件才会吸引西方媒体机构的关注。由美国和其他发达国家掌控的信息流是危险的。他们现在宣称的所谓国际信息和通信新秩序（NIICO，New International Information and Communication Order），其本质仍然是基于陈旧的观念和原则，只不过是遮盖在一把新伞下。早在 1961 年，联合国经济和社会理事会（ECOSOC）就确认了全球信息结构失衡的问题并讨论过解决办法。现在，许多国家和组织都致力于建立信息新秩序，并将其作为非殖民化进程的一部分。信息流的进步趋势将帮助发展中国家利用大众传媒作为和平和国家发展的巨大力量"。

合理解决当前全球及万维网信息结构失衡的问题，是世界各国大多数人民的迫切要求，是未来世界发展的大趋势之一，必将对于未来万维网拓扑结构和动力学机制的自适应进化产生重大影响。

3.2.3　电力网络

电力网络（以下简称电网）的节点就是发电机、变压器和变电所，边就是输电线路。它的演化进程具有自适应网络的特点。随着经济发展和家用电器的增加，导致用电量增大及电网负荷增长，也使系统运行冗余度减小，发生大停电事故的风险增加。为了应对这种风险，人们会进行电力网改造，投建新电厂、新输电线路，力求增加电网的载荷能力并降低事故风险。这两种相反方向的作用力均受整个社会经济体系的经费和物资等诸多制约，在某一段时期内处于暂态平衡状态，或者称为临界状态。

近年来，一些国家的电网发生了多起连锁故障造成的大范围停电事故。电网控制系统既无法在事前预测这些事故，也无法在事故发生时采取有效的监测和应对措施，束手无策地任凭这些事故造成巨大的损失。例如，2003 年 8 月 14 日，美国和加拿大联合电力网发生了震惊全世界的大停电[14]。美国电网如图 3.10 所示，取自 http://www.treehugger.com/clean-technology/nprs-interactive-power-grid-map-shows-whos-got-the-power.html。此次大停电波及了美国东北部、中西部的 8 个州和加拿大的两个省，受影响居民达 5000 万，损失负荷量 61800 MW，经济损失约 300 亿美元。

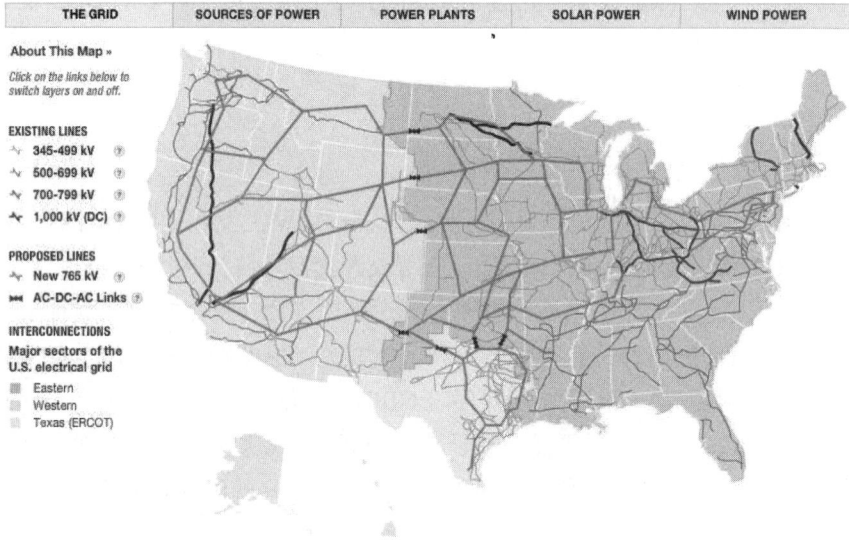

图 3.10　美国电力网络示意图

今后，利用网络科学来研究提高电网的自适应能力，及预防连锁故障造成大停电，可能取得新的成果。对此问题本书第 5 章将进行详细的讨论。

3.2.4　社会生态网络

2001 年 3 月，联合国环境规划署（UNEP）发布了 21 世纪的第一个世界环境日的主题："Connect with the world wide web of life"（相关内容及图 3.11 引自 http://www.unep.org/），一些中国学者将其译为"世间万物，生命之网"。在 2001 年 6 月 5 日的世界环境日，正式启动了国际合作项目"千年生态系统评估"，由联合国有关机构及其他组织资助，为期 4 年。其宗旨是针对生态系统变化与人类福祉间的关系，通过整合现有的生态学和其他学科的数据、资料和知识，为决策者、学者和广大公众提供有关信息，改进生态系统管理水平，以保证社会经济的可持续发展。2005 年，经过来自 95 个国家的 1360 位知名学者的共同努力，作为该项目主要成

图 3.11　2001 年世界
环境日主题图标

果的技术报告、综合报告、理事会声明、评估框架和若干个数据库，都已经完成并公开发布。该项目得出结论认为，在过去 50 年中，人类对于地球生态系统的改变之大超过了历史上的其他任何时期[15]。

2005 年 11 月 1 日，美国科学院国家研究委员会所属"陆军科学技术专业委员会"发表了研究报告《网络科学》，也特别强调了生态网络与军事的重要关系。在该书的第 2 章"21 世纪的网络与网络研究"的表 2.1"有代表性的网络"中就有生态网络（Ecological Network），指出它包括食物网络（food web）、江河水系（river basins）及雨林（rain forest）等，还强调它对于解决物种生存、气候变化、自然资源及环境保护等全球问题及军事问题的重大意义。在该书的第 3 章"网络与军事"的"面临的挑战"一节中指出，在制定战争战略计划与政策中，需要研究"生态网络"，了解作战地区的地形、环境及动植物等情况[16]。

在 2009 年 7 月 24 日出版的《Science》杂志推出了新专题"复杂系统与网络"中，E. Ostrom 介绍了社会生态网络（Social Ecological Network）的研究进展[17]，响应了文献[15]有关整合生态学和其他学科，改进生态系统管理，保证社会经济可持续发展的呼吁。他指出，在复杂的社会生态网络中，包括四个系统：资源系统，资源元素，使用人以及政府管理系统；这些系统相对独立，但又通过相互作用产生一些输出结果，这些结果通过反馈回路影响上述四个系统及其组成部分。图 3.12 是 E. Ostrom 给出的社会生态网络示意图。

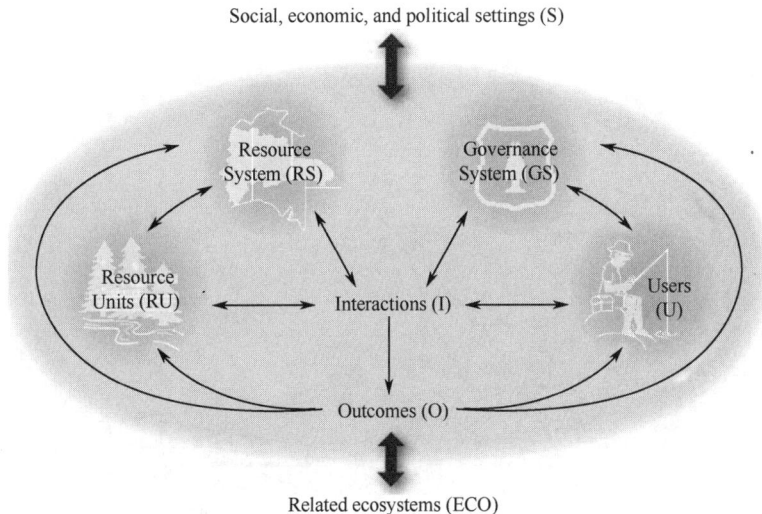

图 3.12　社会生态网络示意图

根据第 3.1.4 节对于术语"自适应网络"的说明，显然社会生态网络也是一种自适应网络。

3.2.5　人际关系网络

在 1972 年，英国曼彻斯特大学（Manchester University）的讲师 Bruce Kapferer（1940—）对非洲赞比亚卡布韦镇（Kabwe）的一家印度人开的服装厂中人际关系网络的互动和演化的分析，及对罢工的预测，显著提升了社会网络研究的理论水平和实践水平[18]。

Kapferer 收集了该服装厂中每一位员工的人际关系数据，他利用一个员工能够接近和动员的其他人的数量来测量该员工的影响力。他重点研究了裁缝莱亚思在人际关系网络中的位置变化。他在图 3.13 和图 3.14 中（引自文献[18] 的中译本，王凤彬译，中国人民大学出版社，2007 年）描绘了两个时间点的人际关系网络。如果员工 A 向 B 借出或赠与金钱，在其危难时给予协助，以及提供工作中的帮助，则二人之间连边。不考虑生产过程本身所要求的活动。在图 3.13 表示的时点 1，一些资深工人组织起罢工活动，要求加薪和改善工作条件，但是他们没能得到多数员工的支持，因此最终没能取得预期的效果。图 3.13 中显示出一种相对分散化的领导结构。裁缝莱亚思在网络中处于外围位置。在图 3.14 显示的七个月后的时点 2，更多员工被连接到网络中，特别是莱亚思成功地居于网络最中心的位置时。随后他领导的罢工取得了成功。

我们用现在的观点来看，上述人际关系网络的拓扑结构和动力学机制，也形成了与3.2.4 节所述的社会生态网络相类似的反馈回路，使罢工由失败转化为成功，它也是一种自适应网络。

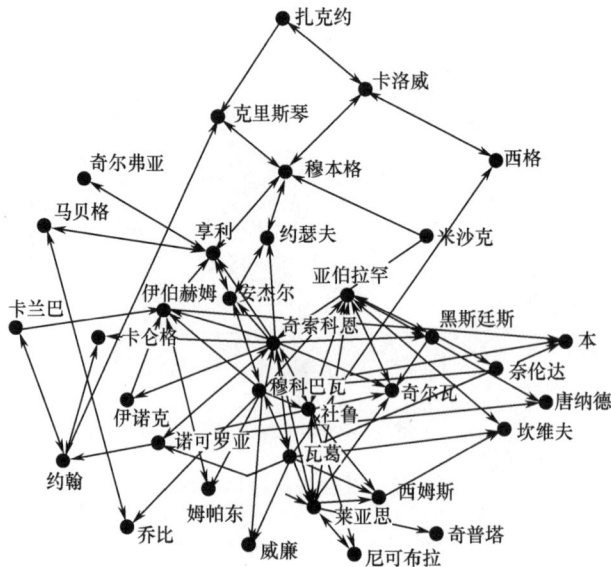

图 3.13　起初的员工关系网络图

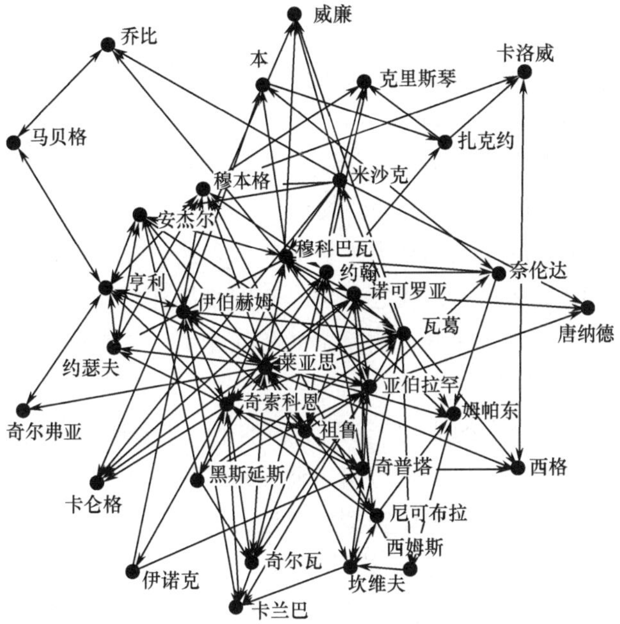

图 3.14　七个月后的员工关系网络图

3.3　自适应网络研究的新进展

3.3.1　自适应网络研究的两大方向

近年来大多数复杂网络研究围绕两种不同研究思路的两个关键问题：如何评估随时间不断进化的网络重要拓扑结构属性？网络功能的运作如何依赖于这些属性？

第一种研究思路主要关注网络的动力学机制（dynamics of networks）。在这里，网络拓扑结构本身被认为是一个动力学系统。它根据特殊的、往往是本地的规则，随时间变化。

这方面的研究发现，具有特殊性能的特定网络拓扑结构遵循一定的演化规律。著名的例子包括小世界网络（Watts & Strogatz[19]，1998 年）和无标度网络（Price，1965 年[20]；Barabási & Albert[21]，1999 年）形成的规律。

第二种研究思路主要关注在网络上的动力学机制（dynamics on networks），认为网络的每个节点就是一个动力学系统。各个系统按照网络拓扑结构进行耦合。因此，虽然网络的拓扑结构是静态的，但节点的状态是动态变化的。在这个框架内进行研究的重要进展，包括个体动力学系统的同步（Barahona & Pecora[22]，2002 年），人际关系网络中观点、思想的形成和流行病传播（Kuperman & Abramson[23]，2001 年；Pastor-Satorras & Vespignani[24]，2001 年；May & Lloyd[25]，2001 年；Newman[26]，2002 年；Boguna 等[27]，

2003 年）。这些研究表明，某些拓扑结构特性对于动力学机制有很强的影响。例如，接种疫苗的少数关键节点并不能阻止流行病在无标度网络上传播（May & Lloyd[25]，2001 年；Pastor-Satorras & Vespignani[24]，2001 年）。

直到最近，上述两方面的网络研究仍然是几乎独立地发表在物理学的各种文献中。今后二者肯定是可以相互促进和交叉融合的，一些模型是在描述某一网络的动力学机制，而另一些则是在描述某一网络上的动力学机制。很显然，在大多数现实世界中网络拓扑结构的演化必然与网络状态相关，反之亦然。在网络拓扑结构和节点动力学状态之间，存在一种反馈回路并产生随时间变化的复杂的相互作用。具有这种反馈回路的网络现在被称为协同进化或自适应网络。

基于上述两方面研究取得的成功，合乎逻辑的下一步骤应该是把这二者结合在一起，共同研究自适应网络的动力学机制，迈出自适应网络理论研究的第一步。目前有一些相同的动力学现象反复出现在各种不同类型的自适应网络中，已经可以初步汇总并抽象成某些普遍性规律。例如，复杂拓扑结构的形成；鲁棒的动态自组织（robust dynamical self-organization），从初始的不均匀种群中涌现不同种类节点，在状态和拓扑结构之间复杂的多方互作用动力学机制。这些现象的产生机制来自状态和拓扑结构之间动态的相互作用。因此，它们是真正的自适应网络效应，不可能在非自适应网络中被观察到。

应该特别强调指出，最近主要是在物理文献中报道的许多研究成果共同描述了具有普适性的自适应网络的动力学特性，对于生物科学、网络科学、军事网络科学及其他许多学科研究和应用领域，都具有潜在重要性。

3.3.2　多学科交叉研究自适应网络

一些学科在研究自适应网络模型方面有着较久远的历史。近年来，多学科交叉研究自适应网络取得了新进展。

生物学的研究成果表明，许多不同类型生物的自适应网络机制在本质上是相同的。例如，虽然血管网络拓扑结构直接控制血流量的动态变化，但是血液的流动也对于拓扑结构给予动态反馈。这种反馈过程可以在某些动脉周围形成新的动脉组织来增加血液供应，以防止出现危险的缺血（Schaper & Scholz[28]，2003 年）。一个更出人意料的例子是，免疫网络甚至可以自行重组拓扑结构，以便对病原体做出反应[3]。

生物自适应网络的一个典型范例是神经网络。在人工神经元网络的学习（训练）中，需要改变连接强度，因此必须根据节点的状态来修改拓扑结构。而更改后的拓扑结构就可在随后的使用中改变节点的状态。神经网络拓扑结构的演化依赖于节点状态的动态变化。其实，研究神经网络的自适应特性已有很久远的历史 [29] 了。1943 年，美国心理学家 W. McCulloch 和数学家 W. Pitts 建立了神经元的第一个数学模型。1949 年，美国心理学

图 3.15 J. J. Hopfield

家 D. Hebb 提出了 Hebb 学习规则，指出了神经元之间的连接强度变化与神经元激活状态的对应关系。他们为后来构造具有学习功能的人工神经网络奠定了理论基础。1954 年，Farley 和 Clark 建立了随机网络的自适应激励响应关系模型。1957 年，F. Rosenblatt 建立了具有学习功能、由"自适应神经元"构成的两层神经网络。1982 年，在美国加州理工学院化学和生物学部及新泽西州的贝尔实验室工作的 John Joseph Hopfield（1933.6.15—，图 3.15 取自 http://www.zeably.com/John_Hopfield）建立了可用于信息存取的联想式存储器的神经网络[30,31]，后来被命名为 Hopfield Neural Network。1985 年，他在用神经网络解决组合优化问题"旅行商问题"时[32]，采用大规模集成电路研制了由 900 个神经元组成的神经网络，在 0.2 秒的时间内就求出 30 个城市的接近最优解，这是其他的优化算法很难做到的。2002 年，他被授予国际理论物理中心的狄拉克奖章（Dirac Medal），奖励他"把生物学理解为一个物理过程，做出了跨学科的贡献，包括在生物分子合成中的校对过程（proofreading process）和对于集体动力学的描述，及利用神经网络吸引子进行计算"。他是美国国家科学院院士，于 2006 年当选美国物理学会会长[33]。

在社会科学中，对于个人或群体之间关系网络的研究已经有几十年的历史。一方面，社交网络上诸如谣言、意见、思想和信仰等传播过程，受到拓扑结构的很大影响。另一方面，则更为明显，政治观点或宗教信仰可以反过来影响拓扑结构，例如意见分歧会导致切断社会交往。

在博弈论中，利用简单的基于代理的模型研究合作的演化已有较长时间。近年来，空间博弈研究在社会网络领域已变得很普遍。虽然在这方面的大多数研究，到目前为止还主要专注于静态网络。人们可以很容易想象，代理之间的合作意愿一定会影响其社会交往。据文献[3]所述，自适应网络博弈的巨大潜力，首先是由 Skyrms 和 Pemantle 于 2000 年发现的[34]。

在化学和生物学领域，自适应网络研究取得了进一步新成果。Jain 与 Krishna（2001 年）[35]，Seufert 及 Schweitzer（2007 年）[36]分别研究了自适应化学网络模型。在该模型中，各网络节点之间通过催化反应的化学物质进行相互作用。一旦种群的动力学机制达到某个吸引子，通过随机产生的相互作用，最低集中度的物种将被一个新的物种替换。虽然没有很详细地研究不断变化的网络拓扑结构，上述论文已经揭示了拓扑特征的概貌，即一种催化循环，对于网络的状态和拓扑结构具有很强的动态影响。

在生态学领域，研究自适应网络模型也有很长时间，最著名的是 Bak-Sneppen 模型（详见 3.4.2 节）。近年来，利用自适应网络研究食物网络演进获得了很大进展（Dieckmann & Doebeli[37]，1999；Drossel 等[38]，2001 年；Dieckmann 等[39]，2004 年）。食物网络描述了不同种群的互动和捕食。在上述模型中，物种的兴亡，即动力学机制的状态，取决于可食的猎物数量以及捕食者的能力。而这两个因素又依赖于网络的拓扑结构。如果某一种群规模低于一定的阈值，那么它将灭绝，其节点就会从网络中删除。因此，拓扑结构的动力学机制又取决于网络的状态。

以上讨论的例子表明，自适应网络出现在众多学科的大量文献中。然而，迄今为止，只有相对较少的研究涉及自适应反馈的特性和动力学机制。所以应该更多关注专门研究在状态和拓扑结构之间自适应的相互作用并描述二者之间相互影响的论文。

3.4　Bak-Sneppen 生态网络演化模型及其改进

3.4.1　食物链与食物网络

食物链与食物网络是生态系统功能的基础，生态系统的物质和能量就是沿着食物链（网络）的各个营养级而流动的。食物链是生物间单方向的食物链接，食物网络是生物间多方向的食物链接，而营养级是食物链上同一环节上所有生物的总和。

Helen DeWitt 在文献[40]中简要介绍了生态系统中的食物链与食物网络。

在一个生态系统中，植物从太阳光获取能量，将土壤中的矿物质（如镁或氮的无机化合物等）转换为具有丰富能源的有机物并生成绿叶等植物产品。这个能源转换过程被称为光合作用，它是一连串的能源转换链的开端。一些动物吃掉植物的产品，能源和有机化合物从植物转换到动物。一些动物又吃掉了其他动物，将能源和有机化合物从一些动物转移到另一些动物。在能源转换链的最后，死亡的动物和植物被细菌和真菌分解后成为食品或营养，大约可产生超过 1 万种不同类型的有机物并将其归还土壤，可供植物再次使用。图 3.16 是食物链的示意图。在图 3.16 中，箭头表示单方向的食物链关系。植物被称为生产者（它可利用光与水生产自己的食物，被称为自养）；动物被称为消费者，它不能自养。按照吃与被吃的关系将消费者分为三类：吃植物或植物产品的动物（例如蝗虫）被称为初级消费者，食肉动物（例如蛇）被称为二级消费者，鹰称为三级消费者。真菌是分解者。还可按照食物将消费者分为另外三类：食草动物（例如蝗虫），食肉动物（例如蛇），杂食动物（例如猴子，它们吃青蛙、蜥蜴，以及水果、鲜花和树叶）。

在一个生态系统中，常存在着许多条食物链，它们彼此相互交错连接成复杂的食物网络。它能直观地描述生态系统的营养结构，是进一步研究生态系统的基础。图 3.17 是食物网络的示意图。

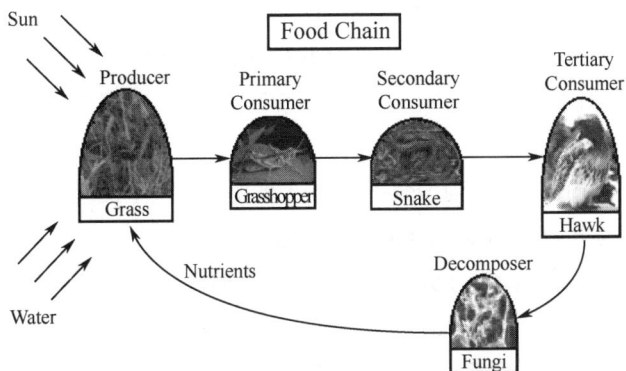

图 3.16　食物链

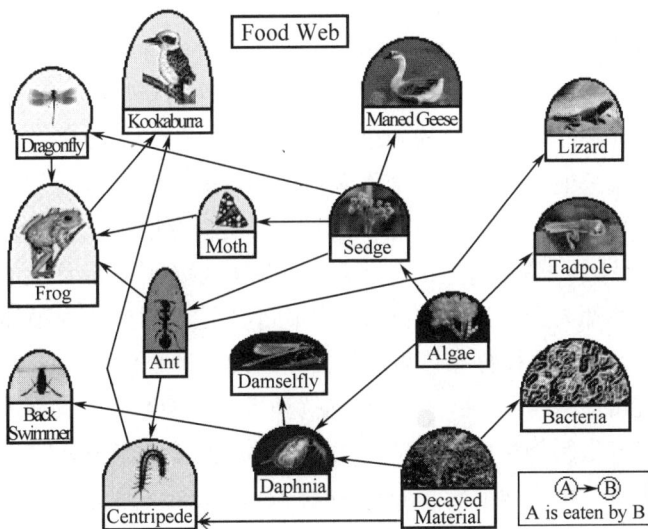

图 3.17　食物网络

3.4.2　SOC 理论与 Bak-Sneppen 模型

1987 年，丹麦哥本哈根大学（University of Copenhagen）理论物理学教授 Per Bak（1948.12.8—2002.10.16）提出了"自组织临界性"（SOC，Self-Organized Criticality）的新理论[41,42]。1996 年，Bak 出版了专著《大自然如何工作：有关自组织临界性的科学》，全面论述了上述新理论[43]。他指出："SOC 科学表明，复杂系统在远离平衡的临界状态工作，以阵发、混沌、类似雪崩的形式演化，并不像通常以为的遵循一种平缓、渐进的演化方式。地震、生物大灭绝，还有人类的工业革命和社会变革，都是这样的雪崩式演化"。SOC 理论现在已广泛用于研究许多复杂的自然系统的演化，例如生物网络演化、太阳耀斑、火山爆发、森林火灾、疾病传播、经济网络和股票市场的波动等。Bak 指出："自组织临界性不是复杂性的全部，但是它或许打开了通向复杂性科学的大门。"[43]

Bak 特别重视研究生态网络演化过程中的 SOC 现象，及多物种的自适应和共同演化行为。1993 年，Bak 和他的学生 K. Sneppen 建立了物种互相捕食关系的食物链构成的生态网络演化模型[44,45]，后来被称为 Bak-Sneppen 模型。该模型的基本思路是适应性最差的物种在下一个时间段里最容易发生变异。由于物种间的相互作用，该变异会影响到周围的物种，从而使整个生态系统共同演化。该模型所用网络是一个一维的食物链，具有环形的连边结构，因此，每一个节点均只具有两个相邻节点。换言之，每个节点的连接度均为 2。该食物链上的任一物种 i 赋于一个适应性值 λ_i（$\lambda_i \in [0,1]$）的参数值。每个物种 i 均与邻近的两个物种相互作用，在其左边有一个捕食它的物种 $i-1$，在其右边有一个被它捕食的物种 $i+1$。在初始时间步，首先给每个物种的 λ_i 随机地赋值。在随后的时间步，选择适应性最低的物种 i 及其左右的最近邻物种 $i-1$ 和 $i+1$，将 λ_{i-1}，λ_i 及 λ_{i+1} 都用新的随机数取代，使这三个物种可能随机地变为拥有较高适应性的新物种，从而实现一次物种进化。这正像一个经理解雇效率最差的一个工人及其两个最亲密的合作者，然后到街上随意雇来三个年轻人代替他们。这两个合作者与效率最差者所具有的工作技能将不起任何作用。这个模型一直演化下去，在经过一个非常长的瞬变过程之后，将达到一个稳定的自组织临界状态。最后，模型将产生处于稳定的 SOC 状态且适应环境的一个新种群，其中所有物种的适应性都大于预先设定的阈值，而小于这个阈值的物种都已灭绝。该模型物种规模演化遵循无标度幂律分布，可产生雪崩式的物种替代。

由于 SOC 状态的极端敏感性，一个小的扰动最终可能影响食物链的演化进程，可能灭绝少数旧物种或产生新物种，这就解释了考古学近几十年来发现的许多旧物种灭绝及新物种产生的"雪崩"和断续平衡（punctuated equilibrium）现象，揭示了生物网络演化遵循 SOC 的普适性规律，反映了在物种与其最相关物种之间的相互作用对生物种群进化的影响。该模型是一种新型的达尔文进化理论模型，它的复杂性特别表现在小的扰动不但可能引发不同的瞬变过程，还可能导致不同的演化结果。混沌学家将此称为蝴蝶效应，他们说："南美洲的一只蝴蝶扇一下翅膀，就会影响北美洲的天气。"以上述生态网络演化为例，如果把时光倒退亿万年，把地球上的生物进化重来一次，那么所产生的新生物种群一定与当今地球上的生物种群有很多差异。

Pioneer in the physics of complex systems, and discoverer of self-organized criticality

2002 年 10 月 16 日，54 岁的科学天才——Per Bak 因患骨髓增生异常综合征在哥本哈根英年早逝。《Nature》杂志特为他发布了占用一个整页的讣告，高度评价他是"复杂系统的物理学的先行者和 SOC 理论的发现者"（图 3.18）[46]。

图 3.18 《Nature》杂志于 2002 年 11 月 21 日刊登讣告高度评价 Per Bak

本书作者认为，Bak 研究生物网络、社会网络和物理网络等复杂网络取得的重大突破，不仅促进了 SOC 理论与复杂网络理论的交叉融合，也推动了网络科学的发展，并将影响未来军事网络科学的发展。

3.4.3 Christensen 对 Bak-Sneppen 模型的改进

1998 年，K. Christensen 等人提出了一个自适应网络模型[47]。这项工作改进了上述著名的 Bak-Sneppen 模型。

1998 年，Christensen 等在文献[47]中介绍了用随机网络取代了 Bak-Sneppen 模型简单的食物链拓扑结构。主要涉及网络上的演化的动力学机制，该网络具有静态的拓扑结构，物种的更换可影响到网络本地的拓扑结构。如果被替换的物种比其邻节点的连接度较低，则给这些邻节点添加一条新边的概率将比原设定值减小。但是，如果被替换的物种比其邻节点的连接度高，则给这些邻节点添加一条新边的概率将保原设定值不变。这种演变规律，有效地改变了平均连接度，即一个节点连边的平均数。通过数值模拟，Christensen 发现，在最大的种群集合内节点的平均连接度接近 2（图 3.19），与 Bak-Sneppen 模型中使用食物链的平均度很接近。这一发现是重要的，因为它表明自适应网络能够依据当地规则，具有鲁棒的拓扑结构的自组织能力。这一成果引发了一些后续的研究，将在第 3.5 节中讨论。

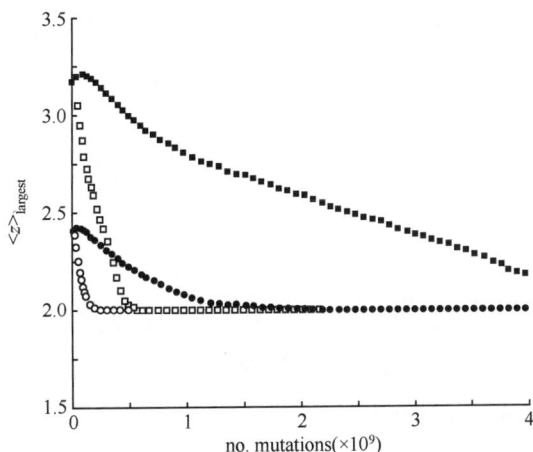

图 3.19 Christensen 等发现，在不同初始条件下，借助于自组织，自适应布尔网络最大集群的连通性$<z>_{largest}$趋向临界值 2。本图取自文献[47]（在图中，用空心圆表示$<z>=2$ 和 $p=10^{-2}$；用实心圆表示$<z>=2$ 和 $p=10^{-3}$；用空心正方形表示$<z>=3$ 和 $p=10^{-2}$；用实心正方形表示$<z>=3$ 和 $p=10^{-3}$）

3.5 在布尔网络中鲁棒的自组织

为了了解自适应网络功能，可以首先了解在概念上很简单的布尔网络模型。在布尔网络中，一个给定节点的状态，是用一个布尔变量来描述的。布尔网络具有可变的拓扑结构，提供了一个特别简单的动力学现象的研究框架。布尔网络的两个代表性的应用是神经网络和基因调控网络[42]。在神经网络中，节点的状态表示目标神经元是否被激活。在基因调控网络中，节点状态表示目标基因是否被转录。

加拿大卡尔加里大学（University of Calgary）生物复杂性和信息学研究所（Institute for Biocomplexity and Informatics）的 Stuart Kauffman 教授（1939.9.28—，图 3.20 取自 http://www.edge.org/3rd_culture/bios/kauffman.html）是第一个使用布尔网络模型模拟基因调控网络（GRN，Gene Regulatory Network）的生物学家[48]。1969 年，他提出了一种描述 GRN 及其元素相互作用的布尔网络模型[49]。该模型用布尔变量来描述基因的活性（on，1）或抑制（off，0）状态及其产物的存在或缺失，还可以用布尔函数计算一个基因在其他基因激活后的新状态及描述 GRN 各元素之间的相

图 3.20　Stuart Kauffman

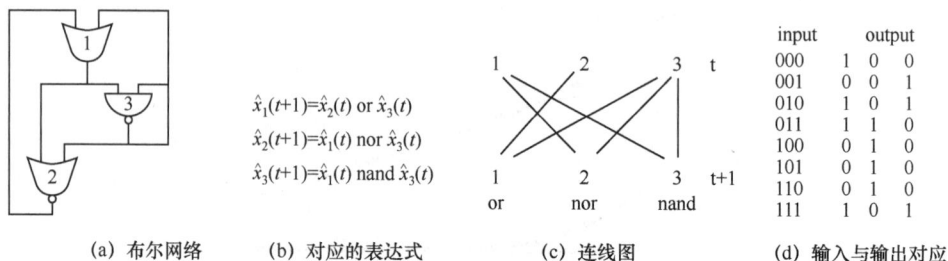

互作用。1993 年，Kauffman 出版了全面介绍布尔网络模型应用的著名论著《秩序之源：进化中的自组织与选择》（*The Origins of Order: Self-Organization and Selection in Evolution*）[50]。图 3.21 是一个布尔网络的示例[51]。其中图 3.21（a）是布尔网络图；图 3.21（b）是该图对应的表达式，其中节点（基因）数 $n=3$，网络节点连接度 $k=2$；图 3.21（c）是在 t 和 $t+1$ 时间步布尔网络的节点连线图；图 3.21（d）是输入与输出对应值。

$$\hat{x}_1(t+1)=\hat{x}_2(t) \text{ or } \hat{x}_3(t)$$
$$\hat{x}_2(t+1)=\hat{x}_1(t) \text{ nor } \hat{x}_3(t)$$
$$\hat{x}_3(t+1)=\hat{x}_1(t) \text{ nand } \hat{x}_3(t)$$

input	output		
000	1	0	0
001	0	0	1
010	1	0	1
011	1	1	0
100	0	1	0
101	0	1	0
110	0	1	0
111	1	0	1

（a）布尔网络　　（b）对应的表达式　　　　（c）连线图　　　　（d）输入与输出对应

图 3.21　布尔网络示例

布尔网络模型具有以下 4 个特点：

（1）每一个基因、输入及输出均是用一个有向网络连线图，采用从一个节点到另一个节点的一个箭头表示这两个节点之间具有因果关系。

（2）每个节点可以处在"开"或"关"的两种状态之一。

（3）对于一个基因，"开"对应于基因表达；对于输入和输出，"开"对应于化学反应物质的产生。

（4）时间被看成一系列离散的时间步。在每一个时间步，一个节点的新状态是其前一状态的布尔函数，用箭头从节点前一状态指向新状态来表示。

设布尔网络的 n 维向量 $\hat{x}=\{\hat{x}_1,\cdots,\hat{x}_i,\cdots,\hat{x}_n\}$ 表示一个 GRN 的 n 个元素（节点）。该向量每个元素 $\hat{x}_i$ 的值为 1 或 0，因此该网络的状态向量空间有 2^n 个状态。$\hat{x}_i$ 在时间步 $t+1$ 的值可根据其在时间步 t 时 n 个元素的状态 k，利用一个布尔函数或规则 $\hat{b}_i$ 来计算。应该说明的是，k 对于每一个 $\hat{x}_i$ 可以是不同的。变量 $\hat{x}_i$ 也可看成某一元素的输出，变量 k 可看成输入的数量。对于一个具有 k 个输入的布尔函数 $\hat{b}_i$ 而言，其与输入相对应的输出的"状态转变对"（state transition pair）的总数是 2^{2^k} 个。当 $k=2$ 时有 16 种可能的函数，分别用"or"，"nor"及"nand"3 种算子来计算，如图 3.21（c）所示。描述 GRN 的动力学机制的布尔函数方程：

$$\hat{x}_i(t+1) = \hat{b}_i(\hat{x}(t)), \quad 1 \leqslant i \leqslant n \tag{3.1}$$

其中 $\hat{b}_i$ 根据 k 个输入给出一个输出值。

如图 3.21（c）所示的连线图也可用于描述布尔网络的结构。该图的上面一行列出了该网络在时间步 t 的状态，下面一行列出了它在时间步 $t+1$ 的状态。布尔函数根据输入计算出每个元素的输出。连线图是计算状态转变的一种有效方法。从一个状态向另一个状态的转变是并行实现的过程，每个元素同时使用了它的布尔函数。例如，设在 $t=0$ 时，状态向量为 000，在下一时间步 $t=1$ 时，GRN 的状态向量变为 011。如果在 $t=0$ 时，3 个基因均未被激活，则在 $t=1$ 时，第 2 个和第 3 个基因将被激活。这种状态转变是确定性的和同步进行的，对于特定的输入只有唯一确定的输出状态，并且所有元素的输出是同时更新的。

如图 3.21（d）所示的输入与输出对应表可用于描述布尔网络状态的变化。

近年来，布尔网络模型的研究取得了长足进展。布尔网络具有不同类型的动力学行为，包括混沌和稳定（冻结）的动力学机制（Socolar 和 Kauffman[52]，2003 年）。在稳定和混沌之间的边界，往往是一个狭窄的相变区域，可以观察到振荡动力学机制，并且发现冷冻节点的密度遵循幂律。根据生物学研究结果，神经网络和基因调控网络将接近或处于"混沌的边缘"（edge of chaos）以实现适当的功能（例如，对不同种类的细胞分别编码，或进行有意义的信息处理）。一个核心问题是网络如何设法留在这条狭窄的参数区域，同时在生物种群演化和个体发展的过程中改变拓扑结构。将在下面说明这些网络的自适应性很可能在自组织转向临界振荡或准周期（quasi-periodic）状态的过程中起着核心作用。

神经网络和基因调控网络最简单的模型是阈值网络。在这些网络中，用布尔变量的状态表示相应的节点是否激活。根据拓扑结构，在网络上的激活节点对其邻节点具有激活或抑制的作用。如果节点输入超过一定的阈值，即该节点通过其连边接收到激活信号后将变得很活跃，否则就处于被抑制状态。

为了研究拓扑结构的自组织，Bornholdt 和 Rohlf（2000）[53]使用了一个布尔阈值网络，利用更新规则改变拓扑结构：模拟系统随时间的演化，直到出现一个动态的吸引子才结束，例如完成一个有限周期。然后，一个随机选择的节点在吸引子的一个周期内被抑制，或者在混沌动力学的一个很长时间段内被抑制。如果在这段时间内，节点状态至少改变一次，则切断它的随机连接。但是，如果它在整个时间段内状态保持不变，则随机选择另一节点与之连接。总之，"冻结"节点增加连接，而"动态变化"节点会失去连接。

请注意，随机添加连接，可导致非本地、长距离的连接。然而，由于随机确定连接目标时没有提供分布式的信息，所以在这个意义上，添加或删除随机连接的拓扑结构演化规律可以被视为一种本地的规则。

Bornholdt 和 Rohlf 通过数值模拟表明，在独立的初始状态，可具有一定程度的连接性。如果节点数量 N 被改变，则涌现的连接性 K 遵循幂律 $K=2+12.4N^{-0.47}$。因此，在大型网络的情况下（$N \to \infty$），可以观察到自组织趋向临界的连接 $K_c=2$。通过进一步的模拟显示，大型网络的拓扑结构相变发生在 $K=2$ 时。在相变中，冷冻节点的比例从 1 下降到 0，表明在相变前所有节点在一个吸引子周期内均改变了状态，而在相变中完全没有改变节点状态。这意味着，在一个大网络中，如果 $K<2$，重新布线算法几乎总是添加连接；但如果 $K>2$，则几乎总是移除连接。自组织通过这种方式转向动力学的临界状态。这种形式的自组织是高度鲁棒的，因为它不依赖初始拓扑结构或参数选择。

由 Bornholdt 和 Rohlf（2000）[53]提出，后来在 Bornholdt 和 Röhl 的另一篇论文（2003）[54]中进一步说明了一个重要的原则：网络的动力学机制使得在本地可以访问全局拓扑结构信息。在自适应网络中全局信息可以反馈给本地拓扑结构的动力学机制。因此，自适应网络的状态和拓扑结构之间的相互作用可以利用简单的本地规则产生非常鲁棒的全局性自组织。请注意，正如 Bornholdt 和 Rohlf 给出的例子所示，可以观察到自适应网络这种真实的功能，在此网络中，拓扑结构的演化和状态的动力学变化发生在不同的时间标度上。这些成果启发了后续的研究（Bornholdt 和 Sneppen，1998 年[55]，2000 年[56]；Luque 等[57]，2001 年；Kamp 和 Bornholdt[58]，2002 年；Bornholdt 和 Röhl[54]，2003 年；Liu 和 Bassler[59]，2006 年；Rohlf[60]，2007 年）。

Bornholdt 和 Rohlf 体系的自然推广是利用更普通的布尔函数替换阈值函数。在 Kauffman 网络的研究中，Bornholdt 和 Sneppen（1998 年）[55]，Luque 等（2001 年）[57]，Liu 和 Bassler（2006 年）[59]，使用了随机布尔函数，这是随机生成的一种查询表。Luque 等（2001 年）在建立这种查询表中采用了一个偏置 p，使得一个随机输入可以导致概率为 p 的激活，或概率为 $1-p$ 的抑制。以这种方式生成的网络，可通过更改 p 调节临界连接性。虽然采用了不同的重新布线规则，只允许切断，但仍可观察到自组织系统的临界状态。

上述研究成果表明，非常简单的自适应网络可以表现出很复杂的动力学机制。为了找到更多有趣规则，广泛搜索大量的各种自适应网络模型是可取的。事实上，第一次尝试在布尔网络这样做的 Sayama（2007 年）[61]就已经报告过研究结果。其特点是采用了一种编号方案，可以查询所有的自适应网络。Smith 等人（2007 年）[62]还采用了从细胞自动机（cellular-automaton）获得启发的一种类似方法。

最后，在介绍过 Bornholdt 等人提出的机制后，下面介绍另一种替代机制[3]，可以使全局状态信息在本地可用，该机制还可以用于鲁棒的自组织系统。这种"双"机制适用于拓扑结构变化速度远远超过状态变化速度的网络。例如，考虑以下的示例模型：在一个给定的网络，随机建立若干连接，但不同的状态节点之间的连接将在瞬间被切断。这些规则可导致一种结构，其中每一个节点均与其他所有相同状态的节点连接。这意味着，如果一个给定节点具有 5 条边，也就是说，网络中正好有其他 5 个相同状态的节点。此种有关状态的全局信息经过拓扑结构成为本地可用的。此信息可以反馈给一个处于时间标度较慢状态的动力学机制。

3.6　耦合振子自适应网络研究的新发现

3.6.1　自发分工

在本章上述几节中，已经讨论了自适应状态和拓扑结构之间的相互作用，这种相互作用能形成一种动力学机制的反馈回路并驱动系统到达临界状态。Ito 和 Kaneko（2002年[63]，2003 年[64]）在耦合振子自适应网络（adaptive network of coupled oscillators）中发现有另一种反馈回路，只要采用稍微不同的设置，就可以引导自组织产生截然不同的拓扑结构。它是一种自发的劳动分工（spontaneous division of labour），以下简称自发分工。它使得在最初的相同种类节点中涌现出了不同种类的节点。Ito 和 Kaneko 首次描述了在耦合振子自适应网络中的这种现象。值得注意的是，这些作者的论述非常清楚地表明，他们发现了自适应网络中新的动力学机制的现象。

Ito 和 Kaneko 研究了一种有向网络，其中每个节点代表一个混沌振子（chaotic oscillators）。该振子的状态特征可由一个连续变量描述。此外，网络中的每一条边赋予一个对应的连续变量——权，即连接的强度。在离散时间步中，节点状态和连接权不断更新。这些更新按照一种逻辑图来进行（May，1976 年[65]），此节点的状态更新经由网络连边可耦合到其邻节点振子。按照更新规则，相同状态的耦合振子之间的连接权将增加，同时保持每个节点振子的所有输入权值之和为常数。

加权网络很适合于分析自适应网络结构的变化。例如，可以将节点振子之间的连接权和状态初始化为统一值并各自赋予微小的差异。这将使所有振子的初始状态几乎都相同，并且以相同的权值与其他振子连接。换句话说，初始节点形成的是同类种群。然后，在模拟过程中，很大一部分边的权接近 0，从而涌现出不同的网络结构。在分析这种网络结构时，仅考虑超过一定数值的权，而忽略所有其他较小的权。在该模型中，网络结构不会冻结，仍然会继续演化，因为利用加大或减小权可不断产生新边或去除原有边。

Ito 和 Kaneko 指出，在一定的参数区域利用节点之间有效的出度可形成两个不同类的节点。通常在一个网络中，虽然某些节点的连接度较高而其他节点较低，但是如果每一个节点在某些特定时间的连接度均较高，而在其他时间的出度较低，仍然可能被看成同类。然而，在 Ito 和 Kaneko 的模型中就没有这种情况：尽管对于各条边进行重新布线，在某个时间的一个节点有较高或较低的出度，一般在后来的时间将仍然具有较高或较低的出度。需要注意的是出度反映一个特定的节点对网络其他节点动力学机制的影响。在这个意义上，可以把 Ito 和 Kaneko 的结果描述为网络中产生了主节点（"领导者"）和从节点（"追随者"）类型的节点，或使用一个较为中性的比喻，称为自发分工，使节点分别承担不同的功能角色。

在一些简单的神经网络模型中也观察到了类似的自发分工（Bornholdt 和 Rohlf，2000 年[53]；Gong 和 van Leeuwen，2004 年[66]；van den Berg 和 van Leeuwen，2004 年[67]）。在所有上述模型中，一个普遍性的规律是：通过加强状态相同的神经元节点之间的连接可以改变拓扑结构，这条有关神经网络的规则来自 Paulsen 和 Sejnowski（2000 年[69]）的研究结果。在没有不同类节点的系统中，加强同类节点之间的连接往往会导致产生不同类节点。另一个明显的例子是 Fan 和 Chen（2004 年[68]）及 Fronczak 等（2006 年[69]）报告的无标度拓扑结构的形成。

3.6.2　幂律现象

Donetti（2005 年[70]）发现由相同连接度节点组成的网络更容易同步。Zhou 和 Kurths（2006 年[71]）研究了一种由混沌振子耦合组成的自适应网络，他们的重要发现是在不同种类节点之间的连接会加强。请特别注意，这与 Ito 和 Kaneko 提出的上述自适应规则（相同状态的耦合振子之间的连接权将增加）是完全相反的。Zhou 发现自适应自组织驱动网络趋向于更均匀的拓扑结构，并增强同步的能力。由此，比最大规模的可比较随机图还要大几个数量级的同步网络，有可能仍然是可同步的。

Zhou 和 Kurths 的另一个重要发现是在耦合振子自适应网络中涌现出幂律现象。在同步状态下，节点输入边的权 V_i 是连接度 k 的一个幂律函数，即有 $V(k) \sim k^{-\theta}$，其中幂指数 $\theta = 0.48$，是模型中的一个独立参数（图 3.22 取自文献[71]）。Zhou 指出，这种由各层次突变（hierarchical transition）到同步是一种普遍性的行为。在此突变中连接度最高的节点首先同步。连接度较低的节点随后同步，并经历一段较长时间来提高其耦合强度。

上述研究结果表明，可能存在 Bornholdt 和 Rohlf（2000 年[53]）描述的一种微妙的连接机制：Ito 和 Kaneko 的研究结果表明，在网络动力学机制（涉及状态和拓扑结构）和时间标度（在其间节点涌现的属性发生变化）之间存在一种标度分离。换句话说，一个节点从高连接度变为低连接度的周转时间（turnover time）比对边进行重新布线所需时间要长出许多数量级。与其他模型相比，这种时间标度分离在系统的规则中并不明显，但在其中可涌现新的动力学机制。人们可能怀疑，由于在发生相变时周转时间的分岔（turnover time diverges），是否可能会出现时间标度分离。在 3.5 节讨论"在布尔网络中鲁棒的自组织"中曾提及可以设想一个自适应网络能够通过自组织导致这种相变。今后，需要在这个研究方向上进行更多深入的研究和验证。

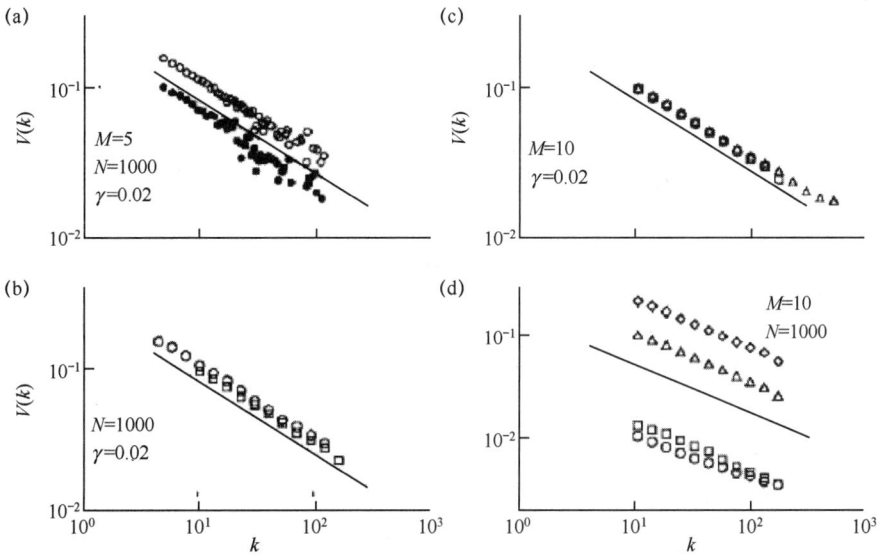

图 3.22　在 Zhou 和 Kurths 研究的耦合振子自适应网络中，部分组织产生了若干拓扑结构，其中节点输入边的权 V_i 是连接度 k 的幂律函数，即有 $V(k) \sim k^{-\theta}$。幂指数 $\theta = -0.48$ 与下列 4 项是独立的：（a）在考察范围内特定种类的振子；（b）平均连接度 M（用空心圆圈表示 $M=5$，用空心正方形表示 $M=10$）；（c）网络的规模（用空心圆圈表示 $N=500$；用空心正方形表示 $N=1000$；用空心三角形表示 $N=10000$）；（d）适应性参数 γ（用空心圆圈表示 $\gamma=10^{-4}$；用空心正方形表示 $\gamma=10^{-3}$；用空心三角形表示 $\gamma=10^{-2}$；用空心菱形表示 $\gamma=10^{-1}$）

3.7　自适应网络的合作博弈

在 3.6 节中使用的术语"自发的劳动分工"已经涉及社会经济学领域的一个重要课题。事实上，社会经济模型也许是迄今为止最引人入胜的自适应网络应用之一。在其中，节点表示代理（Agent）（可代表个人、企业、状态等），而连边可代表社会交往、业务关系。与其他系统相比，代理一般都具有反思和规划能力。出于这个原因，探索社会经济系统必然要采用博弈论（Game theory），有时也称对策论，是研究具有斗争或竞争性质现象的数学理论和方法。目前在生物学、经济学、国际关系、计算机科学、政治学、军事战略和其他很多学科都有广泛的应用。

近年来，自适应网络博弈已经成为一个新的研究热点。1992 年，Novak 和 May 用网络方法研究了空间博弈（Spatial games）[72]。他们用静态网络中的节点表示局中人，用连边表示可能的博弈。2000 年，Skyrms 和 Pemantle 发现了自适应网络博弈的巨大潜力[34]。他们研究了动态演化的社会网络模型，利用随机配对的代理（Agents）之间的相互作用来模拟博弈，并反复进行博弈。在初始时，代理随机地相互作用；随后利用这些博弈的付出（payoffs）确定哪些相互作用将增强，并利用代理的动态学习行为决定网络结构涌现的结果。他们设置了各种不同的初始条件，使博弈变得很复杂，有时会涌现新的网络结构动力学的行为。他们在文献[34]的"结论"中指出，今后还可以继续增加模拟的复杂性，如允许信息影响结构演变，局中人之间的通信等，使模拟网络结构的动力学机制更加逼真；结构的演化是现实世界中许多网络的一个共同特征；必须研究网络博弈策略互动的理论，利用现在已经有的数学理论并开发相关的研究工具；更深入地模拟网络博弈的结构动力学机制，结构与策略的互动，将产生自适应行为理论的新见解。

在后来，还有一些人利用自适应网络研究囚徒困境博弈，例如，Ebel 和 Bornholdt（2002 年）[73]，Zimmermann 等（2004 年）[74]，Eguiluz 等（2005 年）[75]，Zimmermann 和 Eguiluz（2005 年）[76]，Pacheco 等（2006 年）[77]。Ren 等人研究了一种与自适应密切相关的雪流博弈（Snowdrift game）（2006 年）[78]。一个更现实的自适应网络的社会经济模型，涉及税收和补贴，是由 Lugo 和 Jimenez（2006 年）[79]建立的。在这些论文中，上面讨论过的两个共同的主题，即鲁棒的自组织拓扑结构与相关的幂律，再次被讨论。例如，对于无标度拓扑结构的形成及幂律分布等问题，Eguiluz 等（2005 年）和 Ren 等（2006 年）都详细讨论过。

Zimmermann 等（2004 年）[74]，Eguiluz 等（2005 年）[75]，Zimmermann 和 Eguiluz（2005 年）等[76]研究了自发分工和社会阶层问题。然而，在这些论文中，将自适应网络状态之间的相互作用和拓扑结构变化停止在一些时间点，网络被冻结为最终的结构形式，称为"网络纳什均衡"。因此尚不清楚是否出现在模拟中观察到的不同的社会阶层，与 Ito 和 Kaneko 模型中的机制类似。另一种可能的解释是在一些其他的瞬变状态中，网络可能已经达到了一种吸收状态（absorbing state），冻结网络和固化本地拓扑结构的非均质性。

Ebel 和 Bornholdt（2002 年）[73]，Eguiluz 等人（2005 年）[76]及 Zimmermann 和 Eguiluz（2005 年）[76]的研究成果表明，接近最终状态表明该方法的特点是大雪崩式的策略瞬变，表现出幂律标度。这种无标度的行为是自组织临界行为的另一个指标。

从应用的角度来看，有趣的是，在所有上述论文中都报告了合作水平升高。当一个人认可局中人和他们的邻里之间的相互合作，在自适应网络中促进合作的机制就变得明显。在网络的所有的博弈中，当地邻节点作为基础设施或基板，可以从中提取付出。这种基础设施的质量取决于拓扑性质，如连接度或在邻节点中合作者的数量。在自适应网络中，局中人可以采取行动构建自己的邻节点。由此，邻节点成为一个重要的资源。博弈规则一般都是这样的，自私的行为降低了这一资源的质量，因为邻节会切断原有连接或重新连边。这种反馈可能会被视为"拓扑结构惩罚叛变的局中人"。

Pacheco 等人（2006 年）[77]提出了促进自适应网络合作的机制。他要求拓扑结构的演变速度远远超过策略进化，因此他可在自适应网络中将囚徒困境映射为种群良好混合的博弈。然而，这种"重整化"博弈已经不是一个囚徒困境；映射有效地改变了博弈规则，让囚徒困境转化为一个协调博弈（coordination game）。这就解释了合作水平提高的原因，因为协调博弈当然会更支持合作行为。

有趣的是，要注意，网络自适应性质乍一看并不总是很明显。例如，Paczuski 等（2000 年）[80]研究了在一个固定的网络中的少数者博弈。在这个非合作博弈中，每个代理在两个备选方案之间做出决定。决定由少数代理选择替代方案的代理受到奖励。代理的决定，取决于其在上一轮的决定，及其邻节点在上一轮的决定。因为在囚徒困境中，此代理被允许查找一个策略表，以便其策略能随时间进化并最大限度地获得成功。尽管事实上，该博弈似乎是在一个静态网络中，但 Paczuski 等观察到如上所述的自适应网络的所有特点，包括涌现两个不同的群体，在博弈中他们的成功是不同的。原因在于查询表的策略进化，可以有效地改变网络中的连接。尤其是查询表可以使策略进化到这样的状态，它完全可以忽略某些邻节点的决定（M. Paczuski，2007 年，个人通信[3]）。这意味着，尽管网络本身是静态的，但是因为经验丰富的节点具有更有效的连接度且可以随时间变化。因此，网络仍然是自适应的。

当自适应网络可以为以前研究过的博弈，如囚徒困境，增加真实感。它们也产生了一类新的博弈。在这些博弈中，局中人不是尽量提取支付，但是很难尽量取得在网络上的有利地位。例如，在一个社会网络中，集中性高的位置当然是可取的。Rosvall 和 Sneppen（2006 年 a[81]，b[82]，2007 年[83]）研究了争夺这种位置的模型。该模型描述了社会代理之间通信网络的形成。作为这种模型的一个有趣的功能，这种通信提供与网络结构的元信息的代理。

Holme 和 Ghoshal（2006 年）[84]在一项相关研究中，使代理能试图达到高集中性的位置，同时尽量减少它们不得不保持的连接度。模拟显示，该系统具有长时间的稳定性，在其间一个策略处于主导地位。这一时段被突然入侵的不同策略打断。显然，由于没有接近稳态，使得主导策略继续在长时期内不断被更换。模型的一个有趣的特点是，它在瞬时间就能产生极为奇特的拓扑结构。图 3.23 是这种拓扑结构的一个例子。所示的拓扑结构是复杂的，它不是随机或规则网络，但拥有一个独特的结构。需要注意的是在图中可以确认三种不同类别的节点。特别是，有一类代理达到了它的目标：处于高集中性和低连接度的位置。虽然其中自发的分工是显而易见的，但是却没有不同种类的去混合化

（de-mixing of classes）：在某个时间内具有低连接度和高集中性位置的节点，在稍后的时间它持续占据此位置的概率并不增加。还要注意的是，模型中节点的中心性，是一个全局性的属性。因此，涌现的拓扑结构并不是仅仅根据本地信息来构建。

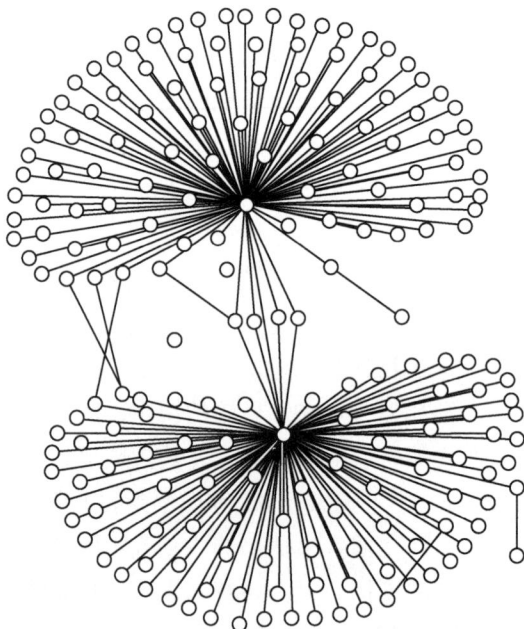

图 3.23 Holme 和 Ghoshal 发现许多代理竞争高集中性和低连接度的位置。形成一种复杂的全局拓扑结构。在图中的 200 个节点可以分为三类：大多数节点处于低集中性位置，另一些节点付出高连接度代价后，才处于高集中性位置。只有一小部分"VIP"节点才能占据高集中性且低连接度位置。此图取自文献[84]中的图 2b

3.8 在民意形成和流行病传播中的动力学及相变

上面的讨论主要关心网络状态变化比拓扑结构演变得更快或更慢。在表现出这种时间标度差异的系统中，快速变量的平均状态可能会影响慢速变量的动力学机制。因此，时间标度之间动力学机制的相互作用通常相对较弱。与此相反，在另一些系统中，拓扑结构进化与网络上的动力学机制发生在相同的时间标度。由于动力学变量和拓扑结构自由度直接互动，在状态和拓扑结构之间可能产生强大的动态相互作用。状态的动力学信息可以在拓扑结构中存储和读取，反之亦然。在这种相互作用的研究中，可以不再使用有差异的时间标度。现在仍然有可能通过使用非线性动力学和统计物理的工具来分析上述动力学机制，研究在动力学和拓扑结构中发生性质的瞬变现象，该现象根据不同学科的描述方法被称为分叉（bifurcations）或相变（phase transitions）。

可以利用人际之间接触过程的动态相互作用，描述一些传播现象，例如可以研究信息、政治见解、宗教信仰或流行病沿网络连边传播。其中最简单的模型之一是流行病传播的 SIS 模型。该模型描述了由人群组成的社交网络。每一个人都是易感者（S）或感染者（I）。在单位时间内易感者与感染者接触并被感染的固定概率为 p。被感染者的恢复率为 r，然后他立即再次成为易感者。如果考虑静态网络，SIS 模型至多有一个动力学的相变。在低于相变时，只有无病状态是稳定的，而在高于相变时，疾病就可以侵入网络，接近传播状态。

　　静态的 SIS 模型可以变成一个自适应网络，如果考虑增加一个过程：易感者可以尽量避免接触感染者。Gross 等人研究了这种方案（2006 年）[85]。在其模型中，易感者以概率 w，切断与一个感染者邻节点的连接，与另一个易感者形成了一个新的连接。这种规则将 SIS 模型转变为自适应网络。他们发现，即使中等的重新布线概率变化，也会使网络动力学机制发生质变。突然出现不连续的相变和双稳态的区域，无病状态和疾病流行状态均是稳定的（图 3.24）。Ehrhardt 等（2006 年）[86]也报告了类似的结果，他们研究了科技创新等现象在自适应网络上的传播。

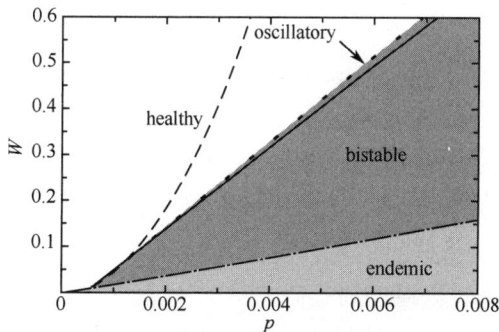

图 3.24　Gross 等给出的流行病学自适应网络两个参数的分岔图。按照不同的动力学机制将分岔参数空间划分为若干区域。用点划线表示临界分岔，对应流行病侵入无疫情系统的阈值。在系统中疫情传播区是有边界的，这些边界分别用不同线型表示：鞍节点分岔（saddle-node bifurcation）用虚线表示，Hopf 分岔用直线表示，周期性折叠分叉（fold bifurcation of cycles）用点线表示。本图取自 Gross 等（2006 年）文献[85]的图 4

　　Gross 等（2006 年）的自适应 SIS 模型，利用较高的重新布线率，可达到疫情传播周期性变化的振荡状态。两种重新布线的对抗效应（antagonistic effects）引发了这种振荡。一方面重新布线切断与感染者的连接，从而降低了易感者的患病率。另一方面重新布线导致易感者之间的连接增加，从而形成一个紧密连接的群体。在起初，切断连接的效果占主导地位，感染者的密度减小。然而，随着易感者集群变得更大和连接更紧密，超过一个阈值后，疫情就可以通过此集群传播。这将导致在随后时间易感者集群的崩溃和患病率增加。虽然这个周期只存在于上述模型中一个狭窄的区域（图 3.24），在此参数区域中将产生振荡。如果人们设定重新布线率可以根据该集群人数和疫情来调整，则振荡的振幅就可被放大（Gross 和 Kevrekidis，2007 年[87]）。

在上述自适应 SIS 模型中，再现了上述的自适应网络标志，例如，隔离感染者，涌现一个紧密相连的易感者集群，就是因为局部规则导致了全局结构变化。此外，引发振荡的机制，让人联想到 3.5 节中讨论过的自组织临界。

在自适应 SIS 模型中使用的重新布线规则，可以在相同状态节点之间建立连接，还可在不同状态节点之间提供连接服务。这种重新布线规则也用于 Ito 和 Kaneko 的模型（见 3.6 节），它可以加强或减弱同类节点之间的连接。此项模拟表明，不同种类节点的拓扑结构可以利用网络动力学机制来产生。事实上，从图 3.25 可以看出，两类节点呈现了不同的度分布特性。在这种情况下，我们可以区别出感染者和易感者的两类不同节点。

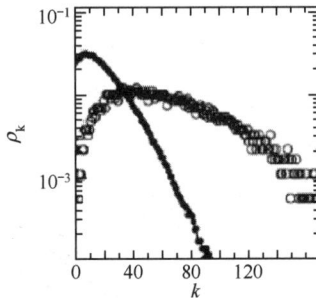

图 3.25　在 Gross 等（2006 年）的模型中，涌现出不同密度分布的两个节点群，分别是易感人群（空心圆）及感染人群（实心圆），并分别有较低和较高的连接度 k

为了研究自适应 SIS 模型的动力学机制，Gross 等（2006 年）[85]和随后的 Zanette（2007 年）[88]采用了一种时刻逼近的近似方法（moment closure approximation）。借助于这种近似方法可以在常微分方程的低维系统中捕捉到网络的动力学机制。然后可利用分岔理论工具研究此类方程的系统（Kuznetsov，1989 年[89]；Guckenheimer 和 Holmes，2000 年[90]），揭示在参数空间动力学机制中发生相变的关键点。为了捕获自适应 SIS 模型的动力学机制，使用了三个动力学变量，而传统的（非自适应）SIS 模型只能捕获一个系统级的动力学变量。这表明，在自适应模型中，还有两个自由通信的节点的动态拓扑结构的度。还有另一种方法研究自适应网络的动力学机制，它利用统计物理学的工具揭示了相变产生的临界点。Holme 和 Newman（2007 年）[91]在研究人群中民意形成的一篇论文中提出了这种相变的一个示例。该文献讨论了各种民意产生的情况，如宗教信仰，可能的选择只限于人口规模。不同意见的邻节点设法说服对方的概率为 φ，重新布线的连接概率为 $1-\varphi$。这最终导致一种共处状态（consensus state），网络分解为若干不相连的集群，其中每个集群均由意见相同的人组成。对于 $\varphi=0$，即意见永远不会改变，所以最后的意见分布就是初始分布。对于 $\varphi=1$，即没有重新布线。在这种共存状态中，不同意见的数量不会超过初始集群的数量。应用有限规模标度分析方法，他们发现，在这两种极端状态之间，可确定一个关键的参数值 φ_c，达到此值时将发生连续的相变。在此相变中，可观察到一种突变慢化的过程，使网络需要特别长的时间才能达到共存状态。在此状态，不同信仰者的分布接近幂律。

由 Holme 和 Newman 发现的这种相变，可能是解决 Gil 和 Zanette（2006 年）[92]，及 Zanette 和 Gil（2006 年）[93]的论文所提及问题的关键。在这些论文中，作者探讨了两种相互矛盾意见之间的竞争模型，解决冲突的办法是说服邻节点或切断与该节点的连接。结果表明，存在一个临界点，只有极少数的连接被保留在共存状态中。根据以往的研究结果，令人怀疑，这就是放慢接近相变过程的直接后果。建立共存状态需要较长变缓时间，可能会导致只有极少数幸存的连接。

3.9　发现在各种自适应网络中潜藏的普遍性行为、规律和规则

3.9.1　自适应网络具有普遍性的行为和规律

综上所述，在本章中已介绍了若干最近提出的自适应网络模型，说明自适应网络存在于许多不同的领域。例如，生态网络，流行病传播网络，遗传网络，神经网络，免疫网络，通信网络和社会网络。目前正从不同视角研究自适应网络的学科包括：生物学，非线性动力学，统计物理学，博弈论和计算机科学等。

综观在多种科技研究领域出现的自适应网络，初步发现了如下一些普遍性的自适应行为。

1. 自组织导致的临界行为（Self-organization towards critical behaviour）

自适应网络能够利用自组织功能产生动力学的临界状态，例如相变。它经常与连接度的幂律分布同时出现。不同于其他形式的自组织临界性，这种机制具有很强的鲁棒性（见 3.5 节）。

2. 自发性工作分工（Spontaneous division of labour）

在自适应网络中，从初始的单一种群中，可以产生拓扑结构和功能不同的新种群的节点。在有些模型中，如果设定某些种群被"去混合化"（de-mixing），则在此特定种群中的节点一般保持不变（见 3.6 节）。

3. 形成复杂的拓扑结构（Formation of complex topologies）

即使是非常基本的自适应网络模型，基于非常简单的本地规则也可以产生复杂的、全局性的拓扑结构（见 3.7 节）。

4．复杂的系统级动力学机制（Complex system-level dynamics）

由于所有的信息可以利用拓扑结构来存储和读取，自适应网络动力学机制具有本地及拓扑结构这两种自由度。因此，自适应网络的动力学机制可以比非自适应网络更加复杂（见 3.8 节）。

在生物学研究中，上述的普遍性的自适应行为特性可以用于指引研究工作：如果在自然界中观察到上述现象，应该考虑是不是由一个（迄今未观察到或未被识别出的）自适应网络所引发。例如，Paczuski 等（2000 年）[80]发现并不总是很容易观察到在网络中隐藏的自适应性，可以通过多方搜索来直接揭示隐藏的自适应性。还可采用相反的方法：在已知包含自适应网络的系统中，搜索发现上述普遍性的自适应行为特性的标志。

上述事例说明自适应网络对于许多领域的研究，特别是在生物学领域，可以发挥关键作用。自适应和自组织可以解释神经网络和遗传网络如何表现出动力学特性，还可以解释在众多模型中这种特性只出现在混沌边缘的临界状态的原因。自发分工对于研究许多社会现象是重要的，也可用于研究多细胞有机体中的细胞分化发育。有关自适应网络形成复杂拓扑结构的很多细节尚待深入研究，但它提供了一个非常有用的新方法，利用简单的模块来建立复杂的大规模结构，例如生物血管网络的生长。

到目前为止，有一些研究只是针对静态网络，这样做可能导致一些系统的重要方面被错估或忽略。例如，传染病的蔓延。目前付出很大努力以确定真实世界的社交网络结构，然后将其输入复杂的模型，用于预测未来的流行病（如流感）的传播和动力学机制。然而，研究最复杂的模型或实际的社会网络可能是徒劳的，因为它没有认识到在重大疫情来临时，人们可能会立即从根本上改变其社会行为和人际交往。

要强调指出，研究解决上述问题不仅会提高人们对于世界上各种真实的自适应网络的理论认识，而且还可以探索应用仿生技术，自行组装（self-assemble）或自组织（self-organize）许多部件来构成所需的各种不同类型的设施。对于这种发展策略的需求很迫切，因为许多人造系统很快就会变得太复杂，难以通过人工设计来实现。因此，自适应的网络结构是一个关键，它可提供新颖而极其需要的设计原则，并很可能从根本上改变未来的电力网络，生产制造业的各种系统，机器人团队，以及自全愈（self-healing）通信网络的工作方式（例如 Kawamura 等，1994 年[94]）。

3.9.2　建立自适应网络动力学规则库的初步尝试

从实际应用的角度来看，建立自适应网络的微观动力学机制的规则库（包括这些规则对系统级性能的影响）是可取的。作为初步尝试，Gross 在文献[3]给出了下列小规则库，虽然目前仅有 3 条规则，但对于引导研究人员的工作，以及今后不断扩大规则库，将起到良好的示范作用。

1．活性断开（Activity disconnects）

规则：被冻结的节点（frozen nodes）增加连边，活性节点（active nodes）失去连边。

结果：自组织向渗流过渡，活性节点的规模分布遵循幂律。

例子：Bornholdt 和 Rohlf（2000 年）[53]，以及 Rohlf（2007 年）[60]。

2．因相似而喜欢（Like-and-like）

规则：在状态类似节点之间的连接得到加强。

结果：产生异构的拓扑结构，可能是无标度网络；出现不同类别的拓扑结构及节点。

例子：Bornholdt 和 Rohlf（2003 年）[54]，及 Ito 和 Kaneko（2002 年）[63]。

3．差异吸引（Differences attract）

规则：在状态不同节点之间的连接得到加强。

结果：同质化的拓扑结构，连接权重的分布遵循幂律。

例子：Zhou 和 Kurths（2006 年）[71]。

今后，还可利用对于大量自适应网络进行自动化的数值分析和研究成果，不断补充更多的规则及其信息。

3.9.3　开始研究自适应网络统一的理论

本章介绍的综述论文只是研究自适应网络理论的第一步。然而，由此已经开始提取出了一些重要的普遍性规律和规则。鲁棒的自组织转变到临界状态已经很好理解：网络上的动力学使每一个节点都可以自由访问拓扑结构信息。因此可以在整个网络上传播拓扑结构的信息。本地拓扑结构的演化可以对此信息做出反应并驱动网络拓扑结构产生相变，其中整个网络上的动力学是至关重要的。类似自组织的机制驱动的相变导致了观察到的分工现象，在相变中各节点之间新属性涌现的间隔时间急剧变缓。此外，不同种类节点的拓扑结构差异当然是复杂拓扑结构形成的一个重要因素。另一个因素是在 3.5 节末已经提到过的双重机制，它可能产生拓扑结构的全局性组织。最后，在 3.8 节中说明了拓扑结构的自由度，作为一个动力学变量，可以产生复杂的系统级动力学机制。因此，上述的 4 个普遍性的自适应行为最终是相互关联的，并且所有的这些自适应网络的行为和特性可用一个统一的理论解释，以便更深入详细地描述在网络状态和拓扑结构之间信息的传输及在不同的时间标度之间微妙的相互作用。

由于自适应网络出现在许多不同的领域中，已经包含在许多模型中，可以预期自适应网络理论将对几个活跃的研究领域产生重大影响。自适应网络未来的基础研究应着眼于这样一种理论，它可提供各种模块，甚至最终能将各种模块组装成一个整体。虽然已经表明，在自适应网络上的动力学机制可以使本地节点访问全局秩序的参数，但是这种全局机制包括的局部动力学仅仅发现了少数几种类型。除了已发现的案例外，目前尚不清楚哪条本地规则揭示了什么样的全局信息。另一个悬而未决的问题是观察到的分工现象究竟是如何产生，以及适用于全局的拓扑结构是如何从本地的相互作用中涌现而且又未受其局限的。最后，这是一个有趣的问题，哪些拓扑结构性质是由一组设定的演化规则产生的，这些规则如何被用于构建网络拓扑结构的自由度。

虽然自适应网络是目前网络科学研究的一个较小的分学科，但上述研究成果表明它具有建立一个统一理论、规则和广泛的应用前景，有潜力成为网络科学研究的一个重要的、很有前途的领域。

网络科学是 21 世纪兴起的一门多学科交叉的研究领域，它重点关注的是各种复杂网络的共性问题和普适性规律，及其在各领域应用的特殊性问题和规律。美国有影响的科学家 E.O.Wilson 指出："今天最大的挑战，不仅是细胞生物学和生态学，而是科学的所有方面，特别是如何精确地和完全地描述复杂系统。科学家已经认识了许多类型的复杂系统。他们认为已经知道系统中大多数元素及其受力情况。下一步的任务就是怎么综合起来，至少在数学模型方面必须抓住整个系统的关键性质"[95]。

3.10　美军研究和应用自适应网络的新成果

3.10.1　美国国防部的"联合网络作战联合测试"与"计算机自适应网络的深度防御"项目

2012 年 2 月，美国国防部向总统提交了 2013 财政年度"作战测试和评估计划"的预算[96]，其中提到："联合网络作战联合测试"（JCOJT，Joint Cyber Operations Joint Test）项目预计在 2013 年 1 月完成。该项目要求"开发、测试并评估战术、技术和程序（TTP，Tactics，Techniques，and Procedures），为联合特遣部队司令官服务，通过建立一个被包围试验区域——虚拟安全"飞地"（VSE，Virtual Secure Enclave），改进指挥和控制关键部门的安全，防御对于整个美国国防部全球信息栅格网络的威胁。

2013 年 2 月 1 日，"联合网络作战联合测试"项目副主任 Jose Gonzalez 在美国武装部队通讯和电子协会（AFCEA，Armed Forces Communications and Electronics Association）的网站发表了署名文章《用于保护区域网络的联合实验》[97]，其中特别介绍了与"计算机自适应网络的深度防御"（CANDID，Computer Adaptive Network Defense in Depth）和"联合能力技术演示"（JCTD，Joint Capability Technology Demonstration）项目的合作。

2010 年 9 月 24 日，美国国防部长助理办公室（Office of the Assistant Secretary of Defense）在公开发布的科研项目合同中，列出了 CANDID，它由空军与佐治亚理工学院应用研究部签订，合同金额为 23173525 美元[98]。该项目用于太空和海战中心的系统指挥工程和网络传感器，要求通过探索网络传感（cyber sensing）的概念，为计算机自适应网络深度防御提供工程、技术和分析支持。2012 年 2 月，美国国防部向总统提交了 2013 财政年度国防后勤局的"研究、开发、测试和评估计划"的预算[99]，再次列入了 CANDID 项目。

JCTD 计划由美国国防部长助理办公室主管，该计划用于检测一项新技术的军事用途，评估其作战实用性和系统集成性，演示其作战概念，利用其解决重要的军事问题，并促进其转型为军民两用技术[100]。CANDID 是该计划的一个项目[101]。

Gonzalez 在文献[97]中指出，JCOJT 可以帮助指挥官们保护其在网络空间中作战地区的安全。用于指挥和控制的自适应网络防御系统，在评估作战进展的基础上，可帮助联合部队指挥官控制网络空间中的关键地形。为了实现军队联合作战指挥的目标，网络操作者们关注网络安全和监控指挥控制系统，主动打击敌方入侵，并提供增强的态势感知能力。

JCOJT 开发和评估了一种新的战术、技术和程序（TTP）概念，以确保军队指挥控制网络安全地使用民用的商业化技术设备。

JCOJT 测试了利用虚拟安全"飞地"（VSE）及 TTP 来实现指挥控制系统自适应网络防御（AND-C2，Adaptive Network Defense of Command and Control）的有效性。专门为 VSE TTP 建立了虚拟专用区域网络，采用了异常检测方法，为此组专门建了联合特遣部队来保护指挥控制系统和传感器网络。

在美国太平洋司令部（USPACOM，United States Pacific Command）战区演习期间，对 JCOJT 进行了成功测试。有多个蓝方和红方的网络部队参与，设置了严格的测试条件，进行了定量分析与统计。该司令部设于夏威夷欧胡岛上，是美军最早成立的联合作战司令部，也是目前 9 个联合司令部中规模最大、责任区最广的一个，下辖人数约 30 万，占美国现役军人总数的 20%。其人员来自陆军、海军、空军及海军陆战队。

根据美国国家安全局提出的网络安全概念，USPACOM 负责资源和评估的指挥官通过三个步骤的测试过程来评估 VSE：

第一步，USPACOM 分别进行了若干有限目标的测试，使用专门技术收集有关保护指挥控制网络和传感器网络的效能信息。然后将测试提供的效能信息与传统的信息安全保障效能进行比较。还进行了与外部用户收发数据的安全性测试，以及抵御各种攻击的效能测试。

第二步，USPACOM 进行了利用 VSE 保护指挥控制系统的综合示范演习，将其作为今后可在作战网络上正式使用的依据。

第三步，USPACOM 仔细研究此项目的作战演示，通过联合测试充分验证有关概念，并将有关功能整合到联合作战条令中。

JCOJT 与 CANDID 和 JCTD 合作完成测试及相关任务。JCTD 把重点放在 VSE 物质方面的解决方案，而 JCOJT 集中在 VSE 非物质方面的 TTP 开发。合作各方使用同一网络配置，可以快速进行 VSE 和 TTP 的设计、测试和修改。紧密配合的并行操作可以迅速将至关重要的物质和非物质的解决方案提供给作战部队。

VSE 和 TTP 评估是按照 USPACOM 的"Terminal Fury 2011"和"Terminal Fury 2012"演习设计的，包括网络防御联合特遣部队保护指挥控制系统的目标计划，将 VSE TTP 功能整合到联合特遣部队中，及建立测试场地。要求联合特遣部队的作战和通讯指挥员要将使用 VSE 和 TTP 资源保护指挥控制系统和传感器网络纳入决策过程。

在"Terminal Fury 2011"演习之前，虽然日本地震和海啸的突发事件打乱了预订的演习日程表，但是在联合信息作战靶场（Joint Information Operations Range）的第一个测试计划仍然如期完成。在"Terminal Fury 2012"演习中，一个重点科目是现场测试保密互联网协议路由器网络（secret Internet protocol router network）的鲁棒性和生存能力。演习准备包括对 USPACOM 及其所属单位的 VSE TTP 培训，预备役人员在现场接受执行 VSE 集中式管理和监控任务的培训。由于充分发挥蓝方和红方参演部队的作用，完成了对 TTP 的全面评估。

在演习中红蓝双方对抗的情况下，黑客可以千方百计发现对方设备的漏洞，并实施广泛的渗透。JCOJT 构建了监测设施，设定了测试参数，全面模仿了红方网络部队的活动。红方网络部队开发了 161 种攻击手段及其使用说明书（网络游戏手册"cyber playbook"），利用代号为"白细胞"的方法在演习中发起网络攻击。这种演习设施结构类似利用一架飞机和多个测试卡来监测飞行控制参数。对于真实的网络攻击，蓝方的各种应对措施都会被记录下可供测量和分析的取样数据，包括侦察、渗出/渗入和拒绝服务等。这些蓝方的数据记录是进行 VSE TTP 评价的依据。有关部门评估了 JCOJT 给出的统计分析结果，例如网络攻击防御的检测率和网络异常状态的检测速度，可信度达到 90%。

JCOJT 对于"白细胞"攻击控制进行了取样计数，以便利用现有商用网络仪器设备对于网络攻击数据进行接近实时的分析。要说明的是，利用联合信息作战靶场的设备进行测试，可发现比上述演习更多的网络攻击。为了评估改进 VSE TTP，对比了上述测试结果与在 2011 财年的演习中战士们提供的对于相关设备性能的要求和对于信息安全保障效能的评价。结果表明，VSE TTP 有效地提高了联合作战指挥控制网络的防御。

VSE TTP 测试的成功，在很大程度上是因为上级制定了指导测试和演练的一系列策略。联合测试被授权可利用"Terminal Fury"演习，使用联合信息作战靶场，可使用模拟红蓝双方国家和各部门的网络设施，可参考历次网络作战演习的评估结果和档案。在过去的两年内，由 JCOJT 和 CANDID 与 JCTD 共同进行的测试促进了美军的联合作战。

USPACOM 支持使这些测试的概念纳入作战条令并制度化，将 AND-C2 作战概念报上级评估作为联合作战概念。AND-C2 作战概念描述的功能和方法，为联合部队指挥官提供了使用市售的技术设备来保卫指挥控制系统的新能力。为了同步进行网络防御并有效地保证指挥控制与联合作战,必须在联合作战的计划和实施中实现 VSE 等类似的功能。

3.10.2　美国国防部研究项目:自适应网络用于威胁和攻击监测或制止

美国海军研究办公室(ONR,Office of Naval Research)负责管理海军和海军陆战队的科学技术研究,分管美国国防部面向三军的多学科大学研究倡议(MURI)的部分研究经费。ONR 于 2009 年拨款 750 万美元资助为期 5 年的研究项目"自适应网络用于威胁与入侵监测或制止"(ANTIDOTE,Adaptive Networks for Threat and Intrusion Detection or Termination,参见本书第 1 章表 1.3)。项目负责人为 Gaurav S. Sukhatme 教授,他是美国南加州大学机器人研究实验室主任, 图 3.26 取自 http://pressroom.usc.edu/gaurav-s-sukhatme。研究团队包括美国南加州大学、卡内基·梅隆大学、宾夕法尼亚大学和麻省理工学院 4 所大学的研究人员。

2010 年 3 月 6 日,Sukhatme 和团队成员 Matarić 及 Koenig 在南加州大学的网络上介绍了该项目需要解决的重要问题[102]。

Sukhatme 指出,以前的解决方案是照本宣科式的,决策是集中式的。最理想和有效的方法是采用人类和机器人组成的团队,将传感器和问题求解结合起来。我们的目标是设计算法和解决方案,彻底改变做事方式,将自适应网络用于威胁与入侵监测或制止。将致力于开发网络协调和控制的基础理论和方法,可以用于任意数量网络节点,包括自主车辆,传感器网络,以及人类和机器人团队。

图 3.26　G. Sukhatme

将首先解决多种网络实体的分布式控制。现有的成果已经解决了单个实体的控制问题。

Matarić 指出,要解决在许多层面上的问题,包括机器人的导航和规划,机器人和人类团队的协调及人机交互。将研究如何优化部署人类与机器人团队,配合无人值守的传感器网络收集数据,并完成现场测量工作等多种任务。网络节点必须限定在可通信范围内。关键是开发算法来实现人类与机器人在各种环境中的指挥链。

Koenig 说,机器人必须能够实时反应,因为海底环境是快速动态变化的,需要研究快速规划算法,因为根据不完全信息进行规划是非常困难和耗时的。例如,团队成员之间的通信可能是不可靠的,对手的行为可能是未知或不可预测的。如果机器人发现水雷,应该执行何种指令序列?

2012 年 12 月,ONR 分管 ANTIDOTE 项目官员 Marc Steinberg 介绍了该项目启动 3 年来的进展。他指出,到 2020 年年初,海军计划部署若干中队的无人水下机器人用于海洋调查。但是,水下操作也有很多的挑战,机器人将需要很大的自主性,才能开展水下搜索和测绘地图的任务。这是该项目的目标。一个关键难题是采用自主规划（autonomous planning）和重新规划（replanning methods）方法，使大型机器人团队可以在迅速动态变化和通信受很大限制的海洋环境中，自主地执行更复杂的任务，不能依靠人的控制。此外，还有自主导航，机动性和水下传感器网络等独特的挑战。例如，ANTIDOTE 采用了水下滑翔机器人（undersea glider robots，以下简称滑翔机），它利用浮力变化来推进，而不是采用螺旋桨。这使得它们能够有较长的续航能力，但它也需要滑翔机器人不断进行向上和向下改变深度的航行，航迹类似锯齿模式，这就需要用自主规划来最大化地收集有价值的科学数据。图 3.27 是一架 CINAPS Slocum 滑翔机在加利福尼亚州的 Santa Catalina 岛东北海岸附近海域执行实验任务，取自文献[103]。

图 3.27　一架 CINAPS Slocum 滑翔机在加利福尼亚州
的 Santa Catalina 岛东北海岸附近海域执行实验任务

在海上试验中，利用新软件为收集海洋科学数据的滑翔机生成路径，既要优先考虑用户的需求，还要考虑洋流。这一新功能的实验与一架传统的固定路径滑翔机进行了对比。实验的结果表明，在相同的规定时间内，使用新软件的滑翔机在目标海域中搜集到的数据量是老式滑翔机的 2 到 4 倍。

参 考 文 献

[1]　Wikipedia. MURI(grant)[EB/OL]. http://en.wikipedia.org/wiki/MURI_(grant).

[2]　Fiscal Year(FY)2013 Department of Defense Multidisciplinary Research Program of the University Research Initiative[EB/OL]. http://pdf.usually.eu/view-broad-agency-announcement-baa-introduction.html/.

[3]　Gross, T. ; Blasius, B. Adaptive coevolutionary networks: a review[J]. Journal of The Royal Society Interface, 2008(5): 259-271.

[4] Huepe, C. ; Gross, T. ; Zschaler and etl. Adaptive networks and collective motion[A]. NetSci2013[C]. http://netsci2013.net/wordpress/program/.

[5] McCabe, C. The Web as an Adaptive Network: Coevolution of Web Behavior and Web Structure[A]. WebSci'11[C]. June 14-17, 2011, Koblenz, Germany. http://www.websci11.org/fileadmin/websci/Papers/ 137_paper.pdf.

[6] 曾宪钊. 网络科学[M]. 北京: 军事科学出版社, 2006: 9.

[7] Dorogovtsev, S. N. ; Mendes, J. F. F. The shortest path to complex networks. 2004, arXiv: cond-mat/0404593 v2.

[8] 曾宪钊. 网络科学[M]. 北京: 军事科学出版社, 2006: 19.

[9] Albert R. ; Barabási, A. L. Statistical Mechanics of Complex Networks[J]. Review of Modern physics. 2002, 74(1): 47-97.

[10] Barabási, A. L. Network Science[J]. Philosophical Transactions of Royal Society. Feb 18, 2013. http://rsta.royalsocietypublishing.org/content/371/1987/20120.

[11] 纪尧姆. 格拉莱. 如果因特网崩溃[N]. 参考消息. 2005-11-30(9).

[12] German Minister: Drop US Sites If You Fear Spying[EB/OL]. http://www.npr.org/templates/story/story. php?storyId=198291294.2013-06-03.

[13] Wilson, C. New Features of Information Imperialism[EB/OL]. http://www.nigeriannewsworld.com/content/ new-features-information-imperialism. 2012-09-01.

[14] U. S. -Canada Power System Outage Task Force. Final Report on the August 14th Blackout in the United States and Canada: Causes and Recommendations[R]. http://www.nerc.com/. 2004-4.

[15] Guide to the Millennium Assessment Reports[EB/OL]. http://www.maweb.org/en/index.aspx.

[16] National Research Council(NRC)of The National Academies, U. S. 2005. Network Science[R]. Washington, D. C. : The National Academies Press.

[17] Ostrom, E. A General Framework for Analyzing Sustainability of Social-Ecological Systems[J]. Science, 24 July 2009: 419-422.

[18] Martin kilduff; Wenpin Tsai. Social Networks and Organizations[M]. London: Sage Publications, 2003.

[19] Watts, D. J. ; Strogatz, S. J. Collective dynamics of "small world" networks[J]. Nature, 1998 (393): 440-442.

[20] Price, D. J. Networks of scientific papers[J]. Science, 1965(149): 510-515.

[21] Barabási, A. ; Albert, R. Emergence of scaling in random networks[J]. Science, 1999(286): 509-512.

[22] Barahona, M. ; Pecora, L. M. Synchronization in small world systems[J]. Phys. Rev. Lett., 2002, 89(5): 054101-4.

[23] Kuperman, M. ; Abramson, G. Small world effect in an epidemiological model[J]. Phys. Rev. Lett. 2001, 86 (13): 2909-2912.

[24] Pastor-Satorras, R. ; Vespignani, A. Epidemic spreading in scale-free networks[J]. Phys. Rev. Lett. 2001, 86 (14): 3200-3203.

[25] May, R. M. ; Lloyd, A. L. Infection dynamics on scale-free networks[J]. Phys. Rev. E. 2001, 64(6): 066112-4.

[26] Newman, M. E. J. Assortative mixing in networks[J]. Phys. Rev. Lett. 2002, 89(20): 208701-4.

[27] Boguna, M. ; Pastor-Satorras, R. ; Vespignani, A. Absence of epidemic threshold in scale-free networks with degree correlations. Phys. Rev. Lett. 2003, 90(2): 028701-028704.

[28] Schaper, W. ; Scholz, D. Factors regulating arteriogenesis[J]. Arterioscler. Thromb. Vasc. Biol. 2003(23): 1143-1151.

[29] 曾宪钊. 军事最优化新方法[M]. 北京: 军事科学出版社, 2005.

[30] Hopfield, J. J. Neural networks and physical systems with emergent collective computational abilities[A], Proc. of the National Academy of Sciences of the U. S. A[C]. Vol-79, April 1982: 2554-2558.

[31] Hopfield, J. J. ; Feinstein, D. I. ; Palmer, R. G. Unlearning has a stabilizing effect in collective memories[J]. Nature, 1983(304): 158-159.

[32] Hopfield, J. J. ; Tank, D. W. Neural computation of decisions in optimization problems[J]. Biological Cybernetics, Springer-Verlag, 1985(52): 141-152.

[33] Wikipedia. John Hopfield[EB/OL]. http://en.wikipedia.org/wiki/John_Hopfield.

[34] Skyrms, B. ; Pemantle, R. A dynamic model of social network formation[A]. Proc. Natl Acad. Sci. USA[C]. 2000(97): 9340-9346.

[35] Jain, S. ; Krishna, S. A model for the emergence of cooperation, interdependence, and structure in evolving networks[A]. Proc. Natl Acad. Sci. USA[A]. 2001(98): 543-547.

[36] Seufert, A. M. ; Schweitzer, F. Aggregate dynamics in an evolutionary network model[J]. Int. J. Mod. Phys. C. 2007(18): 1-18.

[37] Dieckmann, U. ; Doebeli, M. On the origin of species by sympatric speciation[J]. Nature, 1999(400): 354-357.

[38] Drossel, B. ; Higgs, P. G. ; McKane, A. J. The influence of predator-prey population dynamics on the long-term evolution of food web structure[J]. J. Theor. Biol. 2001(208): 91-107.

[39] Dieckmann, U. ; Doebeli, M. ; Metz, J. A. J. ; Tautz, D. (eds). Adaptive speciation[M]. Cambridge, UK: Cambridge, University Press. 2004.

[40] DeWitt, H. Interesting Facts about Food Chains[EB/OL]. King's Science Links, http://www.k111. k12.il.us/king/science.htm.

[41] Bak, P. ; Tang, C. ; Wiesenfeld, K. Self-organized criticality: an explanation of 1/f noise[J]. Physical Review Letters, 1987, 59(4): 381-384.

[42] 曾宪钊. 网络科学(第三卷, 生物网络)[M]. 北京: 军事科学出版社, 2010.

[43] Bak, P. How Nature Works: The Science of Self-Organized Criticality[M]. New York: Copernicus, 1996. (中译本. 帕·巴克. 大自然怎样工作: 有关自组织临界性的科学[M]. 李炜, 蔡瑁, 译. 武汉: 华中师范大学出版社, 2001.)

[44] Bak, P. ; Sneppen, K. Punctuated equilibrium and criticality in a simple model of evolution[J]. Physical Review Letters, 1993, 71(24): 4083-4086.

[45] Sneppen, K. ; Bak, P. ; Flyvbjerg, H. ; Jensen, M. H. Evolution as a self-organized critical phenomenon[J]. PNAS, 1995(92): 5209-5213.

[46] Jensen, M. H. Obituary: Per Bak(1947-2002)[J]. Nature, 21 November 2002(410): 284.

[47] Christensen, K. ; Donangelo, R. ; Koiller, B. & Sneppen, K. Evolution of random networks[J]. Phys. Rev. Lett. 1998, 81(11): 2380-2383.

[48] Wikipedia. Stuart Kauffman[EB/OL]. http://en.wikipedia.org/wiki/Stuart_Kauffman.

[49] Kauffman, S. A. Metabolic stability and epigenesis in randomly constructed genetic nets[J]. Journal of Theoretical Biology, 1969(22): 437-467.

[50] Kauffman, S. A. The Origins of Order: Self-Organization and Selection in Evolution[M]. Oxford University Press, NewYork. 1993.

[51] Jong, H. de. Modeling and simulation of genetic regulatory systems: a literature review[J]. Journal of Computing Biology. 2002, 9(1): 67-103.

[52] Socolar, J. E. S. ; Kauffman, S. A. Scaling in ordered and critical random boolean networks[J]. Phys. Rev. Lett. 2003, 90(6): 068702-4.

[53] Bornholdt, S. ; Rohlf, T. Topological evolution of dynamical networks: global criticality from local dynamics[J]. Phys. Rev. Lett. 2000, 84(26): 6114-6117.

[54] Bornholdt, S. ; Röhl, T. Self-organized critical neural networks[J]. Phys. Rev. E. 2003, 67(6): 066118-5.

[55] Bornholdt, S. ; Sneppen, K. Neutral mutations and punctuated equilibrium in evolving genetic networks[J]. Phys. Rev. Lett. 1998, 81(1): 236-240.

[56] Bornholdt, S. ; Sneppen, K. Robustness as an evolutionary principle[A]. Proc. R. Soc. B[C]. 2000(267): 2281-2286.

[57] Luque, B. ; Ballesteros, F. J. ; Muro, E. M. Selforganized critical random Boolean networks[J]. Phys. Rev. E. 2001, 63(5): 051913-8.

[58] Kamp, C. ; Bornholdt, S. Critical percolation in selforganized media: a case study on random directed networks. 2002, arXiv: cond-mat/0210410. http://arxiv.org/abs/cond-mat/0210410.

[59] Liu, M. ; Bassler, K. E. Emergent criticality from co-evolution in random Boolean networks[J]. Phys. Rev. E. 2006, 74(4): 041910-6.

[60] Rohlf, T. Self-organization of heterogeneous topology and symmetry breaking in networks with adaptive thresholds and rewiring. 2007, arXiv: 0708. 1637v1.

[61] Sayama, H. Generative network automata: a generalized framework for modeling dynamical systems with autonomously varying topologies[A]. In Proc. 2007 IEEE Symp. On Artificial Life[C]. 2007: 214-221.

[62] Smith, D. M. D. ; Onnela, J. ; Lee, C. F. ; Mark, F. & Johnson, N. F. Network automata and the functional dynamic network framework. 2007, arXiv: physics/0701307v2.

[63] Ito, J. ; Kaneko, K. Spontaneous structure formation in a network of chaotic units with variable connection strengths[J]. Phys. Rev. Lett. 2002, 88(2): 028701-4.

[64] Ito, J. ; Kaneko, K. Spontaneous structure formation in a network of dynamic elements[J]. Phys. Rev. E. 2003, 67(4): 046226-14.

[65] May, R. M. Simple mathematical models with very complex dynamics[J]. Nature, 1976(261): 459-467.

[66] Gong, P. ; van Leeuwen, C. Evolution to a small-world network with chaotic units[J]. Europhys. Lett. 2004(67): 328-333.

[67] van den Berg, D. ; van Leeuwen, C. Adaptive rewiring in chaotic networks renders small-world

connectivity with consistent clusters[J]. Europhys. Lett. 2004(65): 459-464.

[68] Fan, Z. ; Chen, G. Evolving networks driven by node dynamics[J]. Int. J. Mod. Phys. B. 2004(18): 2540-2546.

[69] Fronczak, P. ; Fronczak, A. ; Ho lyst, J. A. Selforganized criticality and coevolution of network structure and dynamics[J]. Phys. Rev. E. 2006, 73(4): 046117-4.

[70] Donetti, L. ; Hurtado, P. I. ; Munoz, M. A. Entangled networks, synchronization, and optimal network topology[J]. Phys. Rev. Lett. 2005, 95(18): 188701-4.

[71] Zhou, C. S. ; Kurths, J. Dynamical weights and enhanced synchronization in adaptive complex networks[J]. Phys. Rev. Lett. 2006, 96(16): 164102-4.

[72] Novak, M. A. ; May, R. M. Evolutionary games and spatial chaos[J]. Nature, 1992(359): 826-830.

[73] Ebel, H. ; Bornholdt, S. Coevolutionary games on networks[J]. Phys. Rev. E. 2002, 66(5): 056118.

[74] Zimmermann, M. G. ; Eguiluz, V. M. ; San Miguel, M. Coevolution of dynamical states and interactions in dynamic networks[J]. Phys. Rev. E. 2004, 69(6): 065102-4

[75] Eguiluz, V. M. ; Zimmermann, M. G. ; Cela-Conde, C. J. ; San Miguel, M. Cooperation and the emergence of role differentiation in the dynamics of social networks[J]. Am. J. Sociol. 2005(110): 977-1008.

[76] Zimmermann, M. G. ; Eguiluz, V. M. Cooperation, social networks, and the emergence of leadership in a Prisoner's Dilemma with adaptive local interactions[J]. Phys. Rev. E. 2005, 72(5): 056118-15.

[77] Pacheco, J. M. ; Traulsen, A. ; Nowak, M. A. Coevolution of strategy and structure in complex networks with dynamic linking[J]. Phys. Rev. Lett. 2006, 97(25): 258103-4.

[78] Ren, J. ; Wu, X. ; Wang, W. ; Chen, G. ; Wang, B. Interplay between evolutionary game and network structure. 2006. arXiv: physics/0605250.

[79] Lugo, H. ; Jimenez, R. Incentives to cooperate in network formation[J]. Comp. Econ. 2006(28): 15-26.

[80] Paczuski, M. ; Bassler, K. E. ; Corral, A. Self-organized networks of competing boolean agents[J]. Phys. Rev. Lett. 2000, 84(14): 3185-3188.

[81] Rosvall, M. ; Sneppen, K. Modeling self-organization of communication and topology in social networks[J]. Phys. Rev. E. 2006, 74(2): 16108-4.

[82] Rosvall, M. ; Sneppen, K. Self-assembly of information in networks. Eur. Phys. Lett. 2006, 74(7): 1109-1115.

[83] Rosvall, M. ; Sneppen, K. Dynamics of opinion formation and social structures. 2007, arXiv: 0708. 0368v1.

[84] Holme, P. ; Ghoshal, G. Dynamics of networking agents competing for high centrality and low degree[J]. Phys. Rev. Lett. 2006, 96(6): 908701-4.

[85] Gross, T. ; Dommar D'Lima, C. ; Blasius, B. Epidemic dynamics on an adaptive network[J]. Phys. Rev. Lett. 2006, 96(20): 208701-4.

[86] Ehrhardt, G. C. M. A. ; Marsili, M. ; Vega-Redondo, F. Phenomenological models of socioeconomic network dynamics[J]. Phys. Rev. E. 2006, 74(3): 036106-11.

[87] Gross, T. ; Kevrekidis, I. G. Coarse-graining adaptive coevolutionary network dynamics via automated moment closure. 2007, arXiv: nlin/0702047.

[88] Zanette, D. Coevolution of agents and networks in an epidemiological model. 2007, arXiv: 0707. 1249.

[89] Kuznetsov, Y. Elements of applied bifurcation theory[M]. 1989, Berlin, Germany: Springer.

[90] Guckenheimer, J. ; Holmes, P. Nonlinear oscillations, bifurcations and dynamics of vector fields[M]. 2000, Berlin, Germany: Springer.

[91] Holme, P. ; Newman, M. E. J. Nonequilibrium phase transition in the coevolution of networks and opinions[J]. Phys. Rev. E. 2007, 74(5): 056108-5.

[92] Gil, S. ; Zanette, D. H. Coevolution of agents and networks: opinion spreading and community disconnection[J]. Phys. Lett. A. 2006(356): 89-95.

[93] Zanette, D. H. ; Gil, S. Opinion spreading and agent segregation on evolving networks[J]. Physica D. 2006(224): 156-165.

[94] Kawamura, R. ; Sato, K. ; Tokizawa, I. Self-healing atm networks based on virtual path concept[J]. IEEE Select. Areas Commun. 1994(12): 120-127.

[95] Wilson, E. O. Consilience-The Unity of Knowledge[M]. New York: Knopf, 1998.

[96] Department of Defense. Fiscal Year(FY)2013 President's Budget Submission(Operational Test and Evaluation)[R]. February 2012. http://comptroller.defense.gov/defbudget/fy2013/budget_justification/pdfs/03_RDT_and_E/Operational_Test_and_Evaluation_Defense_PB_2013.pdf.

[97] Gonzalez, J. Joint Experimentation Enables Regional Cyber Protection[EBOL]. http://www.afcea.org/content/?q=node/10638.

[98] Office of the Assistant Secretary of Defense(Public Affairs), U. S. Department of Defense. Contract [EB/OL]. http://www.defense.gov/contracts/contract.aspx?contractid=4374. 2010-9-24.

[99] Defense Logistics Agency, U. S. Department of Defense. Fiscal Year(FY)2013 President's Budget Submission[EB/OL]. http://comptroller.defense.gov/defbudget/fy2013/budget_justification/pdfs/03_RDT_and_E/Defense_Logistics_Agency_PB_2013-1.pdf. 2012-2.

[100] Joint Capability Technology Demonstration[EB/OL]. http://www.acqnotes.com/Tasks/Joint%20Capability%20Technology%20Demonstration%20(JCTD). html.

[101] Maybury, M. T. Cyber Vision 2025: Air Force Cyber S&T Vision[EB/OL]. http://www.slideserve.com/questa/cyber-vision-2025-air-force-cyber-st-vision.

[102] Viterbi Computer Science Professor Gaurav Sukhatme will head a $7. 5 million, multi-university research effort[EB/OL]. http://viterbi.usc.edu/news/news/2010/working-out-the.htm. 2010-03-06.

[103] Smith, R. N. ; Kelly, J. ; Sukhatme, G. S. Towards Improving Mission Execution for Autonomous Gliders with an Ocean Model and Kalman Filter[A]. In Proceedings of IEEE International Conference on Robotics and Automation(ICRA)[C], 2012: 4870-4877.

第 4 章

利用信息理论分析、评价和 优化指挥控制网络

本书第 1 章曾介绍了在 2011 年第 16 届国际指挥控制研究与技术研讨会（ICCRTS）上 David Scheidt 的论文《优化指挥控制结构》[1] 获最佳论文奖。2013 年，该论文获得美国约翰·霍普金斯大学应用物理实验室"杰出特别出版物奖"。2012 年，Scheidt 发表论文介绍他领导的"有组织、持久的情报，监视和侦察项目"（OPISR，Organic Persistent Intelligence，Surveillance and Reconnaissance）[2]，该项目于 2011 年在美军试用，并于 2013 年获得约翰·霍普金斯大学应用物理实验室"最佳开发项目奖"。本章将主要引用这两篇有密切关联的论文，综合介绍 Scheidt 在"利用信息理论分析和优化军队指挥控制网络"及"有组织、持久的情报，监视和侦察"两项研究中取得的重要成果。

4.1 霍普金斯大学应用物理实验室发布的 Scheidt 获奖公告

4.1.1 Scheidt 简介

Scheidt 是约翰·霍普金斯大学（JHU，Johns Hopkins University）应用物理实验室[3]（APL，Applied Physics Laboratory，位于美国马里兰州的 Laurel，有员工 5000 人，是美国国防部、国家航空航天局等政府部门的重要技术提供单位）的主要科研人员（Principal Professional Staff），他于 1985 年在 Case Western Reserve 大学获得计算机工程学士学位（图 4.1）。自 1988 年以来，他一直从事分布式控制和基于代理系统的研究。自 2003 年以来，从事无人机的研究。2010 年在 Ohio State 大学获得电子和计算机工程博士学位。

图 4.1　D. Scheidt

4.1.2　用信息理论优化 C2 结构

图 4.2 是 JHU/APL 发布的 David H. Scheidt 因文献[1]获得"杰出特别出版物奖"的公告，取自文献[4]，作者 Linda L. Maier-Tyler 为《JHU/APL 技术文摘》(*The Johns Hopkins APL Technical Digest*)(ISSN0270-5214)的副总编辑。此公告刊登在该文摘的 2013 年 31 卷第 3 期，指出该论文"将若干信息理论的概念应用于分析指挥控制（C2）并验证了'某一项 C2 任务的信息理论特性是优化 C2 结构之关键'的假设。利用模拟证明了信息理论参数可决定不同通信拓扑结构的相对功效"。

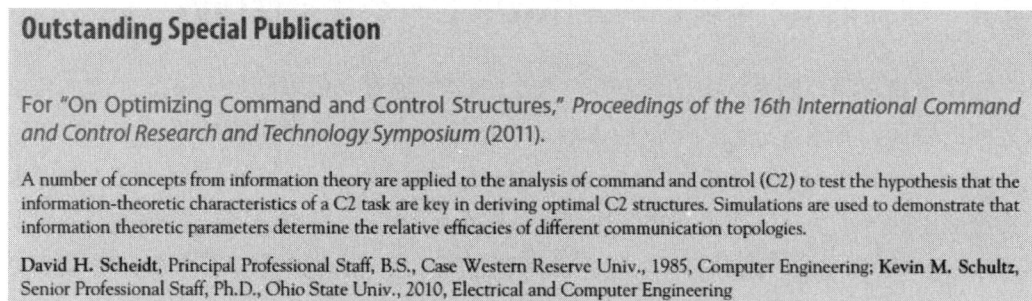

Outstanding Special Publication

For "On Optimizing Command and Control Structures," *Proceedings of the 16th International Command and Control Research and Technology Symposium* (2011).

A number of concepts from information theory are applied to the analysis of command and control (C2) to test the hypothesis that the information-theoretic characteristics of a C2 task are key in deriving optimal C2 structures. Simulations are used to demonstrate that information theoretic parameters determine the relative efficacies of different communication topologies.

David H. Scheidt, Principal Professional Staff, B.S., Case Western Reserve Univ., 1985, Computer Engineering; **Kevin M. Schultz**, Senior Professional Staff, Ph.D., Ohio State Univ., 2010, Electrical and Computer Engineering

图 4.2　霍普金斯大学应用物理实验室发布的 David H. Scheidt 获奖公告（取自文献[4]）

4.1.3　将 OPISR 用于无人机、无人值守地面传感器以及前线指挥控制/通信网络

据文献[5]于 2013 年 5 月 13 日报道，由 David H. Scheidt 领导的"有组织、持久的情报，监视和侦察项目"，赢得了 JHU/APL 最佳开发项目奖。Scheidt 在《JHU/APL 技术文摘》(*The Johns Hopkins APL Technical Digest*)(ISSN0270-5214) 2012 年 31 卷第 2 期介绍该项目的论文[2]中指出，OPISR 是一个面向未来的、改变传统方法的新型系统。它能够显著减少前线作战人员获取和发送情报所需的时间，采用新的方式组合了分布式图像处理、信息管理与控制算法，可在指挥所、无人机、无人值守地面传感器以及前线用户之间实时通信。

4.1.4　利用"OPISR 云"组建新型指挥控制/通信网络，显著减少通信时间

Scheidt 于 2011 年 9 月进行的 OPISR 原型系统试验所用的网络如 4.6.2 节的图 4.9 所示。除了使用传统的指挥控制/通信网络，还可以使用 OPISR 云（参见文献[2]）组建的新

型指挥控制/通信网络，显著减少了前线作战人员收发情报和通信所需的时间。

4.2　Scheidt利用信息理论分析和优化指挥控制网络结构概述

Scheidt 在文献[1]中指出，C2 网络使用类似因特网的网络作为基础设施，可能不利于实现敏捷的 C2。他认为基于扁平结构的敏捷系统，可以胜过类似因特网的网络结构。因此，Scheidt 很关注影响指挥控制结构的信息动力学机制，使用信息理论来描述和度量战场环境、态势和 C2 系统。他从以下两方面说明了自己的研究思路。

4.2.1　敏捷的 C2 可以提供在作战中的一个决定性优势

在军事指挥和控制系统中（以下简称 C2），要求通过集中规划最大限度地提高各单位之间的协同，要求各分散的单位能"敏捷"迅速地响应不断变化的条件。在《放权到边》（*Power to the Edge*）一书中，Alberts 和 Hayes [6]以多种证据表明，敏捷的 C2 可以提供在交战中的一个决定性优势。在《规划复杂努力》（*Planning Complex Endeavors*）一书中，Alberts 和 Hayes [7]说明了可以通过"扁平化"分散组织进行多单元规划。在具有很大影响力的论文"网络中心战：它的起源和未来"[8]中，海军中将 Cebrowski 指出，在未来的军事冲突中，拥有"信息优势"的一方将获胜，他比对手能更有效地获取和传播信息给所属部队。

Scheidt 在研究指挥控制网络结构优化问题的文献[1]中，引用并赞同了上述论著的观点。

4.2.2　根据美军作战经验，对于将无标度网络用于军事提出建议

著名网络科学家 Barabási [9]的研究表明，类似因特网的网络是无标度网络，依靠准集中式的"超节点"（Hub）来快速连接邻节点。无标度网络拓扑结构可以高效连接大量的并行分布式系统。Barabási 的研究结果认为扁平式、非集中和分散的组织能胜过集中和准集中组织。

Scheidt 在文献[1]中指出，Barabási 的上述论述与 Alberts 的说法相矛盾。然而，最近美军在伊拉克和阿富汗作战的经验支持了 Albert 的说法。因为这些经验表明，具有大型互联网络和超强情报、监视及侦察装备的军队，并不总是比采用传统人工通信的敌军具有信息优势。美军未能实现对于装备很差的敌人的信息优势，并不是由于缺乏感知能力，而是由于无法处理和传递信息给适当的、现时尚未执行其他繁重作战任务的作战部队。究其原因，Barabási 认为无标度网络优于其他结构的网络，但是他没有考虑到因特网与 C2 系统的军事需求之间的差异。因特网便于任意用户之间的信息交流，而 C2 网络的设

计特别关注博弈论、动态系统理论，尤其要考虑瞬息万变的作战态势的影响。因此，与民用网络相比，军用 C2 网络需要更多的上下级文传和更高的时效。两者之间的一个主要区别是军用 C2 信息的价值比民用信息更加随时间动态变化，军用信息的价值对时间变化更敏感。

4.3　指挥控制系统的定义

在《放权到边》一书中，指挥控制（C2）定义为"利用共同的军事术语，进行人员和资源的管理"。他们讨论了一些不同的指挥控制系统所采用的各种方法，但这些方法都用于一个统一指挥的实体，尽管他们的主要论点是指挥和控制已变成为一个分布式的。如果可把 C2 看成一个网络结构，则此网络的"边"（使用 Alberts 和 Hayes 的术语）就是信息源和执行者。信息源包括传感器、人员和数据库等，执行者包括人员、装备和武器系统；可以把由于控制行动使其能改变状态的任何实体都看成一个执行者。在很多情况下，信息源和执行者可以混用。这两种类型的实体，以及非战斗员和敌人均可用个体（Agents）来描述。C2 个体通过连边构成网络，这些网络的结构可以影响 C2 个体的性能。

在分层结构的 C2 中，信息源和执行者处在该层次结构的底部。信息源提供信息，并通过本层次结构中的各种中介机构传递信息，本层次的个体负责将信息报告上层次的个体，或向其下属转发上级的控制指令并采取行动。此外，如果某一层次结构是集中式的，其所有个体都服从一个共同的领导机制，其中介个体的作用只是传递信息，所有的决策均在该层次结构顶部的领导机制进行。在集中式层次结构中，各个体并不知晓全面计划，中介个体的责任只是将部分计划的信息转译和传送。但是，在《放权到边》一书指出，信息源和行动者均能够共享信息，还可使用本地信息，以便在他们权力范围内执行自己的控制行动。

在非分层结构的 C2 中，信息源和行动者能够相互通信和协调，这就意味着一定程度的决策权力下放，有可能出现在行动者之间的合作方式。

Boyd 提出的"观察，认清态势，决策，行动"循环（OODA，Observe，Orient，Decide，Act）[10] 是 C2 过程的一个基本模型。如图 4.3 所示，取自文献[2]。上述的实体，就是具有获取知识和决策能力，可以自主地实施自己的 OODA 循环。这一认识可以扩展到由许多实体组成的集中式 C2 结构，例如在观察阶段，实体可利用通信线路向集中领导的决策者报告，在行动阶段，决策者可利用通信线路控制行动者。在分布式的 C2 结构中，每个实体可负责自己的 OODA 循环，也可（有时是异步地）与其他

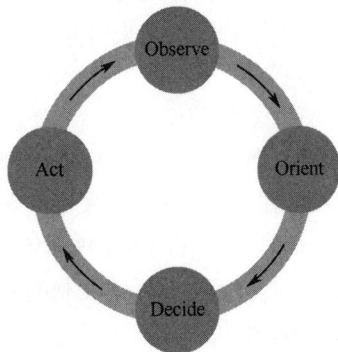

图 4.3　OODA 循环

实体进行通信，接收其决策和行动等方面的建议。

4.4　信息理论的系统特性

C2 过程是连续的，其过程演化可划分成离散和有限数量的状态，使得原来是离散的传感器、通信设备和计算机等可以与此过程互动。离散化基于可用的通信和计算资源，是一种工程决策。假设 C2 过程 $x(t)$ 工作在离散状态空间 $X = \{x_i\}$，具有有限基数 $|X|$，把描述 C2 过程状态所需位数称为描述复杂性（descriptive complexity），它等于 $\log_2|X|$ 位。它可以被看成描述该过程的保真度。例如，描述与敌方某一个体当前的距离，可以用来与该个体目前居住城市街区最近的距离相对比。

可以使用 Shannon 提出的信息熵（information entropy）[11] 来定量描述某个过程的不确定性和信息。过程 x 在时间 t 的状态 $x_i \in X$ 的信息熵（用位数表示）是：

$$H(x(t)) = -\sum P(x_i,t)\log_2(P(x_i,t)) \tag{4.1}$$

其中 $P(x_i, t)$ 是在时间 t 过程处于状态 x 的概率。此外，一个特定观察 $x(t) = x_i$ 获得的信息 I 是：

$$I(x_i,t) = -\log_2 P(x_i,t) \tag{4.2}$$

因此，熵的一种解释是观察的预期信息增益。如果所有状态都有同样的概率，则熵为最大值。即对于所有状态 x_i，$P(x_i,t) = |X|^{-1}$，所以在这个意义上，上述描述复杂性是具有固定离散度的系统最大可能的熵。

对于观察 $S = (x_i,t)$ 具有 $x(t) = x_i$ 的解释，如上所述，观察的信息内容是：

$$I(S,t) = -\log_2 P(x_i,t) \tag{4.3}$$

然而，随着时间的流逝，在时间 t 进行的观察 S 的相关性会降低。事实上，如果系统不是仅由唯一观察所能确定，则同一传感器第二次有条件的观察 $S' = (x_i,t')$ 在 $t' > t$ 预期信息内容 $H(x(t')|S)$ 是非零值。如果重复同样的观察（采用同一传感器）获得新的信息超越了原先的观察，表明先前的观测信息内容在一定程度上已经过时。对于 k 个观测序列 $S_{1:k} = \{(x_j, t_j)\}$，当过程 x 的结束时间 $t_k = t$，观测时间 $t' > t$，定义系统观测的熵阻（entropic drag）Γ 为：

$$\Gamma_A(S_{1:k},t,t') = \frac{H(x(t')|S_{1:k})}{t'-t} \tag{4.4}$$

从概念上讲，这可以被视为条件熵的时间导数，但在严格的数学意义上，假设的传感器离散空间不会遵循导数规律。对于在固定取样时间 $\Delta t > 0$ 内进行的观察，数量 $\Gamma(S_{1:k}, t,t+\Delta t)$ 是系统在时间 t 预期的有效信息生成率。熵阻不应被解释为仅与系统运动相关，例如，与速度变化不受限制的系统相比，匀速运动的钟摆或列车具有可预见的轨迹及相当低的熵阻。

在 C2 过程中的信息源和行动者可利用通信网络访问自己资源库中由本地观测积累的信息。设定的所有信息源和行动者在特定时间内所有信息的总和称为（在当时的）信息量（information volume）。由于不同行动者和信息源的信息还会有重叠，所以信息量可以大于该系统状态的信息内容，此即描述复杂性。虽然信息量大于描述复杂性并不意味着它可融合所有信息，但是信息量包括了足够确定该系统状态的独特信息。因为从特定个体的视角看到的有关系统信息，由该系统复杂性所确定，显然，信息量也应由描述复杂性与特定个体（信息源和/或行动者）的数量之乘积所确定。

假设行动者个体能够控制其行动。一个特定的控制动作是指行动者的一次执行，其方式与观察中使用传感器的行动类似。如果一次执行是确定性事件，则它不包含任何信息。称用于决策并可决定控制过程的信息为执行信息（actuation information）。如果一次执行没有新信息可用于再处理，则熵阻将减少用于决策的执行信息。以这种方式，即使此执行是基于原有的关于系统状态的完备知识，除非此知识可以排除未来过程的所有不确定性，否则此执行结果可能最终只是受熵阻影响的某一个次优解。

4.5　信息适应性

对于 C2 的过程，人们认为只要有更多的信息，就能获得更好、更有效的决策结果，以及更有效的控制行动。事实上，这与信息理论和控制理论并不矛盾。Touchette 和 Lloyd 指出[12, 13]，在一些控制系统中不确定性的最大跌幅，等于控制器除了通过观察系统状态收集到的信息外没有任何补充信息时，该系统不确定性可能的跌幅（例如，开放式循环控制）。这表明描述复杂性应该是尽可能高，以便尽可能地减少不确定性。这种策略肯定会用于没有熵阻的系统，因为收集、融合、处理及通信等在观察和决策中所花费的时间，对观测到的信息内容无影响。

但是若考虑熵阻，就会增加描述复杂性的成本。因为描述复杂性的增加，所需的比特数要能对增加的状态充分编码。如果通信带宽是固定的，则需要更多的通信时间来交流观察结果。此外，由于描述复杂性的增加，处理接收到的观测结果所需的时间也可能会增加。由于处理信息的时间增加，实际的信息内容将减少，这是熵阻所造成的衰减。有可能出现一个时间点，此时信息内容的衰减将比其被使用的更快[14]，如图 4.4 所示。

除了信息内容及其由熵阻造成的衰变，还有其他一些因素也可影响信息的实用性。不同的行动者完成不同的任务，这些任务的特性将确定这些行动者观察的相关性。因为行动者使用某一代理（Agent）观察的相关性衰减大多是由于当地情况的迅速变化，受当地空间条件限制使某些种类代理观察的相关性减少。如果某一代理不能很快接近远处的目标实体，则该代理获得信息的相关就较小。也有可能在某些情况下，该代理观察所获信息的实用性是一个非线性函数，不只是信息内容的简单总和。因此，人们常说：C2 过程中"要让正确的代理，在正确的时间，得到正确的信息"；"要在信息可用性和任务目标之间进行权衡"。

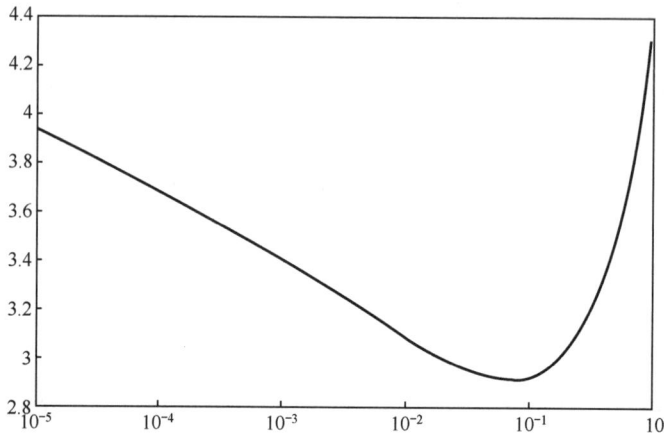

图 4.4　熵阻的示例。一个二维的不确定性曲线显示作为单位分辨率的熵阻的影响

力增大。增加分辨率会使复杂性增大，使通信时间增加，从而造成更大的熵阻

　　在下面的章节中，将介绍一些基于模拟的实验，最初的重点是 OODA 循环的"态势感知"（或称"观察"）及"认清态势"部分，并随后扩展到"执行"（或称"行动"）部分。所有这些实验均采用统一设定的信息实体。

4.6　方法论

4.6.1　使用图论的概念定义指挥控制网络的拓扑结构

　　Scheidt 使用图论的若干概念定义了 C2 网络的拓扑结构。定义一个（有限）图 $G = (V,E)$ 是由两个子集合组成的一个集合，$V = \{1,2,\cdots,N\}$ 是图的 N 个节点组成的集合，且 $E \subseteq V \times V$ 是图的边的集合。假设 G 是一个无向图且没有自循环，从而：

$$(i,j) \in E \Leftrightarrow (j,i) \in E, \quad \forall\, i,\ j \in V\ \text{且}\ (i,i) \notin E.\ \forall\, i,j \in V \tag{4.5}$$

　　设 $\deg(i) = |\{i,j\} \in E : j \in V\}|$ 为节点 i 的度。如果对任意 $i,\ j \in V$，$i \neq j$，则一个图是全连通的，存在一个节点 a_k 的序列，$k = 0,\cdots,K$，其中 $(a_{l-1}, a_l) \in E$，对于 $l = 1,\cdots,K$，$a_0 = i$，且 $a_K = j$。称此种节点集合为路径，且此路径的长度为 K。i 和 j 之间所有路径中长度最小者称为 i 和 j 之间的测地距离（geodesic distance）。当 $i,\ j$ 连接时，用 $d(i,j)$ 表示边的长度，如果 $i,\ j$ 不连接，则设 $d(i,j) = \infty$。如果一路径从开始到结束无重复节点，则称其为简单路径，因此所有最短长度的路径均是简单的，但不反之亦然。如果对每一个 $i \in V$，不存在一条从 i 到 i 的非零长度的简单路径，则称此图是无环的。

　　Scheidt 研究了一些不同拓扑结构的图，包括随机生成的图。如上面所述，假设所有的图均是有限且已连接的，均是无向和无自成回路的。全连接图中的每个节点与所有其

他节点均连接，即 $\deg(i) = |V|-1$，$\forall i \in V$。如图 4.5（a）所示，树是无环的连接图。如果选择树中的一个节点 i 作为树的"根"，则它称为有根树。有根树节点 i 的父节点是 $j(i,j) \in E(i,j)$，(i,j) 是一个对于根的简单路径，除了根每一个节点均有唯一的父节点。节点 i 具有一个子节点的集合，i 是其父节点，叶节点是无子节点的单个节点。如果一些节点到根的测地距离相同，则这些节点称为同代节点。在这里，介绍两类有根树：M-分叉树和规则树。M-分叉树是一个有根树，每个节点有 m 个子节点。规则树可用一个向量$[a_1, a_2, \cdots, a_n]$描述，其中 a_i 是正整数，定义了每个节点下一代子节点的最大数量，如图 4.5（b）所示。对于用向量$[a_1, a_2, \cdots, a_N]$描述的规则树，根具有至多 a_1 个子节点，根的子节点至多可有 a_2 个孙节点，依此类推。显然，M-分叉树是用向量$[m, m, \cdots, m]$描述的规则树。除非另有指出，所有 M-分叉树和规则树是"满"的，即其每一代节点均具有最大数量的子节点，代的数量是确定的。

路径图是一棵树，其中只有两个节点的度为 1，其余节点的度均为 2，如图 4.6（a）所示。

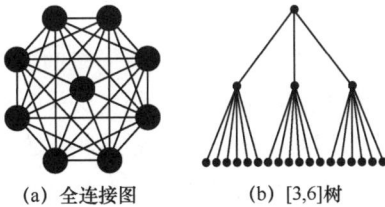

(a) 全连接图　　　　(b) [3,6]树

图 4.5　全连接图和树

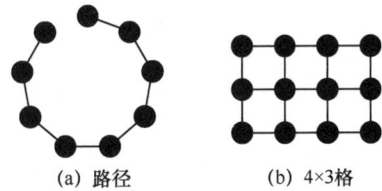

(a) 路径　　　　(b) 4×3 格

图 4.6　路径和 4×3 格

1-环是在一个路径图中度为 1 的两个节点之间（设$|V| \geqslant 3$）增加一条边构成。k-环（设 $k > 1$）可以通过以下方法构造：使 1-环每个节点均与测地距离$\leqslant k$ 的节点连接，最多连接 $\lfloor |V|/2 \rfloor$ 个节点，其中，$\lfloor x \rfloor$ 是$\leqslant x$ 的最大整数，如图 4.7 所示。

2-维网格图是一种非随机图。网格图 G 可以被定义为两个路径图 $P_1 = (V_1, E_1)$ 和 $P_2 = (V_2, E_2)$ 的笛卡尔乘积，$G = V_1 \times V_2$ 中的节点与两个节点(i, i')及(j, j')在 G 中相邻，如果 $i = i'$ 且$(j, j') \in E_2$，或 $j = j'$ 且$(i, i') \in E_1$，如图 4.6（b）所示。

最后介绍两种随机图。一种是 Watts 和 Strogatz 提出的小世界图[15]，但使用的是经过 Newman 和 Watts [16] 及 Monasson [17] 加以改变过的。此变化是利用添加额外的边来生成小世界图，而不是与现有边"交换"节点。此外，还使用前面定义的 k-环作为基础，描述属于 k-环的一种小世界图，此 k-环另有 m 条边（k-环+m 条短路径，如图 4.8（a）所示。另一种随机图是无标度图，采用 Barabási 的择优连边机制[9]。通常使用术语(l, m)无标度来描述从一个具有 l 个节点的全连接图生成的图，此图在构造过程中的每次迭代时，均使每个新增节点的连接度为 m，如图 4.8（b）所示。

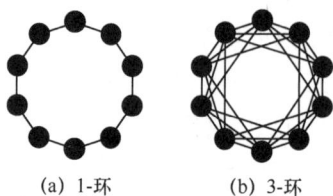

(a) 1-环　　　　　　(b) 3-环

图 4.7　环

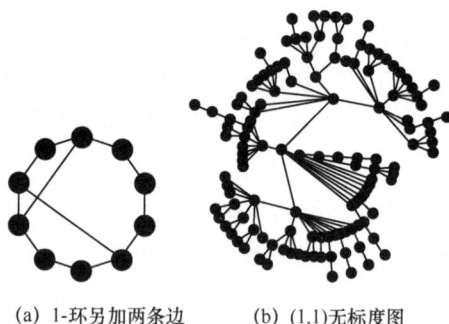

(a) 1-环另加两条边　　　(b) (1,1)无标度图

图 4.8　两种随机图

4.6.2　信息流模拟

　　Scheidt 利用模拟方法研究了 C2 网络上的熵信息流和系统参数。他使用图 $G = (V,E)$ 来模拟如图 4.9 所示的一个实验网络（取自文献[2]），是由若干实体（无人机、地面传感器等）构成的网络。地面传感器与中间节点连接成分布式网络，用于观察某个外部系统或环境（例如战场态势等），并经过网络传送和处理这些观察结果。假定此实验网络结构不随时间变化，即在试验过程中边集合 E 是不变的。除了集合 V 和 E，还定义了一个描述传感器实体的集合 $S \subseteq V$。一个传感器观察一个比特的信息，即每个传感器将状态空间划分为两种相等可能性的输出结果。此外，还假设该组传感器先将各自获得的部分观察结果进行最大精度的细化，然后均以 $2^{|S|}$ 的可能性输出，从而使系统所获得的信息具有唯一确定的最大比特位数 $|S|$。模拟的状态空间并不代表传感器读数的集合，而是每个节点的信息内容的集合（即每个传感器具有小于当前熵的 1 位信息）。为了模拟熵阻，使用了一个函数，从信息内容被观察到的时间起，它使该信息内容衰减（即增加熵）。对于在初始时刻 t_0 传感器的一次特定观察 $I(t_0)$，利用函数 $I(t_0+t) = I(t_0)(1-\Gamma)^t$ 计算出在以后时间 t 观察的信息内容，该函数中的参数 Γ 称为几何（geometric）衰减率。

　　这是一种离散事件系统（DES，Discrete Event System）模拟，用于模拟计算和通信的可变延迟。该模型适用于 OODA 循环的"观察-认清态势"两部分。在这个模型中，图 G 的一个节点代表一个实体，是自动或人工单位的抽象。该实体具有四种状态：发送（SEND），检测（CHECK），计算（COMPUTE），传感（SENSE），分别代表节点进行发送，检测，处理，传感新信息操作。在传感状态，节点 $i \in S$ 读取一位完整信息（没有初始的不确定性），并且为该信息加注当前模拟时间的标记。在模拟中，设定传感状态具有 1 秒延迟。一个节点经过传感状态，立即进入计算状态，所用时间长度是信息处理量的函数。计算状态的延迟时间是一种线性延迟，与传感器新的读入信息数量成比例，每个传感器读入信息的次数计数不超过一次（即每个传感器只有最近一次的观察结果可被"处理"）。每个未被处理的观察须占用 β 秒，这个模拟参数用来决定计算状态的时间长度。参数 β 用于量化计算的复杂性。在计算状态完成后，节点进入发送状态，通过通信网络将其已处理但邻节点尚未收到的信息发送给邻节点。这种通信需要占用 1 秒的模拟时间，与观察结果发送的数量无关，向所有邻节点的发送都是同时进行的，与其中的部分邻节点没有交互。节点从发送状态可再次进入传感状态，如果该节点在 S 中，且仍然在进行传感器读数；否则，它进入检测状态。检测状态是一个节点持续待命的状态，直到该节点接收到新的信息，处理进程转到对新信息的计算状态。

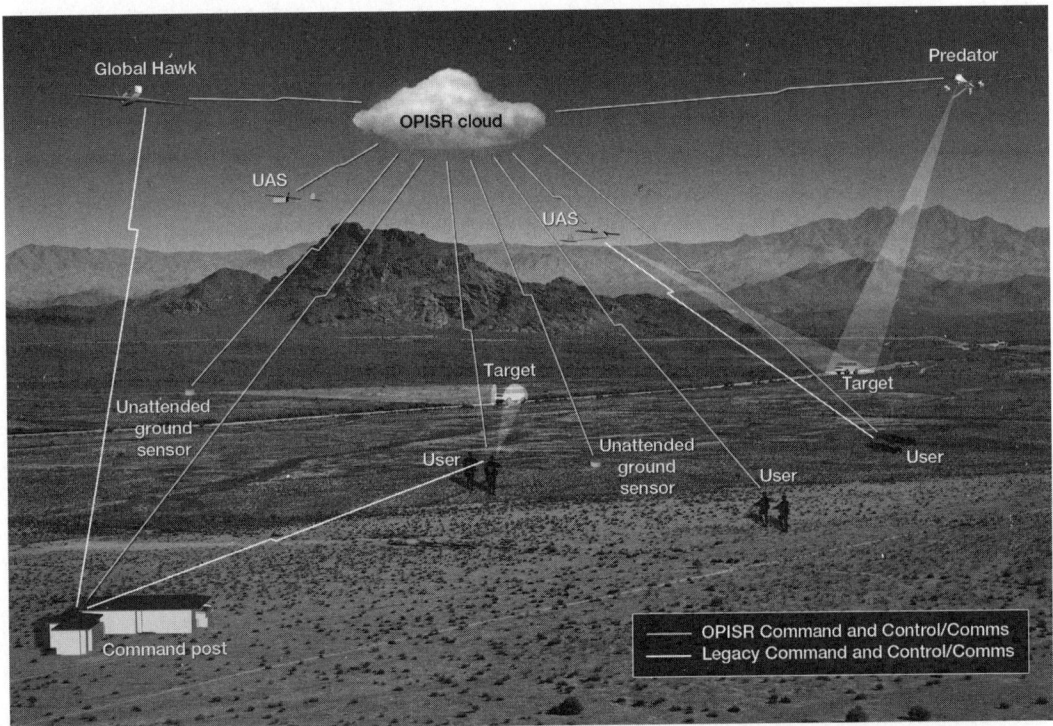

图 4.9　Scheidt 于 2011 年 9 月所用的实验网络示意图，除了使用传统的指挥控制/通信网络，还可以使用 OPISR 云组建的新型指挥控制/通信网络，可以支持指挥所、无人机、无人值守地面传感器及作战部队用户。可以显著减少前线作战人员收发情报和通信所需的时间

4.6.3　验证新假设

Scheidt 提出了一个重要的假设：由于具有不同的衰减率和复杂性，某些网络拓扑结构将比其他网络有更好的性能。为了验证此假设，他们比较了 30 种不同网络拓扑结构的衰减率和复杂性 (Γ, β) 曲线上的若干点（见附件 A），包括若干种全连接图、网格、树、小世界网络、环及无标度网络。在所有这些图中，均有 127 个节点与 64 个传感器（等于七代二分叉树节点和叶的总数）。通过除去邻接矩阵的行和列，可将非二分叉树和网格裁减

为 127 个节点。对于有些树，可先删除某一节点以剪除其叶节点；删除某个父节点，可使其所有的子节点被删除。对于网格，可从最后一"行"的角落处开始，沿着同一方向进行删除。采用上述删除节点方法，可使各种图的传感器数量均在 64～127 范围内。在模拟开始时，每个传感器均执行一次观察。此模拟的主要指标是在一个时间步长内被处理的观测结果信息的总和，即被处理的总信息量。

为了探讨不规则随机图（小世界图和无标度图）的复杂性和熵阻的关系，采取了一个中间步骤，即先找到具有代表性的各种图。为每一种随机图（例如，具有 10 条边的 3-环，每次迭代增加 3 个节点的无标度网络），分别构造 20 个典型案例图，并采集 20 个样本信息集合，分别进行了实验。根据这些实验结果，选择出两种图。对于大多数的样本信息，一个样本倾向(Γ, β)的左下范围，另一样本倾向(Γ, β)的右上范围。对于由 15 条边的 1-环构成的小世界图案例，采用三个带倾向性样本，一个倾向左下方，另一个倾向右上方，第三个倾向前两个的中间范围。然后将这些带倾向性样本的案例图与其他拓扑结构图进行比较。

4.6.4 信息流与执行

Scheidt 为了研究包括观察和执行（控制）的系统，还实施了第二种 DES 模拟。选择了较简单的多层 C2 案例，先研究树形拓扑结构。首先设定一个根节点，根据与该根节点的距离来确定层次结构中节点的排序，即子节点与其父节点的从属关系。在此树的每一个节点都配备了传感器，并且具有传感器的每个节点还配备了一个执行者，可以用 1 比特信息来实施执行（控制）行动，下层信息可上传给高层次结构，高层决策和执行信息可下达到低层次结构。此外，每一层的节点能够处理从其下层传感器接收的信息，并根据其下层传感器上报来的信息予以答复并实施控制行动。

在该模拟的任一时间步长，每个节点均处于下列 7 种高级状态之一：SENSE, SEND_I, REC_I, PROC，SEND_A，REC_A，ACT 及 HOLD。在 SENSE 状态，装备有传感器的节点读取一位完整的信息。如果它是子节点，它就会在一个时间步转变为 HOLD 状态随时准备发信息；否则，它会进入 PROC 状态。在 SEND_I 状态，一个节点将其下属所有传感器上传的观测信息上报其处于 REC_I 状态的父节点。在 SEND_A 状态，一个父节点向其一个子节点下达执行命令，并由该子节点在同一层次下属的所有执行者实施。在状态 REC_A，子节点接收从其父节点下达的执行命令。上述所有通信状态均持续一个时间步长，传送 1 比特信息（每一个传感器观测或执行指令均只占用一个时间步长）。节点从 SEND_I 状态可转到 PROC 状态，如果它是根节点，且在上一时间步处于 PROC 状态时已经接收到其所有子节点的信息。从 SEND_A 状态，节点可转到 HOLD 状态。如果节点是一个执行者，它将转到 ACT 状态，或者转到 HOLD 状态。在 PROC 状态，节点将延迟在同一层次结构中它下属的传感器（代表在一个时间步长中每 1 比特观察信息的处理延迟），如果它是一个执行者，可从 PROC 状态转到 ACT 状态，否则，转到 HOLD 状态。在 ACT 状态占用的一个时间步中，如果有执行命令下达给其子节点，则此节点会转到 HOLD 状态，否则转到 SENSE。在 HOLD 状态，节点首先查找也处于 HOLD 状态的子节点且还没有收到更新的执行命令（无论是从其父节点接收的，或是从该节点处理结果中接收的）。如果存在这样的子节点，它转到 REC_A 状态，其父节点转到 SEND_A 状态。如果不存在这样的子节点，且在上一时间步该父节点已经从所有子节点接收了信息，则该父节点将发送信息到自己的父节点。在此种情况下，该节点转到 SEND_I 状态，其父节点转到 REC_I 状态。如果在前面的各时间步中均无状态转变，则该节点处于 HOLD 状态，到下一个时间步再次请求进行通信。

显然，上述通信过程（观测和执行）与前述的第一个模拟有很大差异。对于此模拟，在同一时间步，一个节点只能与一个邻节点通信，并且必须等待邻节点准备好才能开始通信。此外，因为邻节点之间的通信是串行的，所以通信时间就与通信比特数成线性正比例关系（无论是观察或执行）。两种模拟参数有所改变，后者允许多次连续观测，而前者仅能观测一次。与前者使用信息量作为度量单位不同，后者使用总执行信息作为评估模拟结果的度量单位，将其定义为：在每一个时间步、每一个执行者的每一次执行决策的基础上，所有时间步长和执行者的信息内容总和。

如上所述，在模拟中的所有图的传感器及执行者数量均为 64 个，但是，节点总数是变化的，以探讨网络的中介节点效果（非传感器/执行者）（见附件 B）。此外，为确定层次结构网络的根节点，可利用一种确定性的方法来删除连接关系（采用连接矩阵查点方法获得较少的节点数），找到某节点与其他所有节点的最小平均测地距离。对于规则树，根节点已在规则树定义中给出；对于路径图，它是中位节点；对于无标度图，它是初始节点（虽然这不能保证此构造算法的一般性）。除了上面给出的算法，还通过两个稍微修改的模拟来运行每个图。在第一次修改的模拟中，一个传感器节点在 HOLD 状态将执行新一次观察，而不是重复 HOLD 状态，然后可再次进入 HOLD 状态（即最终上传给其父节点的是最新观测结果），称之为再传感。在第二次修改中，一个处于 HOLD 状态的传感器节点可转换到 SENSE 状态，而不是反复处于 HOLD 状态。这样，它在进入 HOLD 状态并再次尝试通信之前，可重新检测，重新处理并重新执行，称为再处理。

4.7 结果

4.7.1 C2 拓扑结构对态势感知的影响（信息流仿真）

Scheidt 猜想在不同的计算复杂度和熵阻条件下，各种拓扑结构图由于处理信息量的差异，有些图会有更好的性能。为了验证这一假设，利用第 4.6.2 节所述的信息流模拟方法，选择 30 种不同的图，对比了其(Γ, β) 曲线图中的若干点。具体而言，衰减率变化范围为 0.001 至 0.999，比特/时间步的增量为 0.002，计算复杂度变化范围为 0~16 比特/时间步且增量为 1。为了显示模拟结果，使用了主导性图（dominance plot），如图 4.10 所示，显示了多种拓扑结构(Γ, β) 曲线每个测试点的最大信息量处理峰值。

从图 4.10 中可看到许多有趣的内容。首先，并不是每一个网络图都有其占主导地位的区域，在某些区域有多个网络图均占据主导地位。在主导性图右上角的区域标记为"都坏"（All Bad），即每一种拓扑结构的网络图表现均很差，原因是其熵阻和计算复杂度都非常高。在图中最下边的大多数区域内 $\beta = 0$，仅在一个小区域内 $\beta = 1$，该区域内由全连通图占主导地位(1-all to all)。在图中左下角区域，主要是由两个(3, 3)无标度图(13-scall-free; 14-scall-free)和两个(5, 5)无标度图(15-scall-free; 16-scall-free)占主导地位，还有一个(1, 1)无标度图(11-scall-free)占主导地位的狭窄长条形区域，并构成无标度图占主导地位区域与二分叉树(3-binary-tree)占主导地位的更大区域之间的边界。二分叉树区域的右侧区域是 3-环加 10 条边图(24-3 ring+10)占主导地位。更右边相邻的区域是 3-环加 15 条边与 3-环加 10 条边图(3-binary-tree)均占主导地位。再右边的区域是 3-环加 15 条边与 3-环加 10 条边两种图(Multiple4-3 ring+10, 3 ring+15)均占主导地位。再向右边的区域是 3-环加 15 条边、3-环加 10 条边及格等三种图(Multiple3-3 ring+10, 3 ring+15, grid)均占主导地位。在图右上角的区域是若干图(Multiple5-several graphs)均占主导地位。在图右下角的一个小区域主要由规则树(Multiple1&2-regular trees)占主导地位。在图的右边还有一些非常小的不连续区域，有可能涉及某些数值计算问题。

在主导性图中，在一些拓扑结构占主导地位的相邻区域之间的相互关系似乎需要凭借直觉判断。从图的最右边开始的区域中，所有的拓扑结构网络均表现不佳，表示在此区域通信是没有价值的，因为任何观测的信息内容均在通信和处理时丢失。在各种小世界图和网格图占主导地位的区域，与少量相邻区域的通信是有效的。要知道为什么网格图仅在一个区域居共同主导（co-dominant）地位，请注意，这仅仅是与 1-环加 132 条边的网络图同构的一条短边，所以它能利用遍布本区域的连边来进行本地通信。二分叉树占主导地位的区域，其对应的一些参数适用于少数邻节点之间的通信，也有利于在层次结构网络中向上层和向下层收集和分发信息。与二分叉树主导区域相邻的是一个狭长的区域，由(1, 1)无标度图占主导地位。该无标度图是一种树结构，但缺少规则的二分叉结构，而是具有大范围变化的节点连接度，因此被称为无标度图。从二分叉树主导区域向左，各区域的网络均以增加平均节点连接度为代价来减少平均路径长度并取得主导地位。连接度较高的节点往往成为通向邻节点的信息枢纽，他们花费大量时间来进行处理和通信，从而变成为瓶颈节点。

无标度图节点的幂律分布必然产生高连接度的所谓超级节点[9]。网络中的这些超级节点负责增加通信量以及信息处理（如因特网），这些节点的计算能力应该是大于那些具有很少或根本没有计算能力的节点（如终端用户），以支持网络高效运行。然而，在本项模拟设计中，所有节点的通信和处理能力均假设是相同的，但网络拓扑结构和感知能力却是不同的。这就导致在(Γ,β)区域中无标度拓扑结构并不占优势。事实上，二分叉树占主导地位的区域大于所有无标度图占主导地位的区域之和。

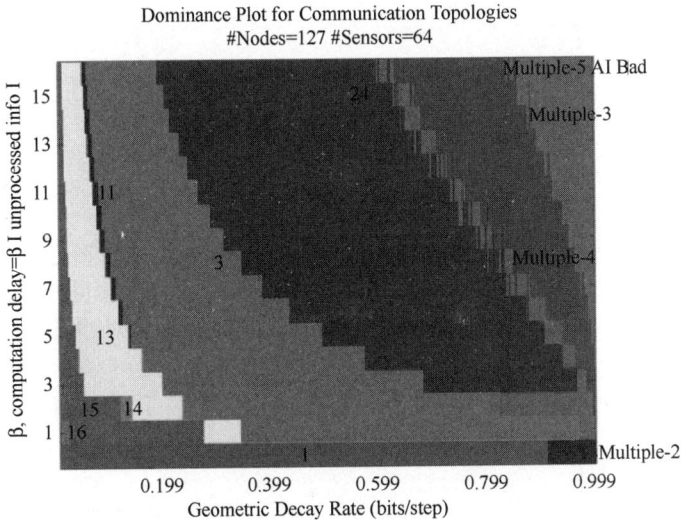

图 4.10　主导性图。1-全连通图；3-二分叉树；11-(1,1)无标度；13-(3,3)无标度；14-(3,3)
无标度；15-(5,5)无标度；16-(5,5)无标度；24-3-环+10；多图 1 和 2-规则树；多图 3-3 环+10,3
环+15,格；多图 4-3 环+10,3 环+15；多图 5-若干个图；All-Bad-所有图均很差

4.7.2　C2 拓扑结构对控制效果的影响（信息流量，执行机构）

为了测试不同的分层控制结构的有效性（总执行信息），比较了 11 种不同树的执行信息流模拟结果。对每个图进行的模拟包括基本行为及前述的再传感和再处理，总共涉及 33 次不同的实验、501 个在 0 和 1 之间点的对数衰减。选择对数衰减，是因为最初的模拟采用过线性衰减，发现低衰减区性能变化比绝大多数高衰减区更大。用两种衰减进行 33 次模拟结果的对比分别如图 4.11 和图 4.12 所示。这些数字给出 33 次模拟的排名（对于设定的衰减量，排名 33 者具有最大的总执行信息量），而不是总的执行信息量。这些图与图 4.10 所示的主导地位有点类似。同样，也有 4 种不同的拓扑结构分别在 4 个区域占主导地位。占主导地位的 4 种拓扑结构，从衰减最低到最高依次为：具有再传感功能的[64]规则树，具有再传感功能的[2,2,2,2,2,2]规则树，具有再处理功能的(1, 1)无标度网络，以及具有再处理功能、长度为 64 的路径图。

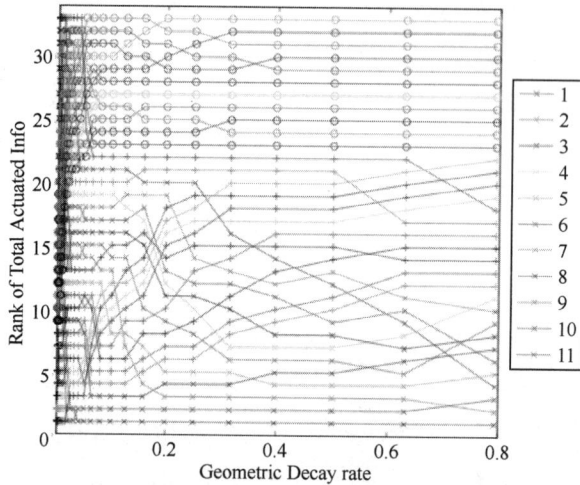

图 4.11　对比线性衰减得到的 11 种图的总执行信息排名。这些图用不同颜色表示。（1）[2,2,2,2,2,2]二进制树；（2）[4,4,4]树；（3）[64]星形树，（4）裁减的二分叉树；（5）64 边；（6，7）（1，1）无标度图；（8，9）裁减的（1，1）无标度图；（10）127 边；（11）[63]树。图的基本算法用"×"表示，用"+"表示再传感，用"o"表示再处理

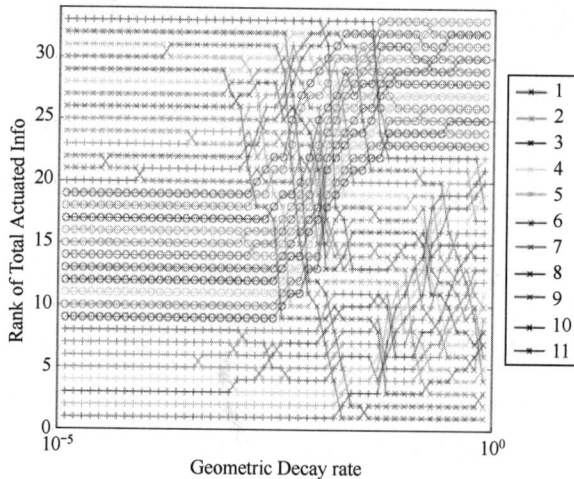

图 4.12　比较对数衰减得到的 11 种图的总执行信息排名。这些图用不同颜色表示。（1）[2,2,2,2,2,2]二进制树；（2）[4,4,4]树；（3）[64]星形树；（4）裁减的二分叉树；（5）64 边；（6，7）（1，1）无标度图；（8，9）裁减的（1，1）无标度图；（10）127 边；（11）[63]树。图的基本算法用"×"表示，用"+"表示再传感，用"o"表示再处理

对于绝大多数的衰减范围，即 $\Gamma \in [0.1,1]$，再处理的修正效果最好。因为当衰减率较高时，接收上层节点下发的执行命令，其实它只具有较少的信息内容，唯一的办法是重

复进行本地观测，以便根据任何信息内容来累积执行命令。当衰减率较低时，正好相反，除去占主导地位、具有再传感功能的[64]规则树，此后的 11 个占主导地位的候选者均不进行再处理或再传感。这表明，当衰减率低时，从上层个体接收的执行命令基于更多的信息，使再处理策略不那么有效。此外，当衰减率低时，降低观测结果上报和下发执行命令的频率，可增加时间来执行再传感，这将减少总的执行信息量。

4.8　控制

控制执行（Control actuations）可改变系统的状态概率。理想的执行可降低状态概率（state probabilities），但是这些执行与状态概率为零的执行是不一致的。容易出错系统（fault-prone system）的执行，利用与执行者的故障概率成比例的办法，减小不一致的状态概率。这一概率的变化可以表示为有序性（order）的增加，称为该系统的负熵[18]，该系统具有与执行 I_A 相关的可能状态集合 X 如下：

$$I_A(t) = H(x(t)|A) \tag{4.6}$$

其中 t 是执行开始前的短暂时间，设 t' 是该执行生效的时间。类似地，一个执行序列 $A_{1:k}$ 将产生负商阻 $\varGamma_A$：

$$\varGamma_A(A_{1:k}, t, t') = \frac{H(x(t')|A_{1:k})}{t' - t} \tag{4.7}$$

需要注意的是，负熵和负熵阻可度量有序性的增加，但不可度量决策的质量。

4.9　信息适应性修正

在本模拟中，假定所有信息的效用是相等的，但是这并不是信息效用唯一的度量方法。在一般情况下，信息在内容重要性、时间和空间方面均是不断变化的。为了便于讨论，设 C2 过程持续有限的时间，设效用函数为 $U:X \rightarrow R$，用于根据任务目标给每一个系统状态的期望值分配一个数。还为集合 S 定义了基于过程转换概率的期望效用 $E[U]$ 和条件期望 $E[U|x(t) \in S]$。此外，对某些作为系统输入的执行序列 $A_{1:k} = \{(u_i, t_i)\}$，$E[U|x(t_i), A_{1:k}]$ 定义为该执行序列的期望效用。

在一定意义上说，正是执行才能产生实际的效能，因为它负责限定系统的未来状态，或者，对于容易发生故障的系统，增大期望状态的概率，同时减少非希望状态的概率。因此，一个特定信息的效能取决于信息对执行的影响。反之，根据接收到的某一信息所采取的控制行动的效果，取决于接收到此信息（包括时间成本和熵阻）后的执行效果与期望效果的差距，此差距将小于如果没有此信息就执行的效果与期望效果的差距。

如果没有信息的通信和处理的时间成本，则增加信息对于下一个控制行动效能的影响是非负的。但是，如果在该系统中出现熵阻，则它在通信和处理阶段均可造成信息衰减，额外增加信息会降低控制效果，尤其是增加的信息其实对决策过程并没有多少作用，而该决策又涉及一次特别重要的执行。显然，如前所述，控制执行正采用统一的信息效能（图 4.4）。利用修正成功系统状态的概率，控制可以用于降低熵，例如，通过限制系统的未来状态来限制状态空间的某些子集。但是，如果选用的控制执行可以使期望效能的变化最大，就可以防止概率高但效能低的状态出现，支持概率低但效能高的状态出现，降低使系统熵增加的状态的产生概率，还可增加其他一些状态的期望效能。

4.10　适应和学习

使用信息理论分析 C2 过程的另一个方面是描述敌方个体的适应和学习。这将导致基于之前状态的概率变成非固定（随时间变化）的，例如：

$$P(x_j, t_2 | x(t_1) = x_i) \neq P(x_j, t_2 + t | x(t_1 + t) = x_i) \tag{4.8}$$

如果使用一个固定的系统模型来预测实施执行的效果将出现问题，因为基于相同观测（在时间推移的期间内）的决策可能导致相同的执行。然而，由于实际系统的行为已经改变，所选择的执行系统上的效果将是不同的。假如敌方能够学习和适应我方行动者的行为，则我方执行命令的效果会更差。同样，如果敌方能够预测我方信息源的行为，则它们可能使信息源观测到的信息减少。许多执行的目的是减少系统的不确定性，而观察提供的信息正是为了减少不确定性。从这个意义上说，敌方个体的适应能力，可以阻碍我方试图利用执行或观察来降低不确定性期望值（信息的预期效果）。这种现象称为演化熵阻（evolutionary entropic drag）。

这个想法在博弈论，特别是在竞争性重复博弈[19, 20]中是常见的，对手的（混合）策略是可随时间变化的，因此是非确定的。在这种情况下，即使该对方个体的行为是确定的，其策略仍然可能是非确定的，称为非固定策略（策略熵，strategic entropy），其产生原因是对手有限的存储能力无法记忆所有过去的行动。例如，如果策略是基于以前的状态数量，即取决于行动者存储器的容量。在机器学习界，一个非稳定环境被称为"概念漂移"或"概念变位"，取决于它是渐变还是突变。一个特别值得关注的领域是网络在线学习，学习到的目标概念可以更改（例如，在对可变色的多种形状进行分类时，还可利用形状的变化来改变其颜色的划分 [21]。另外，目标概念可保持相同，但数据分布可改变（数据漂移或数据变位），使得以前学习到的规则变得不那么有效[22]。

使用信息理论方法可检测一些非稳定的变化，通常是基于近似的熵变化率[23,24]。一个过程的熵变化率是：

$$H(X) = \lim_{n \to \infty} H(X(t_0), X(t_1), \cdots, X(t_n)) \tag{4.9}$$

当极限存在。一些区域的跟踪技术也可以用来处理非稳定性，包括自适应滤波（例如，文献[25]）和非稳定模型（例如，跳跃-马尔可夫或变换的线性系统[26]）。由于熵只取决于概率而不是输出结果，它可能更适于将概率距离用于量化和研究演化熵阻（作为 R^n 的有 n 个不同输出结果的一个子集，或作为适用于连续概率的一个基本 $\mathcal{L}^p$ 空间）或用于研究发散性（例如，Renyi，Kullback-Leibler）。

4.11　未来的工作

Scheidt 利用信息理论来评估 C2 拓扑结构各方面的协调决策（OODA 循环）。他利用基于模拟的实验得出了一些定量的结果，显示出在不同拓扑结构 C2 的复杂性、熵和熵阻及态势感知（OODA 循环的"观察-认清态势"部分）之间的关系。还有其他一些定量的结果，包括由"观察，认清态势，行动"循环产生的"行动"。还引入了扩展这些实验内容以包括决策过程的机制。今后的工作将进一步细化信息的决策策略的理论模型，并用于新的包括整个 OODA 循环的实验中。

模拟分布式系统的决策过程将需要基于多种决策策略的信息理论模型。特别令人感兴趣的是在周密的计划和训练之间进行比较。此两者之间的关系可用上述信息理论的演化熵来度量。此外，还有一些有趣的课题是人在环路中（human in-the-loop）的决策，人在环上的决策（human on-the-loop），以及全自动决策（机器智能）。可能进行一系列的人机混合实验，以获得数据并构建模型。

抽象、上下文独立（context-independent）及模型成了上述实验的基础。为了验证实验结果，准备将其试用于实际系统。将通过一系列基于模拟的新实验，利用信息理论评估军用 C2 系统的效能。最后，将研制一个敏捷 C2 系统的原型。此原型将利用信息理论指标进行 C2 系统性能的实时评估，并根据这些评估结果来动态改变 C2 系统结构和信息交换策略。

4.12　结论

综上所述，Scheidt 提出了一种基于信息理论的 C2 拓扑结构评估方法。主要利用复杂性、熵和熵阻进行了动态交战和 C2 系统的效能评估。演化熵，一种新的信息理论度量指标，可以用来评估训练与计划效能并进行比较。基于模拟的结果表明，在用信息理论度量某一态势与评估某一种 C2 拓扑结构对此态势的有效性之间存在相关性。在上述实验中，当作战态势变化导致用信息理论度量指标获得的结果也变化时，Scheidt 发现了用于描述一个变化态势的最优信息量，还发现了用于指挥部队单位作战的最优 C2 网络拓扑结构。特别是从某些信息理论的特性度量指标来看，二分叉树和基于格的拓扑结构比无标度拓扑结构要好。而后者也有某些特性指标要比前者要好。基于这些结果，Scheidt 指出，某一组织的 C2 结构应随着态势的变化而改变，信息理论的特性度量指标可以作为选择 C2 策略的基础。

附件 A：信息流模拟所用的拓扑结构表

1. Fully connected

2. Star ([126] tree)

3. Binary tree ([2,2,2,2,2,2] tree)

4. [3,3,3,3,3,3] tree truncated to 127 vertices

5. [4,4,4,4] tree truncated to 127 vertices

6. [2,3,4,5] tree truncated to 127 vertices

7. [11,11] tree truncated to 127 vertices

8. 1-ring

9. 2-ring

10. 3-ring

11. (1,1) scale-free

12. (1,1) scale-free

13. (3,3) scale-free

14. (3,3) scale-free

15. (5,5) scale-free

16. (5,5) scale-free

17. 1-ring+10

18. 1-ring+10

19. 1-ring+15

20. 1-ring+15

21. 1-ring+15

22. 1-ring+5

23. 1-ring+5

24. 3-ring+10

25. 3-ring+10

26. 3-ring+15

27. 3-ring+15

28. 3-ring+5

29. 3-ring+5

30. 11 by 12 grid truncated to 127 vertices

附件 B：信息流与执行仿真所用的拓扑结构表

1. [2,2,2,2,2,2] tree

2. [4,4,4] tree

3. [64] tree (star)

4. [2,2,2,2,2,2] tree truncated to 64 vertices

5. 64 vertex path graph

6. (1,1) scale-free

7. (1,1) scale-free

8. (1,1) scale-free truncated to 64 vertices

9. (1,1) scale-free truncated to 64 vertices

10. 127 vertex path graph

11. [63] tree

附件 C：Scheidt 领导的"有组织、持久的情报，监视和侦察（OPISR）项目"简介

前　言

David H. Scheidt 领导的"有组织、持久的情报，监视和侦察（OPISR，Organic Persistent Intelligence，Surveillance and Reconnaissance）项目"的目标是采用情报、监视和侦察（ISR）的新方法，显著减少获取和分发有关情报所需的时间。OPISR 包括分布式图像处理，信息管理和控制算法，可实时控制由自主无人驾驶平台（AUV，Autonomous Unmanned Vehicles，例如机器人、无人车辆、无人机、无人艇及无人潜水器等）、无人值守地面传感器以及前线用户组成的网络。2011 年 9 月，OPISR 原型系统在试验中首次支持了 3 个用户的 12 架无人机和无人值守地面传感器网络。

1. 概述

在 1940 年的春天，法国、英国、荷兰和比利时的盟军在人员和机械化武器装备（坦克、战斗机和轰炸机）的数量上都超过德国军队。德国 Me109E 战斗机性能大致相当于英国喷火式战斗机，法国的 Char B1 坦克优于德国的 Panzer III 坦克。此外，盟军是在本

土作战，从而大大简化了后勤保障。然而，在不到 6 个星期后，比利时、荷兰和法国军队投降了德国，而英军也从英吉利海峡败退。尽管盟军有精良的设备和更大的力量，但他们被德军击败了。德军采用了名为 "Auftragstaktik" 的指挥控制技术，使用现代无线电通讯设备，使 "边缘战士" 可以直接协调战术决策。盟军被禁止使用无线电，因为它 "不安全"。盟军的作战命令由总部将军和通信兵送达。当时，德国第三装甲集群的指挥官执行了由 Ju 87（Stuka）飞机驾驶员通过无线电对讲机传达的命令。而就在此时，法国指挥官还在开会研究怎样应对德军进攻，而德军指挥官隆美尔（Rommei）和古德里安（Guderian）的装甲集群已经推进了超过 200 英里，并到达英吉利海峡。

正如军事历史所反复证明的（其中包括上述的在 1940 年德国军队推进的战例）：速度是战争的一个决定性因素。Boyd 提出的 "观察，认清态势，决策，行动" 循环（OODA，Observe，Orient，Decide，Act）是军事指挥控制过程的一个基本模型[27]。如图 4.3 所示。Boyd 认为，如果处于 "OODA 循环" 中的一方能够比对方更早完成 OODA 循环，则将获得明显的优势。在有很大影响的《放权到边》（*Power to the Edge*）一书中，Alberts 和 Hayes [6]使用术语 "敏捷性"（agility）来描述军队快速响应战场条件变化的能力。研究现代战争的案例，如车臣反对俄国的战争，或研究不那么现代的战争的案例，如拿破仑在乌尔姆（Ulm）战争，都表明敏捷的组织具有决定性的军事优势。Alberts 和 Hayes 指出，敏捷组织的一个共同特点是增强一线部队，简称 "边缘战士"（edge warfighters）。通过演练 "意图指挥"（command by intent），指挥员大力提高组织的敏捷性，他们向边缘战士下达简单明确的命令，然后由边缘战士根据此命令和自己对战场态势的认知，独立决策。这使得边缘战士加快了在前线的 OODA 循环，提高了敏捷性。

阿富汗和伊拉克战争的一个显着特征是 AUV 的使用数量急剧增长。在第一次（1991年）和第二次（2003 年）海湾战争中，AUV 变成了美国军队不可缺少的新式武器。战场上部署了有组织的 AUV，例如，iRobot 公司的 PackBot 便携式机器人，如图 4.13（b）所示，用于战场侦察和排除爆炸物，AeroVironment 公司的 Raven "乌鸦" 小型无人机，如图 4.13（a）所示，均是必不可少的装备。在战场部署 AUV 以提高敏捷性是有代价的：不仅增加了后勤保障工作量，也对前线部队的支持提出了更多要求。当采用更大型的 AUV 时，前线部队接收传感信息和快速攻击目标的能力就显得不够了。对于中型AUV，例如波音公司的 ScanEagle "扫描鹰" 无人机，AAI 公司的 Shadow "影子" 无人机，需要专门的地面站更长时间和更强力的支持。边缘战士无法支持中、大型 AUV，例如通用原子公司的 Predator "捕食者" 无人机和格鲁门公司的 Global Hawk "全球鹰"无人机等中、大型 AUV 所产生的海量数据，很难由集中式指挥所处理。据 Ariel Bleicher报道：

"仅在 2009 年，美国空军在伊拉克和阿富汗使用间谍无人机拍摄的视频数据量就相当于其过去 24 年的拍摄量之总和。麻烦的是，没有足够的人力用眼睛查看这些视频。这些无人机视频数据的泛滥,很可能会变得更糟。到明年,通用原子公司的新型 Reaper drone '收割者' 间谍无人机将可以同时拍摄 10 个视频,空军计划使用 65 架此种无人机。美国国家地理空间情报局情报、监视和侦察部门负责人 John Rush 估计将需要 16000 名专业人员来分析无人机和其他机载监视系统的录像。"[28]

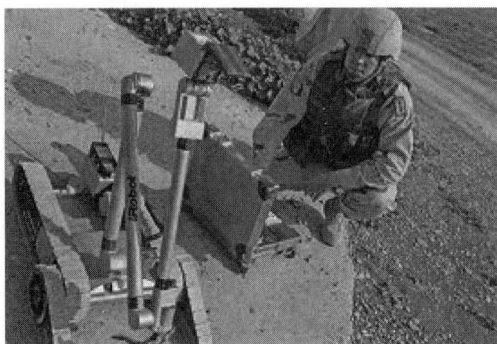

<table>
<tr><td>（a）小型无人机</td><td>（b）便携式机器人</td></tr>
</table>

图 4.13　美国陆军装备的 AUV

如果来自中型和大型 AUV 的情报、监视和侦察（ISR）信息能被及时处理和分发,这些车辆才可能为边缘战士真正提供有效的 ISR 功能。这些设备提供的 ISR 海量信息必须先由专业人员处理,从中收集有关信息,然后及时分发给边缘战士。这就提出了一个重大挑战,因为现有无人机所获数据的分析人员（远远少于 Rush 估计的 16000 名分析人员）目前还不能满足所有战士不断变化的战术需求,战士也没有足够时间来选择和访问所需要的无人机数据。目前是利用控制中心来收集和分发 ISR 信息。这种集中式的信息管理增加了延迟时间并降低了美军的敏捷性和作战效能。虽然美军士兵根据"意图指挥"有权自主决策,但是目前的 ISR 系统很容易让人想起法国军队集中式的指挥控制结构。如果要使美军变得非常敏捷,则 ISR 系统支持的美军士兵也必须非常敏捷。APL 现在已开发出了一个实验系统,即"有组织、持久的情报,监视和侦察（OPISR）项目",这种 ISR 基础设备可提供有组织的快速反应能力,以及在广阔区域长时间地执行 ISR 任务的能力。

2. OPISR 系统

OPISR 是一个软件和通信子系统,可根据需要随时增加 ISR 装备,例如 AUV 或无人值守传感器,用于为快速、自主机动的战术部队提供信息。如图 4.9 所示,士兵与 OPISR 可以相互连接成为一个系统。当使用 OPISR 时,战士连接到 OPISR"云",OPISR 即可满足他们的任务级 ISR 需求,并向他们提供所需要的情报。这种直接为战士提供情报的能力,无须战士亲自指挥,甚至他们都不知道是 OPISR 在收集信息。OPISR 是自主系统，收集有关信息，直接将关键的战术信息实时地发送给有关士兵。OPISR 能够迅速地侦察大型、复杂、动态的战场态势，因为它采用非集中式部署的特殊组织结构。这种非集中式结构被认为可以更有效、及时地协调复杂系统。Scheidt 和 Schult 在论文"优化指挥控制结构"[1]中说明了这一问题。OPISR 可以跟踪所有蓝军的位置，并满足战士的 ISR 需求。

当获取到有用的战术信息时，OPISR 将其直接显示在战士的一个手持终端上。战士可用该终端提出查询信息的需求，例如：巡逻某些道路，搜索某个区域，提供指定地点的图像，跟踪在一个特定路线或地区的某类目标，随时提醒在我周围一定距离内敌方的威胁。符合这些查询的信息由系统发送到战士的手持设备上。例如，提供周边地区的地图，显示实时跟踪和监测到的图像元数据。图像元数据可直观形象地描述周边地区。OPISR 的 AUV 可自主机动，如果没有查获战士所需的信息，该 AUV 可自主机动并使其传感器获取所需的信息，可同时为多个战士提供信息需求并支持他们的协同作战行动。

因为战士是在战场恶劣条件下操作 OPISR 设备，容易出现故障，所以设备被设计得极其坚固并具有容错功能。OPISR 可以利用多种信道，同时也力求避免对高品质通信服务的过分依赖。因此，所有 OPISR 设备既可单独使用，也可组成特定的设备联合体系。当 OPISR 设备能够与其他设备进行通信时，他们会通过网络交换信息，从而提高 OPISR 系统整体的有效性。但是，如果无法进行通信，则每个设备都将继续执行以前确定的任务。在同一地区使用多种设备时，它们会自行组织有效地执行战士要求的各种任务（这些设备都能够互相协作，例如，当它们无法通过网络进行通信时，就设法利用有组织的传感器网络来观察对方）。

2.1 硬件

AUV 和无人值守传感器可以通过加装一个模块化的 OPISR payload 专用部件，纳入 OPISR 系统。如图 4.14 所示，该部件包括三个硬件组件：一是 OPISR 处理器，执行 OPISR 软件；二是无线电通信器，提供与其他 OPISR 节点的通信，包括 OPISR 手持接口装置；三是模拟-数字（analog-to-digital）转换器，用来将专用部件接收的传感器模拟信号转换成数字格式。AUV 配备了自动驾驶仪，能够提供稳定的飞行。可以通过将自动驾驶仪改成与 OPISR 处理器连接，使该车辆自主机动。当车辆处于自主操作方式时，自动驾驶仪向 OPISR 处理器发出指引与控制（GNC，Guidance and Control）的遥测数据。该处理器采用 GNC 数据以制订一个连续航线，并发送给该自动驾驶仪。OPISR 处理器还采用 GNC 遥测产生的元数据（与传感器数据相关），OPISR 系统将传感器数据和元数据合并后，作为一个整体来使用。

以往的 AUV 经常使用单独的通信通道，用于控制和图像传输。因为 OPISR 设备可以同时自行处理图像和实施控制，所以不再需要占用这些通讯通道及传统的地面引导站。OPISR 设备可以完全独立地运行而无须人来监控。请注意，OPISR 设备可以满足战士的要求，但是该设备并不需要与战士连续通信。虽然 OPISR 不需要传统的控制和通信，但 OPISR 设备仍然保留了这些功能。因为 OPISR 节点通信是采用单独设置的信道，OPISR 功能也可适用于传统的控制。这符合 OPISR 的理念：OPISR 是一个完全新增的能力；AUV 的拥有者加入 OPISR，不会失去任何原有功能。OPISR 车辆首先响应来自操作人员的命令，并在任何时候，允许授权的操作人员覆盖 OPISR 处理器的决策。同样，用户仍然可以收发传统的模拟数据流信息。请注意，即使 OPISR 处理器停止无人机自动驾驶仪的控制，但 OPISR 系统会继续酌情直接与战士共享信息。

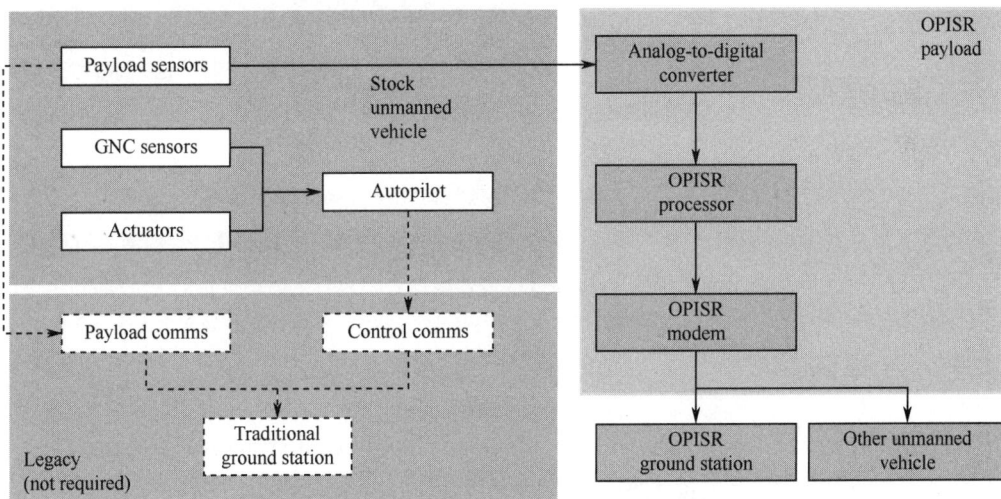

图 4.14　OPISR 的硬件结构，基于一个模块化的 OPISR payload 专用部件，
可以安装在各种不同类型无人驾驶设备上

2.2　软件

OPISR 的软件采用了基于分布式网络的智能化的多代理（Agent）架构。每个软件代理成为其所在设备的代理。OPISR 的各种设备，例如 AUV、无人值守传感器和用户接口，都有自己的代理。如图 4.15 所示。每个代理均由 4 个主要的软件模块组成。

① 有效载荷管理器：管理来自传感器的信息。

② 分布式黑板（blackboard）：作为代理所在系统内共享态势感知的存储库。

③ 代理通信管理器：管理各代理之间的信息流。

④ cSwarm 控制器：确定自主运动平台的行动路线。

系统内的所有设备，包括作战人员的手持设备，在 OPISR 内均被视为是"同事"。

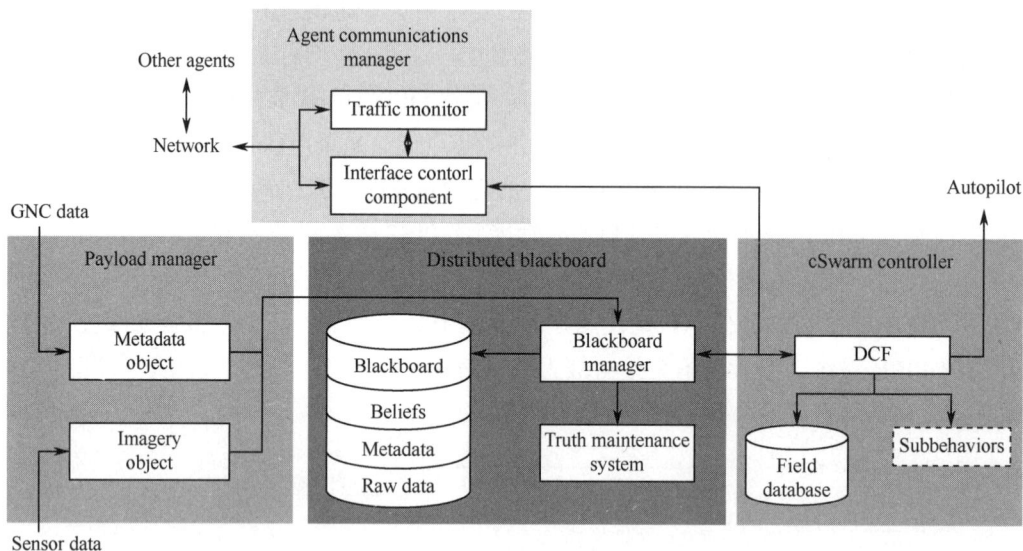

图 4.15　OPISR 的软件框图，包含四个模块：①有效载荷管理器从传感器观察中产生新"认识"；②分布式黑板利用来自板上和板外的综合认识保持态势感知能力；③代理通信管理器在与其他无人设备和用户之间交流认识；④cSwarm 控制器根据认识为自主运动设备制定行动路线

2.2.1　分布式黑板

在 20 世纪 80 年代，Nii[29,30]介绍了多智能体（multi-agent systems）系统采用异步方式互相通信的方法，称为黑板系统。代理可在黑板系统发布信息，让有关的代理可以在一个不确定的时间使用这些信息。每个 OPISR 代理包含一个个人黑板系统并维护该代理的一个环境模型。"认识"（beliefs）、元数据（metadata）和原始数据（raw data）这三种类型的信息可存储在每个代理的黑板上。原始数据是来自 OPISR 系统内某一传感器的非压缩数据。元数据提供一组原始数据的信息，包括传感器的位置，状态和收集时间。"认识"是有关当前态势事实的摘要。"认识"包括有关地理空间内的各种事物，如目标，蓝军的位置，或搜索区域。"认识"可以来自该黑板的模式识别软件、数据融合算法或人员的判断。任务级的目标可以驱动 OPISR，它是一类特殊的"认识"，必须由一个负责人员给出。某一代理的黑板信息收发、存储和检索均由黑板管理器负责，它所接受、存储和检索的信息，既可来自该代理所在设备的传感器，也可来自其他设备的传感器，还可来自该代理自己的模式识别/数据融合软件。存储在黑板内的数据集成由一个真相维护系统（TMS，Truth Maintenance System）负责。TMS 具有两个功能：一是解决不同"认识"之间的矛盾，二是高效率地将信息存储在黑板内。对于 TMS 的第一项功能，最简单的解决矛盾的方法是利用在"认识"上加盖的"存储时间戳"，选用距离当前时间最近者。例如，

第一个"认识"断定在网格[x,y]及时间 t_0 发现一个目标，而第二个"认识"断定在网格[x,y]及时间 t_1 没发现目标。计划在 2012 年将更复杂的矛盾解决算法被集成到 OPISR 中。在执行 TMS 的第二项功能时，可将最相关和紧急的信息存储在可快速访问的缓冲存储器中，还可使用比 OPISR 更长寿命的系统来产生更多可管理的数据，这样就可使 TMS 删除黑板上不太重要的信息。在利用缓存和删除时，信息的重要性定义依据是：信息的年龄（age）、接近性（proximity）、独特性（uniqueness）及与作战行动的相关性（operational relevance）等。

2.2.2　代理通信管理器

代理之间的通信是异步的，不定期的，而且是完全分散的。因为任何集中式的仲裁者，或预定通信，将使 OPISR 的设计增加依赖性，减少鲁棒性和容错性。因为代理之间的通信是异步及不定期的，所以不能保证任何两个代理具有在同一时间相同的"认识"。幸运的是，OPISR 使用的控制算法对于各代理不一致的"认识"具有很好的鲁棒性和处理能力。交叉代理真相维护（cross-agent truth maintenance）功能的设计采用了代理与代理之间通信的相同标准：代理之间的信息交换要尽可能使最重要信息具有最大化的一致性，但不要求各代理"认识"的绝对一致性。代理之间的信息交换由代理通信管理器负责。在建立代理之间的通信时，相应的代理通信管理器将促进各黑板之间的信息交流。如果代理之间交换的信息量受到带宽等条件限制，则每个代理通信管理器将使用接口控制组件按照信息优先级来通信，即按照优先级顺序发送信息。优先级按照信息种类来确定："认识"是最重要的，其次是元数据，然后是作战相关性（例如，如果一个战士要求某一特别的信息，则这些信息应优先提供），还有时效性及独特性。

2.2.3　自动控制：cSwarm

OPISR 的 AUV 使用了一种名为"动态合作区域"（DCF，Dynamic Co-Fields）软件模块，用于产生机动和控制行动。DCF 是一种区域控制的形式。区域控制技术利用与空间对象相关的人工区域控制功能，可产生机动或触发行动。在 OPISR 中，用于确定区域的对象是"认识"。区域描述某种吸引力和/或排斥力的组合。评估各区域中所有关于某车辆当前位置的"认识"，可生成一个梯度向量。然后，使用该梯度向量来支持机动决策。2003 年，APL 开发出了早期的 DCF [31]，它扩展了原有的"潜在区域"方法，即"共同区域"（co-fields）方法[32]。DCF 允许"潜在区域"随时间动态变化，车辆自行查看区域（Self-referential fields）并在现场自行决策。增加这些动态性能是解决"潜在区域"方法存在的两个众所周知的问题的关键。这两个问题是：车辆可能陷入局部极小，及产生振荡行为。在 OPISR 中实现的 DCF，可以控制执行某一特定行为，例如搜索、中转、跟踪及选用某一行为。在 cSwarm（意为"合作群体"）软件模块中实现了 DCF 算法。在 OPISR中，所有 AUV 均采用 cSwarm 软件。通过调整和组合存储在 cSwarm 数据库中的区域规则（field formula），DCF 为特定类型的车辆指定特定行为。OPISR 的 AUV 能够执行各种行为，包括：

　　① 搜索战士所在现场的附近区域；

　　② 搜寻线型网络，例如道路网络；

　　③ 通过路口；

　　④ 蓝军实施侦察；

　　⑤ 目标跟踪；

　　⑥ 周边巡逻；

　　⑦ 信息交换的设施，可使 AUV 机动并建立与信息源网络之间的连接，如与无人值守传感器网络或战士需要的其他信息源连接，需要注意的是，战士不需要指定此行为，只要指定所需要的信息，并将 AUV 作为一种提供信息服务的工具；

　　⑧ 主动诊断，可利用有组织群体传感功能，减少 AUV 观察的不确定或不完整性，例如，一台 AUV 利用其遥感能力，即能对目标进行分类，并能自动转向正被合作雷达跟踪的目标，并进行识别和分类。

　　除了上述特定任务级别的行为，OPISR 的 AUV 还可执行所有车辆都需要的通用行为。例如：

　　① 避开障碍物，不得越过用户定义的区域分界线；

　　② 执行控制人员直接下达的指令，OPISR 的 AUV 可执行自主功能任务，但是如果控制人员下达了明确的指令，OPISR 车辆总是先执行此命令，而不是自主的命令。

3．OPISR 实验

　　目前的 OPISR 实验系统是约翰·霍普金斯大学应用物理实验室（APL）研制自主AUV 长达十年之久的成果。早在 2003 年，OPISR 系统的主要技术就进行了硬件在环试验（hardware-in-the-loop），演示了 20 多种硬件，包括：动态合作领域（DCF，Dynamic Co Fields）[33]，分布式黑板[34]，容延迟通信（delay-tolerant communications）[35]，同时支持多个终端用户[36]。2011 年 9 月，APL 进行了新的 OPISR 实验，包括 10 台 AUV，3 个无人值守地面传感器，支持 3 个用户及指挥所。根据情报、监视和侦察（ISR，Intelligence，Surveillance，and Reconnaissance）的需求，分别进行了空中、地面、水面及水下演示。OPISR的 4 种 AUV 如图 4.16 所示，包括：（a）波音公司的 3 架"扫描鹰"无人机；（b）洛克希德·马丁公司的 3 架 Unicorn 无人机；（c）APL 开发的水面艇；（d）OceanServer 公司的一台 Iver2 海底无人潜水器。还有 Segway 公司的一台双轮电力驱动、具有自我平衡能力的地面车辆，配备了激光雷达、光电及被动声纳等传感器（图 4.17）。这些平台都安装了 OPISR payload 专用部件，使用了多种传感器，包括光电、被动声纳、侧扫声纳和激光雷达等传感器，用于探测、识别和跟踪布设水雷的舰艇和陆地车辆，执行排除爆炸装置的任务。还使用了三个代理士兵执行情报、监视和侦察任务，其中两个在地面，一个在水下。

图 4.16　OPISR 的 UAV：（a）"扫描鹰"无人机；（b）Unicom 无人机；
（c）水面艇；（d）Iver2 海底无人潜水器

图 4.17　OPISR 的 Segway RMP 200s 型地面车辆，配备激光雷达，光电及被动声纳等传感器

4. 未来的工作

在 2012 财年，APL 计划进一步改进完善 OPISR 系统。具体包括：

① 分布式黑板采用更复杂的数据融合技术，特别是上游的数据融合和闭环（closed-loop）的情报、监视和侦察；

② 自主平台的飞行试验，使无人机形成在远程传感器和用户之间的网络和桥梁；

③ 引进更先进的基于模拟的测试和评价技术；

④ 将 Exec-Spec 整合到 OPISR 框架中，并且进行 Exec-Spec 飞行测试。

Exec-Spec 是 APL 开发的已经用于航天器控制的自主系统。在 OPISR-Exec-Spec 的集成系统中，Exec-Spec 负责故障管理和安全保障功能。

5. 结论

OPISR 系统是一个框架，众多的 AUV 通过它可向战术单位提供实时、可操作的情报，向战区指挥官提供简明扼要、可管理的态势感知信息，向分析人员提供高品质的战场数据。已经试验过的一个 OPISR 系统，包括分布式自定位的摄像设备，可提供图像和定位数据并综合多个来源的信息；分布式协作系统，可提供鲁棒的特设无线通信和基于代理的数据管理；还有用户接口，允许用户从 AUV 实时接收、拼合图像，无须用户直接控制 AUV 获取图像。OPISR 是情报、监视和侦察方法的重要创新，是 2010 年美国国防部《四年防务评估报告》[37]和其他重要的政策文件强调的一个重要研究方向和新型军事装备。

参 考 文 献

[1] Scheidt, D. ; Schultz, K. On Optimizing Command and Control Structures[A]. Proc. 16th International Command and Control Research and Technology Symposium(ICCRTS)[C], Quebec City, Quebec, Canada, 2011: 1-12.

[2] Scheidt, D. Organic Persistent Intelligence, Surveillance, and Reconnaissance[J]. Johns Hopkins APL Technical Digest, 2012, 31(2): 167-174.

[3] Wikipedia. Applied Physics Laboratory[EB/OL]. http://en.wikipedia.org/wiki/Applied_Physics_Laboratory.

[4] Maier-Tyler, L. L. APL Achievement Awards and Prizes[EB/OL]. Johns Hopkins APL Technical Digest, 2013, 31(3). http://techdigest.jhuapl.edu/TD/td3103/31_03-Awards.pdf.

[5] Campbell, P. APL Recognizes Top Inventions, Researchers and Papers[EB/OL]. http://www.jhuapl.edu/newscenter/pressreleases/2013/130513.asp. 2013-5-13.

[6] Alberts, D. ; Hayes, R. Power to the Edge: Command Control in the Information Age[M]. Information Age Transformation Series, Washington, DC: Command and Control Research Program Press, 2003.

[7] Alberts, D. ; Hayes, R. Planning Complex Endeavors[M]. Information Age Transformation Series, Washington, DC: Command and Control Research Program Press, 2007.

[8] Cebrowski, A. K. ; Garstka, J. J. Network-Centric Warfare: Its Origin and Future[A]. Proceedings of the U. S. Naval Institute[C]. 1998, 124(1): 28-35.

[9] Barabási, A. ; Albert, R. Emergence of Scaling in Random Networks[J]. Science, 1999(286): 509-512.

[10] Wikipedia. OODA loop[EB/OL]. http://en.wikipedia.org/wiki/OODA_loop.

[11] Shannon C. E. A Mathematical Theory of Communication[J]. Bell Systems Technical Journal, 1948(27): 379-423 and 623-656, July and October 1948.

[12] Touchette, H. ; Lloyd, S. Information-theoretic approach to the study of control systems[J]. Physica A: Statistical Mechanics and its Applications, 2004(331): 140C172.

[13] Touchette, H. ; Lloyd, S. Information-theoretic limits of control[J]. Physical Review Letters, 2000, 84(6): 1156C1159.

[14] Scheidt, D. ; Pekala, M. The impact of Entropic Drag on Command and Control[A]. 12th ICCRTS : Adapting C2 to the 21st Century[C]. Newport, RI: DoD Command and Control Research Program. 2007.

[15] Watts, D. J. ; Strogatz, S. H. Collective dynamics of 'small-world' networks[J]. Nature, 1998(393): 440-442.

[16] Newman, M. E. ; Watts, D. J. Renormalization group analysis of the small-world network model[J]. Physics Letters A , 1999(263): 341-346.

[17] Monasson, R. Diffusion, localization and dispersion relations on "small-world" lattices. The European Physical Journal B-Condensed Matter and Complex Systems[J]. 1999(12): 555-567.

[18] Brillion, L. Science and Information Theory[M]. 2nd Ed. , Dover Publications Inc.

[19] Neyman, A. ; Okada, D. Strategic entropy and complexity in repeated games[J]. Games and Economic Behavior, 1999(29): 191-223.

[20] Neyman, A. ; Okada, D. Growth of strategy sets, entropy, and nonstationary bounded recall[J]. Games and Economic Behavior, 2009(66): 404-425.

[21] Nishida, K. ; Shimada, S. ; Ishikawa, S. ; Yamauchi, K. Detecting sudden concept drift with knowledge of human behavior[A]. IEEE International Conference on Systems, Man and Cybernetics[C]. 2008: 3261-3267.

[22] Kivinen, J. ; Smola, A. ; Williamson, R. Online learning with kernels[J]. IEEE Transactions on Signal Processing, 2004(52): 2165-2176.

[23] Vorburger, P. ; Bernstein, A. Entropy-based concept shift detection[A]. Proceedings of the Sixth International Conference on Data Mining, ICDM'06[C]. IEEE Computer Society, Washington, DC, USA, 2006: 1113-1118.

[24] Bollt, E. M. ; Skufca J. D. Control entropy: A complexity measure for nonstationary signals[J]. Mathematical Biosciences and Engineering, 2009(6): 1-25.

[25] Myers, K. ; Tapley B. Adaptive sequential estimation with unknown noise statistics[J]. IEEE Transactions on Automatic Control, 1976(21): 520-523.

[26] Doucet, A. ; Gordon, N. ; Krishnamurthy V. Particle filters for state estimation of jump markov linear

systems[J]. IEEE Transactions on Signal Processing, 2001(49): 613-624.

[27] Boyd, J. The Essence of Winning and Losing[EB/OL]. http://www.belisarius.com/modern_business_ strategy/boyd/essence/eowl_frameset.htm.

[28] Bleicher, A. The UAV Data Glut[EB/OL]. IEEE Spectrum, http://spectrum.ieee.org/robotics/military-robots/the-uav-data-glut(Oct 2010).

[29] Nii, H. The Blackboard Model of Problem Solving and the Evolution of Blackboard Architectures[J]. AI Magazine, 1986, 7(2): 38-53.

[30] Nii, H. Blackboard Application Systems, Blackboard Systems and a Knowledge Engineering Perspective[J]. AI Magazine, 1986, 7(3): 82-107.

[31] Scheidt, D. ; Stipes, J. ; Neighoff, T. Cooperating Unmanned Vehicles[A]. IEEE International Conf. on Networking, Sensing and Control[C], Tucson, AZ, 2005: 326-331.

[32] Mamei, M. ; Zambonelli, F. ; Leonardi, L. Co-Fields: Towards a Unifying Approach to the Engineering of Swarm Intelligent Systems[A]. Proc. Third International Workshop on Engineering Societies in the Agents World III[C]. Madrid, Spain, 2002: 68-81.

[33] Chalmers, R. W. ; Scheidt, D. H. ; Neighoff, T. M. ; Witwicki, S. J. ; Bamberger, R. J. Cooperating Unmanned Vehicles[A]. Proc. AIAA 3rd Unmanned Unlimited Technical Conf. [C]. Chicago, IL, 2004, paper no. AIAA 2004-6252.

[34] Hawthorne, R. C. ; Neighoff, T. M. ; Patrone, D. S. ; Scheidt, D. H. Dynamic World Modeling in a Swarm of Heterogeneous Autonomous Vehicles[A]. Proc. Association of Unmanned Vehicle Systems International[C]. Anaheim, CA , 2004.

[35] Bamberger, R. ; Hawthorne, R. ; Farrag, O. A Communications Architecture for a Swarm of Small Unmanned, Autonomous Air Vehicles[A]. Proc. AUVSI's Unmanned Systems North America Symp[C]. Anaheim, CA, 2004.

[36] Stipes, J. ; Scheidt, D. ; Hawthorne, C. Cooperating Unmanned Vehicles[J]. Proc. International Conf. on Robotics and Automation[C]. Rome, Italy, 2007.

[37] U. S. Department of Defense. Quadrennial Defense Review[R]. http://www.defense.gov/qdr/(2010).

第5章

国家重要基础设施网络与相互依存网络的级联故障

5.1 引言

5.1.1 美国和欧盟立法保护关键基础设施网络

在世界多国的关键基础设施之间构成了大量的相互依存网络，详见下面的 5.2 节介绍。

1998 年 5 月，美国克林顿总统发布了保护关键基础设施的 PDD-63 命令（详见 http://www.fas.org/irp/offdocs/pdd-63.htm）。成立关键基础设施协调小组（CICG，Critical Infrastructure Coordination Group），由负责安全、基础设施保护和反恐怖主义的国家协调员主持，直接归国家安全事务助理领导。还成立了由上述协调员领导的国家基础设施保障局（National Infrastructure Assurance Council）。该命令指出关键基础设施包括：电子商务信息和通信、银行与金融、航空运输、公路运输（包括卡车和智能交通系统）、地铁交通、地下管线、铁路、供水、司法、公安、消防、政府服务、公共卫生服务（包括预防、监测、实验室服务和个人保健服务）、能源电力、石油和天然气生产和存储等，还涉及情报、警察、国内安全、中情局国外情报、国家对外事务及国防部等。

2008 年 12 月，欧洲共同体理事会也开始实施类似的指令 2008/114/EC（详见 http://eur-lex.europa.eu/legal-content/EN/ALL/?uri = CELEX:32008L0114）。

5.1.2 美国国防威胁降低局重视研究相互依存网络的故障

2009 年，美国国防威胁降低局（DTRA，Defense Threat Reduction Agency）的一位项目评审员来到波士顿大学物理系，向该局资助项目"入侵单一网络"（plaguing single networks）的研究团队负责人 S. Havlin（1942.7.21—）[1]提出了一个新课题：当故障出现

图 5.1　Shlomo Havlin

时，多个相互依存网络（Interdependent Networks）的恢复能力有多强？他要求研究者们在几周之内提出研究建议[2]。图 5.1 取自文献[1]。此事凸显了探索降低上述级联故障（Cascade of Failures，也称连锁故障）的风险对于保证军事网络安全及更有效打击敌方网络的重要性。人们自然会联想到，历史上最著名的电脑黑客，乔纳森·詹姆斯（Jonathan James），从 1999 年 8 月 23 日至 1999 年 10 月 27 日，曾经安装了一个后门并入侵该局网络的服务器和多台军用电脑，窃取到三千多员工的用户名和密码，以及大量敏感的文件，该局负责减少对美国及其盟友的核、生物、化学、常规和特殊武器的威胁[3, 4]。

　　Havlin 是以色列巴伊兰大学物理系教授，也是下一节所列文献[6, 7]的作者之一。2012 年 5 月 21 日，北京航天航空大学举办了"复杂系统可靠性理论国际学术报告会"，特别邀请他作了主题报告《网络体系的极端脆弱性》[5]。

5.1.3　网络科学的重要转折：从单一网络到网络的网络

　　复杂网络已经深入研究了十余年，但研究仍集中在单一孤立的非相互依存网络（以下简称单一网络）。现代网络系统大多相互耦合连接，因此很需要研究相互依存网络，特别需要解决此类网络的级联故障问题：此类网络的部分节点经常依赖于其他网络的节点。当某一个网络中的节点出现故障时，常会导致其他网络的节点损坏，反过来，这可能会导致前面的网络受到进一步的损坏，产生级联故障，带来灾难性后果[6]。

　　2010 年，上述研究团队的 S. V. Buldyrev 等 5 人在《Nature》杂志发表了一篇论文[7, 8]，独树一帜地用简单的数学模型来模拟由渗流引发两个相互依存网络级联故障，分析了 2003 年在意大利由于电力网络级连故障造成的大停电过程，构建了"网络的网络"（NON，Network of Networks，以下简记为 NetONets，也称网络体系）的理论基础和框架。曾对单一网络的研究（特别是无标度网络）做出重大贡献的著名网络科学家 A. Barabási 指出："They have really figured out the framework of how to think about it"，高度评价他们实际上为 NetONets 问题确立了一个框架[2]。2011 年，该团队研究生高建喜（Jianxi Gao）等为 n 个相互依存网络 NetONets 构建了一般性框架[9]。他们利用此框架提出了 n 个相互依存网络的新渗流规律，显示了过去 50 年渗流研究的局限性，它只是 n 个耦合网络渗流一般性规律的特例（附加了各种特定的限制条件）。2015 年，在维基百科全书条目《网络科学》的 35 篇参考文献中[10]，特别引用了 S. V. Buldyrev[7]和高建喜有关上述问题的两篇论文[9]。S. Havlin 的研究团队改变了在过去的 50 年中几乎所有渗流理论研究都局限于单一网络的状况，实现了网络科学研究的一次重要转折[6]。

1987 年，Per Bak 与汤超（Chao Tang）和 Kurt Wiesenfeld 提出了"自组织临界性"的新理论及第一个具有自组织临界特性动态系统的实例，后来被称为 Bak-Tang-Wiesenfeld 沙堆模型[11]。2010 年，本书作者在编著的《网络科学（第三卷，生物网络）》一书第 10 章 10.11 节"基于复杂系统自组织临界性理论的生态网络演化模型"中曾介绍过该模型[12]。Per Bak 是丹麦哥本哈根大学理论物理学教授（1948.12.8—2002.10.16，图 5.2 取自 http://www.cns.gatech.edu/～predrag/friends/Bak/index.html）。在 20 多年后的 2012 年，C. D. Brummitt 等研究了抑制北美电力网络和其他基础设施网络的级联过载[13, 14]，采用了 Bak-Tang-Wiesenfeld 沙堆模型，分析了在 2003 年发生的北美历史上最大面积的连锁停电事故。2014 年，G. D'Agostino 与 A. Scala 编辑出版了专著 *Network of Networks: The last frontier of Complexity Science*（《网络的网络：复杂性的最前沿领域》），他们在前言中评价 Brummitt 在 NetONets 领域中的研究"分析了北美相互连接的电力系统，旨在减少该系统的全局脆弱性，是实际应用的又一个重要步骤"[15]。

图 5.2　Per Bak

现在，NetONets 已成为网络科学新兴的重要研究方向之一，并取得了许多重要成果。NetONets 的定义有多种。例如，相互依存网络，多层网络等。许多真实网络属于 NetONets，例如，各种运输网络，包括飞行航空网络、铁路网络和公路网络等；各种生态网络，包括物种交互网络、食物网络等；各种生物网络，包括基因调控网络、代谢网络、蛋白质相互作用网络等；以及各种社会网络等。

5.2　相互依存的基础设施网络

许多真实世界的网络都与其他网络相互作用并相互依存。图 5.3 是五个基础设施网络之间的相互依存关系示意（取自文献[16]）。这些复杂关系的特点是：基础设施网络之间的多种连接、反馈和前馈路径，以及错综复杂的拓扑结构。这些连接关系构成了一个复杂网络，可以引发级联故障，大面积地冲击宏观经济及基础设施网络。仅研究与环境或其他基础设施网络隔离的单一基础设施网络的行为，显然无法充分了解上述复杂网络的级联故障。需要研究多个互连的基础设施网络的相互依存性。现代基础设施网络的运行取决于计算机化的控制系统。例如，电网的监督控制和数据采集（SCADA，Supervisory Control and Data Acquisition）系统，管理车辆调度和货物运输的铁路网电脑系统。如图 5.3 所示，通信网络承担其他四个基础设施网络的信息传输。电网为水网提供电源，水网为电网提供冷却水，输油网为电网发电机提供燃油，电网为输油网泵站提供电源。运输网为电信网、电网和输油网运输燃料和物资。众所周知，许多国家的电网和通信网都曾经发生过大面积的级联故障，造成灾难性的后果。显然，如果将相互依存网络隔离开孤

立地进行研究，忽略相互依存关系引发级联故障的可能性，将错误地过高估计该网络的
健壮性。

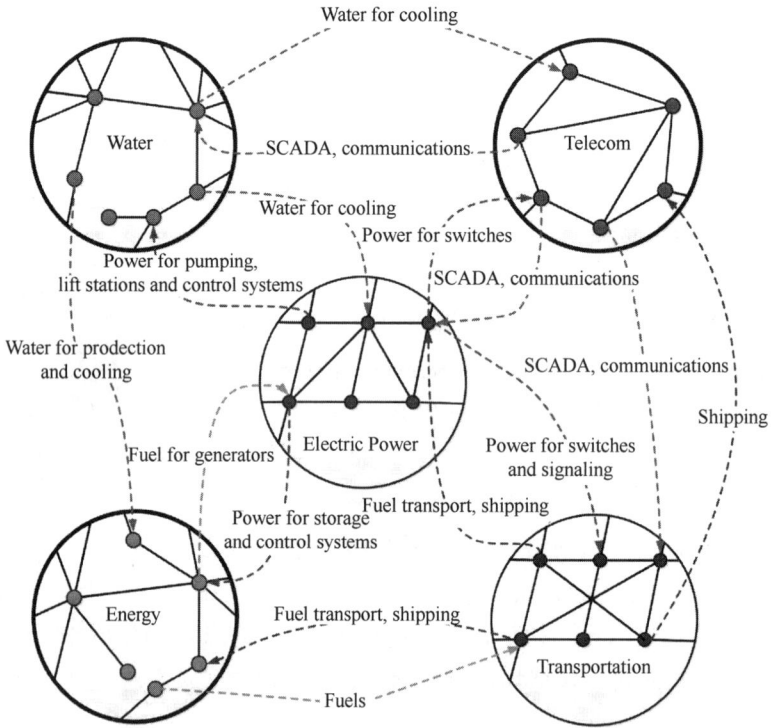

图 5.3　多种不同基础设施网络之间的相互依存关系

　　近年来，人们开始采用渗流理论研究网络的健壮性和预测其临界渗流阈值，即去除
部分节点（或链路），导致网络因级联故障而崩溃。此外，使用渗流理论还可以解决其他
问题，例如提高攻击敌方网络的效能，防止流行病传播，以及设计更健壮的网络[6]。

5.3　两个相互依存网络级联故障的分析框架

2010 年，S. V. Buldyrev 等提出了一个分析框架，分析了两个相互依存网络由渗流引
发级联故障的迭代过程[7, 8]。图 5.4 取自 http://polymer.bu.edu/~
sergey/。Buldyrev 指出，相互依存网络的一个基本特性是，
一个网络的节点故障可能导致其他网络相依存节点递归地
发生故障，即导致级联故障，使多个相互依存网络系统被切
割成许多碎片。令人惊奇的是，Buldyrev 发现，增大相互依
存网络的连接性，将增大其故障率，这与单一网络的行为是
相反的。

图 5.4　S. V. Buldyrev

5.3.1 模拟2003年在意大利电力网络级联故障造成的大停电过程

2003 年 9 月 28 日意大利发生了大停电。其电力网络的一个电站发生的故障，直接导致了通信网络（电力网络的监督控制和数据采集系统）节点的故障，进而又导致了电力网络的大崩溃[17]。Buldyrev 指出，上述两个网络功能是双向互相依存的。如今的网络正变得越来越彼此依赖和相互耦合。相互依存网络对于随机故障是极为脆弱的，从该网络中随机去除少数节点，就可以引发多个相互依存网络级联故障。近年来，在相互依存电力网络之间的级联故障多次造成大规模停电。

图 5.5 显示了上述两个网络之间的连接及其实际的地理位置。如图所示，其中只要有一个电站发生故障，就可引发级联故障，导致两个网络崩溃。在单一网络中，必须随机去除许多节点，才能使网络崩溃。然而，在相互依存网络中，只要去除一小部分的节点，就可能导致整个系统的崩溃。

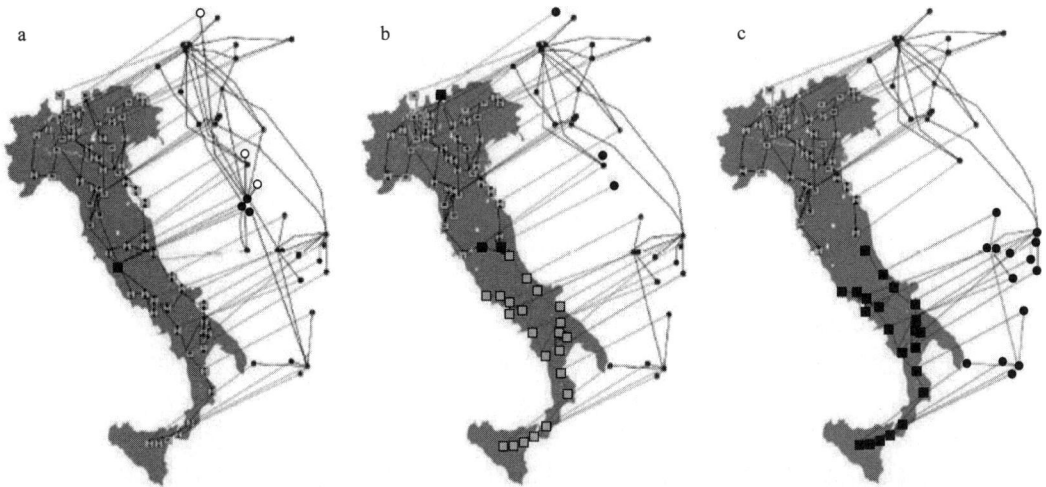

图 5.5 模拟在意大利由于电力网络级联故障造成的大停电过程。该级联故障发生在 2003 年 9 月 28 日，其迭代过程来自真实数据，位于意大利地图上的电站网络（以下简称左边网络）与其右边的通信网络（简称右边网络）对应。图 a，左边网络的 1 个故障电站（地图上的黑色方块）被去除。其结果是，依赖于它的右边网络 3 个节点（黑色圆点）也将被去除。右边网络的另外 3 个节点与该网络的整个节点群，也称巨组分（giant cluster）断开，在下一个时间步被标记为空心圆点。图 b，右边网络的 3 个黑色圆点（图 a 右边网络与巨组分断开的 3 个黑色圆点）已被去除。图 a 的空心圆点在图 b 中新改为 3 个黑色圆点。左边网络依赖于这 3 个新黑色圆点的 3 个故障电站节点（3 个黑色方块）将被去除。在下一个时间步，左边网络与整个电网巨组分断开的电站节点被标记为灰色方块。图 c，左边网络又有 3 个黑色方块（图 b 左边网络原来的 3 个黑色方块）被去除，还有依赖于他们的图 b 右边网络 3 个新黑色圆点也被去除

5.3.2　模拟两个相互依存网络

Buldyrev 在模拟上述两个相互依存网络时，为了简化问题且不失一般性，先考虑了两个网络 A 和 B，其节点数量相同，均为 N。网络 A 的节点为 A_i ($i = 1, 2, \cdots, N$)，它的运行依赖于网络 B 节点 B_i 提供关键资源的能力，反之亦然。如果节点 A_i 被攻击或出故障而停止运行，则节点 B_i 也停止运行。同样，如果节点 B_i 停止运行，则节点 A_i 也停止运行。这种连边称为双向边，表示为 $A_i \leftrightarrow B_i$，定义了网络 A 节点和网络 B 节点之间一对一的对应关系。在网络 A 中，节点通过边 A-Link 随机连接，具有度分布 $P_A(k)$，其中 k 为每个节点的连接度，定义为网络 A 中每个节点与该网络其他节点连边的数量。同样，在网络 B 中，节点通过边 B-Link 随机连接，具有度分布 $P_B(k)$，如图 5.6 所示。

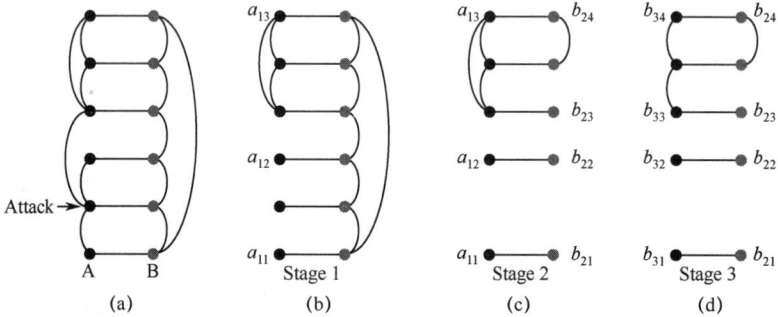

图 5.6　模拟级联故障的迭代过程。在网络 A 中的每个节点依赖于网络 B 中的一个且仅一个节点，反之亦然。水平直线表示网络之间的连边，弧线表示网络内连边 A-link 或 B-link。图（a），网络 A 中的一个节点被去除（被"攻击"）。图（b），第 1 阶段：网络 B 的一个从属节点也被去除，网络 A 被分割成 3 个孤立节点组 a_1，即 a_{11}，a_{12} 和 a_{13}。图（c），第 2 阶段：连接 B-nodes 集合的两条 B-link 被去除，网络 B 被分割成 4 个孤立节点群 b_2，即 b_{21}，b_{22}，b_{23} 和 b_{24}。图（d），第 3 阶段：连接 A-nodes 集合的两条 A-link 被去除，网络 A 被分割成 4 个孤立节点群 a_3，即 a_{31}，a_{32}，a_{33} 和 a_{34}，分别与 b_{21}，b_{22}，b_{23} 和 b_{24} 相互依存。此后没有进一步的连边去除及网络分割发生，b_2 和 a_3 是分 4 组且成对相互连接的，其中 b_{24} 和 a_{34} 是巨组分

首先，随机去除网络 A（其度分布为 p）中比例为 $(1-p)$ 的一小部分节点，并去除连接至这些节点所有的边 A-Link［图 5.6（a）］。由于网络之间的依赖性，在网络 B 中所有通过 $A \leftrightarrow B$ 边连接到被去除节点的所有节点也被去除［图 5.6（b）］。然后，连接到被去除的 B-nodes 节点的 B-Link 边也被去除。因为节点和边被去除，每个网络开始被切割为若干相互连接的组分，也称节点组（clusters）。网络 A 和网络 B 中的节点组是不同的，因为每个网络连接不同。网络 A 的一组节点 a，与网络 B 的节点组 b 可以形成一个相互连接的组，如果：①图 5.6（a）中的每对节点是由网络 A 节点路径连接；②图 5.6（b）中的每对节点是由网络 B 节点路径连接。如果它不能增加其他节点而扩大，并且仍然满足

上述的条件，则称其为一个相互连接节点组的相互连接集合。只有多个相互连接组的集群才仍然是可正常工作的。

为了识别这些相互连接的节点组，首先定义 a_1-clusters，是网络 A 受攻击或故障而去除比例为$(1-p)$的节点之后剩余的节点组［图 5.6（b）］。网络的这种状态是级联故障的第一阶段。接下来定义 b_1-sets，作为 B-nodes 的集合，是由 $A\leftrightarrow B$ 边连接到 a_1-clusters。根据相互连接的节点组的定义，连接不同 b_1-sets 的所有 B-Link 必须去除。因为这两个网络以不同方式连接，每个 b_1-sets 可分成若干组，定义为 b_2-clusters［图 5.6（c）］。b_1-sets 未被分割，因此与 a_1-clusters 相互连接。网络的这种状态是级联故障的第二阶段。在第三阶段中，确定所有的 a_3-clusters［图 5.6（d）］。以类似的方式，在第四阶段确定所有的 b_4-clusters。继续上述过程，直到没有进一步分割网络和去除连边［图 5.6（d）］。至此可发现，这种方法导致两个相互依存网络在 p 等于临界阈值 p_c 时发生渗流相变，该阈值比单一网络的等效阈值显著增大。采用类似经典网络理论中的方法[18, 19]，定义了相互连接的巨组分（giant mutually connected component），以下简称巨组分，是整个网络中相互连接的节点组。低于 p_c 时不存在巨组分，而大于等于 p_c 时存在巨组分。

根据渗流理论，当网络被分割时，属于巨组分的节点（与网络限定部分的节点连接）仍然正常工作，而剩余的小部分节点则失效。因此，相互依存网络中只有与巨组分相互连接的节点组值得关注。两个相邻的 A-nodes 被 $A\leftrightarrow B$ 边连接到两个相邻的 B-nodes 的概率标度为 $1/N$（参见支持信息文献[8]）。因此，在级联故障过程结束时，大于等于 p_c，只有非常少的相互连接组和一个巨组分存在。而在传统的渗流中，其节点组规模的分布遵循幂律。当巨组分存在时，相互依存网络维持其正常工作；如果它不存在，则网络分割成的小碎片将失效。

5.3.3　使用两个 Erdos-Renyi 随机网络

Buldyrev 将上述模型用于两个 Erdos-Renyi 网络[18]，平均连接度为$<k_A>$和$<k_B>$。随机去除网络 A 中比例为$(1-p)$的若干节点，并按照上述迭代过程形成 a_1-、b_2-、a_3-、…、b_{2k} 和 a_{2k+1}-clusters。在级联故障第 n 个阶段后，确定在最大 a_n- 或 b_n-cluster 中的节点比例 μ_n。在这个过程结束时，μ_n 收敛到 μ_∞，一个随机选择的节点属于双向连接最大组的概率。当 $N\to\infty$ 时，概率 μ_∞ 收敛于良定义的函数 $\mu_\infty(p)$，它在阈值 $p=p_c$ 处有一个不连续的步长，当 $p<p_c$ 时它为零；当 $p=p_c$ 时，它从零突变为 $\mu_\infty(p)>0$（参见支持信息文献[8]）。此行为属于一级相变，与在 $p=p_c$ 时单一网络的渗流二级相变的连续函数完全不同。当 N 有限数且 p 接近 p_c 时，巨组分存在于相互依存网络的概率为 $P_\infty(p, N)$。当 $N\to\infty$ 时，$P_\infty(p, N)$收敛到一个单位阶跃函数(Heaviside step function) $\Theta(p-p_c)$，当 $p<p_c$ 时它为零，当 $p=p_c$ 时，它从零突变为1。对 p_c 的数值模拟结果［图 5.7（a）］符合下面的分析结果。

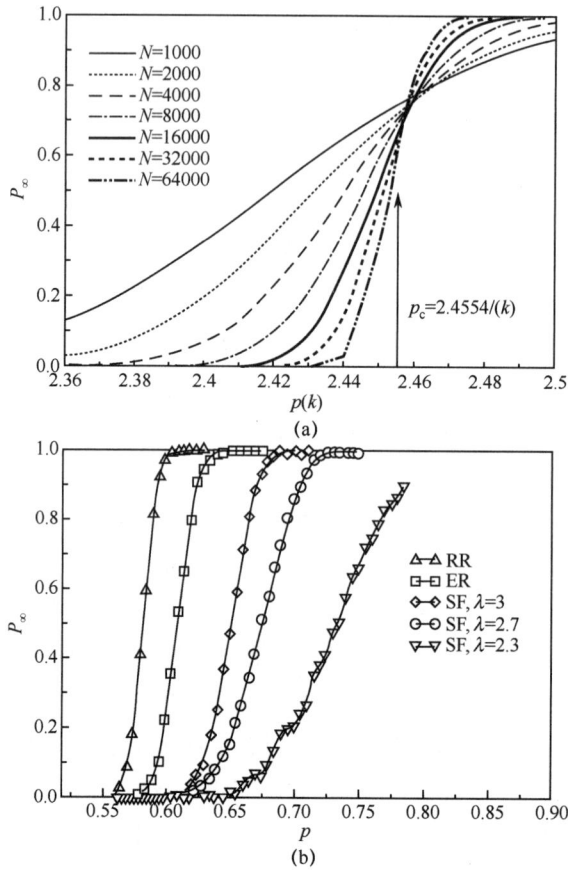

图 5.7　理论结果的数值验证。图（a）显示了耦合 Erdos-Renyi(ER)网络的数值模拟结果，
$k = <k_A> = <k_B>$，节点数量为有限数 N。存在巨组分的概率 P_∞ 是 p 的函数，图中显示了
不同 N 值时该函数的曲线。当 $N\to\infty$ 时，曲线收敛到一个阶梯函数。p_c 的理论预测用箭
头表示。图（b）显示了耦合无标度网络（SF）的数值模拟结果，$\lambda = 3, 2.7, 2.3$，P_∞
是 p 的函数，耦合 ER 网络和耦合随机规则网络（RR），所有各网络的平均度$<k> = 4$，
$N = 550\ 000$。仿真结果与分析结果相符合。请注意，当概率分布更广时，p_c 的值更大

对于两个相互依存的无标度网络[20]，幂律度分布 $P_A(k) = P_B(k) \propto k^{-\lambda}$，发现存在巨组
分的标准与在单一网络中的完全不同。当 $\lambda \leqslant 3$ 时，单一无标度网络的每一个非零值 p 都
存在巨组分。然而，对于相互依存的无标度网络，当 $p_c \neq 0$ 时，即使对于 $2 < \lambda \leqslant 3$，巨组分
也不存在。

对于一个较广区间的度分布，单一网络的 p_c 均较小。与此形成鲜明的对比，相互依
存网络具有较广区间的度分布，其 p_c 值较大，因为该网络高连接度节点可以与其他网络
的低连接度节点相互依存。hub 节点具有异常大的连接度，对于提高单一网络健壮性具有
关键作用。但是在两个相互依存网络发生级联故障时，它却使网络变得更加脆弱。此外，
对于具有相同的平均连接度而言，更广的连接度分布意味着有更多低连接度的节点。由

于低连接度的节点更容易被断开，一个广的连接度分布对于单一网络而言是优点，但是却成为相互依存网络的缺点。如图 5.7（b）所示，通过对比具有不同 λ 值的几个无标度网络的模拟结果，及对比具有平均连接度$<k>$ = 4 的一个 Erdos-Renyi 网络和一个随机规则网络的模拟结果，证明了上面的论述。上述模拟结果与分析结果完全一致，表明对于更广的度分布，p_c 值确实较高。

5.3.4　两个网络的生成函数

Buldyrev 使用生成函数方法分析解决上述网络模型。先定义网络 A 的生成函数；并用类似的方程来描述网络 B 的生成函数。如参考文献[21, 22]所述，将介绍度分布的生成函数，$G_{A0}(z) = \sum_k P_A(k)z^k$。类似地，将介绍底层分枝过程（underlying branching processes）的生成函数，$G_{A1}(z) = G'_{A0}(z)/G'_{A0}(1)$。

随机去除比例$(1-p)$的节点将改变剩余节点的度分布，新分布的生成函数等于$1-p(1-z)$（参见文献[21]）。设随机去除比例$(1-p)$的节点后，剩余节点的子集为 $A_0 \subset A$ 和 $B_0 \subset B$，注意在 A_0 的节点和 B_0 的节点之间存在由 $A \leftrightarrow B$ 连边的一对一的对应。因为网络 A 的节点总数为 N，A_0 和 B_0 的节点数是 $N_0 = pN$。属于网络 A_0 巨组分的节点的比例为 $g_A(p) = 1 - G_{A0}[1-p(1-f_A)]$（参见文献[22]），其中，为 f_A 为 p 的函数并满足超越方程 $f_A = G_{A1}[1-p(1-f_A)]$。网络 B 也具有类似的方程。

使用生成函数的方法，可发现在巨组分节点的比例 μ_n，在级联崩溃的阶段 n 之后，服从一种简单的递归关系（参见支持信息文献[8]）。还发现模拟与理论计算结果很符合（参见支持信息文献[8]的图 1）。

为了确定巨组分的最终规模，已知 $n \to \infty$ 时，该巨组分节点的比例 μ_∞ 是序列 μ_n 的极限，该极限必须满足等式 $\mu_{2m+1} = \mu_{2m} = \mu_{2m-1}$，因为该节点组不会再被分割。这一条件导致以下两个未知数 x 和 y 的系统（参见支持信息文献[8]），其中 $\mu_\infty = x g_B(x) = y g_A(y)$：

$$\begin{cases} x = g_A(y)p \\ y = g_B(x)p \end{cases} \tag{5.1}$$

方程（5.1）的系统具有一个平凡解，对于任何 p 值，$x = 0$ 和 $y = 0$，对应于上述相互连接的巨组分，其规模为零。如果 p 是足够大，还存在一个解，使得该巨组分的规模不为零。可以很容易地从上述方程中排除 y 和获得一个简单的方程式：

$$x = g_A[g_B(x)p]p \tag{5.2}$$

这可以用图形来求解（参见支持信息文献[8]的图 2），它正是直线 $y = x$ 和曲线 $y = g_A[g_B(x)p]p$ 的交点。当 p 足够小，曲线增加的非常缓慢，并且无相交的直线（除非在原点，该交点可对应此平凡解）。

一个非平凡解首先出现在临界的情况下（$p = p_c$），此时直线与曲线只有一交点，$x = x_c$，二者的导数相等，有如下的条件：

$$1 = p^2 \frac{\mathrm{d}g_A}{\mathrm{d}x}[pg_B(x)]\frac{\mathrm{d}g_B}{\mathrm{d}x}\Big|_{x=x_c, p=p_c} \tag{5.3}$$

其与等式（5.2）一起，得到关于 p_c 和巨组分临界规模 $\mu_\infty(p) = x_c g_B(x_c)$ 的解。

　　在两个 Erdos-Renyi 网络的情况下，这个问题可以得到确定解[18]。然后可得 $G_{A1}(x) = G_{A0} = \exp[<k_A>(x-1)]$，$G_{B1}(x) = G_{B0} = \exp[<k_B>(x-1)]$，并且当 $p = p_c$ 时方程（5.2）和（5.3）的系统可以表示为初等函数（参见支持信息文献[8]）。在 $<k_A> = <k_B> = <k>$ 的简单情况下，利用公式 $f = \exp[(f-1)/2f]$ 的非平凡根 $f = f_A = f_B = 0.28467$，可以描述一些关键参数。此时有 $p_c = [2<k>f(1-f)]^{-1} = 2.4554/<k>$，$\mu_\infty(p_c) = (1-f)/2f]/(2<k>f) = 1.2564/<k>$。模拟 Erdos-Renyi 网络的结果与上述理论计算相符合［图 5.7（a）］。

　　Buldyrev 还发现，对于单一无标度网络，当 $\lambda \leqslant 3$ 时，如果 $n \rightarrow \infty$，则 $p_c \rightarrow 0$，但是这一结果对于两个相互依存的无标度网络是不成立的，当 $\lambda > 2$ 时，p_c 是有限的。当 $z \rightarrow 1$ 时分析生成函数的行为表明，$x \rightarrow 0$ 时，式(5.2)的右边可以通过幂律 Cx^η 来近似（详细推导参见支持信息文献[8]），其中 C 是常数并且 $\mu = 1/(3-\lambda_A)(3-\lambda_B)$。对于 $2<\lambda_A<3$ 与 $2<\lambda_B<3$，$\mu > 1$。因此，当 $x \rightarrow 0$ 时，曲线 $y = g_A[g_B(x)p]p$ 总是低于 $y = x$，并且对于足够小的 p 值，无非平凡解（参见支持信息文献[8]的图 2），这意味着相互连接的巨组分不存在。因此，在一些有限的 $p = p_c > 0$ 时，出现渗流相变［图 5.7（b）］。

　　Buldyrev 提出的模型分析了相互依存网络的级联故障导致一级渗流相变的重要现象。该模型可以推广到三个或更多个相互依存网络的情况，网络的 $A \leftrightarrow B$ 连边改为单向的而不是双向的情况，及在网络 A 中的节点改为可依赖网络 B 多个节点的情况。所有这些推广均可以使用生成函数进行解析处理，所提供的网络可以是随机连接且不相关的。

5.4　N 个相互依存网络的网络（NetONets）分析框架

　　2011 年，高建喜（1982.5—，图 5.8 取自 http://blog.sciencenet.cn/home.php?mod=space&uid = 571188）等提出了一个分析框架，可研究 n 个相互依存网络构成的一个树形网络的渗流和相变[9, 23, 24, 6]。高建喜等研究发现虽然 $n = 1$ 的渗流相变是二级的，但是当 $n > 1$ 时，级联故障发生和网络崩溃的渗流相变却是一级的[9]。2013 年，高建喜等提出了一个通用框架来研究任何"网络的网络"的渗流和相变[25]。

　　2012 年，高建喜在上海交通大学自动化系获得博士学位，并获得了我国教育部、国务院学位委员会 2011 年度博士研究生学术新人奖（参见 http://www.fsou.com/html/text/chl/1711/171147.html），现为美国东北大学复杂网络研究中心博士后、副研究员（参见 http://

图 5.8　高建喜

auto.hust.edu.cn/viewnews-2325）。

5.4.1　通用框架

高建喜研究了由 n 个节点组成的 NetONets，其中每个节点也是一个网络，每条连边代表一个完全或部分地相互依存的一对网络。假设 NetONets 的每个网络 $i(i = 1, 2, \cdots, n)$ 包括由边连接的 N_i 个节点，其连接特征是具有度分布 $P_i(k)$。如果网络 i 一定比例 $q_{ji} > 0$ 的节点直接依赖于网络 j 的节点，则网络 i 和 j 形成一个部分依赖对（partially dependent pair），即如果网络 i 所依赖的网络 j 中的节点不起作用，则 i 和 j 不能正常起作用。依赖对由单向连边的依赖从网络 j 指向网络 i。假设攻击或故障后，网络 i 中仅有比例 p_i 的部分节点正常起作用。还假定属于每个网络正常连接巨组分的节点 i 将继续起作用。上述假设有助于解释级联故障：网络 i 中只有不属于其故障巨组分的节点发生故障，才能导致其他网络中依赖前述节点的节点发生故障。前述节点发生故障后，将引发其他网络相应依从节点的直接故障且其中部分节点又将引发网络 i 节点进一步的故障。在达到稳定状态后，每个网络最终的巨组分，由下式给出[25]：

$$P_{\infty,i} = x_i g_i(x_i) \tag{5.4}$$

其中 x_i 满足下列有 n 个方程的系统：

$$x_i = p_i \prod_{j=1}^{K_i} [q_{ji} y_{ji} g_j(x_j) - q_{ji} + 1] \tag{5.5}$$

此乘积将涉及由部分依赖连边（非零 q_{ji}）给出的、与网络 i 相互依存的 K_i 个网络（即与网络 i 相邻的 K_i 个网络）。其中：

$$y_{ij} = \frac{x_j}{q_{ij} y_{ij} g_j(x_j) - q_{ji} + 1} \tag{5.6}$$

为级联故障后网络 j 中存活节点数与不包括网络 i 的、其他所有网络与网络 j 连接节点数的比例。式（5.6）表示在满足无反馈（no feedback）条件下的结果，在不满足无反馈条件时，$y_{ij=x_j}$。

5.4.2　渗流规律

1. 满足无反馈条件

（1）对于一个类似树形的 NetONets，由 n 个 ER 网络组成[26]，具有相同的平均连接度 $\bar{k}$，当 $i \neq 1$ 且 $q_{ij} = 1$ 时 $p_1 = p$，$p_i = 1$（完全相互依赖），其中每个网络巨组分规模均由下式给出[9]：

$$P_\infty = [1 - \exp(-\bar{k}P_\infty)] \tag{5.7}$$

注意，当 $n = 1$ 时，式（5.7）简化为单一 ER 网络的结果[26]，具有二级相变，而对于 $n > 1$，系统具有一级相变，如图 5.9（a）所示。图 5.9 取自文献[23]。

（2）对于一个类似树形的 NetONets，其由 n 个随机规则网络（random regular networks，以下简称 RR 网络）组成[23]，其中 n 个网络具有相同的连接度 k，其中每个网络的巨组分规模均由下式给出：

$$P_\infty = p\left\{1 - \left\{p^{\frac{1}{n}}P_\infty^{\frac{n-1}{n}} \times \left[\left(1 - \left(\frac{P_\infty}{p}\right)^{\frac{1}{n}}\right)^{\frac{k-1}{k}} - 1\right] + 1\right\}^k\right\}^n \tag{5.8}$$

与上式类似，当 $n = 1$ 时，式（5.7）简化为单一 RR 网络的结果，如图 5.9（b）所示。

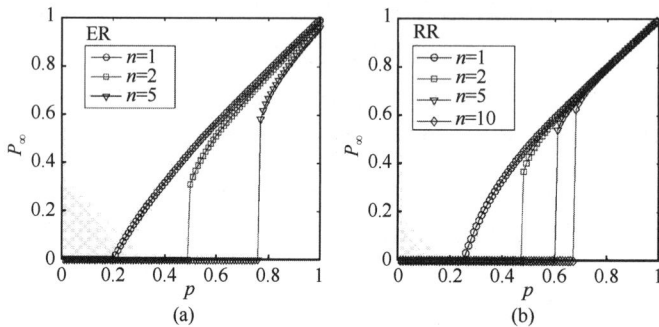

图 5.9　树形 NetONets：（a）由 ER 网络构成；（b）由 RR 网络构成。几条曲线分别显示了在 n 取若干不同值且 $k = 5$ 时，P_∞ 随 p 的变化。对于 ER 网络，使用了式（5.6）；对于 RR 网络，使用了式（5.7）。两公式的结果较好地符合了模拟结果

（3）对于一个 NetONets，由 n 个 ER 网络组成，其中每个网络均具有相同的平均连接度 $\bar{k}$，均依赖于其他 m 个 ER 网络的 RR 网络（RR of ER networks），并且均依赖于其依从网络中比例为 q 的一些节点，每个网络的巨组分规模均由下式给出[9]：

$$P_\infty = \frac{p}{2^m}(1 - e^{-\bar{k}P_\infty})[(1 - q + \sqrt{(1-q)^2 + 4qP_\infty})]^m \tag{5.9}$$

如图 5.10 所示（取自文献[25]）。其中 P_∞ 不依赖于 n，当 $q = 0$ 或 $m = 0$ 时，$P_\infty = p(1 - e^{-\bar{k}P_\infty})$，它是单一 ER 网络的结果[26]。假设在上述 NetONets 中的依存环路（dependency loops）出现一个错配，此时 $q = 1$，去除一个节点可能导致所有网络的完全崩溃[23]。如果相关的依存环路无错配，而是形成周期性循环，则此渗流结果与类似树形的 NetONets 是相同的［见 $q = 1$ 时公式（5.7）］，因为当一个节点被除去时，同类的节点将在这两种 NetONets 的情况下均失去作用[23]。

2. 不满足无反馈条件

（1）对于一个 NetONets，由 n 个 ER 网络组成，其中每个网络均具有相同的平均连接度 $\bar{k}$，均依赖于其他 m 个 ER 网络的 RR 网络，每个网络巨组分的规模均由下式给出[60]：

$$P_\infty = p(1-e^{-kP_\infty})[(1-q+qP_\infty)]^m \tag{5.10}$$

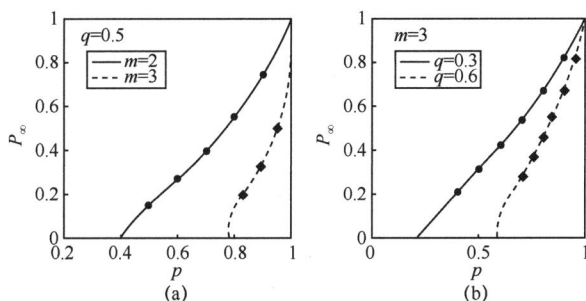

图 5.10　在由 ER 网络构成的 RR 网络中的巨组分，$P\infty$ 为 p 的函数，对于 ER 网络，在平均连接度 $k = 10$ 时，（a）两个不同值 m 和 $q = 0.5$；（b）两个不同值 q 和 $m = 3$。（a）和（b）中的曲线使用公式（5.8）得出，与模拟结果非常符合。点符号是从模拟获得，在 $N = 2 \times 10^5$ 时，通过平均 20 次以上的模拟实现。（a）中，模拟结果显示为圆形点（$n = 6$）及 $m = 2$；对于（$n = 12$）及 $m = 3$，则为菱形点. 这些模拟结果支持了式（5.8）的理论计算结果，且与网络的数量 n 是独立的

（2）对于一个 NetONets，由 n 个 RR 网络组成，其中每个网络均具有相同的连接度 k，均依赖于其他 m 个 ER 网络的 RR 网络，每个网络巨组分的规模均由下式给出[60]：

$$1-\left[1-\frac{P_\infty}{p(1-q-qP_\infty)}\right]^{\frac{1}{k}} = p\left\{1-\left[1-\frac{P_\infty}{p(1-q-qP_\infty)}\right]^{\frac{k-1}{k}}\right\} \times (1-q+qP_\infty)^m \tag{5.11}$$

与上述类似，当 $m = 0$ 或 $q = 0$ 时，式（5.9）和式（5.10）简化为单一网络的结果，式（5.10）和式（5.11）的数值解及模拟结果如图 5.11 和图 5.12 所示（取自文献[25]）。

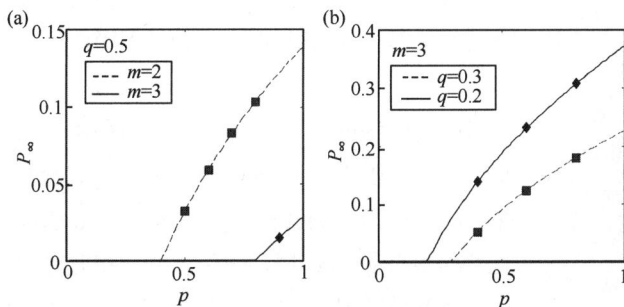

图 5.11　ER 网络的 RR 网络在满足反馈条件时的巨组分，$P\infty$ 作为 p 的函数，在平均连接度 $k = 10$ 时，（a）显示当 $q = 0.5$ 时 m 的变化曲线；（b）显示当 $m = 3$ 时 q 的变化曲线；（a）和（b）利用式（5.10）得到，并且与模拟结果非常吻合。点符号是当 $m = 3$ 和 $n = 6$ 时，利用 NetONets 的模拟得到。当 $m = 2$，$N = 2 \times 10^5$ 及平均超过 20 次实现，网络形成一个回路，ER 网络构成的 NetONets 中没有一阶相变，因为在初始阶段，在每个网络中的节点是与其他网络中的孤立节点（或节点组串）相互依存。但是，如果在这两个网络仅有巨组分中的节点是相互依存的，则所有这三种渗流，可能发生二阶相变或一阶相变，或者网络崩溃，例如在 RR 网络形成的 NetONets 中的情况

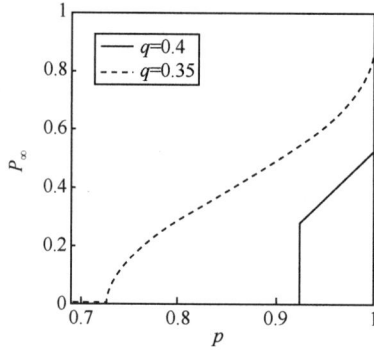

图 5.12　在满足反馈条件时，RR 网络组成的 RR NetONets 的巨组分，P_∞ 作为 p 的
函数，连接度 $k = 6$，$m = 3$，q 取两个不同的值。利用式（5.11）给出两条曲线，
其中一条曲线出现一阶相变时 q 值较大，但另一条曲线出现二阶相变时 q 值较小

综上所述，近年来研究 NetONets 渗流规律取得的较大进展表明，过去 50 多年来人
们一直在研究的单一网络渗流，只是更一般情况下 NetONets 网络渗流规律的一个简单化
的例子。

5.5　利用沙堆模型研究抑制电力网络的级联过载

5.5.1　研究 2003 年北美历史上最大面积的连锁停电事故

在 2003 年 8 月 14 日，发生了北美历史上最大面积的连锁停电事故。事故从俄亥俄
州电力网传到密歇根州，再传到安大略省和纽约州，最后造成
铺天盖地的北美东北电力网络大停电[27, 28]。

2012 年，Charles D. Brummitt 研究了抑制电力网络和其他
基础设施网络的级联过载[13]。他们利用了 Bak-Tang-Wiesenfeld
沙堆模型（以下简称沙堆模型）[11, 29]，分析了美国联邦能源监
管部门（US Federal Energy Regulation Commission）提供的与
上述事故有关的数据，研究了用于相互依存电力网的级连故障
的近似计算方法并进行了计算机模拟。图 5.13 取自 http://www.
researchgate.net/profile/Charles_Brummitt。

图 5.13　Charles D. Brummitt

5.5.2　利用沙堆动力学模型研究电力网络级联故障

1．沙堆动力学

1987 年，丹麦哥本哈根大学（University of Copenhagen）理论物理学教授 Per Bak

（1948.12.8—2002.10.16）与两个博士后研究员汤超（Chao Tang）和 Kurt Wiesenfeld 提出了"自组织临界性"（SOC，Self-Organized Criticality）的新理论及第一个具有自组织临界特性的动态系统的实例，后来被称为 Bak-Tang-Wiesenfeld 沙堆模型[11]。该模型现在已广泛用于研究许多复杂的自然系统的演化，例如预测地震的产生、森林火灾的蔓延、股票市场的波动和 X 射线的太阳耀斑释放等。1996 年，他出版了专著《大自然如何工作》，全面论述了上述新理论[30]。2002 年 10 月 16 日，54 岁的科学天才——Per Bak 教授因患骨髓增生异常综合症在哥本哈根英年早逝。*Nature* 杂志特为之发布了占用一个整页的讣告，高度评价他是"在复杂系统的物理学领域的先行者和 SOC 理论的发现者"[31]。他激励着后来的研究者们去探索生态网络演化及其他许多复杂网络的新问题。

近年来，沙堆模型已经用于研究单一网络，包括 Erdos-Renyi 网络[32, 33]，无标度网络[34~36]，用 Watts-Strogatz 模型生成的二维网格[37]。其中每个节点的特性参数包括：连接度，被它引发的崩塌邻节点[34]。其他参数包括相同[34]、均匀地从零到 k 变化的度分布[35]，以及当 $0 \leqslant \eta < 1$ 时的 $k^{1-\eta}$（参见文献[35, 36]），必须随机地选择一小部分邻节点崩塌。每个邻节点的崩塌看似简单，其实展示了非常多样化的行为[34]。在开放边界的有限网格中，模拟沙堆崩塌是通过以小概率 f 去除沙粒来引发的。可选择跌落率（dissipation rate）f 来去除沙粒，利用最大级联崩塌使几乎整个网络崩溃。

沙堆级联崩塌的均场解（mean-field solution）的特征，就是其崩塌规模分布（avalanche size distribution），渐近地服从指数为–3/2 的幂律，它属于相当健壮的网络结构。例如，在无标度随机网络，只有当幂指数 $2 < \gamma < 3$ 且度分布具有足够的重尾时，沙堆才能因均场行为引发级联崩塌[34]。然而有趣的是，相互依存网络只要利用稀疏连接就可能引发沙堆级联崩溃。

2. 相互作用网络拓扑结构

Brummitt 首先建立相互依存电力网络和它们的理想化模型，考虑了两个网络 a 和 b。由于真实电力网格具有较窄的度分布，设网络 a 为一个随机 z_a 规则图（其中每个节点度均为 z_a），网络 b 为一个随机 z_b 规则图。这两个稀疏互连的网络定义如下[38]：网络 a，b 有它自己的度分布，$p_a(k_{aa}, k_{ab})$ 和 $p_b(k_{ba}, k_{bb})$。其中，例如，$p_a(k_{aa}, k_{ab})$ 是网络 a 中与 k_{aa} 相邻的节点比例，及与网络 b 中 k_{ab} 相邻的节点比例。利用一个简单且通用模型的结构，生成多类型网络及其度分布：所有节点同时具有度向量 (k_{aa}, k_{ab})，来自其度分布 po（其中 $o \in \{a, b\}$），直到内部度 k_{aa}，k_{ab} 均为奇数，外部度 k_{ab} 和 k_{ba} 均相等。

利用伯努利分布耦合（Bernoulli distributed coupling），随机互连接 z_a，z_b 规则图：每个节点接收一个外部"落入连边（edge stub）"的概率为 p，没有一个节点以概率 $1-p$ 被去除。因此，度分布是 $p_a(z_a, 1) = p$，$p_a(z_a, 0) = 1-p$，和 $p_b(1, z_b) = p$，$p_B(0, z_b) = 1-p$。用记号 $R(z_a)–B(p)–R(z_b)$ 表示此类相互作用的网络；图 5.14 显示一个作为示例的小网络

$R(3)$–$B(0.1)$–$R(4)$。

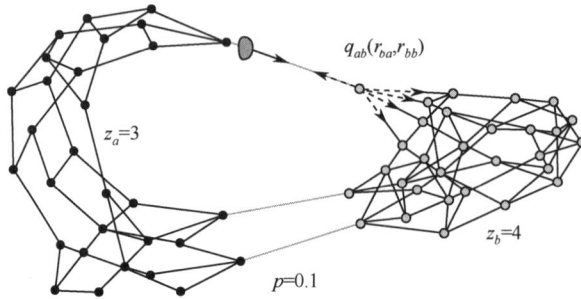

图 5.14　作为示例的小网络 $R(3)$–$B(0.1)$–$R(4)$，利用伯努利分布耦合连接，互连参数 $p = 0.1$。还显示了脱落分支分布 $q_{ab}(r_{ba}, r_{bb})$，即 ab 脱落引发 r_{ba}，r_{bb} 很多沙粒分别在下一时间步从网络 b 落入 a，或从 b 落入 b 的机会。注意这些随机小网络将长大成为树形（约大于或等于 1000 节点）

3．度量崩塌的规模

最令人感兴趣的是崩塌规模分布 $S_a(t_a, t_b)$，$S_b(t_a, t_b)$。其中，例如，$S_a(t_a, t_b)$ 是从网络 a 开始崩塌的机会（用 S_a 表示），此后分别在网络 a，b 引发很多次塌方（topplings）t_a，t_b。这些分布统计第一次塌方事件次数，并且定义它们是渐近地变化，S_a，S_b 是网络经历许多连锁塌方后崩塌规模的频数（frequencies）。可用模拟沙堆崩塌并使用多种类分枝过程来近似计算 S_a 和 S_b。

4．多种类分枝过程的近似计算方法

下面概述此项研究使用的主要数学公式，详见该文的支持信息文献[14]。Brummitt 使用了多种类分枝过程的近似计算方法，建立了可作为定量分析电力网络沙堆级联崩塌过程的模型。该算法要求网络具有局部树形（locally tree-like）结构，有较短周期，从而使新级联分支的形成大致上相互独立。

要求树形相互作用网络 $R(z_a)$–$B(p)$–$R(z_b)$ 稀疏并足够大（至少有几百个节点），边是随机连接的。电力网络具有类似树形的结构：例如，网络 c 和 d 的聚集系数，设为 $C \approx 0.05$，比具有同样数量节点和边的 Erdos-Renyi 随机图大一个数量级，但仍属相当小的级别。文献[41]指出很难进行树形电力网络的近似计算。但是，Brummitt 的近似计算结果与模拟真实电力网络的结果较符合（图 5.15）。

电力网络的级联崩塌需要多种分枝过程，根据由源事件引发各种事件数量的概率分布，一个树迅速生长。考虑在网络 a 和 b 中的两种基本的塌方事件 a 和 b。这些简化的底层分枝过程中塌方坠落物（sheddings）分为四种类型：aa，ab，ba 和 bb。它们可能落入本网络，也可能落入另一个网络。请注意，在单一网络中并不区分坠落物，因为沙粒只在同一网络 a 中坠落。

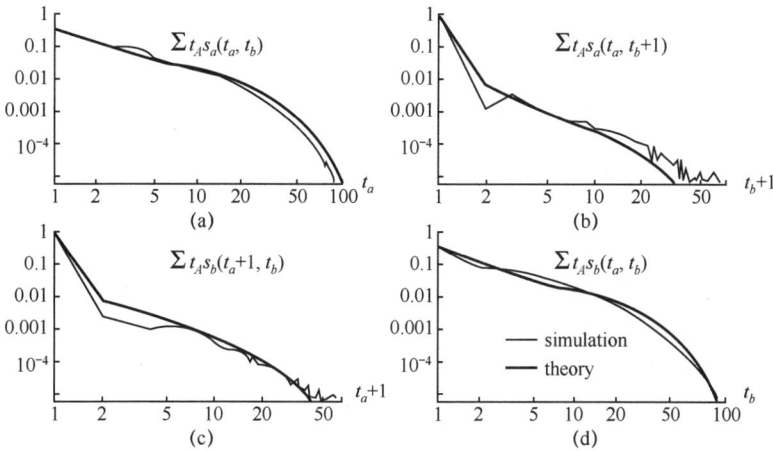

图 5.15　多维分枝过程的近似计算结果与模拟真实电力网络沙堆级联崩溃的结果较符合。多维分枝过程的理论近似计算用较粗曲线表示，模拟电力网络 c, d 的沙堆级联崩塌用较细曲线表示。文献[54]认为电力网络的网络拓扑是最难分析的。四幅小图显示了崩塌规模分布（网络 c, d 分别使用标记 a, b）。例如，图（a）显示了相对 t_a 的 $\sum_{t_b} S_a(t_a, t_b)$，表示在 a 的 t_a 节点开始塌方的机会。垂直轴的跌落率 $f = 0.1$

　　网络的沙堆动力学的一个关键特性，是使某个分支过程能被计算，在模拟中，一个节点的沙粒数量是从零到 1 的均匀分布，小于其连接度（一个节点不存在标准的沙粒数量）[39, 40]。因此，一颗沙粒到达一个节点（连接度为 k）并引发塌方的机会，等于该节点具有 $k-1$ 颗沙粒的机会，为 $1/k$。因此，沙堆级联崩塌可以利用 $1/k$ 渗流来近似：塌方从节点 u 扩展到节点 v 的概率与 v 的连接度成反比，这就对基础设施网络提出了一种简单化的解释：重要的节点（连接度为 k）与不重要的节点（连接度为 1）相比，崩塌的可能性小 k 倍（通常它们被工程师特别加强保护）。但是，如果重要节点崩塌，则他们会引发 k 倍规模的塌方。有证据表明，电力网络输电线（节点）存在一种逆反应：连接度每增加 1，就会造成额外的 124 mVA 功率的电流流过它（$R^2 = 0.30$；见支持信息文献[14]的图 S3）。

　　分支过程分析的技术细节在文献[13]的"资料和方法"一节中介绍。这里只介绍推导的关键和难点。假设一颗沙粒从网络 $o \in \{a, b\}$ 落入网络 $d \in \{a, b\}$（源网络 o；目的地网络 d）。这颗沙粒从 o 落到 d（记为 od 脱落）导致 r_{da} 和 r_{db} 很多沙粒分别在下一时间步从网络 d 落入 a，或从 d 落入 b 的机会有多大？此概率分布，记为 $q_{od}(r_{da}, r_{db})$，它是分支过程中脱落分支（branch）分布。图 5.15 是 q_{ab} 的一个示例。不考虑度-度相关性（所谓的 $P(k, k')$ 理论[42]），一粒由网络 o 跌入 d 并随机选择一条"落入连边"（edge stub），到达连接度 $p_d(r_{da}, r_{db})$ 的一个节点，并具有与 r_{do} 成正比的概率，因为该节点已许多连边 r_{do} 指向网络 o。根据上述事实，及上述塌方发生的机会（1/总连接度），可得到下列近似计算公式：

$$q_{od}(r_{da}, r_{db}) = \frac{r_{do} p_d(r_{da}, r_{db})}{\langle k_{da} \rangle} \frac{1}{r_{da} + r_{db}} \tag{5.12}$$

对于 $r_{da} + r_{db} > 0$，其中 $<k_{do}>$ 是从 d 到 o 连边的期望值，$\sum_{k_{da}, k_{db}} k_{do} p_d(k_{da}, k_{db})$。为了标准化 q_{od}，设：

$$q_{od}(0, 0) = 1 - \sum_{r_{da} + r_{db} > 0} q_{od}(r_{da}, r_{db}) \tag{5.13}$$

此为目的地节点不塌方（具有比其总连接度减 1 还少的沙粒数）的概率。

注意，对于一个单一网络，类似的分支分布 $q(k)$ 可以显著简化[34~36]。子事件的期望值为 $\langle q(k) \rangle = \sum_k k \frac{kp(k)}{\langle k \rangle} \frac{1}{k}$。每个种子事件平均引发一个以上的子事件，然后继续平均引发一个以上的子事件，这被称为"危险的"连锁分支过程。（如果平均少于一个子分枝，则此进程将终止；如果平均多于一个子分枝，则进程可持续）。此分支过程类似相互依存网络沙堆级联崩溃，例如上述随机规则网络 a，b 和电力网格 c，d 也非常脆弱，因为分支分布矩阵第一矩的本征值是 1。

塌方的分支过程是高维数的，塌方坠落物分为四种类型：$\underline{aa}$，$\underline{ab}$，$\underline{ba}$ 和 $\underline{bb}$，表示发源地和目的地网络。塌方分支分布 q_{od} 转变到崩溃分支分布 u_a，u_b 是容易的；一个节点塌方的关键是当且仅当它至少有一颗沙粒脱落（详见文献[13]的"资料和方法"一节）。转变到崩溃分支分布也可减半崩溃分支过程的规模，以便简化计算。

5. 自相容方程

Brummitt 使用生成函数分析了隐式的崩溃规模分布 S_a，S_b[42]。利用大写字母 U 和 S 表示崩塌分枝分布 u_a，u_b 和崩塌规模分布 S_a，S_b 生成函数，例如：

$$U_a = (\tau_a, \tau_b) = \sum_{t_a, t_b = 0}^{\infty} u_a(t_a, b_a) \tau_a^{t_a} \tau_b^{t_b} \quad \text{for } \tau_{da}, \tau_{db} \in C \tag{5.14}$$

多种分枝过程的理论产生了自相容方程式(Self-Consistency Equations)[43]：

$$S_a = \tau_a U_a(S_a, S_b), \quad S_b = \tau_b U_b(S_a, S_b) \tag{5.15}$$

其中每个 S 在 (τ_a, τ_b) 上取值。换句话说，式（5.15）的左式表示，为了获得开始于 a 的级联崩塌规模分布，a 先开始一次级联崩塌（因此 τ_a 在前），这将引发在下一时间步 a 和 b 的一系列基于 U_a 分布的塌方，这些塌方继续引发 a 和 b 基于 S_a 和 S_b 分布的下一级塌方。

应该解决有关 S_a 和 S_b 的式（5.15），因为它们的系数是崩溃规模分布 S_a，S_b。然而，这些隐式方程是超越的和难以反转的。为此，采用计算机代数系统求解式（5.15），采用了三种方法：迭代、柯西积分公式和多维拉格朗日反转[44]，精确计算了数百个系数；有关详细信息，详见文献[13]"资料和方法"一节。如图 5.15 所示，模拟电力网络 c，d 的沙堆级联崩溃与分支过程近似计算结果有良好的一致性（从 $S_a = S_b = 1$ 开始，通过式（5.15）的七次迭代，利用分支度分布从 c，d 的经验度分布进行近似算）。详见支持信息文献[14]的图 S1 和 S2。

上述数值方法可以计算最小崩溃的概率，但我们最感兴趣的是计算最大崩溃的概率，也就是当 t_a, $t_b{\to}\infty$ 时，$S_a(t_a, t_b)$ 和 $S_b(t_a, t_b)$ 的渐近行为。但是，用于计算单一网络 U 奇点的方法对于随机规则网络和电力网络的伯努利耦合沙堆级联崩溃并不适用，因为它们的生成函数具有无穷远的奇点且没有一个在有限平面（详见文献[13]的"资料和方法"一节）。这是一个重要的数学挑战。尽管如此，上述三种方法：模拟，利用计算机计算 S_a 和 S_b，以及分析计算分支的第一时刻和崩溃规模分布，已经获得了关于相互依存网络载荷临界级联效应的若干重要结果，如下节所述。

5.5.3　结果

1. 互连对局部稳定性的影响

首先回答这个问题，利用将单一网络连接到另一个网络的方法是否可抑制其连锁过载事故？对于耦合随机规则网络 $R(z_a)\text{-}B(p)\text{-}R(z_b)$，答案是：增加互联互通性 p 可以抑制单一网络最大的级联故障，但最多只能到一个临界点 p（图 5.16）。

下面先介绍所使用的符号。对于一个开始于网络 a 的级联崩溃，随机变量 T_{aa}，T_{ab} 是"本地"和"跨网"级联塌方的规模：分别在 a 和 b 中。例如，一个级联开始于 a，分别引发 a 的 10 个节点塌方及 b 的 5 个节点塌方，则记为 $T_{aa} = 10$，$T_{ab} = 5$。随机变量 T_a 表示在网络 a 的级联崩溃的规模，但不区分从哪个网络开始。（可类似地定义 T_{ba}，T_{bb}）。使两个相同规模的沙粒同时随机跌落，意味着网络中崩溃以相同的概率开始，所以有 $P_r(T_a = t_b) = \sum_{t_b}(S_a(t_a,t_b)+(t_a,t_b))/2$。

图 5.16 显示了模拟网络结构为 $R(3)\text{-}B(p)\text{-}R(3)$ 的结果。描绘了网络 a 崩溃（至少使一半节点崩塌）的概率作为互连性 p 函数的曲线。将崩溃分为三种：粗线表示开始于 a 的级联崩塌，虚线表示开始于 b 的级联崩塌，细线表示开始于任一网络。随着增大互连性，从 b 到 a 跨网的崩溃（虚线）频率增加，因为较大规模的崩塌更容易在互连的网络之间传播。更有趣的是图 5.16 大图中的粗线显示，当 p 较小时，增加互连性可更好地抑制本地大规模级联崩塌；但当 p 较大时，将降低抑制效果。对于 $p = 0.001$ 至 $p^{*}{\approx}0.075{\pm}0.01$ 的变化：当 $Pr(T_{aa}>1000)$ 时，耦合网络对于本地稳定性的影响是可抑制 80%；当 $Pr(T_a>1000)$ 时，则该影响是可抑制 70%。图 5.16 左边的小插图显示的是级联崩塌规模曲线，初始时，增大 p 使最大崩溃规模减小；右边的小插图显示这同样适用于电力网络 c 和 d 的模拟：如图 5.16 所示，当截断点 $\wp \in [400, 1500]$ 变化时，曲线 $Pr(T_a>\wp)$ 和其临界点 p^{*} 的位置是健壮的。因而一个网络，例如 a 若要寻求最小化其最大级连崩溃，应该通过提高网络互连性来最大限度地减少 $Pr(T_a>\wp)$，为此估计当网络结构为 $R(3)\text{-}B(p)\text{-}R(3)$ 且每个网络均有 $2{\times}10^3$ 个节点时，应该使 $p^{*}{\approx}0.075{\pm}0.01$。

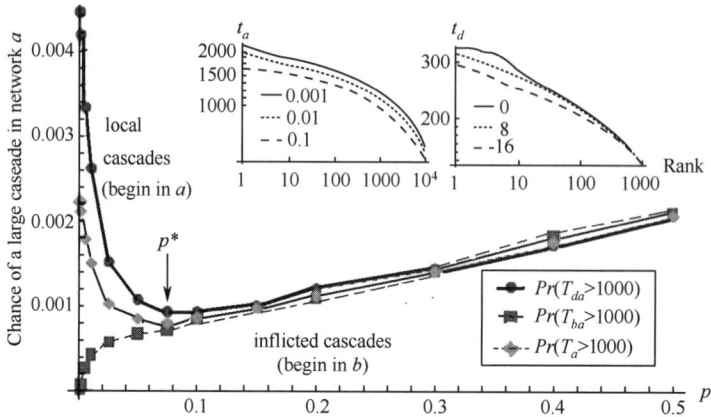

图 5.16　提高连接性可提高局部稳定性，但只能到一个临界点。在大图中显示了模拟
$R(3)$–$B(p)$–$R(3)$ 的结果；（$2×10^6$ 颗沙粒；$f = 0.01$；$2×10^3$ 节点/网络），表明局部崩溃规模先
随着 p 增加而降低，然后，随着 p 增加而增大，更可能引发大崩溃。其平均值（细线）有
稳定的最小值为 $p^* ≈ 0.075 ± 0.01$。这条曲线和它的临界点 p^*，稳定在截断 $\wp$ 区间，$400 ≤$
$\wp ≤ 1500$。小插图采用双对数坐标，排序-规模，左插图显示网络 a 的 p 最大级联崩溃，当
$p = 10^{-3}$，10^{-2} 及 10^{-1} 时。右插图显示电力网络 d 连接到 c，当边数分别为 0，8 及 16 条时

　　这个结果的中心内容似乎是通用的：改变系统规模、内部连接及度分布的类型（只
要它仍然是较窄的）可能稍微改变 p^*，但不会明显改变图 5.16 中的曲线形状（参见支持
信息文献[14]的图 S4 和 S5）。此外，这种优化连接性对于互联网络的影响是独特的：增
加一个孤立网络的边不会减少大规模级连崩溃的机会（并产生如图 5.16 所示的一个最小
值）。对于一个孤立网络，这个结果是可以想到的，因为对于所有较窄的度分布，$s(t)\sim t^{-3/2}$
（参见文献[34]），增加该网络内的连边只能增加其发生级连崩溃的机会，但将该网络连接
到另一个网络可减少这种机会。请注意，不能由图 5.16 得出数值分析结果，因为单一网
络的标准计算方法不适用于具有无限远奇点的多类型生成函数，还因为式（5.15）反转数
值算法只适用于计算小规模级连崩溃的概率（$T_a < 50$），而不适用于计算大规模级连崩溃
的概率（$T_a > 10^3$）（详见文献[13]的"材料和方法"一节）。

　　直观地看，增加网络之间的连接可以转移载荷，并且转移负载更倾向于被相邻网络
吸收，而不是被其放大和返回，因为在单一网络中的大多数级连崩溃均是小规模的。发
现转移载荷的时机应选在分支分布 u_a 和 u_b 崩塌的第一时刻。对于 $R(z_a)$–$B(p)$–$R(z_b)$，崩塌
的平均数在下一个时间步长，$\langle u_a \rangle_a = 1 - p/(1+z_a)$，$\langle u_a \rangle_b = p/(1+z_b)$ 在同一网络内连接
性 p 减少，而在相邻网络内互连接性 p 增加，其中，例如，$\langle u_a \rangle_a \equiv \sum_{t_a, t_b} t_a u_a(t_a, t_b)$。

　　但是，引入过多的连边是不利的，如图 5.16 所示。连边使载荷更容易被返回并带来
灾难性的影响。此外，每条连边均增强了网络的容量及平均载荷，使在单一网络和相互
依存网络中大规模崩溃的频率增加，如下所述。

2．互连对全局稳定性的影响

增加连边放大了全局性大规模级连崩溃。在网络集合体系中最大崩溃可以被视为一个只有一种类型节点且不断增加连边规模的系统。其中最令人关注的是总的崩溃规模分布 $s(t)$。在整个级连崩溃中崩塌 t 的机会。图 5.17 显示了在模拟 $R(3)$-$B(p)$-$R(3)$ 中随着连接性 p 增加，$s(t)$ 右尾部也扩展，其"排序-规模"插图更清晰地描绘了最大崩溃 t 随着 p 而增大。类似的结果也发生在电力网络 c，d 的模拟中（参见支持信息文献[14]）。

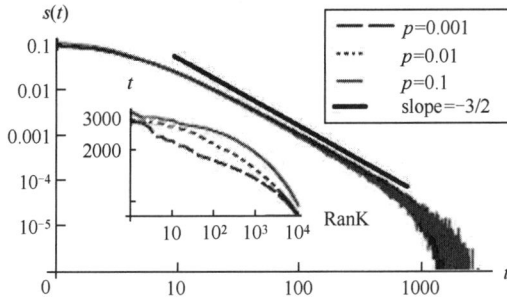

图 5.17 在模拟 $R(3)$-$B(p)$-$R(3)$ 中增加连接性 p，总崩溃规模分布 $s(t)$ 的右尾部也扩展。这里并不区分崩塌节点是在网络 a 或 b。插图中的双对数标度排序-规模曲线，显示在最大规模 10^4 崩溃（$2×10^6$ 沙粒跌落）中崩塌 t 的数量，表明增加 $R(3)$-$B(p)$-$R(3)$ 之间连边数量，可增大连接性，从而扩大全局最大级联崩溃规模。正如理论所预期[39]，将 a 和 b 的节点视为一个网络，对于大的 t，有 $S(f)≈t^{-3/2}$（粗线）

对于放大全局级联崩溃起到了最关键作用的是网络总容量的增加及其引发的级联可用平均载荷的增大，而不是相互依存网络之间连接的增加。这里提示一下，节点的容量是它们的连接度，所以增加网络之间的新边，将增加节点的连接度和容量。为了观测对于耦合随机规则网络的影响，进行了下列重新连边实验。对两个独立的随机规则网络 a 和 b，以概率 p 将其每个节点内部边改变为外部边。例如 a 的节点度分布变成为 $p_a(z_a-1, 1) = p$，$p_a(z_a, 0) = 1-p$，称为"相关的伯努利耦合"（correlated-Bernoulli coupling），因为内部和外部的连接度不是相互独立的。如支持信息文献[14]的图 S6 所示，对于上述耦合的 3 个随机规则网络，其全局最大级联崩溃并没有随"重新连边的互连性"（rewired interconnectivity）p 的增大而显著变大。此外，在图 5.17 的排序-规模插图中，按照由增大连接性产生的额外平均载荷的排序，显示了最大级联崩溃规模增加的曲线，与模拟电力网络的结果类似。

虽然全局级联崩溃的放大相对较小，但却对基础设施网络影响很大：额外的容量和需求是经常相伴随而发生的，导致额外连接线路的建设[45, 46]。在现实中，更常见的是在老旧的电力网络中增加连接线路，如图 5.3 所示的连接线路（伯努利耦合），而不是去除现有的内部连接，并通过重新连接来建设跨网络的线路（相关的伯努利耦合）。因此，起初是建立新的互连线路并增大了整个系统的容量，然后是造成平均载荷增大，结果是引发最大级联崩溃。

3. 互连减少不同规模的级连崩溃

图 5.16 显示了网络寻求优化的连通性 p 来减少其大规模的级联崩溃。图 5.18 则显示网络寻求不同的优化连通性 p 来减少其小或中规模的级联崩溃（模拟 $R(3)\text{-}B(p)\text{-}R(3)$ 的结果）。图 5.18（a）显示网络 a（$1 \leqslant T_a \leqslant 51$）小级联崩溃的概率随着 p 而单调增加，可使网络减少最小规模级联崩溃以至变成单一网络，$p = 0$。而图 5.18（b）显示当 $100 \leqslant T_a \leqslant 150$ 时中规模级联崩溃的概率，在 $p^* \approx 0.05$ 时具有局部最大值，所以网络为了减少中规模级联崩溃将去除所有连边（$p = 0$），或建立尽可能多连边（$p = 1$）。相反，图 5.18（c）和图 5.18（d）则显示当 $400 \leqslant T_a \leqslant 1500$ 时最大级联崩溃发生的概率 p 在 $p^* \approx 0.075 \pm 0.01$ 时具有最小值。欲了解大规模级联崩溃更多凹面的变化及稳定临界点 p^* 鲁棒性变化，参见支持信息文献[14]的图 S7。

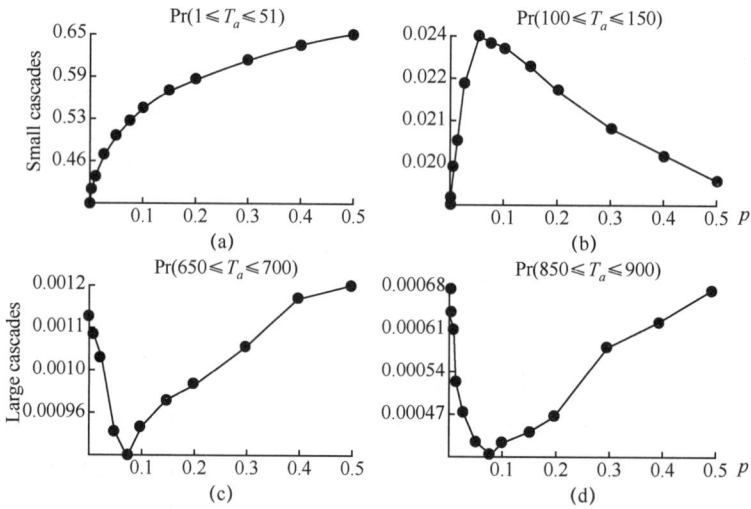

图 5.18　在模拟 $R(3)\text{-}B(p)\text{-}R(3)$ 中网络寻求优化连通性 p，减少中小规模的级联崩溃。图（a）显示网络 $a(1 \leqslant T_a \leqslant 51)$ 减少最小规模级联崩溃以至变成单一孤立网络，$p = 0$，图（b）网络抑制中间瀑布 $100 \leqslant T_a \leqslant 150$ 寻求隔离 $p = 0$ 或强耦合 $p = 1$，根据在初始互连中的 p 相对于不稳定的临界点对 $p^* \approx 0.05$。但网络就像电网减轻大瀑布（图（c）和图（d））将寻求在互联互通的稳定平衡对 $p^* \approx 0.075 \pm 0.01$。底部的图和 p^* 的位置是鲁棒的，变化窗口范围是：$l \leqslant T_a \leqslant l$，$400 \leqslant l \leqslant 1500$

电力网络级联崩溃的其他模型得出的结论指出，利用升级和修复系统来减少最小规模停电，可能会增加最大规模停电的风险[47]。同样，为了扑灭森林小规模火灾，在 20 世纪出现一个共同的政策，即增加森林植被，但是这可能增加森林大规模火灾的危险性，这种现象被称为"黄石效应"[48]。此项研究结果也支持了上述结论：增加森林植被也增加了森林网络的互连性。为了抑制大规模级联崩溃而增加网络互连性，却可导致更大的全局级联崩溃（由指数级增大的额外容量引发）。网络抑制其小规模或中规模级联崩溃可以寻求使网络隔离（$p=0$），但是它却放大了大规模或中规模级连崩溃的强耦合（$p=1$），从而也放大了大规模的本地和全局级联崩溃。

4．容量差距

两个相互依存的网络很少是完全相同的，不同于上述的 $R(3)$-$B(p)$-$R(3)$ 拓扑结构，所以需要进一步研究容量差对级联崩溃的影响。因为节点的容量是其连接度，研究有不同内部连接度的 $R(z_a)$-$B(p)$-$R(z_b)$，$z_a \neq z_b$，发现容量较小的相互依存网络发生级联崩溃的可能性更大。人们虽然喜欢增加连接性，但更希望提高网络的容量。

采用分支过程近似计算方法，可以计算从高容量到低容量网络级联崩溃的规模。不同于式（5.15）关于 τ_a，τ_b 和设置 $\tau_a = \tau_b = 1$，利用级联崩溃第一时刻分支分布 u_a 和 u_b，建立有关级联崩溃第一时刻规模分布 u_a 和 u_b 的四个线性方程。对于 $R(z_a)$-$B(p)$-$R(z_b)$ 的四个第一时刻，S_a 和 S_b 都是无限的，因为在相互隔离时，这些网络崩溃的规模分布遵循幂律且具有指数$-3/2$（参见文献[34～36]）。可以利用计算其比率来对比该网络平均级联崩溃规模：

$$\frac{\langle S_a \rangle_b}{\langle S_b \rangle_a} = \frac{1 + z_a}{1 + z_b} \tag{5.16}$$

其中，例如，$\langle S_a \rangle_a \equiv \sum_{t_a, t_b} t_a S_a(t_a, t_b)$，详见支持信息文献[14]。$z_b > z_a$ 表示从 b 到 a 平均级联崩溃规模较 a 到 b 更大。支持信息文献[14]图 S8 显示相关的定性分析与模拟结果一致。

作为式（5.16）的一个结果，低容量网络比大容量网络偏好较少的连接性。例如，在模拟 $R(3)$-$B(p)$-$R(4)$ 时，低容量网络 a 偏好 $p_a^* \approx 0.05$，而高容量网络 b 偏好 $p_b^* \approx 0.3$。对于像电力网络的一些系统往往寻求减少载荷的级联崩溃，这将导致更大容量设备的竞赛，以便更好地应对由相邻网络造成的级联崩溃。

5．电力网络的扰动和平衡

由于不同网络对于级联故障具有独特的敏感性（例如由于容量差距），在真实网络之间的均衡与在相同的随机网络间相比则更有细微的差别。下面讨论连接性及载荷的差异如何影响电力网络 c 和 d 的沙堆级联崩溃。虽然沙堆动力学不服从欧姆和基尔霍夫定律，也不像物理能量流的模型那样，有载荷从源点流出（例如，参见文献[49, 50]），它们类似一些工程师建立的"停电模型"，一些真实数据提供了停电的临界性和遵循幂律的证据[47]。为了解释这些结果，假设电力网络 c，d 的管理者均是理性的，因为他们希望减轻自己本地网络的最大级联崩溃，但很少关注相邻网络之间的全局性级联崩溃。

为了分析引发电力网络故障的原因，例如用电需求，冗余数量，基础设施的年龄，电力线路老化等[49, 50]，采用了载荷差参数 r。网络 c 每个节点的载荷差值是网络 d 节点的 r

倍，表明 c 的节点更有可能接收一个新沙粒。当增大 r 时，将提高网络 c 的载荷、c 中开始出现级联塌方的比率及从 c 到 d 最大级联崩溃的规模。较大的 r，将使网络 c 变得更脆弱。

对于给定的电力网络空间结构，无法任意增加该网络之间的连接性。然而，三个不同层次的连接性是自然存在的：

（1）删除 8 个连边，使 c 和 d 被分离；

（2）保留 8 个原始连边；

（3）添加另外 8 个连边，对应经验度分布。

图 5.19 显示了在网络 d 有两种方法可放大最大级联崩溃。第一种是增加连边数量，主图中对比了细实线与细虚线。第二种是增大 r，在主图与插图中均对比了细虚线与粗虚线。插图中显示在临界值 r^*，来源于 c 的 d 中最大级联崩溃（细实线和细虚线）约等于来自 d 且在 d 中的最大本地级联崩溃（粗实线和粗虚线）。如支持信息文献[14]的图 S9 所示，对于 16 条连边，$r^* \approx 15$（图 5.19 的插图），当 $r = 10$ 时，级联崩溃较大；当 $r = 20$ 时，级联崩溃较小。这表明当 $r^* \approx 15$ 时，级联崩溃开始主导本地级联塌方。电力网络 c 和 d 之间的实际载荷差距为 $r \approx 0.7$，这是根据分析美国联邦能源监管部门提供的停电故障数据进行模拟计算得出。然而，在美国东南部，相互依存的电力网络的 $r > 15$）。由于 $r = 0.7$，电力网络 d 的载荷较大，所以电力网络 d 偏好更多的连接性，如果 $r = 1$ 则网络 c 偏好较少的连接性。因此，任何两个电力网络之间的平衡均是脆弱的（或半稳定的）：只有一个电力网络能够实现其所希望的连接性。

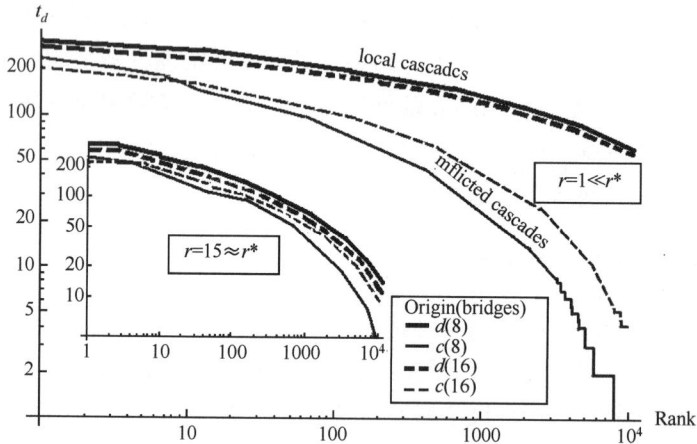

图 5.19　在网络 d 有两种方法可放大最大级联崩溃。当 $r^* \approx 15$ 时临界载荷差距造成 d 的级联崩溃与本地级联崩溃规模相等，此时有 16 个连边，即互连"桥"；但当有 8 个连边时，$r^* > 20$。这里显示了双对数标度下的排序-规模曲线，是电力网络 d 在最大的 10^4 的级联崩溃，区分了崩溃是从 c 到 d（跨两网络的级联崩溃），或起源于 d（本地级联崩溃）；8 条连边用实线表示，16 条连边用虚线表示；主图表示 $r = 1$，小插图表示 $r = 15$；模拟采用沙粒跌落率 $f = 0.05$，沙粒总数为 10^6，在其中 10^5 跌落后，出现级联崩溃的瞬变

5.6　相互依存的空间受限网络

5.6.1　空间受限网络的维数

许多真实的网络，包括运输网络、电力网络及社会网络等，是嵌入欧几里得空间并受空间条件限制的。2008 年，K. Kosmidis 发现许多真实的空间受限网络（spatial networks），包括因特网和航空网络，都有宽连边长度分布（distribution of link length）$P(r)\sim r^{-\delta}$（参见文献[51]）。

为了表征这种空间受限网络基本的结构和物理特性，Li 等人提出了其维数（dimension）的基本概念及其度量算法[52, 53]，可用宽连边长度分布 $M\sim r^{d}$ 来描述该网络的特征，其中 r 是欧几里德距离，它比在嵌入空间中的距离要大，维数 d 取决于 δ。在嵌入二维空间的系统中，如果 $\delta<2$，该系统具有一个无限（infinite）维数 d，而当 $\delta>4$，其维数 $d=2$。$2<\delta<4$，则维数从 $d=\infty$ 到 $d=2$ 连续地变化[53]。

为了说明空间受限网络维数的起源，人们分析了在网络中两个节点之间连边的最小数 M 和欧几里德距离 r 如何随着拓扑距离 l 增加而增加，并有 $M\sim r^{d}$，它确定了维数 d[52, 54]。大量模拟的结果表明，对于嵌入 2 维格的网络，在 $2<\delta<4$ 的区间内，$M(l)$ 和 $r(l)$ 作为可延伸的指数（stretched exponential），随着 l 增加而增加。然而，有趣的是，M 和 r 之间是幂律的关系，它确定嵌入式网络的维数 d。

维数是描述受限网络拓扑结构特性及其动力学过程的重要概念。可用于分析扩散反应[55]和渗流[56]等临界现象。对于 $\delta>4$，该网络维数近似于所嵌入网格的维数，并且渗流属于规则网格普遍类型的渗流。当 $\delta<2$，渗流属于 ER 网络（平均场）普遍类型的渗流。当 $2<\delta<4$，渗流特性展现新的行为，与平均场不同，具有取决于网络维数的相变指数。但是对于相互依存网络的渗流问题，其每个网络，或其中的一个网络，是否具有连边长度的幂律分布，仍是一个悬而未决的问题。

近年来的研究表明，不仅是渗流，还有维数也可影响空间受限网络的传播和扩散过程，其应用领域包括流行病传播，物资运输，以及金融活动。另外，还发现了化学反应过程中的空间受限网络受到系统维数 d 的限制[55]。

5.6.2　相互依存的空间受限网络的脆弱性

许多重要的基础设施网络是相互依存的空间受限网络。2013 年，A. Bashan 在文献[57]中指出，利用耦合晶格模型来模拟，发现相互依存的空间受限网络与非空间受限网络相比更加脆弱，更加容易突然崩溃，如图 5.20 所示（取自文献[57]）。前者与非空间受限网络相反，没有相互依存的临界耦合，但相互依赖节点之间的任何小的耦合，都将导致一级过渡的突然崩溃。在这种系统中没有安全区域。如图 5.21 所示（取自文献[58]），两个晶格中相互依存节点之间的连边长度受距离 r 的限制。Li[58]和 Danziger[59]等表明，对于全耦合（$q=1$），当 $r=r_{MAX}=8$ 时，渗流从一级过渡突然变为二级过渡。对于较小的 r，$r<r_{MAX}$，渗流是一个二级过渡；而对于较大的 r，$r>r_{MAX}$，它是一级过渡。当耦合被减小（$q<1$）时，r_{MAX} 增大。

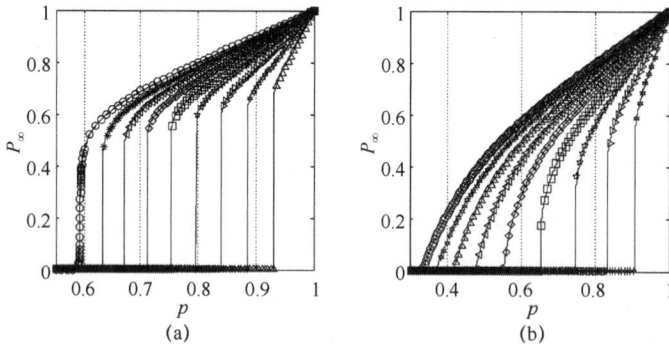

图 5.20　当比例为（$1-q$）节点处于随机故障后的稳定状态时，巨组分规模 $P\infty$ 随 p 变化的曲线。（a）上述节点属于两个相互依存晶格网络，具有周期性边界（periodic boundary）条件；（b）上述节点属于两个 RR 网络。所有网络规模为 16×10^6 个节点，均具有相同的度分布 $P(k)=\delta_{K,4}$，在网格之间，及在 RR 网络之间耦合的变化是从 $q=0$ 至 $q=0.8$，变化的步长是 0.1（从左至右）。对于相互依存网络，仅对于 $q=0$（没有耦合，即单个的网格）的过渡是常规的二阶渗流；当 $q>0$ 时的崩溃却是在一阶过渡中的突变形式。这与相互依存 RR 网络显然不同，后者仅当 $q>q_C\cong0.43$ 时，过渡是突变的，而当 $q<q_C$ 时，过渡是连续的

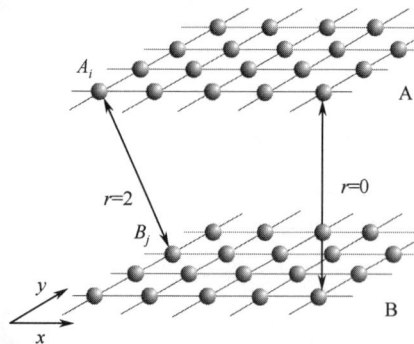

图 5.21　两个方形网格 A 和 B，其中，在每个格的每个节点均有两种连边：连接边和依赖边。每个节点在初始时均连接到同一网格内四个最近的邻节点。另外，A 中的每个节点 A_i 还经由依赖边与 B 中仅一个节点 B_j 连接（反之亦然），仅有的约束条件是 $|x_i-x_j|\leqslant r$ 和 $|y_i-y_j|\leqslant r$。如果节点 A_i 失效，则节点 B_j 也失效。如果节点 B_j 失效，则节点 A_i 也失效，为了提高清晰度，网络 A 被垂直向上移动

空间的限制，不仅造成网络对于随机故障的脆弱性，还使系统更容易因受到空间限制所造成的自然灾害或恶意攻击而崩溃。2013 年，Y. Berezin 指出[60]，令人惊奇的是，在许多情形下，相互依存的空间受限网络的局部故障比随机故障造成的损害更大。尤其是当局部故障规模大于某一临界值时（但仍然是零级分）时，它会造成全局性故障，并使整个系统崩溃。

5.7　NetONets 动力学的研究进展

5.7.1　演化博弈

在单一网络上传统的演化博弈（Evolutionary Game）大都限制局中人只与其直接邻居互动，忽略了现实中许多网络是相互依存的。事实上，网络之间的相互作用对演化博弈的结果有重要影响。2012 年，G. G'omez-Gardenes 研究了囚徒困境博弈的演化动力学[61]，发现合作行为的增加是由于网络之间相互依存关系的增强，还分析了在演化博弈的相互依存强度的影响。B. Wang 等人发现[62]，对于网络之间部分相互依存连边，存在一个中间区域，可以导致演化博弈的优化解。L. Jiang 等人发现[63]，对于具有不同的拓扑结构和策略更新规则的相互依存网络，始终存在部分相互依存连边，可以导致优化解。此外，还有人研究了在演化博弈中相互依存网络的其他性能。Z. Wang 等人提出一个将无偏耦合（unbiased coupling）用于研究相互依从网络出现自发涌现（spontaneous emergence）的条件[64]。C. Tang 等人研究了两个相互依存网络公共资产的博弈，发现合作者之间的连边越强壮，合作就更普遍[65]。2014 年，Q. Jin 等研究了相互依存网络博弈中的对称合作（symmetry of cooperation），发现了相互依存的比例阈值（threshold value of interdependent fraction）[66]。

5.7.2　同步

相互依存网络的同步是最近发展起来的新研究领域。2011 年，J. Um 等研究了相互依存网络之间耦合强度对系统同步的影响[67]。对于单个一维网络，对于任何有限耦合强度均没有同步相位，而对于单一 Watts–Strogatz 小世界网络，则存在一个平均场过渡。J. Um 等发现，当这两种网络耦合时，其同步和耦合强度之间的关系均取决于一维网络的耦合强度[67]。V. Louzada 研究了同步动力学作为耦合及通信路程的函数，还发现了一种新的呼吸同步机制[68]。

5.7.3　传播

流行疾病传播是复杂网络典型的动力学过程之一，有两种模型常用于研究疾病传播

（参见本书作者编著《网络科学》（第三卷，生物网络）[12]的 10.9.1 节"疾病传播模型研究进展概述"）。

1．易感–感染–易感（SIS，Susceptible–Infected–Susceptible）模型

人群分为易感类（S 类）和感染类（I 类）两个。S 类个体无疾病但缺乏免疫能力，如果与患病者接触就可能染上疾病；I 类个体已经感染上了疾病，可以传染给 S 类个体。经过一段可变的时间，I 类个体可能从疾病中自然恢复，重新转变为 S 类个体。因此，任一个体将永远处于这两个状态类中的一个且仅一个，个体流动形式为：S→I→S→I→S……网络的拓扑结构将影响疾病的传播。在完全网络中，利用 SIS 模型将会存在一个传播阈值 $\lambda = 1$。如果疾病的传播系数远大于恢复系数，疾病会一直存在，并有可能最终传染所有个体。在其他网络中，如随机网络、树、网格模型等，阈值的表现是不同的。最近的研究结果表明无标度网络不存在这样的阈值。因此当建立传播模型时，重要的不仅是考虑疾病本身的传播特性，还要考虑网络的拓扑结构。

2．易感–感染–恢复（SIR，Susceptible–Infected–Recovered）模型

SIR 模型（充分混合模型）把人划分为 3 类：易感类（susceptible，此类人并未染病但会被传染类个体传染），传染类（infective，此类人已患有疾病并会传染给其他人），康复类（recovered，此类人已从疾病中康复过来，并具有免疫力）。SIR 模型用于研究这 3 类人的数量随着时间的变化规律。

近年来，一些网络科学研究者们开始研究在 NetONets 上的疾病传播模型问题，他们发现疾病不仅可在单一网络传播，而且可在 NetONets 中传播。2012 年，A. Saumell-Mendiola 等利用多种类平均场（heterogeneous mean-field）方法，计算在 NetONetsc 中 SIS 模型的传播阈值[69]。他们还发现，在 NetONets 中的全局传播阈值小于单一网络被隔离组分的传播阈值。2013 年，H. Wang 等人开发了另一种方法来计算 SIS 模型的传播阈值，使用 NetONets 相互作用矩阵的最大本征值[70]。2012 年，M. Dickison 等研究了 SIR 模型中的 NetONets，发现对于连接性较强的 NetONets，传播状态可在一个网络组分中发生并且同时向其他网络传播；但在连接性较弱的 NetONets，却可以仅在一个网络发生，而不向其他网络传播[71]。

5.8　NetONets 研究的简要回顾与展望

2015 年 6 月 1～5 日在西班牙萨拉戈萨（Zaragoza）举行的国际网络科学会议 NetSci-2015 期间，借助通信卫星召开了 NetONets2015 国际研讨会，其主席为 Gregorio D'Agos-

tino（图 5.22 取自 http://gordion.casaccia.enea.it/）和 Antonio
Scala。2014 年，G. D'Agostino 与 A. Scala 编辑出版了专著
Network of Networks: The last frontier of Complexity Science（《网
络的网络：复杂性的最前沿领域》）[15]。在其摘要中概括指出
了今后 NetoNets 的以下四个研究方向：普遍规律和共性理论、
现象学（Phenomenology）、应用及风险评估。下面简要介绍其
《前言》中的观点。

图 5.22　Gregorio D'Agostino

认识和分析关键基础设施网络之间的相互依存关系成为
科学界一个重要的任务。基础设施已使用了越来越复杂的网
络、计算机系统及智能技术环境。所有技术先进国家面临最
困难的挑战之一是安全驾驭智能社会迅速发展。在过去十余年中，利用基础设施大数据
来分析大型网络取得突破，一些统计物理学家和研究图论的数学家推动了网络科学迅速
发展。

以金融网络的分析为代表的先行者们评估了真实基础设施的系统性风险。目前，多
家金融机构采用了欧盟网络科学家制定的全局指标[72]及 Basel III 压力测试方法，评估其风
险水平和持续的稳健性[73]。

运用网络科学研究相互依存的关键基础设施网络，导致了 NetONets 的迅速发展。

2005 年，D. E. Newman 利用树形网络及平面晶格模型，首次分析了相互依存关键基
础设施网络的故障传播[74]。2010 年，S. Buldyrev 在 *Nature* 杂志发表了利用渗流模型研究
耦合的通信网与电网之间级连故障的论文后[7]，出现了研究 NetONets 的热潮。又一个重
要的实际应用，是 2012 年 C. D. Brummitt 分析北美相互连接电力系统并减少其全局脆弱
性的论文[13]。

近年来，许多人都致力于发展 NetONets 的数学模型。虽然目前大多数模型都属于
渗流类型，但是也正在探索一些新的研究方向，例如，2013 年，H.Wang 等研究了
NetONets 的动力学，发现了 NetONets 的新行为和特性[75]。欧洲在最近开展的
MULTIPLEX 项目中[76]，集中了一些研究复杂性、算法和模型的顶尖科学家来共同研究
NetONets，涉及复杂性研究、系统分析、涌现行为，还涉及管理、发展规划、提高安全
性、制定欧盟国家与美国的应急预案、评估国家和地区层面的政策等领域。为了实现上
述目标，需要采用多种方法和模型，例如 I/O 模型、联邦模拟、基于代理的模型及时间
序列分析等。

目前的一个主要障碍是缺乏研究 NetONets 的共同语言。必须促进各领域研究人员共
享共同的基础理论、方法和知识，减少应用实际基础设施网络的专家和研究复杂网络的
科学家之间在语言和思维方式方面的距离。

参 考 文 献

[1] Wikipedia. Shlomo Havlin[EB/OL]. http://en.wikipedia.org/wiki/Shlomo_Havlin.

[2] Equill, E. When Networorks Network[J]. Science News, September 22, 2012(25): 18-25. http://www. sciencenews.org.September 22, 2012.

[3] Top 10 Most Famous Hackers of All Time[EB/OL]. http://www.itsecurity.com/features/top-10-famous-hackers-042407/.

[4] Wikipedia. Jonathan Joseph James[EB/OL]. http://en.wikipedia.org/wiki/Jonathan_James.

[5] 北京航天航空大学可靠性与系统工程学院. shlomo havlin 教授在首届"复杂系统可靠性理论国际学术报告会"作主题报告[EB/OL]. http://www.liuxue114.com/beihang/ztc/news/20120527105257.html.

[6] Jianxi, G. ; Daqing, L. ; Havlin, S. From a single network to a network of networks[J]. Downloaded from http://nsr.oxfordjournals.org/at BarIlan University Library on July 27, 2014. http://havlin.biu.ac.il/PS/From%20a%20single%20network%20to%20a%20network%20of%20networks.pdf.

[7] Buldyrev, S. V. ; Parshani, R. ; Paul, G. ; Stanley, H. E. ; Havlin, S. Catastrophic cascade of failures in interdependent networks[J]. Nature 464, 2010(7291): 1025-1028. arXiv: 0907. 1182. Bibcode: 2010Natur. 464. 1025B. doi: 10. 1038/nature08932. PMID 20393559.

[8] Buldyrev, S. V. Supporting Information[EB/OL]. http://www.nature.com/nature/journal/v464/n7291/suppinfo/nature08932.html.doi:10.1038/nature08932.

[9] Jianxi, G. ; Buldyrev, S. V. ; Havlin, S. ; Stanley, H. E. Robustness of a Network of Networks[J]. Phys. Rev. Lett., 2011, 107(19): 195701. arXiv: 1010. 5829. Bibcode: 2011PhRvL. 107s5701G. doi: 10. 1103/PhysRevLett. 107. 195701. PMID 22181627.

[10] Wikipedia. Network Science[EB/OL]. http://en.wikipedia.org/wiki/Network_science#Interdependent_networks.

[11] Bak, P. ; Tang, C. ; Wiesenfeld, K. Self-organized criticality: an explanation of 1/f noise[J]. Physical Review Letters, 1987, 59(4): 381-384.

[12] 曾宪钊. 网络科学(第三卷, 生物网络)[M]. 北京: 军事科学出版社, 2010.

[13] Brummitt, C. D. D'Souzab, R. M. , Leichtf, E. A. Suppressing cascades of load in interdependent networks[J]. Proc. Natl. Acad. Sci. USA. 2012. 109: E680-E689. Published online February 21, 2012. http://www.pnas.org/cgi/doi/10.1073/pnas.1110586109.

[14] Brummitt, C. D. Supporting Information[EB/OL]. http://www.pnas.org/lookup/suppl/doi:10.1073/pnas. 1110586109/-/DCSupplemental.10.1073/pnas.1110586109.

[15] D'Agostino, G. ; Scala, A. ; (eds). Networks of Networks: The Last Frontier of Complexity[M]. Springer International Publishing. 2014. doi: 10. 1007/978-3-319-03518-5_1. ISBN 978-3-319-03517-8.

[16] Rinaldi, S. M. ; Peerenboom, J. P. ; Kelly, T. K. Identifying, understanding, and analyzing critical infrastructure interdependencies[J]. IEEE Control Systems Magazine, 2001, 21(6): 11-25. doi: 10. 1109/37. 969131. ISSN 0272-1708.

[17] Rosato, V. Modelling interdependent infrastructures using interacting dynamical models[J]. Int. J. Crit. Infrastruct. 2008(4): 63-79.

[18] Erdos, P. ; Renyi, A. On random graphs I[M]. Publ. Math. 1959(6): 290-297.

[19] Shao, J. et al. Fractal boundaries of complex networks[J]. Europhys. Lett. 2008(84): 48004.

[20] Barabási, A. L. ; Albert, R. Emergence of scaling in random networks[J]. Science, 1999(286): 509-512.

[21] Newman, M. E. J. Spread of epidemic disease on networks[J]. Phys. Rev. E. 2002, 66(1): 016128.

[22] Shao, J. ; Buldyrev, S. V. ; Braunstein, L. A. ; Havlin, S. ; Stanley, H. E. Structure of shells in complex networks[J]. Phys. Rev. E. 2009, 80(3): 036105.

[23] Gao, J. ; Buldyrev, S. V. ; Havlin, S. Robustness of a network formed by n interdependent networks with a one-to-one correspondence of dependent nodes[J]. Phys Rev E. 2012, 85(6): 066134.

[24] Gao, J. ; Buldyrev, S. V. ; Stanley, H. E. Networks formed from interdependent networks[J]. Nat Phys. 2011(8): 40-8.

[25] Gao, J. ; Buldyrev, S. V. ; Stanley, H. E. Percolation of a general network of networks[J]. Phys Rev E. 2013, 88(6): 062816.

[26] Bollobas, B. Random Graphs[M]. London: Academic, 1985.

[27] Lerner, E. What's wrong with the electric grid?[J]. Ind Phys. 2003(9): 8-13.

[28] Natural Environment Research Council. How and why the blackout began in Ohio[R]. Final Report on the August 14th Blackout in the United States and Canada(US-Canada Power System Outage Task Force), 45-72.

[29] Bak, P. ; Tang, C. ; Wiesenfeld, K. Self-organized criticality[J]. Phys Rev A. 1988(38): 364-374.

[30] Bak, P. How Nature Works: The Science of Self-Organized Criticality[M], New York: Copernicus, 1996.

[31] Jensen, M. H. Obituary: Per Bak(1947-2002)[J]. Nature, 21 November 2002(410): 284.

[32] Bonabeau, E. Sandpile dynamics on random graphs[J]. Phys Soc Jpn. 1995(64): 327-328.

[33] Lise, S. ; Paczuski, M. Nonconservative earthquake model of self-organized criticality on a random graph[J]. Phys Rev Lett. 2002, 88(22): 228301.

[34] Goh, K. I. ; Lee, D. S. ; Kahng, B. ; Kim, D. Sandpile on scale-free networks[J]. Phys Rev Lett. 2003, 91(18): 148701.

[35] Lee, D. S. ; Goh, K. I. ; Kahng, B. ; Kim, D. Sandpile avalanche dynamics on scale-free networks[J]. Physica A. 2004(338): 84-91.

[36] Lee, E. ; Goh, K. I. ; Kahng, B. ; Kim, D. Robustness of the avalanche dynamics in data packet transport on scale-free networks[J]. Phys Rev E. Stat Nonlin Soft Matter. Phys. 2005(71): 056108.

[37] de Arcangelis, J. ; Herrmann, H. J. Self-organized criticality on small world networks[J]. Physica A. 2002(308): 545-549.

[38] Allard, A. ; Noël, P. A. ; Dubé, L. J. ; Pourbohloul, B. Heterogeneous bond percolation on multitype networks with an application to epidemic dynamics[J]. Phys Rev E. Stat Nonlin Soft Matter Phys. 2009(79): 036113.

[39] Christensen, K. ; Olami, Z. Sandpile models with and without an underlying spatial structure[J]. Phys Rev E Stat Nonlin Soft Matter Phys. 1993(48): 3361-3372.

[40] Vespignani, A. ; Zapperi, S. How self-organized criticality works: A unified meanfield picture[J]. Phys Rev E Stat Nonlin Soft Matter Phys. 1998(57): 6345-6362.

[41] Melnik, S. ; Hackett, A. ; Porter, M. ; Mucha, P. ; Gleeson, J. The unreasonable effectiveness of tree-based

theory for networks with clustering[J]. Phys Rev E Stat Nonlin Soft Matter Phys. 2011(83): 036112.

[42] Wilf, H. S. Generating functionology[M]. Academic, 1994. http://www.math.upenn.edu/~wilf/gfology-Linked2.pdf, 2nd Ed.

[43] Harris, T. E. The Theory of Branching Processes[M]. Springer, Berlin. 1963.

[44] Good, I. J. Generalizations to several variables of lagrange's expansion, with applications to stochastic processes[J]. Proc Cambridge Philos Soc. 1960(56): 367-380.

[45] Joyce. C. Building power lines creates a web of problems[EB/OL]. (National Public Radio), http://www.npr.org/templates/story/story.php?storyId=103537250.

[46] Cass, S. Joining the dots[J]. Technol Rev. 2011(114): 70.

[47] Dobson, I. ; Carreras, B. A. ; Lynch, V. E. ; Newman, D. E. Complex systems analysis of series of blackouts: Cascading failure, critical points, and self-organization[J]. Chaos. 2007(17): 026103.

[48] Malamud. B. D. ; Morein, G. ; Turcotte, D. L. Forest fires: An example of self-organized critical behavior[J]. Science. 1998(281): 1840-1842.

[49] Pepyne, D. L. Topology and cascading line outages in power grids[J]. J Syst Sci Syst Eng. 2007(16): 202-221.

[50] Hines, P. ; Cotilla-Sanchez, E. ; Blumsack, S. Do topological models provide good information about electricity infrastructure vulnerability?[J]. Chaos. 2010(20): 033122.

[51] Kosmidis, K. ; Havlin, S. ; Bunde, A. Structural properties of spatially embedded networks[J]. Urophys Lett. 2008(82): 48005.

[52] Gallos, L. K. ; Cohen, R. ; Argyrakis, P. Stability and topology of scale-free networks under attack and defense strategies[J]. Phys Rev Lett. 2005, 94(18): 188701.

[53] Li, D. ; Kosmidis, K. ; Bunde, A. Dimension of spatially embedded networks[J]. Nat Phys. 011(7): 481-4.

[54] Emmerich, T. ; Bunde, A. ; Havlin, S. Complex networks embedded in space: dimension and scaling relations between mass, topological distance, and Euclidean distance[J]. Phys Rev E. 2013, 87(3): 032802.

[55] Emmerich, T. ; Bunde, A. ; Havlin, S. Diffusion, annihilation, and chemical reactions in complex networks with spatial constraints[J]. Phys Rev E. 2012, 86(4): 046103.

[56] Li, D. ; Li, G. ; Kosmidis, K. Percolation of spatially constraint networks[J]. Europhys Lett. 2011(93): 68004.

[57] Bashan, A. ; Berezin, Y. ; Buldyrev, S. V. The extreme vulnerability of interdependent spatially embedded networks[J]. Nat Phys. 2013(9): 667-672.

[58] Li, W. ; Bashan, A. ; Buldyrev, S. V. Cascading failures in interdependent lattice networks: the critical role of the length of dependency links[J]. Phys Rev Lett. 2012, 108(22): 228702.

[59] Danziger, M. M. ; Bashan, A. ; Berezin, Y. Interdependent spatially embedded networks: dynamics at percolation threshold[A]. International Conference on Signal-Image Technology & Internet-Based Systems(SITIS)[C]. 2013. 619. IEEE Kyoto, Japan.

[60] Berezin, Y. ; Bashan, A. ; Danziger, M. M. Spatially localized attacks on interdependent networks: the existence of a finite critical attack size[R]. arXiv: 1310. 0996, 2013.

[61] Gomez-Gardenes, G. ; Reinares, I. ; Arenas, A. Evolution of cooperation in multiplex networks[J]. Sci

Rep, 2012(2): 620.

[62] Wang, B. ; Chen, X. ; Wang, L. Probabilistic interconnection between interdependent networks promotes cooperation in the public goods game[J]. J Stat Mech: Theory Exp. 2012(11): 11017.

[63] Jiang, L. L. ; Perc, M. Spreading of cooperative behaviour across interdependent groups. Sci Rep, 2013(3): 2483.

[64] Wang, Z; Szolnoki, A, ; Perc, M. Interdependent network reciprocity in evolutionary games[J]. Sci Rep, 2013(3): 1183.

[65] Tang, C. ; Wang, Z. ; Li, X. Moderate intra-group bias maximizes cooperation on interdependent populations[J]. PloS one. 2014(9): e88412.

[66] Jin, Q. ; Wang, L. ; Xia, C. Y. Spontaneous symmetry breaking in interdependent networked game[J]. Sci Rep. 2014(4): 4095.

[67] Um, J. ; Minnhagen, P. ; Kim, B. J. Synchronization in interdependent networks[J]. Chaos: An Interdis J. Nonlinear Sci. 2011(21): 025106.

[68] Louzada, V. H. P. ; Araujo, N. A. M. ; Andrade, J. S. Breathing synchronization in interconnected networks[J]. Sci Rep. 2013(3): 3289.

[69] Saumell-Mendiola, A. ; Serrano, M. A. ; Boguna, M. Epidemic spreading on interconnected networks[J]. Phys. Rev. E. 2012, 86(2): 026106.

[70] Wang, H. ; Li, Q. ; D'Agostino, G. Effect of the interconnected network structure on the epidemic threshold[J]. Phys Rev E. 2013, 88(2): 022801.

[71] Dickison, M. ; Havlin, S. ; Stanley, H. E. Epidemics on interconnected networks[J]. Phys. Rev. E. 2012, 85(6): 066109.

[72] Forecasting financial crisis[EB/OL]. http://www.focproject.eu/.

[73] Bank for international settlements[EB/OL]. http://www.bis.org/bcbs/basel3.htm.

[74] Newman, D. ; Nkei , B. ; Carreras , B. ; Dobson, I. ; Lynch, V. ; Gradney, P. Risk assessment in complex interacting infrastructure systems[A]. HICSS '05. Proceedings of the 38th Annual Hawaii International Conference on System Science(2005)[C]. 2005, 63c-63c. doi: 10. 1109/HICSS. 2005. 524.

[75] Wang, H. ; Li, Q. ; D'Agostino, G. ; Havlin, S. ; Stanley, H. E. ; Van Mieghem, P. Effect of the interconnected network structure on the epidemic threshold[J]. Phys. Rev. E. 2013, 88(2): 022801.

[76] Foundational research on multilevel complex networks and systems[EB/OL]. http://www.multiplex-project.eu/.

第**6**章

动态社会网络分析方法在反恐战争和
军事训练中的应用

在 2001 年 9 月 11 日的恐怖主义袭击（"9·11 事件"）之后，美国政府和军队急于求助有关专家，帮助评估这种新威胁并防止下一次袭击事件重演。特别是美国国防和情报部门提出对动态社会网络分析等研究项目的重大需求，并大量增加了对于此类项目的资助经费。

本书作者在 2008 年出版的《网络科学》第二卷第 6 章中曾重点介绍了 Valdis E. Krebs 对 "9·11 事件"恐怖组织网络的分析，及 Kathleen M. Carley 利用动态社会网络分析方法研究打击恐怖组织网络的进展。本章将介绍美国政府、军队和民众对于 Krebs 和 Carley 上述研究工作的高度评价和大力支持。本章将重点介绍美军中央司令部的中校 Ian McCulloh 研究检测社会网络变化的新进展。2011 年，他作为西点军校网络科学中心的助教，发表了《检测纵向社会网络的变化》的论文[1]。本章第 6.3 节将主要引用这篇论文，综合介绍他在美国西点军校和中央司令部参与和主持的研究项目。他曾师从 Carley 并获得博士学位，是美国情报和国家安全联盟（INSA）2013 年第四届学术成就奖获得者[2, 3]。

6.1 "9·11 事件"后动态社会网络研究面临迫切需求

6.1.1 Valdis E. Krebs 对 "9·11 事件"恐怖组织网络的分析

2001 年 12 月，美国 LLC Orgnet 公司的社会组织网络分析专家 Valdis E. Krebs（图 6.1 取自 http://www.orgnet.com/about.html）在《*Connections*》杂志上发表了文章，对 2001 年恐怖组织网络进行了分析[4]。他从当时的《纽约时报》、《华尔街日报》、《华盛顿邮报》、《洛杉机时报》和《悉尼先驱晨报》等报纸上搜集数据并绘制了涉及 19 名劫机者的恐怖组织网络图，"堪称经典之作"[5]，"是最吸引公众的分析'9·11事件'恐怖组织网络的文章"[6]。

Krebs 描绘了直接参与"9·11 事件"的恐怖组织主要成员与其合作者的关系网络图，包括 19 个直接参与者和 43 个与他们有关联者，如图 6.2 所示，取自文献[4]。

本书作者在 2008 年出版的《网络科学》第二卷第 6.7 节中曾详细介绍了 Krebs 对"9·11 事件"恐怖组织网络的分析。Krebs 采用了《网络科学》第二卷第 6.6.8 节所述的传统网络分析法，并利用 1979 年 Freeman 介绍的方法[7]计算出图 6.2 中 62 个人的度集中性（Degree Centrality）、介数集中性（Betweenness Centrality）和接近程度集中性（Closeness Centrality）三项指标。Freeman 在文献[7]中介绍了 Beauchamp 在 1965 年提出的节点 p_k 的相关节点接近程度集中性计算公式：

图 6.1　Valdis E. Krebs

$$C_c' = \left[\frac{\sum\limits_{i=1}^{n} d(p_i, p_k)}{n-1} \right]^{-1} = \frac{n-1}{\sum\limits_{i=1}^{n} d(p_i, p_k)} \tag{6.1}$$

其中 $d(p_i, p_k)$ 为从 p_k 到节点 p_i 的距离。C_c' 可以理解为 p_k 与其他 $n–1$ 个节点平均距离和的倒数。但是因为 $n–1$ 是 p_k 与其他 $n–1$ 个节点最小距离之和，C_c' 也可解释为 p_k 超过其最小距离和的比例的倒数。

表 6.1 是图 6.2 所示 62 个人前 15 名的度集中性、介数集中性和接近程度集中性三项指标的计算结果。从中可看出 Mohamed Atta 三项指标均居首位，表明 Atta 是该恐怖组织的一号领导人物。后来美国国防部获得的情报资料和 Bin ladin 发表的录像带也证实了 Atta 的领导角色。

Krebs 还介绍了可用于研究揭露潜藏恐怖分子的关系/网络的数据资源，见表 6.2。

Krebs 为在反恐怖主义战争中使用社会网络分析（SNA，Social Network Analysis）方法起到了促进作用。

6.1.2　动态社会网络建模和分析学术会议

在 2002 年夏天，美国科学院国家研究委员会所属的人类因素委员会（CHF，Committee on Human Factors）应海军研究办公室（ONR，Office of Naval Research）的请求决定召开动态社会网络建模和分析学术会议。这次会议是国家研究委员会为动员科技界汲取"9·11"事件严重的经验教训、为反对恐怖主义作贡献而组织的几项活动之一。会议于 2002 年 11 月 7～9 日在首都华盛顿召开。会议主席是亚利桑那大学教授 Ronald Brieger。CHF 的负责人 Anne Mavor 和 ONR 的 Rebecca Goolsby 组织了此次会议。2003 年，美国

科学院出版社出版了此次会议的文集《动态社会网络建模与分析：综述与论文》，该文集
主编是 Ronald Breiger，Kathleen Carley 和 Philippa Pattison[8]，共收入 22 篇论文。

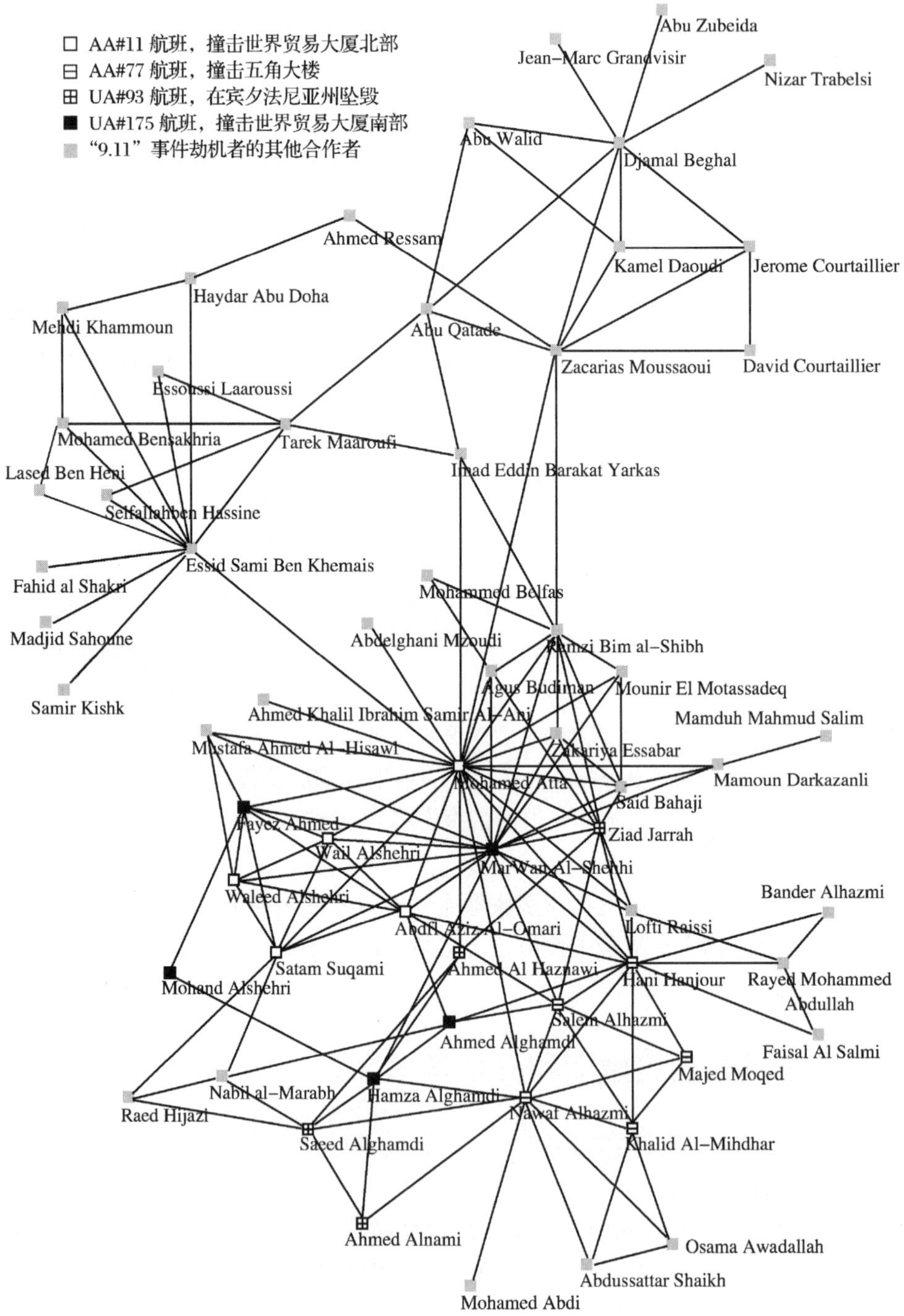

图 6.2　直接参与 "9·11 事件" 的恐怖组织主要成员与其合作者的关系网络图

表 6.1　直接参与"9·11 事件"的恐怖组织主要成员与其合作者的 3 项集中性的计算结果

（只选了 62 人的前 15 名）

排序	姓名	度集中性	姓名	介数集中性	姓名	接近程度集中性
1	Mohamed Atta	0.361	Mohamed Atta	0.588	Mohamed Atta	0.587
2	Marwan Al-Shehhi	0.295	Essid Sami Ben Khemais	0.252	Marwan Al-Shehhi	0.466
3	Hani Hanjour	0.213	Zacarias Moussaoui	0.232	Hani Hanjour	0.445
4	Essid Sami Ben Khemais	0.180	Nawaf Alhazmi	0.154	Nawaf Alhazmi	0.442
5	Nawaf Alhazmi	0.180	Hani Hanjour	0.126	Ramzi Bin Al-Shibh	0.436
6	Ramzi Bin Al-Omari	0.164	Djamal Beghal	0.105	Zacarias Moussaoui	0.436
7	Ziad Jarrah	0.164	Marwan Al-Shehhi	0.088	Essid Sami Ben Khemais	0.433
8	Abdul Aziz Al-Omari	0.148	Satam Suqami	0.050	Abdul Aziz Al-Omari	0.424
9	Djamal Beghal	0.131	Ramzi Bin Al-Shibh	0.048	Ziad Jarrah	0.424
10	Fayez Ahmed	0.131	Abu Qatada	0.043	Imad Eddin Barakat Yarkas	0.409
11	Salem Alhazmi	0.131	Tarek Maaroufi	0.034	Satam Suqami	0.409
12	Satam Suqami	0.131	Mamoun Darkazanli	0.033	Fayez Ahmed	0.407
13	Zacarias Moussaoui	0.131	Imad Eddin Barakat Yarkas	0.029	Lotfi Raissi	0.404
14	Said Bahaji	0.115	Abdul Aziz Al-Omari	0.023	Ahmed Al Haznawai	0.399
15	Khalid Al-Mihdhar	0.098	Hamza Al-ghamdi	0.022	Said Bahaji	0.399
	平均值	0.081	平均值	0.032	平均值	0.052
	集中化程度	0.289	集中化程度	0.565	集中化程度	0.482

表 6.2　用于揭露潜藏恐怖分子的关系/网络的数据来源

	关系/网络	数据来源
1	忠诚度	以往的经历：家庭、邻居、学校、兵役、俱乐部、组织、公共与法律记录 必须从嫌疑犯的出身国家获取信息
2	任务	博客，电话记录，电子邮件，聊天室，短信，访问网站，旅行记录，参加集会，参与公共事件
3	经费与资源	银行户头与资金周转，信用卡使用记录，法律记录。使用其他银行资源
4	策略与目标	访问网站，同伙传递的录像带与磁盘，旅行记录，参加集会，参与公共事件

与会者强调在当前社会网络研究中的三个共性问题：

（1）社会网络分析非常"渴求数据"（data greedy），需要获得所有被分析者的详细数据，迅速或自动获取网络数据，特别是获取和分析庞大规模网络的大数据及实时全程数据。

（2）传统的社会网络分析，主要研究静态网络。然而，现在重点研究的是动态网络。在数据收集和分析中，研究人员迫切需要利用新的统计学方法、仿真模型和可视化技术来处理动态数据（例如海量的无人机视频）。

（3）社会网络理论研究正在使用非传统的数据模式，然而现在的数据度量方法仍然大多采用二进制数据。

与会者强调指出，汲取"9·11"事件严重的经验教训，动态社会网络分析应该努力为面对重大安全挑战的国家领导者提供决策支持，首要任务是研究恐怖组织。严重的信息超载、丢失数据和大量虚假数据是阻碍研究敌人的关键因素。虽然现在的社会网络模型并不总是能精确预测恐怖组织的袭击，但是经过不断改进，必定可以提高预测精确度。

卡内基·梅隆大学教授 Kathleen M. Carley 在此次会议闭幕式上作了总结报告[9]，指出了当前急需动态社会网络分析的理论、定量分析方法和计算机软件工具来满足国防和情报部门的需求。然而，这二者之间存在巨大的差距。为此，她提出了四项建议：

（1）培养更多社会网络分析专业的硕士和博士并安排他们进入政府机关工作；

（2）社会网络研究要兼顾国防和情报部门与民用的需求；

（3）建立社会网络研究人员与国防和情报部门的对话与沟通机制；

（4）强调社会网络理论研究成果的实际应用。

Carley 报告了使用动态网络分析方法研究如何有效地打击暗藏恐怖组织网络取得的新进展[10]，指出此方法有 3 个优点：

（1）利用元矩阵描述各种网络实体的连接关系，例如代理（Agent）、知识及事件等；

（2）利用变量（权重和概率值）描述各种网络实体连接关系的变化；

（3）将社会网络分析方法、认知科学及多 Agent 系统结合起来，使 Agent 具有自适应能力。

6.1.3　K. Carley 对"美国大使馆被炸事件"恐怖组织网络的分析

1998 年 8 月 7 日，美国驻东非坦桑尼亚首都达累斯萨拉姆和肯尼亚首都内罗毕的大使馆同时遭遇汽车炸弹袭击事件。这两起共造成 224 人不幸遇难，超过 4500 人受伤的恐怖袭击，被认为是由本·拉登领导的基地组织的当地成员所为。

在 2003 年 6 月 17 日召开的第 8 届国际指挥与控制、研究与技术学术会议（ICCRTS）上，Carley 报告了利用动态网络元矩阵方法分析上述事件恐怖组织网络的示例，建议使用下列 7 种做法[11]：

（1）描述关键实体及其相互之间的连接；

（2）描述增删实体、连接及连接强度变化的过程；

（3）搜集恐怖组织网络数据；

（4）确定恐怖组织网络的效能指标参数；

（5）优化恐怖组织网络的效能指标参数；

（6）发现恐怖组织网络的弱点，优化攻击它的策略；

（7）在对恐怖组织网络实施一项攻击策略后，评估此策略的短期及长期效能。

根据文献[12]提供的资料，表 6.3 列出了 K. M. Carley 自 2002 年以来获得资助的研究项目。从 2002 年至 2013 年，Carley 得到了美国政府和军队的大量研究资助，数额约为 2800 多万美元，详见表 6.4。

表 6.3　K.M.Carley 自 2002 年以来获得资助的研究项目（1）

编号	年度	项目名称	资助单位	金额（美元）
1	2013—2014	地理时空表征的安全威胁	国家安全局，陆军研究办公室	16 万
2	2011—2014	多层次的文化模型	空军研究资助办公室	647073
3	2012—2013	国防部多学科大学研究计划扩展：包含文化知识的结构方法	海军研究办公室	30 万
4	2012—2014	多层系统基于学习的应变能力	国家科学基金会，陆军研究办公室	50 万
5	2011—2013	安全的多层次系统	国家安全局（NSA），陆军研究办公室	15 万
6	2012—2013	下一代的动态网络分析建模	联邦航空管理局	60 万
7	2010—2013	远程能力评估	国防威胁降低局	90 万
8	2010—2011	R2.2 信息错误和缺失	陆军研究实验室，网络科学协同技术联盟	38933
9	2009—2012	恐怖网络的竞争适应（CATNET）	海军研究办公室	324675
10	2009—2011	THINK	陆军，知识分析技术公司	292970
11	2009—2010	利用动态网络研究影响的传播	韩国高等科学技术院	10 万
12	2009	恐怖网络的竞争适应（CATNET）	海军研究办公室	358380
13	2008—2013	MURI：结构化方法用于包含文化知识的自适应敌方模型	海军研究办公室	750 万
14	2008—2013	支持社会文化建模的架构	海军研究办公室	274.3 万
15	2008—2011	协助基于 Agent 计算的数学方法	空军研究资助办公室	32.5 万
16	2008—2011	在对抗网络环境中用于 C2 集成的弹性结构	空军研究实验室	262583
17	2008—2011	大型多人在线博弈（MMOG）-社会和文化模型嵌入技术	海军研究办公室	30 万
18	2008—2011	可视化信用系统	Alion 科技公司	238000
19	2008—2010	基于代理的建模	国税局	1400000
20	2008—2008	敌方传感器技术战术评估	洛克希德·马丁公司	25000
21	2007—2012	改进动态网络分析的数据提取和评价	陆军研究所	1068890
22	2007—2009	扩展到生物防御：社交网络的 Multi-Agent 的城市模型和国防力量	海军研究办公室	49910
23	2007—2009	地理时空动态网络分析所需的关系：在 ORA ARC-GIS 与地理时空 DNA 指标之间的联系	陆军研究办公室	135006
24	2007—2009	动态网络分析用于反麻醉和与大麻有关的调查	海军研究办公室	434090
25	2007—2008	确定恐怖主义网络单位能力的建模	海军	585000
26	2007—2010	交战的 ROE 规则	海军研究办公室	225000
27	2007—2010	通信和网络技术合作联盟	陆军研究实验室	225000

（续表）

编号	年度	项目名称	资助单位	金额（美元）
28	2007—2009	DyNads：动态网络分析决策支持工具用于护士管理	亚利桑那大学	294369
29	2007—2008	TAVI	西弗吉尼亚州高科技协会	389294
30	2007—2008	敏感文本的动态网络分析用于支持军事任务	陆军研究实验室	100000
31	2007—2008	SPAWAR	海军水面作战中心	574643
32	2007—2008	任务航线分析，使用敌方互联协同的微观和宏观模型	空军	70000
33	2007—2008	使用动态网络分析比较公共卫生组织结构	哥伦比亚大学	98109
34	2006—2008	自适应模型用于敌方推理系统	空军	20 万
35	2006—2007	动态网络分析支持海洋战略演变	海军研究办公室	75000
36	2006—2007	社会网络分析用于通信网络	陆军研究实验室	120000
37	2006—2007	集团动态分析工具	中央情报局	263702
38	2006—2007	可视化的信仰网络	Alion 科技公司，陆军	125000
39	2006—2007	基于 Agent 的仿真研究	国税局	350045
40	2006—2008	通信与网络技术合作联盟	陆军	25 万
41	2006—2007	（原文中无此项目名称）	Calspan-布法罗大学的研究中心（CUBRC）	90500
42	2006—2007	动态网络分析支持环境的动态文化准备	海军研究办公室	67725
43	2006—2008	敏感文本的动态网络分析，支持军事任务	陆军研究实验室	10 万
44	2006—2008	MOAT 二期，C2 细节	CHISYSTEMS，国防高级研究计划局	16 万
45	2006—2008	网络分析和计算建模，打击恐怖分子威胁，DYNET MMVOIA/Quick Reaction Fund	海军研究办公室	35 万
46	2006—2008	先进的决策架构技术合作联盟（CTA）	Alion 科技公司，陆军研究实验室	232207
47	2005—2010	敌方组织文化的计算建模（MURI）	乔治·梅森大学，空军	1384602
48	2005—2009	动态网络分析应用，支持随时分析识别秘密网络特殊用途，评估商业海上交通	海军研究办公室	675900
49	2005—2007	以人为中心的体系结构，网络中心作战	ONR，APTIMA 公司	210000
50	2005—2007	生物战防御	ONR	171548
51	2005—2007	协作：IOC：社会活动分子建模	国家科学基金会	168702
52	2005—2006	ACUMEN	国防高级研究计划局，APTIMA 公司	145000
53	2004—2006	大规模伤亡模型，支持 MMRS 培训和分析要求	国土安全部	152187
54	2004—2006	NORM II：组织风险管理 II 中的网络	美国宇航局（NASA）	20 万
55	2004—2005	OPERA	国税局	30000
56	2004—2005	支持 CEBO	ARL	9000
57	2004—2005	通用协作环境	国防部	81082
58	2004—2005	动态社会网络进程：统计模型与智能代理的比较	国家科学基金会	80001

（续表）

编号	年度	项目名称	资助单位	金额（美元）
59	2004—2005	传感器处理分析通信交换的可视化：MOAT I	国防高级研究计划局	254000
60	2004—2005	以人为中心的架构-网络中心战-Images phase 1	海军研究办公室	25000
61	2004	社会网络支持综合作战决策支持系统实验	陆军研究实验室	30083
62	2004—2005	ORA 在陆军 C3I 的应用	陆军研究实验室	144346
63	2004—2005	复仇（Nemesis）	国防部	6 万
64	2003—2005	自动链路分析用于分布式信息的数据挖掘（ALLADIN）	国防高级研究计划局	20 万
65	2003—2004	自适应网络度量，用于动态博弈环境	国防高级研究计划局	115000
66	2003—2004	集团动态工具	中情局，HUMRRO 公司	78517
67	2003—2005	CORES	国防高级研究计划局，APTIMA 公司	249206
68	2003—2005	VISTA	陆军研究实验室，APTIMA 公司	27 万
69	2002—2006	MKIDS：不确定性下的动态网络分析	国家科学基金会	595942
70	2002—2006	动态网络分析：评估其规模，类型和潜在的缺点	海军研究办公室	352000
71	2002—2004	分布式拒绝服务攻击建模	国家科学基金会	223032

表 6.4 是 K. M. Carley 自 2002—2013 年获得美国政府、军方和安全部门资助的研究项目及金额（万美元）汇总。

表 6.4 K. M. Carley 自 2002—2013 年获得美国政府、军方和安全部门资助的研究项目及金额（万美元）汇总

编号	资助单位		年　　　度													资助单位合计
			2002	2003	2004	2005	2006	2007	2008	2009	2010	2011	2012	2013	
1	国家安全局	项目数										1	1	1	3
		金额										15	50	16	81
2	中央情报局	项目数		1			1								2
		金额		7.8			26.3								34.1
3	国土安全部	项目数			1										1
		金额			15.2										15.2
4	国家科学基金会	项目数	2		1	1									4
		金额	59.5 22.3		8	16.8									106.6
5	联邦航空管理局	项目数										1			1
		金额										60			60

（续表）

编号	资助单位		2002	2003	2004	2005	2006	2007	2008	2009	2010	2011	2012	2013	资助单位合计
6	宇航局	项目数			1										1
		金额			20										20
7	国税局	项目数			1		1		1						3
		金额			3		35		140						178
8	国防高级研究计划局	项目数		3	1	1	1								6
		金额		20 11.5 24.9	25.4	14.5	16								112.3
9	国防部多学科大学研究计划	项目数					1		1						2
		金额				138.4			750						888.4
10	国防威胁降低局	项目数									1				1
		金额									90				90
11	国防部其他单位	项目数			2										2
		金额			8.1 6										14.1
12	陆军	项目数		1	3		4	4		1	1				14
		各项目金额		27	0.9 3 14.4		12 25 10 23.2	106.8 13.5 22.5 10		29.2	3.8				301.3
		合计金额		27	18.3		70.2	152.8		29.2	3.8				301.3
13	海军	项目数	1		1	3	3	5	2	2			1		18
		各项目金额	35.2		2.5	67.5 21 17.1	7.5 6.7 35	49.9 43.4 58.5 22.5 57.4	274.3 30	32.4 35.8			30		826.7
		合计金额	35.2		2.5	105.6	49.2	231.7	304.3	68.2			30		826.7
14	空军	项目数					1	1	2			1			5
		金额					20	7	32.5 26.2			64.7			150.4
年度合计		项目数	3	5	11	6	11	10	6	3	2	2	3	1	63
		金额	117	91.2	106.5	275.3	216.7	391.5	1253	97.4	93.8	79.7	140	16	2878.1

　　表 6.5 是 K. M. Carley 自 2002 年以来获得美国政府、军方和安全部门资助的研究项目种类及金额简表。

表 6.5　K. M. Carley 自 2002 年以来获得美国政府、军方和安全部门资助的研究项目种类简表

编号		年度	项目名称	资助单位	金额（美元）
6	改进动态网络分析	2012—2013	下一代的动态网络分析建模	联邦航空管理局	60 万
70		2002—2006	动态网络分析：评估其规模，类型和潜在的缺点	海军研究办公室	352000
2	多层系统	2011—2014	多层次的文化模型	空军研究资助办公室	647073
4		2012—2014	多层系统基于学习的应变能力	国家科学基金会，陆军研究办公室	50 万
5		2011—2013	多层系统的安全	国家安全局，陆军研究办公室	15 万
15	Agent 模型	2008—2011	协助基于 Agent 计算的数学方法	空军研究资助办公室	32.5 万
19		2008—2010	基于代理的建模	国税局	1400000
58		2004—2005	动态社会网络进程：统计模型与智能代理的比较	国家科学基金会	80001
65	自适应网络博弈	2003—2004	自适应网络度量，用于动态博弈环境	国防高级研究计划局	115000
64	数据挖掘文本分析	2003—2005	自动链路分析用于分布式信息的数据挖掘（ALLADIN）	国防高级研究计划局	20 万
43		2006—2008	敏感文本的动态网络分析	陆军研究实验室	10 万
45	社会网络分析工具	2006—2008	网络分析和计算建模，打击恐怖分子威胁，DYNET	海军研究办公室	35 万
9	反恐作战应用 恐怖组织网络研究	2009—2012	恐怖网络的竞争适应性（CATNET）	海军研究办公室	324675
66		2003—2004	社会集团动态分析工具	中情局，HUMRRO 公司	78517
51		2005—2007	社会活动分子建模	国家科学基金会	168702
47		2005—2010	敌方组织文化的计算建模（MURI）	乔治·梅森大学，空军	1384602
49	其他作战应用 网络中心战	2005—2007	以人为中心的体系结构，网络中心战	海军研究办公室，APTIMA 公司	210000
50	生物战	2005—2007	生物战防御	海军研究办公室	171548
48	保卫海上交通线	2005—2009	动态网络分析应用：发现海盗网络	海军研究办公室	675900

6.2　动态网络分析概述

动态网络分析（DNA，Dynamic Network Analysis）是一个新的科学领域[13]，是网络科学的子学科[14]，是社会网络分析（SNA，Social Network Analysis），连接分析（LA，Link Analysis）和多代理系统（MAS，Multi Agent Systems）等多个研究领域的交叉融合。DNA 与传统 SNA 的区别主要有三个。第一，DNA 不仅使用社交网络，还使用元网络（meta-networks）。第二，常用基于代理和其他种类的模型来进行计算机模拟，研究网络

结构、演化的动力学机制和自适应，还有对网络进行干预的效果等。第三，在网络节点之间的连接关系不只用二进制描述，还可用概率描述。

下面将简要介绍动态网络分析涉及的社会网络分析、连接关系分析、多代理系统、元网络、元矩阵等内容。

6.2.1　社会网络分析

社会网络分析（SNA）利用图论、网络科学等理论和方法研究人际关系，常用社会网络图描述。社会网络由节点（个人）和连边（个人之间的关系，例如友情、亲情、组织状况等）构成。现在，SNA 已经广泛应用于人类学，生物学，传播学，经济学，地理，历史，信息科学，政治学，社会心理学，社会语言学，社会组织研究及社会发展研究等领域。SNA 用于研究各种复杂的社会系统成员之间的关系，从人际关系到国际关系，从微观社会到宏观社会。

早在 20 世纪 20 年代，Jacob Moreno 和 Kurt Lewin 等社会科学家们就开始使用"社会网络"的概念，运用图论方法分析社会网络。1925 年到美国后，Moreno 的主要创新之处是发明了社会网络图，用可视化的网络图来形象地描述社会关系。1954 年，J. A. Barnes 开始使用"社会网络"等术语来系统地描述人际关系模式，包括群组分类（例如，部落，家庭）和社会分类（例如，性别，种族）等术语，涵盖了民众和社会学家所使用的若干传统概念。文献[15]列举了为社会网络分析的发展和推广应用做出了贡献的多名学者。文献[16]较详细地介绍了 SNA 的发展。

6.2.2　连接分析

连接分析是用于分析各种类型网络节点之间连接关系的数据分析技术。连接分析已被用于反恐战争，国防和情报部门，司法部门调查犯罪活动，以及计算机安全分析、市场研究和医学研究等许多领域[17]。

1.　知识发现

连接分析研究的一个重要热点是利用知识发现技术从网络的数据库或知识库中将有用数据挖掘出来并得到有价值的相关知识[18]。知识发现通常包括下列操作步骤。

（1）数据收集和处理：需要解决问题包括信息超载和数据纠错等。

（2）数据格式转换：将数据转换成便于人工和计算机分析的格式。

（3）数据分析：利用人工分析，或借助计算机的各种算法来帮助分析数据（现在已经开始使用多种算法，例如 Dijkstra 算法[19]等）。

（4）可视化：利用人工绘制或计算机可视化工具生成网络图和连接矩阵及其他多种图表，直观地描述节点之间的连接关系。

表 6.6 是一个例子，列举了可用于揭露潜藏恐怖分子连接关系/网络的数据来源[4]。

表 6.6　用于揭露潜藏恐怖分子的关系/网络的数据来源

	关系/网络	数据来源
1	忠诚度	以往的经历：家庭、邻居、学校、兵役，俱乐部、组织、公共与法律记录 必须从嫌疑犯的出身国家获取信息
2	任务	博客，电话记录，电子邮件，聊天室，短信，访问网站，旅行记录，参加集会，参与公共事件
3	经费与资源	银行户头与资金周转，信用卡使用记录，法律记录。使用其他银行资源
4	策略与目标	访问网站，同伙传递的录像带与磁盘，旅行记录，参加集会，参与公共事件

2．连接分析工具的发展和应用

P. Klerks 将连接分析工具分为三代[20]。

第一代工具，采用由 W. R. Harper 和 D. H. Harris 于 1975 年推出[21]的人工方法，需要领域专家审查数据文件，构建连接矩阵，绘制连接关系的可视化图表，分析各节点在网络中的重要性，发现网络结构描绘的各节点的利益格局。例如 6.1.1 节介绍的 Krebs 对"9·11 事件"恐怖组织网络的分析。然而对于大型数据集，该方法非常费时费力。

第二代工具，采用基于图形的方法，先由人工构建连接矩阵，再由电脑自动生成和更新可视化图表。然后由专家分析这些图表。第二代工具目前大多只能分析较小规模的网络。

例如 XANALYS Link Explorer 连接浏览器[22]，它可以用不同图标来区分不同类型节点（人员、银行账户、公司等）；可以将重要人物显示在网络图的中心，不太重要的放置在周边；可以用不同颜色的边标识节点之间各种连接方式（电话、电子邮件及快递等）；适用于各种数据格式；将各种来源的数据融合到一个共同的模型；可以查询各种数据库之间的关联并搜索特定的人及与其相关的人。

2009 年 6 月 24 日，J. Bohannon 在 *Science* 杂志撰文指出[23]，"K. M. Carley 说网络分析已经为反恐战争做好了准备。十年前，只能一次处理几百个人的简单信息，但现在，她说，网络分析工具可以处理数百万或千万个节点了"。Carley 的团队研制了若干网络分析工具[24]，例如，ORA（Organization Risk Analyzer），结果被组织成满足各种需求，如管理报告、心理模型报告和情报报告的报告。AutoMap，是一种文本挖掘系统，可从文本中提取语义网络，然后进行交叉分类，发现组织实体的社会、知识、资源和任务等网络。CEMAP，用于从电子邮件和博客中提取网络连接。

2011 年 11 月 6 日～12 日，在美国举办的国际反诈骗宣传周期间（International Fraud Awareness Week），美国 Centrifuge Systems 公司（http://www.centrifugesystems.com）作为

一个重要赞助者，宣传了该公司的可视化的网络分析（VNA，Visual Network Analytics）工具，可应用于发现隐藏在公共云、企业数据和社交网络中诈骗犯的连接方式；发现商场盗窃、保险理赔诈骗、金融犯罪网络，还可应用于反恐战争和国土防御[25]。图 6.3 是该工具生成的诈骗犯网络图（取自文献[25]）。2012 年 8 月，该公司新推出了 VNA（2.7 版本，可扩展的大数据分析平台）[26]。该公司的副总裁 Navin Ganeshan 介绍说：“最引人注目的应用程序是‘连接分析’，根据数据来揭示连接关系并将其可视化，使用户可以看到各种图表、条形图、饼图及直方图”。“揭示连接方式、信息、事件和行为之间的关系，形成更全面的可视化的个人资料”。“便于用户转换数据格式”，“可将大量的数据进行快速过滤和智能化分析，自动发现连接模式”。

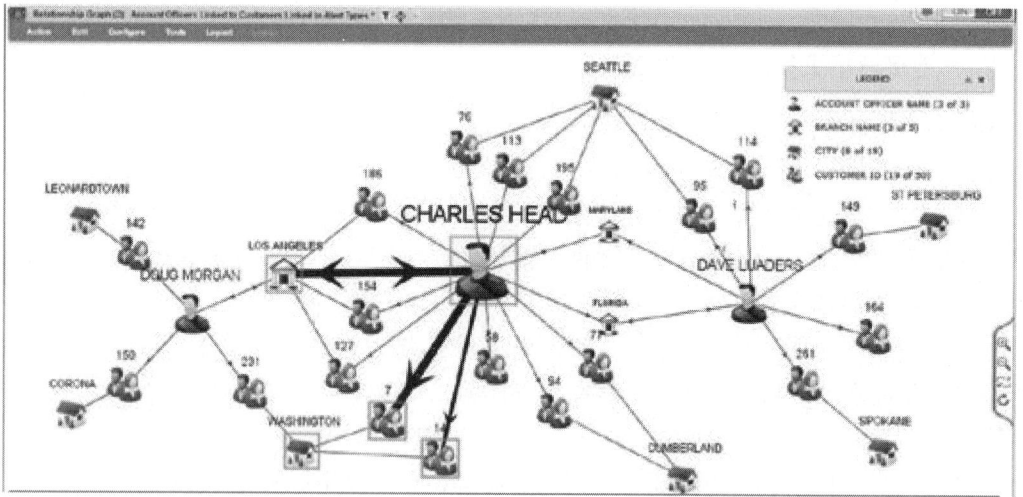

图 6.3　Centrifuge Systems 公司“可视化网络分析工具”生成的诈骗犯网络图

目前，连接分析工具重要的应用是在司法领域，以美国为例，可以列举如下有代表性的项目：

（1）联邦调查局暴力犯罪侦察程序（ViCAP，FBI Violent Criminal Apprehension Program）；

（2）爱荷华州性犯罪分析系统（SCAS，Iowa State Sex Crimes Analysis System）；

（3）华盛顿州凶杀案调查追踪系统（HITS，Washington State Homicide Investigation Tracking System）；

（4）纽约州的凶杀案调查及跟踪（HILT，New York State Homicide Investigation & Lead Tracking）；

（5）新泽西州的凶杀案的评价和评估跟踪（HEAT，New Jersey Homicide Evaluation & Assessment Tracking）；

（6）暴力犯罪连接关系分析系统（ViCLAS，Violent Crime Linkage Analysis System）。

第三代工具，将可自动对数据集元素之间的联系进行可视化，辅助人工进一步探索分析。除了跟踪细微粒度级别上的连接关系，还可用于大数据集合，尤其适用于分析复杂和大规模合谋犯罪网络的结构特点，例如核心成员与下属群体之间的互动模式，以及整体结构。第三代工具目前尚处于预先研究阶段。

6.2.3　多代理系统

1．基本概念

多代理系统（MAS）[27]是在一个环境内多个相互作用的智能代理组成的电脑化的系统。MAS 可以用来解决许多很难或不可能用单个代理系统解决的问题。这里的"智能"包括一些规则，用于搜索、发现和处理的函数、程序及计算方法。MAS 已经用于社会网络分析等许多领域。

MAS 通常是指用电脑软件实现的代理，但也可以是由多个机器人和无人机组成，或由多人组成的一个或多个团队。

代理可以分为不同的类型：

（1）被动型代理，是无目标的代理，如在简单模拟中的障碍物、苹果或其他简单实体；

（2）主动型代理，具有简单的目标，如鸟群，或捕食模型中的狼与羊；

（3）复杂型代理，是具有认知和自组织功能的代理，可以进行很多复杂的计算。

MAS 中的代理有下列重要的特点。

（1）自主性：代理至少可具有部分独立、自治及自我意识。

（2）本地视角：由于系统太复杂，使得代理难于掌握相关知识，无法具有完整的全局性的系统视角。

（3）非集中性：没有总控制代理，除非系统只是单个系统。

2．多代理系统的自组织功能

MAS 可以具有自组织等控制模式，即使每个代理的策略很简单，但多个代理仍然可实现复杂的行为。代理可以使用多种公用语言和通信协议来共享知识，这种方法可使各代理的性能获得改进。例如智能物理代理基金会（FIPA，Foundation for Intelligent Physical Agents）的代理通信语言（ACL，Agent Communication Language）。FIPA 是一个由在代理领域的公司和学术机构组成的国际组织，其目标是为异质的代理和代理系统之间能够互操作而制订相关的软件标准。

MAS 也常被称为"自组织系统"，其解决问题的最佳解决方案是"不干预"。这与一些物理现象很相似，例如物理对象的能量最小化。在身受约束的世界中，物理对象往往趋向处于尽可能最低的能量状态。例如：许多汽车在早上进入一个大都市，在晚上离开该大都市。

MAS 的主要特征是灵活性，它可以扩大、修改和重组，而不需要重写应用程序；它也可利用冗余组件和自我管理的功能，迅速自我恢复和纠错。

6.2.4　动态网络分析的新进展

1. 元网络和元矩阵：基于收集数据的动态网络分析方法

元网络是一个多种节点，多种连接，多层次的网络。多种节点是指有许多类型的节点，例如，节点可以表示个人或地理位置等。节点通常可用于描述"谁（who），什么（what），何时（when），何地（where），为何（why）以及如何（how）"。多种连接是指许多类型的连接关系，例如，同事关系或朋友关系。多层次是指一些节点可能是多层次网络的成员。例如，某人既可以是多人组成的某一社交网络的成员，也可以是多组织构成的网络中某一子网络的成员。

1998 年，美国卡内基·梅隆大学教授 David Krackhardt（1950—，图 6.4 取自 http:// www.andrew.cmu.edu/user/krack/）和 Kathleen Carley 提出了一个基于 5 个主要关系模型的元网络（meta-network）分析方法[28]。该方法现在已经发展成为上述的 DNA。他们将这 5 个主要关系简称 PCANS（Precedence，Commitment of resources，Assignment of individuals to tasks，Networks of relations among personnel，and Skill linking individuals to resources），包括：优先度，拥有的资源，人员的任务，人员之间的关系网络，人员联系他人并使用其资源的技能。他们用"人员，任务和资源"等基本元素来描述具有指挥控制功能的社会网络组织，利用多个域来建立相互联系的多个子网络。

图 6.4　D. Krackhardt

美国卡内基·梅隆大学教授 Kathleen Carley（1956—，图 6.5 取自 http://public.tepper. cmu.edu/facultydirectory/FacultyDirectoryProfile.aspx?id=151）在 2003 年 6 月 17 日召开的第 8 届国际指挥与控制、研究与技术学术会议（ICCRTS）上，提出了网络实体的元矩阵（meta-matrix）概念[29]，是 PCANS（关注人、资源和任务）元网络方法实用化，以及研究使用元网络更有效地打击恐怖组织网络的重要进展。Carley 指出，以元矩阵为基础，可进一步建立新的矩阵来定量分析组织中的个人，任务及资源。实际上，几乎所有的组织都可以用网络实体元矩阵来描述并利用它来预测该组织网络的演化。作为元矩阵在打击恐怖组织网络中的应用，她在文献[29]中介绍了一个示例，详

图 6.5　K. M. Carley

见 6.3 节。

2. 潜在空间模型用于动态社会网络分析

近年来，潜在空间（Latent Space）模型已用于动态社会网络分析。

2002 年，A. E. Raftery 等人[30]提出了一种类似多维标度（Multidimensional Scaling）的模型，每个实体都与其在 p-维空间中的位置相关，如果两个实体在潜在空间中接近，则二者更容易相互连接。

2005 年，P. Sarkar 和 A. Moore[31] 扩展了上述静态模型，从两个方面研究社会网络建模。第一，将上述静态的关系模型扩展为动态模型，考虑了关系随时间的变化。第二，随着实体的数目 n 变大，模型可跟踪实体连接关系随时间的变化，并利用所获得的数据进行自学习。

这种扩展模型的每个实体均与 p-维欧几里德潜在空间中的一个点对应。这些点可随着时间变化而漂移，但不可能在潜在空间进行大的移动。在潜在空间中，如果实体相互接近，则更容易观察和预测实体之间将建立的联系，并易于实现可视化。

该模型使用了潜在空间相似性的内核函数，以便于处理实体数量与性能之间的分二次（sub-quadratic）关系；使用了低维 KD-树；在模型初始化时，利用一种新的高效的"多维标度动态适应"（dynamic adaptation of multidimensional scaling）将实体近似投影到潜在空间；在模型随后的不断更新中，采用一种有效的非线性局部优化的共轭梯度更新规则，在一次更新过程中每个实体分摊的时间是 $O(\log n)$。

该模型使用了高达 11000 个实体的试验和真实世界的数据，给出了计算时间的近似线性标度，提高了四种可选方法的性能。

该模型还试用了神经信息处理系统（NIPS，Neural Information Processing Systems）基金会的合作者们在过去十二年中提供的大量数据。该基金会是一个非营利性机构，其宗旨是促进生物和人工学习，机器学习，人工智能，统计学，计算神经科学（Computational Neuroscience），认知科学，心理学，计算机视觉，统计语言学，信息理论等学科的发展和交叉融合。

3. 多片层网络

2010 年，Peter J. Mucha 等在 *Science* 杂志上介绍了研究不同类型连边的动态网络分析方法取得的新进展[32]，可用于分析依赖时间、多标度、多种连接的社会网络，可将恐怖组织的各种信息整合起来分析，为反恐战争提供了新的分析工具。Mucha 是卡罗来纳跨学科应用数学中心教授，图 6.6 取自 http://mucha.web.unc.edu/。

图 6.6　P. J. Mucha

社会网络分析中的一个重要课题是检测关系紧密的节点群体

（被称为社区）的算法。Mucha 提出了一个研究网络基本功能的广义框架——多片层网络（Multislice Networks），可用于研究各种社区的结构。图 6.7 是多片层网络的示意图（取自文献[32]）。图中，用 $S=\{1, 2, 3, 4\}$ 表示 4 片层网络。A_{ijs} 表示片层 s 内部的连接（实线）。C_{jrs} 表示片层 r 和 s 之间的耦合，为清楚起见，片层间的耦合只用两个节点的连线（虚线）代表，如指定节点 j 为代表。图中描述了两种不同类型耦合：

（1）相邻片层之间的耦合，适于将片层排序；

（2）所有各片层间的全耦合，适于将片层分类。

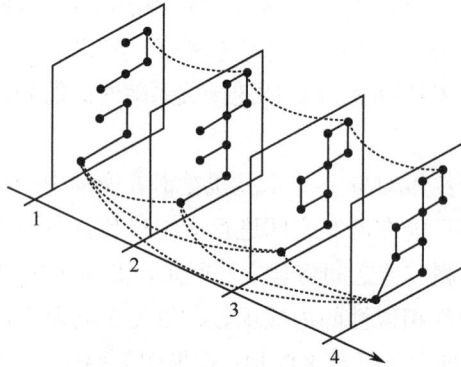

图 6.7　多片层网络的示意图

4．纵向网络

长期以来，在网络科学研究和应用中，许多人都将节点之间相互作用的时间予以记录。他们为这些网络起了多种名称，例如：关系事件（relational event）网络，有时间印记的（timestamped）网络，连续观察到的（continuously-observed）网络，含时网络（temporal networks），纵向网络（longitudinal networks）等。Doreian 和 Stokman（1997 年）出版了开创性的、关于社会网络演化的著作。他们指出，截至 1994 年，至少已有 47 篇社会网络的论文涉及时间因素，还有一些文章使用了含时间的数据，但是却忽略了时间分量[33]。例如，1961 年，社会心理学家 Newcomb 以大学新生为对象进行过一项实验[34]。他为参加研究的大学新生免费提供普通学生公寓住房，交换条件是他们接受和参加研究工作必需的调查和面谈。起初，他根据测验和问卷获得的结果，分配一部分特征相似的学生住在一起；分配另一部分特征相异的学生一起居住。此后，他不再干扰这些参试者的正常生活，只是持续地记录参试者提供的学生联谊过程随时间变化的数据。他最后的实验结论是：一起居住的特征相似的学生倾向于彼此相互接受和喜欢，并成为好友。而一起居住但特征相异的学生虽然同样朝夕相处，但还是难以相互喜欢并建立友谊。近年来有一些论著分析了这一数据的时间分量[33, 35]。2011 年，西点军校网络科学中心的 Ian McCulloh 发表了《检测纵向社会网络的变化》的论文[1]。其中也使用了 Newcomb 提供的大学生联谊数据（详见 6.3 节）。

6.3　McCulloh 将纵向社会网络变化检测用于反恐及军事训练

6.3.1　Ian McCulloh 简介

从 2004 年至 2011 年，Ian McCulloh（1973.3.31—，图 6.8 取自文献[2]）曾作为助理教授在美国西点军校工作，他先后教过多种课程，并在西点军校网络科学中心参加实施了多项科研计划，包括利用先进的计算方法改进美国特种作战司令部制订目标打击计划，制止恐怖组织设置"简易爆炸装置"（IED，Improvised Explosive Device），以及国家安全局下达的研究项目，为该中心发展做出了很多贡献。现在该中心已拥有 50 多名研究人员，是西点军校最大的研究中心之一。

从 2006 年以来，McCulloh 在西点军校网络科学中心开展了社会网络变化检测（SNCD，Social Network Change Detection）研究[36~40]，他于 2009 年在卡内基·梅隆大学获得博士学位，导师为 K. M. Carley。2011 年，Ian McCulloh 作为西点军校网络科学中心的助教，发表了《检测纵向社会网络的变化》的论文[1]。图 6.9 是 I. McCulloh，H. Armstrong 及 A. Johnson 于 2013 年出版的《社会网络分析及应用》一书。图 6.9 取自 http://www.amazon.cn/Social-Network-Analysis-with-Applications -McCulloh -Ian/dp/1118169476。

图 6.8　Ian McCulloh

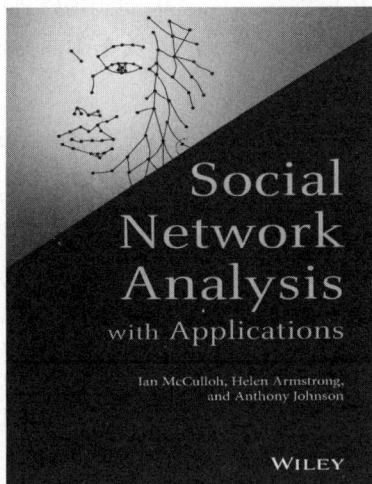

图 6.9　I. McCulloh, H. Armstrong 及 A. Johnson
于 2013 年出版的《社会网络分析及应用》

2011 年，McCulloh 离开西点后，在驻伊拉克美军中担任反 IED 业务主任，开设了先进的网络分析和目标计划（ANAT，Advanced Network Analysis and Targeting）课程，在伊拉克和阿富汗开展了高级情报培训，在美军中央司令部从事恐怖组织网络分析等工作。目前，他正在美国中央司令部主持有数百万美元经费的研究项目，进行信息战定量研究、设计和测量，以及信息战效能评估。与此同时，他在科学技术界也非常活跃，他是一个国际性研究期刊的编辑委员会委员，发表了 39 篇论文，出版了两本专著[39, 40]，还担任澳大利亚科廷大学研究员，以及在美国海军研究生院兼职教授。他还继续保持与西点军校的关系，赞助该校的研究项目，并指导暑期实习。

2013 年 11 月 13 日，McCulloh 作为美军中央司令部的中校，获得了美国情报和国家安全联盟（INSA，Intelligence and National Security Alliance，website: http://www.insaon-line.org/）第四届学术成就奖[2, 3]。文献[2]称赞"陆军中校 Ian McCulloh 是能够在全球性的科技研究与地面军事行动之间架设桥梁的典范之一，是当之无愧的 INSA Sidney D. Drell 学术奖获得者"。

6.3.2　纵向社会网络变化检测概述

1. McCulloh 首先提出社会网络变化检测

在 2006 年，西点军校网络科学中心的助理教授 Ian McCulloh 首先提出了社会网络变化检测（SNCD，Social Network Change Detection）的概念。此后，他撰写的有关 SNCD 的论文，已经发表在 2007 年在纽约召开的网络科学国际会议 NetSci2007，2008 年的社会网络分析国际会议，以及军事运筹学会 2008 年召开的"面临的新威胁和社会网络"研讨会[36]。

SNCD 将统计过程控制（SPC，Statistical Process Control）和动态社会网络分析这两个学科相结合，促进了组织行为学和社会动力学研究，可用于打击恐怖组织。SNCD 可能预测一个组织内部的变化、重要行为或事件。例如，一个组织内部的协调效率及其非正式领导人物的出现，恐怖组织准备和发动攻击的活动，都可能与该组织成员之间相互作用模式的变化相关联。系统而高效地检测这些变化并进行统计学分析，有可能对该组织活动进行早期预警及快速反应。

McCulloh 在文献[1]中指出，SNCD 采用了 SPC 的累积和控制图（CUSUM，Cumulative Sum Control Charts）方法及其应用工具软件包，检测了四组动态变化的纵向网络数据：第一组是 Newcomb 提供的大学生联谊数据[41]，第二组来自一些美国陆军军官为期一周的训练演习，第三组来自媒体公布的基地组织网络，第四组来自多智能体的计算机模拟。检测结果表明，SNCD 能够有效地检测纵向社会网络的变化，即使在这些数据中存在较高的不确定性。McCulloh 成功地将 SPC 方法推广应用到社会网络分析领域。

2. 重点研究的四种动态网络行为

McCulloh 重点研究了动态网络的四种行为，虽然不是动态网络的全部行为，但对于研究网络的变化是必不可少的。

（1）网络的稳定性

当在一个网络 Agents 之间的基本关系保持不变时，网络具有稳定性。这时观察网络可能出现误差（Killworth 和 Bernard，1976 年；Bernard 和 Killworth，1977 年）。当该网络是稳定的，如果检测到网络的变化，则可能是由于观测误差。例如在稳定的工作环境中，虽然基本关系不变，然而，由于随机噪声、工作需求变化及抽样误差，仍然会使网络检测出现波动。

（2）内源性变化

当个人的目标和动机等因素驱动网络演化时，网络发生内源性变化。例如，陆军中由 20～30 名士兵组成一个步兵排，由于个人之间互动、分享认知和经验，可能引起内源性变化。这正是"面向行动者（actor-oriented）模型"（Snjiders，2007 年）的研究重点，它利用统计学发现结构和组分驱动网络演化的重要行为。以类似的方式，多智能体模拟方法利用指定代理级行为，研究内源性变化并预测网络演化。

（3）外生性变化

外生性变化是由于 Agents 之间相互作用引发的变化。此变化引发的未来事件是独立于以前的事件。这意味着，现有模型无法推测未来的网络动态。例如，一个步兵排遭到敌人攻击就将引发外生性变化。在敌人的进攻中，战士之间的相互关系出现很大变化。战士之间的相互作用无法预测这一外源性变化。在其他情况下，外源性变化发生的原因有很多。经济资源的短缺可能导致裁员，这将显著影响社会网络，与内生性变化无关。这种外源性变化可能引发网络的剧变。也可能只是小的变化，例如当一个新人加入某一社会群体，或某公司获得更便宜的资源，或一组员工发现完成任务的更好方法。

（4）初始性变化

纵向网络行为的初始性变化是指由外生性变化引发的一系列内源性变化。例如，步兵排一些战士的英勇或怯懦的行为，可能会影响邻近的其他战士，进而影响网络中 Agents 之间的交互，并引发内源性的网络演化。

为了检测网络动态和网络行为，描述在稳定性、内源性、外源性及初始性变化之间的差异是很重要的。这些变化不是人们所想象的周期性变化或事件驱动的变化，也不是其他文献中讨论过的变化。分析纵向网络问题的第一步是从统计学视角来确定一个组织发生变化的时间。例如，Johnson 等人（2003 年）研究了在南极考察队的人际关系网络。在三个不同的年份，有三个类似的考察队。对每个考察队，每月收集一次人际关系网络数据，连续收集八个月。Johnson 研究了三个考察队纵向人际关系网络的变化。从理论上讲，这些类似的考察队应该表现出类似的演化行为。在其中的一个考察队中，出现领导人"失踪"的外生性变化，"部分原因是他受到一个被孤立的船员骚扰"。这一外生性变化显著影响了该考察队人际关系网络的演化行为，导致三个考察队人际关系网络出现很大差异，Johnson 根据这种差异找到了其中的原因。SNCD 提供了一个方法来实时地统计识别网络行为的显著变化，发现引发变化的节点，找出变化的潜在原因，并确定该外生性变化引发的一系列纵向行为。

McCulloh 提出的检测纵向网络变化的方法，可以快速检测网络的变化。他不是在预测未来的变化，而是迅速地识别出一个正在发生的变化，并提供该变化的统计学数据。

3. 研究快速检测纵向网络变化的三个原因

McCulloh 介绍了研究快速检测纵向网络变化的三个原因。

第一个原因，可以实时监控和分析某一组织的动态社会网络，以快速响应该网络的变化：如果它具有正面作用，可以促进其改变，如果它具有负面作用，可以减轻其对该组织的影响。例如，在该组织实施某一政策之前，先在其成员网络中进行讨论和交流。有时，某一政策导致的网络演化也可能不利于该组织（Rogers，2003 年），领导者可以快速检测实施该政策引发的负面变化，及时改进政策并观察其效果。另外，恐怖组织实际上是在很早以前就开始策划发动攻击，军事情报分析员检测该网络的急剧变化，可以在攻击发生之前，发现该组织的各种准备活动。

第二个原因，社会科学家也可将 SNCD 方法用于研究某一组织的变化，帮助现有的方法，例如指数随机图和面向行动者模型，避免退化（degeneracy）和不收敛的问题（Handcock，2003 年）。SNCD 可以识别纵向网络的变化，例如帮助 Johnson 确定和分析在南极考察队数据中的外生性突然变化（Johnson 等，2003 年）。社会科学家能够利用先利用 SNCD 检测纵向网络较短时段的变化，然后再利用其他方法对此时间段的数据进行深入分析，并可避免退化和不收敛问题。

第三个原因，SNCD 方法可确定网络变化的时间段范围，帮助研究人员发现潜在的外生性突然变化，并对特定时间段进行更多深入研究，分析导致网络群体改变的基本条件。如果社会科学家们在每天或每周都连续监测网络，就可以利用纵向网络分析开辟新的研究方向。

SNCD 是用于检测组织中行为随时间变化的统计方法。任何社会组织都不是一成不变的。随着时间的推移，其结构、组成和相互作用模式均可能发生变化。例如，当一个组织进行重组时，可能迅速出现变化。但通常更多的是出现渐进的变化：该组织要适应环境变化的压力，其领导者个人作用的增大或缩小。通常，这些渐进的变化会导致质的变化。然而要注意，重要的是，正常的日复一日的小变化孕育着较大的改变。SNCD 面临的重大挑战之一是建立检测纵向网络变化的指标体系。

6.3.3　背景知识

纵向社会网络数据可以很容易地从互联网的博客和电子邮件获得。纵向网络分析日益广泛地用于在线引文网络，专利数据库，电话网络，基于电子邮件的网络，社交媒体网络等。

现有检测社会网络变化方法的数量并不多。海明距离（Hamming，1950 年）通常用在二进制网络中，测量两个网络之间的距离。欧几里德距离用于加权网络（Wasserman 和 Faust，1994 年）。虽然这些方法可有效地用在静态网络中，但它们缺少一个基本的统计分布。这不利于分析人员利用统计学检测网络的变化（不是在网络中常见的杂波和扰动）。

SNCD 是一种监测网络变化过程的方法，可以确定何时网络结构发生显著变化及其原因。它将社会网络分析与 SPC 相结合，可通过检测纵向网络数据来发现其变化。它利用 CUSUM 来描绘纵向网络度量参数的变化，从而检测网络的变化。对于那些不熟悉 SPC 的人而言，应注意的是，事实上并没有什么"控制"。"控制"一词最早是来自其在质量控制中的应用。质量工程师试图通过检测生产线的统计数据来监控生产线的异常情况，减轻生产线进程的负面行为，并改进生产流程和产品质量。现在，McCulloh 在 SNCD 的应用中，使用了 SPC 的若干快速检测的统计学算法，监测纵向社会网络统计数据中的反常现象，进而发现网络的变化并迅速采取应对措施。

现在已经有度量网络的多种参数，包括：网络级的度量参数，例如密度（density）等；节点级的度量参数，例如度集中性（degree centrality）等。SNCD 可使用网络级或节点级的网络度量参数，但 McCulloh 在本项研究中更注重于网络级的度量参数，将网络的变化作为一个整体来研究。例如，对于每个时间段，使用了整个网络节点的平均介数（average of betweenness）（Freeman，1977 年），而不是一个单一节点的介数。平均介数可以描述团队的凝聚力，以及在整个组织中有影响人物的分布。还使用了密度（Coleman 和 More，1983 年），平均接近度（average closeness）（Freeman，1979 年），以及平均特征向量集中性（average eigenvector centrality）（Bonacich，1972 年）。这四项度量参数从不同视角描述了团队的凝聚力，可用于检测网络的变化。另外，在虚拟的实验中，也使用了最大值、最小值及标准误差等节点级度量参数，以便研究 SNCD 的局限性。

一个值得关注的问题是上述度量参数的标度不变性。为了在不同时间段比较各种度量参数，必须将它们标准化。有关网络度量参数标准化更详细的信息，见 Bonacich，Oliver 和 Snijders（1998 年）。卡内基•梅隆大学"社会和组织系统的计算分析中心"的 Kathleen Carley 开发了软件包 ORA，用来计算多种信息的网络平均度量参数（Carley 等，2009 年）。

1. 统计过程控制

SPC 是质量工程师用来监控工业过程的技术。他们通过一定时间间隔的定期取样，利用 CUSUM 计算统计指标参数的变化量，检测一些工业过程的变化。如果统计量超出决策区间（decision interval），则 CUSUM 发出该过程可能发生变化的"信号"，质量工程师立刻调查确定是否真的发生了变化，发生变化的时间，以及这个过程是否需要重置或改进，以避免公司的财务损失。CUSUM 须经常优化，以提高其检测变化的灵敏度，同时最大限度地减少误报。

McCulloh 研究了三种控制图方案，包括 CUSUM（Page，1961 年），指数加权移动平均（EWMA，Exponentially Weighted Moving Average）（Roberts，1959 年），扫描统计（SS，Scan Statistics）（Fisher 和 MacKenzie，1922 年；Naus，1965 年；Priebe 等，2005 年）。CUSUM 主要用于纵向网络分析，提供变化发生的时间点（变化点检测），而不是简单地报告变化发生（变化检测）。其他两种方法用于虚拟实验中的网络模拟，研究评估 SNCD 的性能。

2. 累积和控制图

1961 年，Page 提出了 CUSUM 并用于改进传统的 Shewhart（1927 年）的 x-条形图。CUSUM 可以检测顺序概率比（sequential probability ratio），用先前的观测数据来确定随机过程的变化。Moustakides（2004 年）表明，CUSUM 是检测正态分布过程特定时间段变化的最有效方法，它利用了该过程的均值。遗憾的是，在大多数应用中研究者无法事先知道变化的大小和类型。此外，该过程可能不是正态分布。质量工程文献中包含了许多探索 CUSUM 变化的不同幅度、条件和种类，并预测分布的类型。

CUSUM 依次顺序地比较统计量 C_t 与决策区间 h，直到 $C_t > h$。由于对得出网络过程无变化的结论并不感兴趣，所以 CUSUM 统计数据 $C_t^+ = \max\{0, Z_t - k + C_{t-1}^+\}$。如果这个规则没有得到执行，则控制图需要更多地观测网络。如果 $C_t < 0$，则发出网络急剧变化的信号。C_t^+ 与常数 h^+ 进行比较。如果 $C_t^+ > h^+$，则表明网络的测量值增大。同样，如果 $C_t^- > h^-$，则表明网络的测量值减小。

可利用两个单边控制图在从两个方向监视网络变化。一个图用于监视网络测量值增大，另一个图用于监视网络测量值减小。如果该进程仍然在控制中，则 $C_t^\pm$ 将在零上下波动。当 $C_t^+ > h^+$ 或 $C_t^- > h^-$，则两个单边控制图表明网络发生了变化。

3. 指数加权移动平均控制图

Roberts（1959 年）提出了指数加权移动平均（EWMA，Exponentially Weighted Moving Average）控制图，用于监测一个过程的平均变化。与子集 t 关联的 EWMA 是 $W_t = \lambda \bar{x}_t +$

$(1-\lambda)W_{t-1}$，其中 $0<\lambda\leqslant 1$ 是分配给当前子集的平均权重，且 $W_0=\mu_0$。λ 的共用值是 $0.1\leqslant$ $\lambda\leqslant 0.3$。观察全部 T 子集，统计量 W_T 被用于描述决策区间 $\mu_0\pm L\sigma_{\bar{x}}\left[\dfrac{\lambda}{2-\lambda}(1-(1-\lambda)^{2T})\right]$，其中 L 是一个常数，是决策区间的宽度。

　　Lucas 和 Saccucci（1987 年）（另见 Saccucci 与 Lucas，1990 年）研究了在 EWMA 给出变化信号之前，L 和 λ 的不同组合对于观测值的平均数产生的影响。所选组合的假阳性率对于每个图均相同。他们发现，使用 λ 的较小值时，EWMA 适于检测过程的微小变化。相反，使用 λ 的较大值时，EWMA 适于检测过程的较大变化。Hunter（1986 年）和 Montgomery（1996 年）研究了 EWMA 的表现，并认为它与 CUSSUM 的表现相类似。此外，EWMA 是适用于 SPC 的一种时间序列方法。因此，与 CUSSUM 相比，EWMA 也是一个很好的候选者。

4．扫描统计

　　扫描统计（SS）分析（Fisher 和 Mackenzie，1922 年；Naus，1965 年；Priebe 等，2005 年），也称移动窗口分析（moving window analysis），用于研究在某种本地信号中存在的随机区段。利用一个小窗口观察结果来计算一个局部统计。McCulloh 在当前时间段中连续使用宽度为 7 的观察窗口，并且把窗口平均值用于局部统计。增加窗口宽度可降低误报的可能性，但却可能使检测到发生变化的可能性下降。减小窗口可提高检测变化的灵敏度，但会增加误报的概率。决定选用宽度为 7 的窗口，与此前（Prieb 等，2005 年）利用 SS 方法并采用宽度为 7 的窗口检测纵向网络变化的做法一致。如果统计量超出决策区间，则可以推断在网络中可能发生变化。

5．对于概率分布的假定

　　McCulloh 对于使用 SPC 软件程序的性能和误报概率分布有如下假定（Distributional Limitations）：被监控的随机网络连接度为正态分布。此假设显然不完全符合网络应用的实际：在 Erdos-Renyi 类型的随机网络中，网络连接度呈现正态分布（Erdos 与 Renyi，1959 年；Alderson，2009 年）。但是在其他网络中，如无标度网络中的因特网和某些生物网络，网络连接度的分布会发生偏移，并对误报率可能会产生不利影响。图 6.10 显示了正态分布和右偏态分布采样数据随样本数增加的波动。此时右偏态分布的数据增幅超出了决策区间，这将加大检测网络变化的难度，并且加大误报的可能性。McCulloh 指出，一些社会科学家不相信通过定量分析和统计分布可以捕捉到足够数量的群体（Brown 和 Morrow，1994 年）。SNCD 研究有助于在社会科学中采用定量方法，虽然它检测到的网络变化并不能确切证明该组织实际上已经改变了。它只是检测该组织网络度量参数统计数据的显著变化。由于未考虑其他原因对该组织的影响，有可能出现误报。SNCD 只是提醒一个变化可能已经发生。社会科学家和分析人员可以用其他许多不同的方法来确定是否已发生改变，这种变化的性质及原因。SNCD 有助于迅速识别可能的变化，帮助缩小搜索的范围。

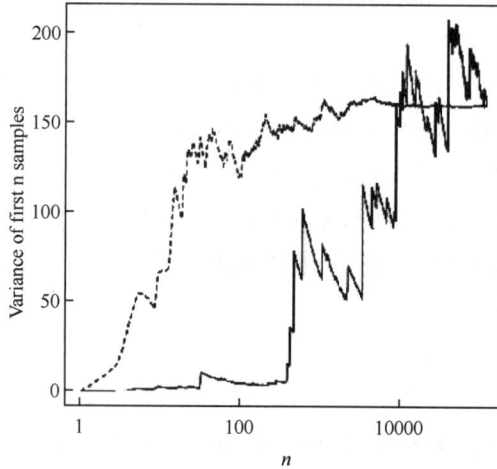

图 6.10　正态分布和右偏态分布采样数据随样本数增加的波动

6.3.4　数据

McCulloh 用三组真实数据和一组模拟数据来验证和评估 CUSUM 检测纵向社交网络变化的准确度。包括 Newcomb 收集的大学生社交网络数据集；美国陆军 Leavenworth 基地军官训练演习的社交网络数据集，以及 al Qaeda 基地组织社交网络数据集。人工简单分析这三组数据集不可能确定"真实"变化的时间点，McCulloh 使用了 SNCD。考虑到可能存在不同的"故事"会导致不同的变化点，还使用了多 Agents 模拟生成的数据集来确定"真实"变化的时间点。在模拟中，分别运用 CUSUM，EWMA 及 SS 等方法来找出改变点，并进一步对比了网络层面的多种度量参数的检测结果。

1. Newcomb 收集的大学生社交网络数据

第一组数据集是 Therdore Newcomb（1961 年）在密歇根大学收集的。参试者包括 117 名刚转学的学生，之前在该大学没有熟人，他们住在为参试者免费提供的同一栋宿舍楼中。要求参试者对其偏好的人进行从 1 到 16 的排名，其中 1 号是他们的第一选择。每周收集一次数据，共 15 周（不包括第 9 周）。David Krackhardt（1998 年）指定参试者与排名 1～8 者均建立一个连接，而与排名 9～16 者不建立连接，从而获得了二分法的网络数据。图 6.11 显示了 Newcomb 收集的第 8 周的社交网络。计算出了从第 1～5 周的网络平均介数和及平均接近度的标准误差，以确定典型的社交行为。然后计算所有时间段的

CUSUM 统计量。请注意，Krackhardt 采用的二分法导致网络密度在所有时间段不变，这种方法不可能发现网络的变化。

2. Leavenworth 陆军基地的训练演习数据

第二组数据集是堪萨斯州 Leavenworth 陆军基地的训练演习数据，由 Craig Scchreiber 在 2007 年 4 月收集。68 名军官参加了此次为期 4 天的团司令部参谋人员训练演习，要求每人每天报告两次数据，演习共分 8 个时间段。如果某一人与另一人有直接联系，则予以记录。第二天（时间段 3）之后，旅长召开会议严厉批评参谋人员之间缺乏协调沟通。此后，Scchreiber 在记录数据中检测到参谋人员人际交往网络中的显著变化及此变化发生的时间点。他以此数据验证了 SNCD 方法。图 6.12 显示了 Leavenworth 基地演习数据集在时间段 4 之后参谋人员的人际交往网络。利用前三个时间段的网络来估算密度（density），平均介数（average betweenness）及平均接近度（average closeness）的平均误差和标准误差。以此为典型行为，可计算其他时间段的 CUSUM 统计数据。利用上述实例的数据集可以验证 SNCD 方法，还可以利用计算机模拟的结果数据来进一步定量评估此方法的性能。

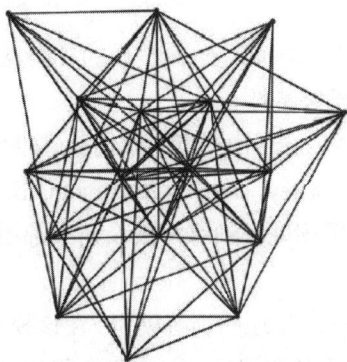

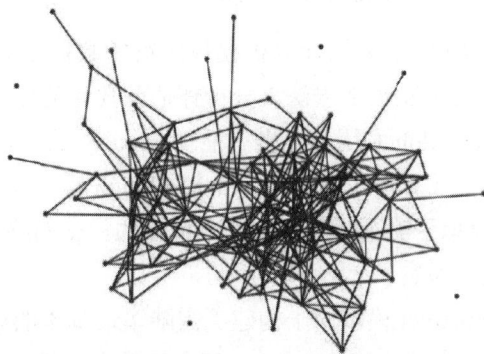

图 6.11　Newcomb 收集的第 8 周的社交网络　　图 6.12　在 Leavenworth 基地演习的时间段 4
之后的参谋人员人际交往网络

3. Al Qaeda 基地组织通信网络

第三组数据集是卡内基·梅隆大学的"社会计算分析和组织系统中心（CASOS，Center for Computational Analysis of Social and Organizational Systems）"提供的自 Al Qaeda 基地组织成立以来，从 1988 年至 2004 年其成员之间的通信网络数据（Carley，2006 年）。该数据没有涉及通信类型、频率及内容，所有的连接都是无方向性的，没有指明谁是主动与人通信的。不能确定该数据的完整性，因为它仅包含从公开来源的信息。该数据的主要特点是描绘了时间步长为一年的基地组织通信网络图。这证明了 SNCD 方法在数据质量较差条件下仍然是很有用的。Bernard 和 Killworth（1979 年）曾认为"除非数据质量很高，否则检测（社会网络的）变化是无用的"。

McCulloh 利用上述每年的基地组织通信网络图，分别计算出该网络的平均介数、接近度和密度等参数并绘制出曲线图。所有这些参数在 1988—1994 年一直在增加，然后趋于平稳。出现平稳期有多种原因，例如，在基地组织的最初几年，恐怖组织网络规模较小，搜集的情报较少；后来，该组织快速发展，网络结构更大而复杂，情报搜集又遇到新的困难。

SNCD 应用于网络变化检测的一个必需条件是：在一定时间段内可获得确定的数据。因此，先计算了从 1988 年至 1994 年度量参数和标准误差的平均值，然后才能用 CUSUM 检测从 1994 年到 2004 年基地组织通信网络的变化。图 6.13 是 2001 年基地组织通信网络图。

图 6.13　2001 年基地组织的通信网络图

4．计算机模拟所得的数据

McCulloh 采用计算机模拟所得的数据是为了在某个时间点插入假设的社会网络变化，然后用 SNCD 方法来分析评估此变化的原因及效果等特性。

McCulloh 利用基于多智能体（multi-agent）方法的 Construct 模型（Carley，1990 年；Schreiber & Carley，2004 年；McCulloh 等，2008 年；Carley，Martin & Hirshman，2009 年），模拟了美军步兵连 100 个节点的社交网络，并在美国陆军训练与条令司令部用于训练士兵和军官。

Construct 模型用于构建美国陆军最基本的单位——步兵连的训练模型。在该模型中，4 个士兵分成一组（team）。两个组加班长组成一个 9 人的班（squad）。三个班加三位指挥人员组成一个 30 人的排（platoon）。三个排和 10 位指挥人员组成一个连（company）。每个士兵将学习整个连队所需的各种技能。例如，每一个组将有一名自动炮手、一名掷弹兵和两名步兵。其中一名成员还要学习医疗救护，另一名还要学习爆破作业，其他两名将学习捕捉俘虏。每个战士均要具备隐蔽、态势感知、体能、智能、军事队列和机动等各种能力。

Construct 的三个关键特性是：

（1）模拟随时间变化的社会网络；

（2）特定的时间进行"干预"，使该网络出现设定的变化；

（3）利用真实的数据，使该网络进行假设（what-if）的推理和演化。

Construct 的 Agent 可模拟各类人员的特征。例如，他们"知道"各种信息，有不同的信仰。每个时间步，Agent 可以选择其他若干人进行通信、交流，还可以自学习。Agent 优先选择交互的对象是其他具有相同性质的知识、信仰、任务、功能 Agent，或邻近、相似的 Agent。多个 Agent 可通过学习新的信息、协调来达成共识。这些相互作用可导致 Agent 共享知识，具有以更多知识为基础的同质性。差异很大的 Agent 之间不太可能进行交互。

在此模拟中，由组织形式确定成员之间联系的接近度。同一班组的成员彼此更加接近，比排和连队的其他成员的联系更密切。在模拟初始化时，为每个 Agent 随机赋于 500 位的知识数据，使其可拥有 3.27×1023 种不同的知识组合。当 Agent 共享信息、相互作用时，允许更改各自的知识组合，从而使他们变得更加相似。

该模拟通过调节赋于各成员同质性（homophily）、接近性（proximity）及社会学统计参数（sociodemographics）的相对权重来进行试验验证。在 2008 年，4 位军事领域的专家确认该模型的模拟结果符合他们在部队有关士兵之间相互联系的经验。

该模型分 30 个时间段模拟了所有的 Agents。在第 30 个时间段，模拟了无线电故障及敌人进攻造成在网络上出现的变化及造成一些 Agents 失去联系。图 6.14 和图 6.15 显示此变化前后模拟的网络图。此模拟被反复进行 1 万次，用于计算出变化检测的平均时间及误差。

图 6.14　变化前模拟的网络图　　　　图 6.15　变化后模拟的网络图

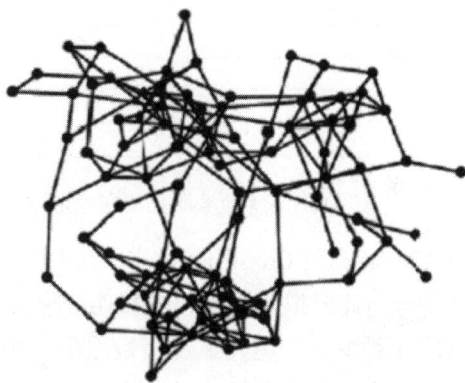

6.3.5　虚拟试验方法

McCulloh 采用计算机模拟数据，通过一系列更加受控的虚拟实验，进一步研究、应用和评估 SNCD 方法。他选用了累积和控制图（CUSUM）、指数加权移动平均（EWMA）及扫描统计（SS）三种控制图，可对任何节点或网络进行随时检测，可计算网络多个连续时间段的密度、平均接近度及平均介数集中性等参数。此参数的均值和方差是用网络的样本均值和样本方差来计算，可被认为是"典型"的网络参数值。至少需要用两个网络来估算这些参数值。如果采用更多"典型"的网络，则计算出的此参数值就更准确。用此参数值可以计算 CUSUM 的 C^+ 和 C^- 统计参数，EWMA 和 SS 所需的其他统计数据。在决策区间中对比这些参数，可以判断在控制图中是否出现网络将发生变化的信号。当发现此信号后，可以利用 CUSUM 过程的 C^+ 和 C^- 参数跟踪变化点、继续运行控制图并计算度量参数。

SNCD 只是表明一个变化可能发生。应根据在变化点附近的各种数据来判断网络是否已经发生了变化，以及其在变化后是否又趋于稳定。误判当前变化可能导致后续的变化检测出错。

McCulloh 利用上述三个真实的数据集介绍了 CUSUM 方法及其实际应用，并通过计算机模拟探讨了更多的细节。三个真实数据集的决策阈值被设定为 3.0。如果网络参数值呈正态分布，则出现误报（I 类错误）的风险将为 0.01（Galbbreath，2008 年）。如前所述，如果网络参数的分布是右偏态分布，误报的可能性将增加。然而，三个数据集在稳定控制时间段（stabilized in-control period）中的网络参数并没有违反正态分布的假设，如图 6.16 所示，呈现正态概率分布。

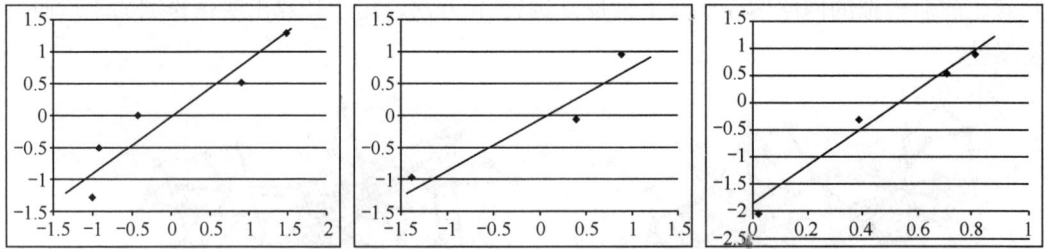

图 6.16　三个真实数据集在稳定控制时间段网络参数的正态概率分布曲线

McCulloh 利用 Construct 建立了步兵单位的模型，进行了各种虚拟实验，模拟了步兵的作战训练。此模拟分为班、排和连三种级别及 500 个时间段，研究了这些单位人际关系网络的 4 种变化，建成了 9 个数据集。在班一级的模拟中，有 3 种变化是不可行的。这 4 种网络的变化都来源于军事通信这一影响步兵单位的共性问题。

第一种类型的网络变化是指挥机构与部属失去联络。指挥机构，对于一个班，就是班长；对于一个排，是排长及助理军士（sergeant）和无线电话兵；对于一个连，是包括连长等 10 人组成的指挥所，可称最基层的司令部。司令部与所属单位失去联络最常见的原因是无线电故障及敌军的攻击。这是战场态势的一种很重要的变化，需要快速和有效地转换指挥控制的方式和机制。在虚拟实验中的第 20 个时间段，开始切断司令部与所属部队的联系。此后，继续模拟作战并计算在其余时间段的网络参数。

第二种类型的网络变化是损失一个下属部队。损失一个下级部队的原因是其重要单位发生意外事故、无线电故障及敌军的攻击。在虚拟实验中不模拟步兵班的这种变化，因为一个班只有两个组，损失一个组就意味着伤亡过半。模拟步兵排的这种变化是第 20 个时间段损失一个班。模拟步兵连的这种变化是第 20 个时间段损失一个排。可以增加损失下级部队的数量，进一步测试 SNCD 方法的性能。

第三种类型的网络变化是增加一个下属部队，通常是因为加大作战任务。在虚拟实验中也不模拟步兵班的这种变化，因为通常一个班长只适于管理两个组 8 个士兵。模拟步兵排的这种变化是增加一个班。模拟步兵连的这种变化是增加一个排。

第四种类型的网络变化是临时增加或减少通信任务。例如，增加一个侦察行动，其中无线电功率必须加以限制，严格遵守对噪音的规定。另一个例子是无线电故障。模拟这种变化是第 30~40 时间段派出一个班，网络参数将被记录。这种变化只出现在排和连级模拟中。

表 6.7 列出了各种虚拟实验。模拟的输出是记录的每一时间步长的参数及曲线图。不同 SNCD 方法则用于分析网络中随时间发生的变化。

表 6.7　虚拟实验

参数变量	数量	数值
网络规模	3	9，30，100
网络变化的类型		
指挥机构与部属失去联络	2	第 30 时间段切断司令部与所属部队联系
损失一个下属部队	2	第 30 时间段损失一个直属部队（部队等级不包括班）
增加一个下属部队	2	第 30 个时间段增加一个班（部队等级不包括班）
临时增减通信任务	2	第 10 时间段派出一个直属部队并相应减少现有部队数（部队等级不包括班）
网络节点	18	3（网络规模种类数）×4（变化种类数）×2（部队等级数，包括班）
重复运行次数	25	
单独运行次数	450	

表 6.8 列出了网络模拟的度量参数。

表 6.8　网络模拟的度量参数

平均介数	接近度的标准误差
最大介数	平均
介数的标准误差	最大
平均接近度	最小
最大接近度	特征向量的标准误差

6.3.6　结果

McCulloh 提出的方法成功地用于检测多种数据集中的变化。图 6.17 为利用 C statistics 统计学工具绘制的 Newcomb 大学生社交网络数据集的平均介数随时间变化曲线。

CUSUM 可分别检测平均介数的增加或减少，但不能同时使用。因此，检测每一个社交网络都必须用两条控制图曲线，分别用于检测平均介数随时间增加和减少的数量。如图所示，社交网络在时间段 10 将发生变化。但是，实际上是在最后的时间段，C statistics 统计数据为 0，网络发生了变化。此变化点对应时间段 8，即在学期结束前一周，学生们都闲着。虽然不能完全了解此时学生群组的社交网络活动及动态变化。但是，这些相关数据提供了重要证据。

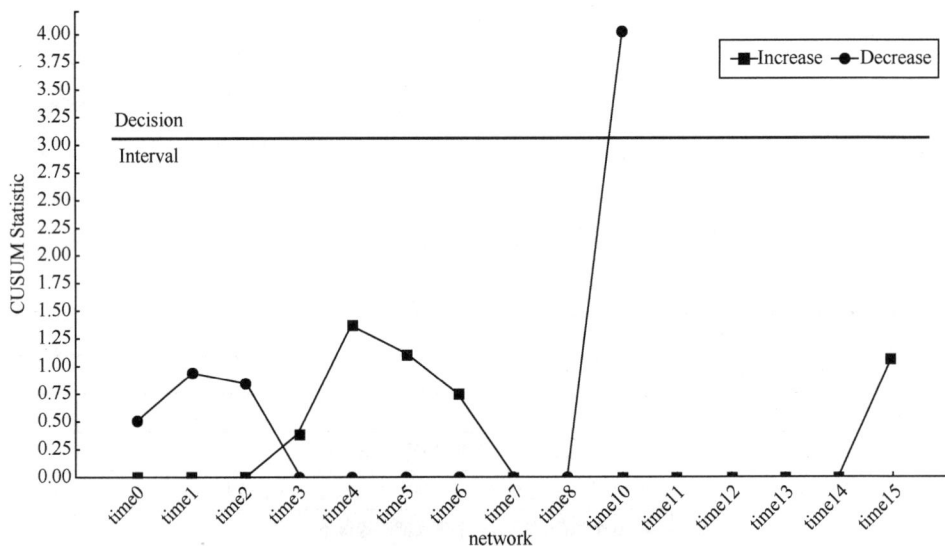

图 6.17　利用 C statistics 统计学工具绘制的 Newcomb 大学生
社交网络数据集的累积和控制图（CUSUM）

Leavenworth 数据集提供了对于 SNCD 的支持。图 6.18 利用 C statistics 统计学工具绘制的 Leavenworth 数据集的平均介数随时间变化曲线。在时间段 5，网络可能发生变化。但是，变化实际上发生在时间段 3，与旅长批评有关人员的时间相符合。

Al Qaeda 基地组织网络数据集汇总了在很长时间段内多个节点的数据。利用它能够检测出该组织历史上的一件大事。有人问，"能不能从该组织的社交网络检测出'9·11'事件？"或许更重要的问题是，"能不能确定该组织发生变化，开始计划此次恐怖袭击的时间点？"图 6.19 显示了利用 C statistics 统计学工具绘制的 Al Qaeda 基地组织通信网络数据集的累积和控制图（CUSUM）。

如图 6.19 所示，CUSUM 在 2000 年的统计数据超过了决策区限，这表明基地组织网络发生重大变化。据此监视基地组织的分析人员可发出"9·11"事件之前的警报。

CUSUM 能确定与"9·11"事件有关变化开始发生的时间点是 1997 年。为了解在基地组织网络发生变化的原因，分析师应该观察在 1997 年基地组织内部和外部环境发生的事件。

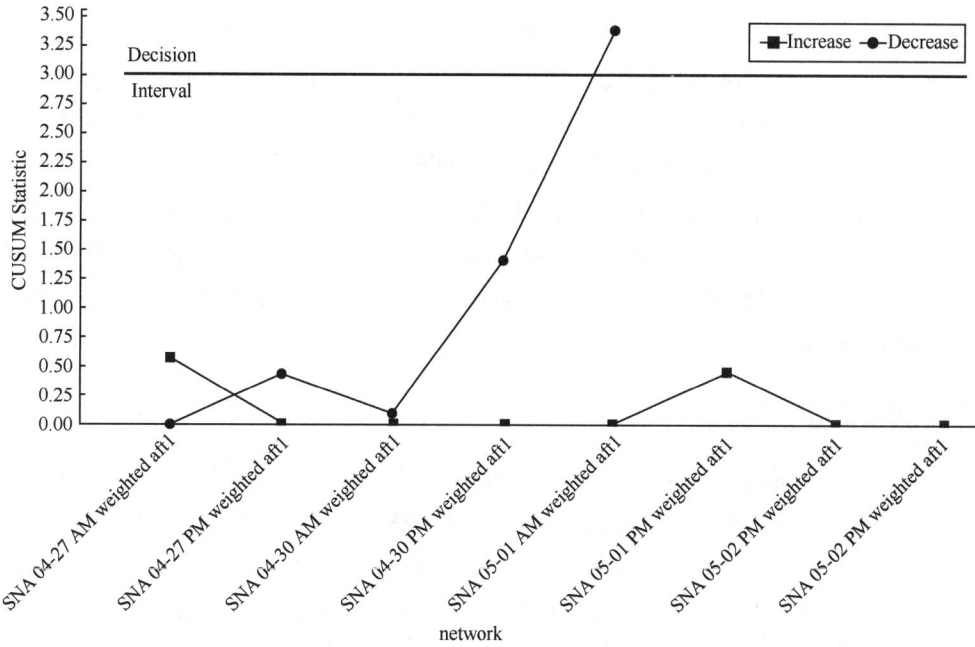

图 6.18　利用 C statistics 统计学工具绘制的 Leavenworth 数据集的累积和控制图（CUSUM）

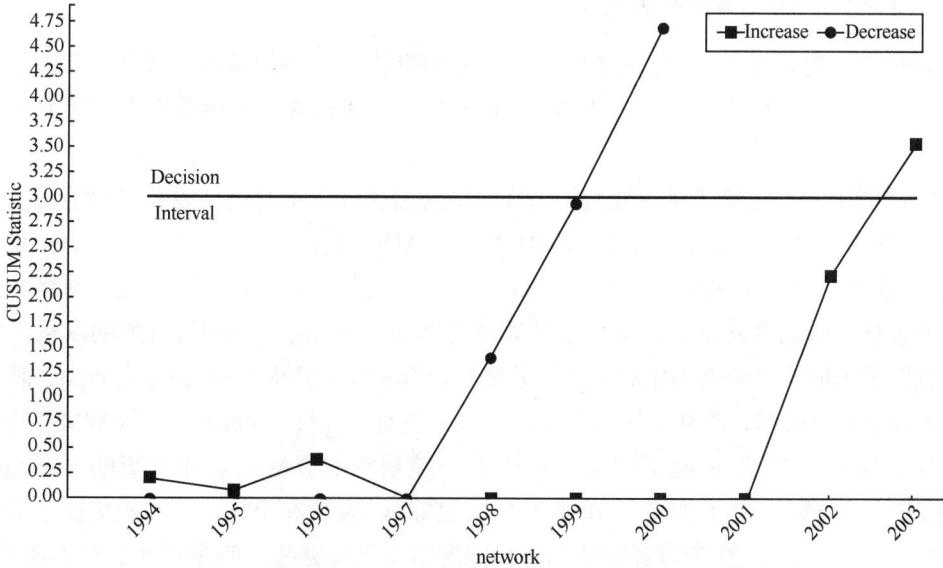

图 6.19　用 C statistics 统计学工具绘制的 Al Qaeda 基地组织
通信网络数据集的累积和控制图（CUSUM）

　　与基地组织和伊斯兰极端主义密切相关的几个重大事件均发生在 1997 年。6 名伊斯兰武装分子在埃及卢克索屠杀了 58 名外国游客和至少 4 名埃及人（Jehl，1997 年）。1997年，驻埃及美军及其盟军的演习遭到伊斯兰武装分子的多次攻击，被迫减少驻军。1998

年，扎瓦希里（Zawahiri）和拉登的会面被媒体公开，他们一直在策划未来的恐怖主义行动。1998 年 2 月，一个阿拉伯报纸鼓吹"国际伊斯兰阵线打击十字军和犹太人"。该阵线成立于 1997 年，领导人包括拉登，扎瓦希里，埃及伊斯兰促进会头目，巴基斯坦和孟加拉国圣战运动头目等。他们谴责美国外交政策的罪行，呼吁每个穆斯林遵从神的命令，杀死美国人并夺取他们的钱财（Marquand，2001 年）。半年后，在坦桑尼亚和肯尼亚的美国大使馆遭基地组织炸毁。因此，1997 年是基地组织和其他伊斯兰武装组织开始策划针对美国的恐怖袭击最关键的一年。重要的是，SNCD 方法可以检测并准确地确定何时基地组织发生变化。

1. 虚拟试验结果

McCulloh 利用社会网络模拟程序 Construct 及 SNCD 方法，进行了多种虚拟实验，可在设定时间点插入网络变化。采用了 CUSUM，EWMA 及 SS 等 3 种统计过程控制图。在模拟运行中的每个时间步，均记录 SNCD 方法检测网络变化的"信号"及其持续时间长度。通过多次独立运行，计算平均检测长度（ADL，Average Detection Length）。对比各种不同的变化和不同 SNCD 参数所得的 ADL，可评估 SNCD 方法的效能。

2. 指挥机构与下属部队失去联络

McCulloh 进行了三种级别指挥机构与下属部队失去联络的模拟，研究了网络规模对变化检测的影响。模拟了（30 人的排，100 人的连及 9 人的班）指挥机构网络 10% 的节点被去除。

在时间段 30，模拟了排指挥机构的 3 个成员被去除，所有时间段社交网络的度量数据均予以记录。表 6.9 显示了若干 SNCD 方法的 ADL 数据。从表中可知，平均介数是一个比介数最大值及其标准误差更好的 SNCD 的度量指标。对于各种不同规模网络及检测变化的各种不同标度的模拟，所得结果数据大都更符合实际。对于接近度的度量，无论是接近度最大值或平均值均比其标准偏差要更符合实际。然而，EWMA 在 $r = 0.3$ 时的接近度最大值相对较差，而其平均值在变化检测中更具强壮性（robust）。在 EWMA 的非网络应用程序中，参数 r 的不同测量标度对于控制图的灵敏度可能有影响（Lucas 和 Saccucci，1990 年；McCulloh，2004 年）。McCulloh 发现在模拟排指挥机构被去除中，EWMA 在 $r \leqslant 0.2$ 时，接近度最大值用于检测网络变化较灵敏，但在 $r \geqslant 0.3$ 时不够灵敏。需要进一步研究其他标度和网络规模的变化检测。使用特征向量中心性（eigenvector centrality）及其最大值和标准误差检测变化，似乎比其平均或最小值更灵敏。在这种情况下，特征向量中心性参数的表现似乎超过所有其他参数。

SPC 是用于检测变化的有效统计方法。图 6.20 显示了相同纵向网络模拟中的 4 幅图。上面的两幅图是网络介数随时间变化的曲线。下面的两幅图是 CUSUM 用相同介数计算

的统计量 C 随时间变化的曲线。两组图的左图显示网络在没有变化时段中的曲线。这些图显示了模拟中的随机波动。两组图的右图在显示在时间段 20 引入变化的曲线。使用 CUSUM 可清楚地检测到此变化。

表 6.9　SNCD 的 ADL 性能（步兵排领导机构与下属班的联络中断）

	CUCUM $k=0.5$	EWMA $r=0.1$	EWMA $r=0.2$	EWMA $r=0.3$	SS
平均介数	9.32	8.24	10.16	11.52	6.76
最大介数	14.36	14.72	15.72	17.08	13.24
介数的标准误差	16.44	16.24	16.92	18.52	15.24
平均接近度	10.68	9.08	13.60	17.52	10.48
最大接近度	8.76	6.00	10.60	37.96	8.64
接近度的标准误差	34.48	34.72	34.52	35.68	27.08
平均特征向量	31.28	31.28	31.28	31.28	24.00
最小特征向量	14.36	14.36	14.28	15.56	14.88
最大特征向量	5.24	5.40	5.80	7.52	4.00
特征向量的标准误差	5.92	4.88	6.40	6.96	3.64

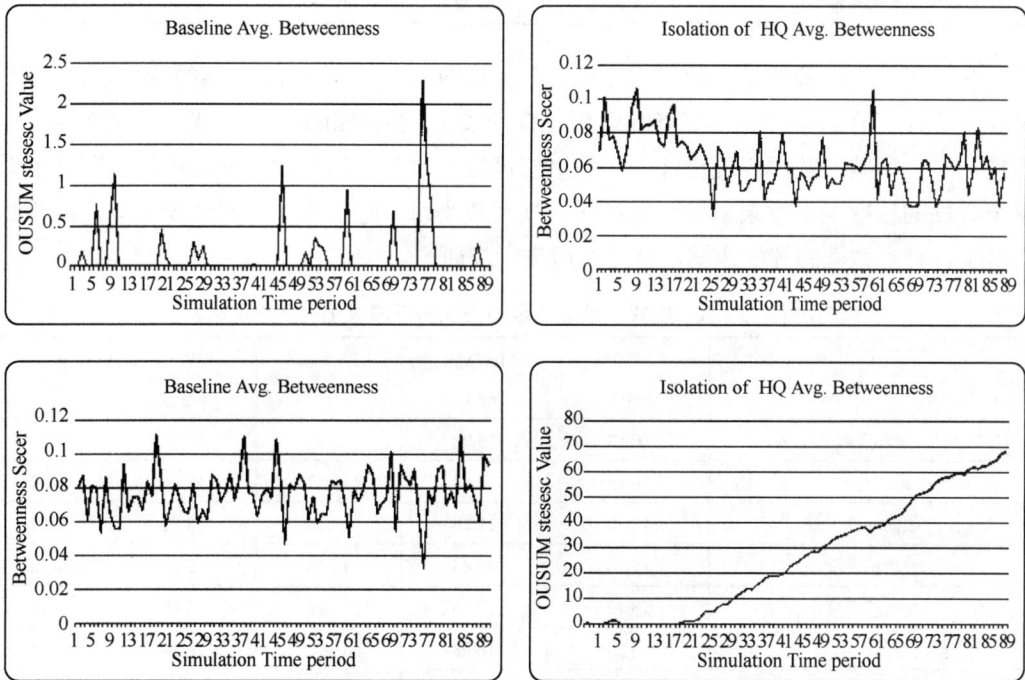

图 6.20　平均介数集中性（上图）与 CUSUM 的统计量 C（下图）的对比
［区分为无变化（左图）及有变化（右图）两种情形］

在时间段 30，模拟了连指挥机构与下属部队失去联络。连的网络有 100 个节点，其中 10%的节点被去除。表 6.10 显示了若干 SNCD 方法的 ADL 数据。平均介数在变化检测中比其最大值及标准误差更有效。接近度的成效与上述步兵排的情况类似。此时，最大特征向量中心性参数似乎不如其他参数有效。然而，特征向量中心性的标准误差仍然比所有其他参数更有效。

表 6.10　SNCD 的 ADL 性能（步兵连领导机构与下属排的联络中断）

	CUCUM $k=0.5$	EWMA $r=0.1$	EWMA $r=0.2$	EWMA $r=0.3$	SS
平均介数	11.16	11.08	10.20	13.48	6.96
最大介数	17.32	17.76	18.20	20.12	13.72
介数的标准误差	18.08	19.40	20.88	22.52	17.36
平均接近度	11.16	9.44	12.52	15.64	9.40
最大接近度	10.44	9.72	12.64	51.76	9.60
接近度的标准误差	41.88	39.48	42.20	43.44	40.76
平均特征向量	35.84	36.72	34.84	34.84	29.24
最小特征向量	16.00	17.96	17.88	16.76	13.60
最大特征向量	26.40	30.76	29.64	29.24	25.44
特征向量的标准误差	10.40	10.72	9.36	9.48	6.44

在时间段 20，模拟了去除班领导后其余士兵网络变化的情况，11%的节点是孤立的。表 6.11 显示了在班一级 9 个节点网络 SNCD 的表现。McCulloh 指出，尚不清楚在该网络的模拟中，哪些参数的表现更好。在网络规模增大时，平均介数、平均接近度和特征向量中心性的标准误差效果更好。但在网络规模较小时，它们也不一定就表现差。网络规模对于各种参数敏感性的影响，有待今后进一步研究。

表 6.11　SNCD 的 ADL 性能（步兵班长与下属战士的联络中断）

	CUCUM $k=0.5$	EWMA $r=0.1$	EWMA $r=0.2$	EWMA $r=0.3$	Scan
平均介数	16.12	15.76	16.32	17.92	12.32
最大介数	16.44	17.40	19.52	18.56	11.56
介数的标准误差	17.68	17.76	18.20	18.72	12.08
平均接近度	15.16	15.84	16.48	15.60	11.72
最大接近度	18.72	19.60	18.68	23.80	14.32
接近度的标准误差	16.20	16.08	15.22	16.24	12.88
平均特征向量	24.12	24.12	24.12	24.12	15.12
最小特征向量	17.84	18.48	17.04	18.08	12.36
最大特征向量	19.36	21.56	20.56	20.56	13.84
特征向量的标准误差	17.08	18.72	18.36	17.44	12.36

3. 损失下属部队

McCulloh 进行了损失下属部队的模拟，研究了变化幅度对变化检测的影响。对于 30人的排和 100 人的连，损失一个 9 人的班，相当于损失一个排的 30%，连的 9%，班的100%。没有模拟班的这种变化。

在时间段 20，模拟了步兵排有一个班被去除。表 6.12 列出了 ADL 的数据。可以再次看出，平均介数优于其他介数参数，接近度的表现类似前述的情况。在此变化类型和幅度下，最小特征向量中心性胜过大部分 SNCD 的最大特征向量中心性。特征向量中心性的标准误差仍优于其他部分特征向量中心性参数，但是不再是超过所有其他参数。

表 6.12　ADL 数据（步兵排损失一个班）

	CUCUM k=0.5	EWMA r=0.1	EWMA r=0.2	EWMA r=0.3	Scan
平均介数	6.69	6.00	8.68	12.16	8.12
最大介数	9.52	7.44	11.12	13.24	7.80
介数的标准误差	9.16	7.40	9.48	12.72	6.84
平均接近度	9.64	8.36	12.72	19.28	11.40
最大接近度	9.32	9.16	12.36	31.56	9.52
接近度的标准误差	18.96	16.44	19.40	26.24	17.04
平均特征向量	29.36	29.36	29.36	29.36	20.60
最小特征向量	10.08	9.64	12.24	12.60	10.28
最大特征向量	11.72	12.04	11.88	20.60	10.84
特征向量的标准误差	8.48	6.28	9.80	10.44	6.88

在时间段 20，也模拟了步兵连有一个排被去除。表 6.13 列出了 ADL 的数据。在损失下属部队的模拟中，与步兵排相比，需要更长时间来检测步兵连网络的变化。这意味着网络的规模可影响变化检测的速度。在此种变化检测中，平均介数、平均接近度和特征向量中心性的标准误偏差似乎优于其他参数。除了 EWMA 在 r=0.3 的情况，最大接近度均优于其他所有参数。

表 6.13　ADL 数据（步兵连损失一个排）

	CUCUM k=0.5	EWMA r=0.1	EWMA r=0.2	EWMA r=0.3	Scan
平均介数	13.64	11.72	13.80	20.60	12.68
最大介数	23.80	19.64	23.80	30.72	25.44
介数的标准误差	24.84	18.12	24.96	25.52	22.04
平均接近度	9.72	7.4	13.44	14.96	9.80
最大接近度	6.92	4.92	7.48	53.16	6.32
接近度的标准误差	45.44	47.92	47.96	50.88	43.68

（续表）

	CUCUM k=0.5	EWMA r=0.1	EWMA r=0.2	EWMA r=0.3	Scan
平均特征向量	34.72	36.60	34.72	34.72	30.60
最小特征向量	18.68	19.96	19.64	23.88	18.32
最大特征向量	18.28	25.80	25.00	27.20	25.88
特征向量的标准误差	9.52	9.92	11.88	15.32	8.72

4．增加下属部队

另一种类型的变化是增加一个新的下属部队。在时间段 20，还模拟了一个班被增加到排。结果见表 6.14。这种类型变化检测的速度较快。与上述类型的变化检测类似，对于平均介数优于其最大值和标准误差。平均接近度和最大接近度参数的表现均较好，但是，最大接近度不如 EWMA 在 $r=0.3$ 时的表现好。特征向量中心性的标准误差比其他特征向量参数的表现都好。

表 6.14　ADL 性能（步兵排增加下属班）

	CUCUM k=0.5	EWMA r=0.1	EWMA r=0.2	EWMA r=0.3	Scan
平均介数	1.60	1.52	1.68	1.72	1.00
最大介数	2.32	2.16	2.20	2.00	1.00
介数的标准误差	2.36	2.36	2.40	2.24	1.00
平均接近度	1.48	1.52	1.56	1.52	1.00
最大接近度	1.24	1.28	1.20	5.00	1.00
接近度的标准误差	3.44	4.60	4.20	3.48	2.64
平均特征向量	31.76	31.76	31.76	31.76	25.56
最小特征向量	6.24	5.60	6.16	6.80	4.20
最大特征向量	4.52	4.88	4.80	4.80	3.56
特征向量的标准误差	1.16	1.60	1.24	1.24	1.00

在时间周期 20，也模拟了一个班被增加到连。结果见表 6.15。平均介数、平均接近度和最大接近度参数的表现均好。出人意料的是，在此类型的模拟中，特征向量中心性的标准误差参数的表现并不好。

表 6.15　ADL 性能（步兵连增加下属排）

	CUCUM k=0.5	EWMA r=0.1	EWMA r=0.2	EWMA r=0.3	Scan
平均介数	9.64	9.52	9.84	10.28	5.04
最大介数	14.52	16.96	15.80	17.44	12.16

（续表）

	CUCUM k=0.5	EWMA r=0.1	EWMA r=0.2	EWMA r=0.3	Scan
介数的标准误差	12.88	13.16	13.32	14.56	8.92
平均接近度	5.32	5.8	5.36	5.24	1.44
最大接近度	4.24	5.12	4.48	6.04	1.04
接近度的标准误差	10.40	18.52	12.96	12.32	10.00
平均特征向量	35.56	37.04	38.64	37.60	30.24
最小特征向量	38.16	39.32	38.04	40.84	36.40
最大特征向量	30.20	33.48	34.44	29.52	30.92
特征向量的标准误差	33.88	33.72	37.80	44.48	33.96

5．临时增加和减少通信任务

McCulloh 只模拟了班级通信任务的临时增减。此模拟是从时间段 30 至时间段 40 进行的，见表 6.16，其参数测量数据类似于前一节所述的变化类型。有趣的是，所有的 ADL 值都大于 10，这表示在该组织恢复到初始状态后才检测到网络的变化。这可能是从时间段 30 到时间段 40 的 SNCD 统计数据接近决策区限所造成的结果。当该组织返回到其初始状态时，与发生变化之前相比，统计量更加接近决策区限。因此，该统计量更可能是误报信号，并不是真的检测到了变化。这种过度敏感性促使发出警信来报告通信任务临时增减的变化。

表 6.16　ADL 性能（临时增加或减少通信任务）

	CUCUM k=0.5	EWMA r=0.1	EWMA r=0.2	EWMA r=0.3	Scan
平均介数	15.08	14.20	16.12	17.56	17.76
最大介数	15.24	16.52	16.88	18.24	17.84
介数的标准误差	14.28	14.80	16.04	17.40	17.48
平均接近度	13.72	13.68	16.84	16.80	17.52
最大接近度	12.44	12.16	15.32	18.32	17.20
接近度的标准误差	23.16	19.96	21.76	21.36	17.24
平均特征向量	24.32	24.32	24.32	24.32	18.84
最小特征向量	12.76	14.32	11.92	12.80	14.56
最大特征向量	12.96	12.68	14.36	14.36	18.84
特征向量的标准误差	12.88	14.20	16.80	16.48	21.28

通过模拟发现上述 SNCD 的各种方法均无法检测连级网络临时增减通信任务的变化，因为该变化不能持续足够长时间以便进行变化检测。同样，也无法检测排、班级网络的此类型变化。

6.3.7　结论

　　SPC 是一个重要的质量工程工具，它能快速检测随机过程中的变化（Montgomery，1991 年；Ryan，2000 年）。上述三个实例及其虚拟实验表明，SNCD 可以用于检测纵向网络数据中的重要变化，也可确定该变化最有可能发生的时间。这有助于利用最少的资源来跟踪网络的一般过程，将大部分资源用于变化检测和分析。因此，SNCD 是研究网络动力学的一个重要分析方法。

　　随时检测网络中的变化并确定此波动不是单纯的随机噪声是很重要的。McCulloh 介绍了基于变化检测的 SPC 方法，说明了它能够检测到在网络中的变化。还介绍了用于变化检测的三种控制图：CUSUM、EWMA 及 SS。毫无疑问，今后还将会出现其他新的变化检测方法和控制图。

　　CUSUM 是可靠和有应用价值的技术。上述的 SNCD 方法的关键是统计学方法，它具有涉及面广泛的社会网络度量指标体系，它能识别组织行为的变化点，它具有检测各种不同类型社会网络变化的灵活性。该方法需要假设存在一个稳定的时间段，即必须先估算网络"典型"测量参数的平均值和标准误差。此外，该方法需要在大于 4 个的时间段中进行变化检测。

　　应谨慎看待上述的实证结果，例如检测基地组织网络变化的结果。目前采用这些结果纯粹是为了举例说明 SNCD 方法。所用数据的局限性使人们难以判断结果的可信性。例如 Leavenworth 数据的时间跨度只有 4 天，并且采用了参训人员自行报告的数据，因此也不太可能获得所有人员完整的网络互动数据。当然，使用这组数据都能够系统地检测到关键的变化，这一事实充分表明了该方法的价值。基地组织的数据，是基于媒体公开的信息。因此，这些恐怖组织网络互动的数据并不完整。但是，利用它也能检测与"9·11"事件有关的变化的事实表明，即使只有不完整的信息，该方法也可以检测出网络的变化。

　　今后的重要问题是解决 SNCD 方法应用中出现的假阳性和假阴性等误报。还应该考虑这种方法对于信息丢失的敏感度，以及信息丢失的原因。收集数据的重点应是围绕某一事件的全面的活动，例如收集基地组织网络数据时，很容易出现丢失节点的错误及遗漏在事件发生前的准备活动。此外，媒体提供的数据往往造成网络的"明星演员"被高估，"低人气演员"和幕后策划者被低估。数据收集的机会也很难完全把握，例如 Leavenworth 的数据就很容易遗漏节点之间的联系。

　　为了克服上述困难，今后的研究重点应放在改进高分辨率地推断节点和连接的方法，力求获取近乎完整的数据集。可以根据实际需要，采用提高网络快照（snapshots）频率的方法获得更高分辨率的网络变化检测数据，例如按月份来检测网络的变化；也可在更多年中持续拍摄网络快照。设置更多的数据检测点将会提供更多机会来检测变化。观测一个社会群体的"典型"的行为，最少需要检测该群体两个网络的变化。最好选用 5 个以上的网络，以减少 SPC 数据的误差。采用时间跨度长、信息量大、遗漏信息很少的数据集，可以提供接近连续的网络测量数据。应该跟踪一组常见而普通的事件，而不是只着眼于跟踪一个特定的事件。例如，美国国会或最高法院定期公布的数据就是很好的信息来源。

在 SPC 中很常见的另一个问题是过度时间依赖的假设将被忽略。English 等人（2001年）指出，"独立性假设严重违反了过程控制的规程"。许多制造业的生产过程都采用了反馈控制系统，它可在影响进程的多因素之间建立自相关。这类似于网络的二元依赖性（dyadic dependence）及遍历（ergodicity）问题。SPC 被广泛地应用于识别一个进程改变，包括网络应用。网络甚至可能比制造业更少出现依赖性问题。大多数制造业都利用反馈控制来优化生产过程。但是在社会网络中却未必如此。Robins 和 Pattison（2007 年）提出了利用依赖性图（dependence graphs）的统计学检测方法，可确定依赖性是否是某个网络重要的统计学问题，就像网络的正态性及二元依赖性问题，可以利用回归残差分析（residual analysis in regression）来验证。当依赖性是网络的一个问题时，虽然 SNCD 仍然可以用于变化检测，但是将增加出现偏移和误报的概率。未来的研究应探讨依赖性对 ADL 的影响，以及解决此问题的统计学方法。

随着时间推移，社会网络也可能会出现周期性的变化。直观地说，人际交往模式可能随着时间出现周期性改变。人们往往会在一周内的不同时间段与不同的人交往，在上班和周末有所不同。人们可能会在一天中的某些时间段更频繁地沟通。甚至季节也可能会影响社会网络的变化。可以应用小波理论和傅里叶变换来研究网络行为的周期性变化。应研究根据网络度量参数来检测和筛选周期性行为变化的方法。这将使 SNCD 能更准确决定一个变化实际发生的时间。

今后应该注重研究网络变化检测中 CUSUM 的最优常数，k 和控制极限值的灵敏度。如前所述，这些值通常是先随机赋值，然后进行过程优化。通过进一步的 Monte Carlo 模拟，确定哪些参数值对某些类型的变化检测更适合。还可利用控制图对比各种模型的使用效果，发现新问题。

多智能体模拟是将控制图用于 SNCD 的有效工具。该模拟可帮助分析组织行为的各种变化及其时间点，评估不同的检测算法。更重要的是能插入更多受控的实验，通过使某些参数保持不变来观察其他参数的变化，并利用许多模拟来估算平均误差。

SNCD 能帮助分析社会网络变化的深层次原因，预测网络变化，并提前发出预警。它可以让高层领导人和军事分析人员迅速了解社会组织行为变化并及时做出反应。将 SPC 和社会网络分析相结合，可促进深入研究组织行为学和社会动力学，推进网络统计学（network statistics）这一新研究领域的发展。

参 考 文 献

[1]　McCulloh, I. A. ; Carley, K. Detecting Change in Longitudinal Social Networks[J]. Journal of Social Structure. 2011, 12(3). Retrieved from http://www.cmu.edu/joss/content/articles/volume12//McCulloh-Carley.pdf.

[2]　2013 INSA Achievement Awards Recipients[EB/OL]. http://www.insaonline.org/i/e/aa/2013/recipients.aspx.

[3]　Jenkinson, D. Interview with 2013 INSA Achievement Award Winner, LTC Ian McCulloh, Sidney D. Drell Academic Award[EB/OL]. http://www.washingtonexec.com/2013/11/ltc-ian-mcculloh-u-s-army-central-command-receives-sidney-d-drell-academic-award/.

[4]　Krebs, V. E. Mapping networks of terrorist cells[J]. Connections, 2001, 24(3): 43-52.

[5]　Wikipedia. Valdis Krebs[EB/OL]. http://en.wikipedia.org/wiki/Valdis_Krebs.

[6]　Weinberger, S. Case Study: Connecting the 9/11 Hijackers[EB/OL]. http://nationalsecurityzone.org/war2-0/case-studies/september-11-hijackers/.

[7]　Freeman, L. Centrality in Social Networks I: Conceptual Clarification[EB/OL]. Social Networks. 1979(1): 215-239.

[8]　Breiger, R. ; Carley, K. M. ; Pattison, P. (Eds.). Dynamic social network modeling and analysis: Workshop summary and papers[M]. Washington, D. C. : National Academies Press, 2003.

[9]　Carley, K. M. Linking Capabilities to Needs. In Dynamic Social Network Modeling and Analysis: Workshop Summary and Papers[M], Edited by Ronald Breiger, Kathleen Carley and Philippa Pattison. Washington, D. C. : National Academies Press, 2003: 361-370.

[10]　Carley, K. M. Dynamic Network Analysis. In Dynamic Social Network Modeling and Analysis: Workshop Summary and Papers[M], Edited by Ronald Breiger, Kathleen Carley and Philippa Pattison. Washington, D. C. : National Academies Press, 2003: 133-145.

[11]　Carley K. M. Destabilizing Dynamic Covert Networks[A]. Proceedings of the 8th International Command and Control Research and Technology Symposium[C]. The Conference held at the National Defense University. Washington DC. June 17-19, 2003. http://www.dodccrp.org/events/8th_ICCRTS/pdf/021.pdf.

[12]　Analysis of Social and Organizational Systems(CASOS), Carnegie Mellon University. Kathleen Mary Carley[EB/]L]. http://www.casos.cs.cmu.edu/bios/carley/KCvita2013_V74_web.pdf.

[13]　Wikipedia. Dynamic Network Analysis[EB/OL]. http://en.wikipedia.org/wiki/Dynamic_network_analysis.

[14]　Wikipedia. Network_science[EB/OL]. http://en.wikipedia.org/wiki/Network_science.

[15]　Wikipedia. Social Network Analysis[EB/OL]. http://en.wikipedia.org/wiki/Social_network_analysis.

[16]　Freeman, L. The Development of Social Network Analysis[M]. Vancouver: Empirical Press, 2006.

[17]　Wikipedia. Link Analysis[EB/OL]. http://en.wikipedia.org/wiki/Link_analysis.

[18]　Ahonen, H. Features of Knowledge Discovery Systems[J]. InterCHANGE, The Newsletter of the

International SGML Users' Group. 1998, 4(2): 15-16.

[19] Wikipedia. Dijkstra's Algorithm[EB/OL]. http://en.wikipedia.org/wiki/Dijkstra's_algorithm.

[20] Klerks, P. The network paradigm applied to criminal organizations: Theoretical nitpicking or a relevant doctrine for investigators? Recent developments in the Netherlands[J]. Connections, 2001(24): 53-65. CiteSeerX: 10. 1. 1. 129. 4720.

[21] Harper W. R. ; Harris D. H. The Analysis of Criminal Intelligence[A]. Proceedings of the Human Factors and Ergonomics Society Annual Meeting[C]. October 1975(19): 232-238.

[22] Wikipedia. Xanalys[EB/OL]. http://en.wikipedia.org/wiki/Xanalys.

[23] Bohannon, J. Counterterrorism's New Tool: 'Metanetwork' Analysis[J]. Science, 2009-06-24(325): 409-411. http://www.sciencemag.org.

[24] Kathleen Mary Carley[EB/OL]. http://www.casos.cs.cmu.edu/bios/carley/KCvita2013_V74_web.pdf.

[25] Centrifuge Systems. How to Deal with White Collar Crime[EB/OL]. http://www.ramanmedianetwork. com/how-to-deal-with-white-collar-crime. November 8, 2011.

[26] Centrifuge Systems. Centrifuge Unveils Visual Network Analytics Version 2. 7 for Scalable Big Data Analytics[EB/OL]. http://www.dbta.com/Articles/Editorial/News-Flashes/Centrifuge-Unveils-Visual-Network-Analytics-Version-2.7-for-Scalable-Big-Data-Analytics-84458.aspx.

[27] Wikipedia. Multi-agent System[EB/OL]. http://en.wikipedia.org/wiki/Multi-agent_system.

[28] David Krackhardt; Kathleen M. Carley. A PCANS Model of Structure in Organization[A]. In proceedings of the 1998 International Symposium on Command and Control Research and Techn- ology[C]. Monterey, CA. June 1998, Evidence Based Research, Vienna, VA, 113-119.

[29] Carley, K. Destabilizing Dynamic Covert Networks[A]. Proceedings of the 8th International Command and Control Research and Technology Symposium[C]. The Conference held at the National Defense University. Washington DC. June 17-19, 2003. http://www.dodccrp.org/events/8th_ICCRTS/pdf/021.pdf.

[30] Raftery, A. E. ; Handcock, M. S. ; Hoff, P. D. Latent space approaches to social network analysis. J. Amer. Stat. Assoc., 2002(15): 460.

[31] Sarkar, P. ; Moore, A. 2005. Dynamic social network analysis using latent space models[J]. SIGKDD Explor. Newsl. 2005, 7(2): 31-40.

[32] Mucha, P. J. ; Richardson, T. ; Macon, K. ; Porter, M. A. ; Onnela, J. P. Community Structure in Time-Dependent, Multiscale, and Multiplex Networks[J]. Science, 2010(328): 876-878.

[33] Doreian, P. ; Stokman, F. N. (Eds.). Evolution of Social Networks[M]. Amsterdam: Gordon and Breach. 1997.

[34] Newcomb, T. M. The Acquaintance Process[M]. NY: Holt, Rinehart and Winston, 1961.

[35] Baller, D. ; Lospinoso, J. ; Johnson, A. N. An Empirical Method for the Evaluation of Dynamic Network Simulation Methods[A]. Proceedings of The 2008 World Congress in Computer Science Computer Engineering and Applied Computing[C]. Las Vegas, NV.

[36] Wikipedia. Social Network Change Detection[EB/OL]. http://en.wikipedia.org/wiki/Social_network_

change_detection.

[37] McCulloh, I. A.; Carley, K. M.; Webb, M. Social Network Monitoring of Al-Qaeda[A]. Network Science Report, Network Science Center, United States Military Academy, 2007, 1(1): 25-30. Retrieved from http://http://www.netscience.usma.edu.

[38] McCulloh, I. A.; Carley, K. M. Social Network Change Detection[A]. Carnegie Mellon University, School of Computer Science, Technical Report, CMU-CS-08-116. 2008.

[39] McCulloh, I. A. Social Network Analysis with Applications[M]. John Wiley & Sons, 2013.

[40] McCulloh, I. A. Detecting Changes in a Dynamic Social Network[M]. Proquest, Umi Dissertation, 2011.

[41] Newcomb, T. N. The Acquaintance Process. [M]. New York: Holt, Rinehart and Winston. 1961.

第 7 章

网络战态势感知、显示与预测

近年来，英国国防科学技术实验室（DSTL，UK Defence Science and Technology Laboratory）与英国 MooD International Limited 公司（以下简称 MooD）联合开展了网络态势感知、显示及预测的研究及应用项目，可利用因果建模方法来支持军队指挥员采取适当主动行动来应对敌方网络攻击。2014 年 6 月 16~19 日，在美国弗吉尼亚州历山德里亚（Alexandria）召开的第 19 届国际指挥与控制研究与技术研讨会（ICCRTS，International Command and Control Research and Technology Symposium）上，DSTL 的技术主管 A. Barnett，与 MooD 的 S. R. Smith 及 S. R. Whittington 发表了介绍该项目研究和应用成果的论文[1]，并获得了最佳论文奖[2]。本章主要介绍文献[1]的有关论述。

7.1 概述

文献[3]指出，"态势"的概念起源于中国古代军事家孙子的著作《孙子兵法》。"态势感知"（SA，Situation Awareness）这个英文词组最早是由在朝鲜和越南战场上的美国空军的战斗机飞行员使用。他们认为 SA 是在空战中获胜的决定性因素。

1988 年，Endsley 首次明确提出了态势感知的定义："在一定的时空范围内，认知、理解环境因素，并且对未来的发展趋势进行预测。"[4~7]

1999 年，Tim Bass 首次提出了网络空间态势感知（CSA，Cyberspace Situation Awareness）的概念，将 SA 与网络安全技术相结合，以提高网络分析员对网络安全状况的感知能力[8,9]。

2006 年，美国国家科学技术委员会（NSTC，National Science and Technology Council）在"网络安全和信息保障联邦规划"（Federal Plan for Cyber Security and Information Assurance）中把 CSA 定义为"是一种辅助安全分析人员进行决策的能力，通过对 IT 基础设施安全状况的可视化，区分关键与非关键部件，掌握攻击者可能采用的行动，调整防御策略"[10]。

在已有的众多网络态势感知模型中，美国国防部的实验室理事联合会（Joint Directors of Laboratories）的 JDL 模型（数据融合型）是使用较多的模型之一，尽管它也存在一些缺点[11]。

目前，网络安全态势感知（NSSA，Network Security Situation Awareness）是网络安全领域的重大热点研究课题。英国 DSTL 与 MooD 联合开展的网络战态势感知、显示与预测项目很值得借鉴。

7.1.1　军事需求

DSTL 与 MooD 的此合作研究项目是基于英国军队（以下简称英军或英方）对网络战的军事需求分析。

英军需要充分感识网络威胁对于军队的重要影响。英方作战的有效性和灵活性，可能受敌方的网络攻击而受到冲击，必须在执行作战任务中特别重视网络安全，应具有网络洞察能力（insight），深入了解敌方对网络的威胁，对作战效果、决策能力和执行任务的潜在影响，使英方指挥员能正确决策，有计划地主动采取敏捷的行动，而不是被动地对事件做出反应。

通常的军用网络态势感知系统，主要是物理和电子计算机的资产（如网络，物理的 IT 基础设施，终端设备，操作系统，应用程序等）、相关的数据、事件及资产管理机制[12~14]。术语"资产"详见 7.3.1 节。

虽然军事决策者需要了解上述保障网络安全的重要组成部分，但是更需要解决好下列三个重大问题：

（1）军事决策者并不是主要关注网络资产，而是首先关注其对完成任务的影响，对使用这些资产能力的限制，以及有关这些资产风险的信息。如果没有军事作用，则其毫无意义。

（2）军事决策者需要一定时间来评估多种计划和方案，希望在一个军事问题变得至关重要之前，就能预测和评估它。

（3）军事决策者的行动计划根据情报信息来制定，还要根据对未来的预测。他们需要了解网络空间各"层次"的详细情况，了解决策信息的可信度。

如果不能解决好这些问题，将造成下列的不良后果：

（1）对于在某一时间点的风险程度的误判，可能使决策者过于谨慎，妨碍完成任务；或过于大胆，导致实施任务的行动过早暴露在网络上，造成失误和损失。

（2）对于网络空间当前和未来事件的影响缺乏洞察力，导致浪费大量时间用以临时制定应急方案，影响完成任务。

（3）错误地将过多投资集中在防御性资产，导致经费被浪费在网络安全的非关键领域，或过早暴露完成任务的关键领域。

该项目采用的态势感知概念是为了支持主动决策及应对网络活动所带来的挑战（敌方或英方任务引发的），特别是未来对任务资产和目标的影响。具体来说，这涉及执行特定指挥员的工作范围和目标等一些关键问题：

（1）英方需要的任务能力的现状如何？

（2）这些能力未来可能的状态是什么？今后可能发生事件的不确定性有多大？或者说，控制这些事件的可能性有多大？

（3）对任务状态的影响，所需经费及资源等。如果敌方采取出乎意料的行动，如果一个不太可能的事件确实发生了，英方需要采取哪些行动，以减轻负面影响？

（4）英方系统当前提供建议的可信度有多大？

尽管上述不是网络安全的全部问题，但执行某一军事任务时，特别需要考虑采取相应的网络行动，特别是获得网络事件和资产的支持：

（1）指挥机构、人员和系统之间的网络物理连接设施；

（2）在各种态势下采用多种隐密的网络活动方式，不一定就采用以往的网络活动模式，可采用新的模式；

（3）采取敏捷而快速的网络活动方式，特别是在有人参与的决策环节中。

重要的是，物理和虚拟的网络活动不可被看成在两个不同的域中，而应视为在统一环境中，其每一组成部分的物理或网络活动都会影响其他组分。指挥员采用这种视角，才可以从完成任务的全局来统一处理问题。

7.1.2　研究和应用成果简介

该项目名称为"以任务为中心的网络态势感知系统"（Mission-Focused Cyber Situational Awareness System），已经研制出一个演示系统，采用了基于统一网络视图的因果关系方法。该方法已用在指挥员的网络安全交互式态势感知和决策系统中，可支持分析敌方网络活动的影响并选择各种对抗措施。此方法的目的是避免对风险层级和任务目标的误判；在关键事件发生前，使决策者能主动检测该事件并准备干预措施，并把网络安全投资重点放在对任务成功起最关键作用的领域。该系统高度可视化的网络应用程序和用户界面，根据关键能力的可信度，为军队指挥员决策提供未来行动的多种选择方案及打击敌人的效果。

此系统具有如下特点：

（1）利用因果模型找出网络空间各层次之间的连接关系，特别是完成任务的效果和所需的能力之间的关系。

（2）获取并分析有关网络干预的数据，根据英方实施干预的影响，利用影响力的因果规则，计算英方执行未来任务的可信度。

（3）为将要实施的军事行动选择所需的各种网络作战行动方案，再次利用因果规则机制。

该项目取得的主要成果包括：

（1）以清除简易爆炸装置（IED，Improvised Explosive Devices）作战想定方案为背景，在执行区域网络监视任务中，从指挥员的角度主动支持以任务为中心的网络态势感知，将网络态势感知的研究成果进一步实用化，在指挥员的终端上自动显示动态情报、监视和侦察（ISR，Intelligence，Surveillance and Reconnaissance）结果，可利用实时数据，显示有关决策的各种关键因素。

（2）利用因果关系的分类来建立支持网络态势感知能力的因素模型，利用嵌入在模型中的网络杀伤链（cyber kill-chain）概念，将任务空间的功能和组分联系起来。

（3）建立了一个业务模型，描述了贯穿网络域的六层模型、融合网络及动力学活性的一些基本概念，还有基于事件观察来计算和修正概率的一种机制。

（4）提出了网络态势感知系统操作的概念，这一概念支持作战想定方案，可以为指挥员提供较高专业水平的网络态势感知，包括其他多种意见，特别是敌方的观点。

（5）建立在实际数据、数据分析和仿真基础之上的因果模型，可将实际数据和因果关系数据综合考虑并直接支持网络作战及执行任务，还可通过分析和仿真来间接支持指挥员决策。

（6）指挥员通过用户界面的"靶图"实时观察网络态势，全面了解各种事件链、资产及能力，并可根据最大可能性节点来计算杀伤链的影响，预测未来网络态势的变化。

7.2　背景知识

DSTL 是英国国防部下属的科学技术研究应用机构，业务范围包括：陆海空军的指挥控制系统及武器装备等；促进英国的新军事变革，推动英军与产业部门合作创新及国际合作。DSTL 有人员 3600 多名[15]。近年来开展了在网络态势感知领域的研究。

MooD 是英国专门从事研制决策支持和管理软件的公司，其多项产品已用于英国政府、军队和企业等大型组织机构，是以研究为主导的软件企业[16]。MooD 的多项科技创新和研究成果曾获得英国女王颁发的创新奖[1]。

7.2.1　决策洞察能力层次划分的 MooD 框架

DSTL 与 MooD 的此合作研究项目，采用了 MooD 提出的在决策支持过程中分析思考的洞察能力层次划分框架，自底向上分为 3 层，复杂度逐层增大，如图 7.1 所示。底层是业务视图，这是一种连接结构模型，包括相关组分、活动部件及相互连接，其中的部分内容是从业务运行数据中自动提取的。中间层是因果关系，可以针对实况视景内容来执行因果关系处理，无论事件是否受企业控制，均可预测未来事件及其对企业的潜在影响。上层是可信度判断，因果关系与可信度相关；可信度基于状态或事件的概率，及对可能性的贝叶斯分析，可以支持做出判断。

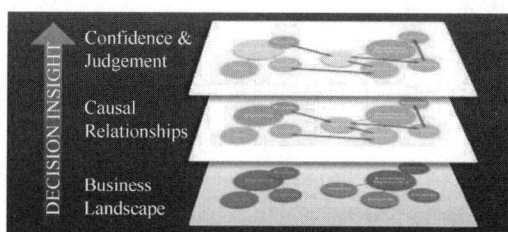

图 7.1　支持决策的分析思考洞察能力的层次划分

该项目采用上述三层框架，但在决策支持过程中并不完全依赖数据。其模型的构建和校正是将实际数据和领域专家的判断相结合而成。

1．业务视图

业务视图采用一种结构模型来描述相关的任务能力，定义在网络域不同层次的各组分相互的依赖性。其内容包括一系列外部系统，通过业务分析并使用可配置、面向领域的元模型（meta-model）来构建：

（1）在视图中的各层次之间连接方法中，部分参考了 Scott Borg 提出的方法[17, 18]。

（2）在跨网络和动态活动的概念模型中，采用了 MITRE 公司对于网络活动的观点[19, 20]，及有关网络与非网络活动，还有基于事件观察的概率计算和修正方法。

2．因果关系

因果模型和相关联的因果推理已经在一些文献中介绍过[21~23]，对于理解和处理上述复杂视图中各种因素之间关键连接问题是一种有效的方法。在上述框架中，因果关系基于多组分之间的连接性，支持多层次对于任务能力的整体影响和决策。推理规则可以根据主题专家（SME，Subject Matter Expert）的判断，或对历史数据的模式分析结果来制定。这些规则将从多种来源获得的有关当前表现、状态和事件的数据作为输入，包括不确定及非结构化的数据。

该项目综合采用了三种类型的因果关系，如下所述，还采用了最近洛克希德·马丁公司提出的"网络杀伤链"（cyber kill chain）的概念[24]。

3．可信度与判断

贝叶斯方法的概率已经用做机器学习的基础技术，最明显的是用于搜索，例如 HP

自治（HP Autonomy）[25]，IBM 公司 Watson 的基于证据的学习[26]，以及 SRI 国际公司在网络领域基于学习的异常检测[27]。

因果模型各等级的可信度可用多参数函数计算，包括因果关系的网络可恢复度（degree of cyber resilience），以及"杀伤链"所对应事件发生的可信度等级，该"杀伤链"将多个网络事件按时间构成一系列的连接。

7.2.2　将决策洞察力用于网络态势感知的 DSTL 视图

DSTL 在网络态势感知（Cyber Situation Awareness，简记为 Cyber SA）中使用了网络域的六层次视图，如图 7.2 所示。

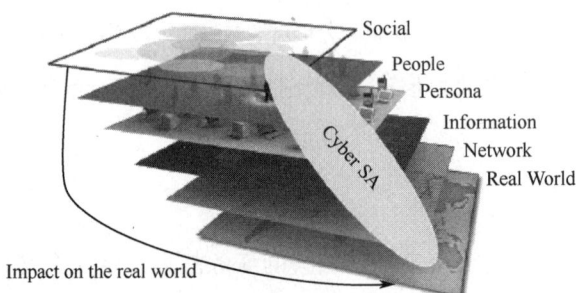

图 7.2　网络域的六层次划分

在此视图模型中，根据同一层及不同层元素之间的连接性，可通过多层次（从真实世界/物理层到社会层）分析网络域各事件的相互影响。

DSTL 扩展了这种多层连接结构的功能力，将因果规则用于处理有关性能和事件的最新信息，还可预测未来对于各层次可能的影响，并进而显示出看似不相关的事件对网络资产和能力的影响。DSTL 可以通过网络态势感知，为指挥员提供主动的任务决策支持视图，如图 7.3 所示。

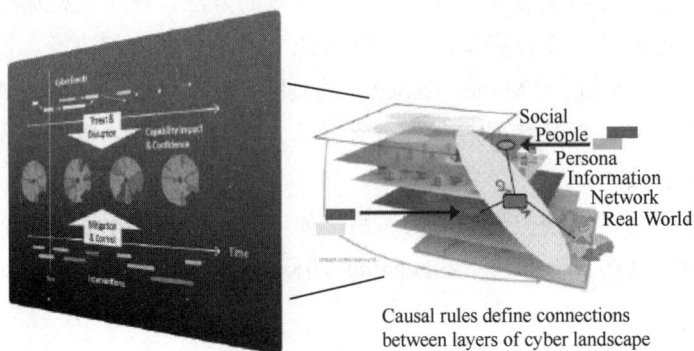

图 7.3　在网络态势图中利用因果规则描述各层事件之间相互连接、影响及动态变化

7.3　概念与方法

上述项目的核心概念是利用能力、资产和事件之间的因果关系，并与可信度计算方法相结合，为用户提供以任务为重点的网络态势感知。特点是：

（1）原因/效果模型（cause/effect model）描述能力、资产和事件之间的联系，显示未来态势视图，揭示了看似无关概念之间的关系，不仅包括指挥员感兴趣的抽象和非网络概念，同时也描述了与网络有关的问题。

（2）利用概率方法描述原因/效果之间关系的强度，可提供未来最可能发生的事件状态数据。该数据可根据观察实际情况和资产状况进行修正，但主要还是基于领域专家对于原因/效果关系的判断及对当前态势的感知，而不是根据以往的行为或数据模式，能够解决不确定性/模糊的因果关系问题。

（3）将获取的作战数据用于模型，可支持未来的自动化分析，并可提供一个可用、可视化且与任务相关的综合环境，用于评估各种行动的效果，可快速决策。

7.3.1　用于网络态势感知的业务视图的基本概念

上述项目所用方法的核心是业务视图的三个基本概念：能力，资产和事件。这些概念本身内部组分之间及概念之间的连接关系是其决策系统的支柱。

1. 能力

能力（Capabilities）是可以抽象出、推导出与任务相关的概念，是指挥员描述任务前因和后果的一种方法。指挥员需要了解任务能力的当前最新和历史状态。这些能力不一定具有物理意义上的测量值。

能力通常表示为特定任务所需要的功能，例如，侦察或后勤保障，并且可以被分解成较低层次的能力（如成像或存储），以及可测量的功能（如图像分辨率或温度）。实际上，能力可以利用目标（target）及所需测量值生成的功能状态来描述。利用"靶图"（target graph）可以实现状态的可视化，例如，图 7.4 中的 3 个靶图分别表示 3 个不同时间段的状态："现在"、"现在-1"（前一个时间段）及"现在-2"（再前一个时间段）。

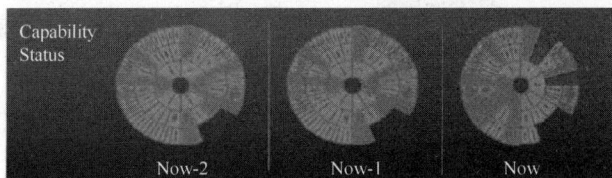

图 7.4　利用靶图将能力状况可视化

在文献[1]介绍的作战想定方案示例中，能力包括部队行进路线周围地区的清除作战（route clearing operation）行动，还包括启用某些常用能力（例如制订任务实施计划，监控某区域），以及其他特殊能力（例如，防御路边简易爆炸装置袭击）。

通过直接观察，进行任务分析，对比所需要的能力及现有能力，评估每种能力的实际效能等方法，可确定在某个时间点的能力状态。

2. 资产

对于无法直接观察到的某种能力的实际性能（例如其效能无法直接观察到，或需要对多种观测进行综合判断），可综合现有资产（Assets）性能数据来评估该能力，如图 7.5 所示。

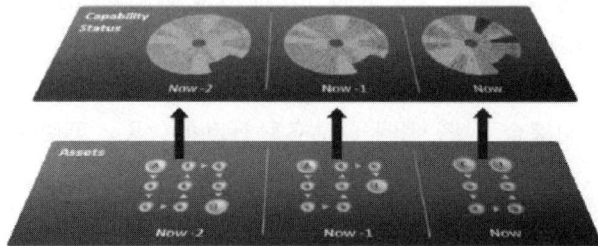

图 7.5 根据资产性能数据评估能力

使用资产性能是因为它可直接评估，例如，通过有人观察或自动监测，或通过汇总相关资产的实际性能。在该项目采用的想定方案中，资产可实现部分或全部所需的能力。例如，一种可用于战场"广域监视"（Wide-Area Surveillance）的资产。

该项目采用的视景（landscape），可定义在整个网络空间各层次的相关资产。资产及其性能方面的弱点和漏洞（vulnerabilities）是杀伤链行动特别感兴趣的。资产包括传统的有形资产，如装备、人力资产、网络设备及可用于定性分析的经验和信息，如图 7.6 所示。该项目所用的资产与网络脆弱性的关系，其部分是来自 MITRE 公司有关于网络的论述[20]。与资产相关的漏洞，很容易被网络攻击事件选中。

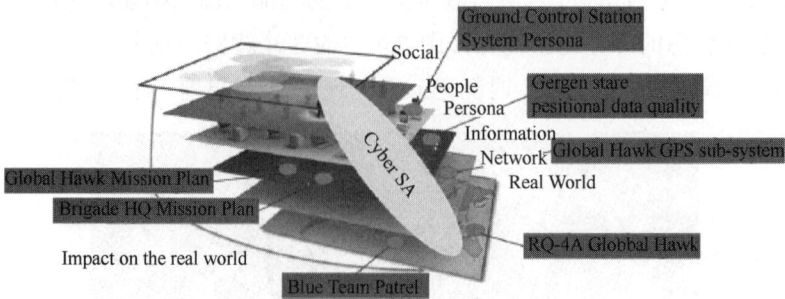

图 7.6 与网络空间各层次对应的资产

3．事件

除了对从以往资产和能力的实际表现有所了解，指挥员还需要了解在同一时间段发生的行动和事件，如图 7.7 所示。

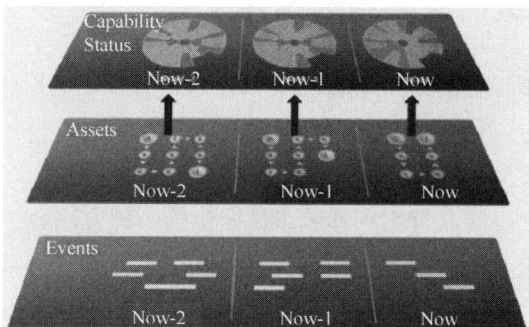

图 7.7　随时间变化的事件

需要观察和评估事件的可信度，它可能是红方的事件，如拒绝服务攻击，或者是蓝方的事件，如重新规划任务。

某些资产或能力性能与已发生事件之间不一定有关系，但是通过"校准"（calibration）处理，也有可能发现它们之间的相关性。

7.3.2　利用基本概念来预测未来并预报入侵

指挥员需要预测未来每个任务相关的功能状态。通常采用基于历史数据的统计学方法，例如利用数据相关性或模式对比，基于数据挖掘功能的外推法（extrapolation）等，预测现有数据的未来变化。但是，不能仅仅依赖以往的行为预测未来状态，原因有三：

（1）一种资产的效能取决于作战样式。根据资产的性能所计算出的能力状态，很可能受其他因素的影响。例如，虽然一个监控系统的效能基于其提供目标区域图像的能力，但图像质量将取决于当地大气条件和监控平台的能力，最重要的是获得指定位置的高质量图像。

（2）看似无关的事件其实可能会受相关复合因果链的影响，但从历史数据中却看不出这种连接。例如，对安全站点的物理入侵其实是为了支持无人机对远处建筑物内网络系统的攻击。

（3）未来事件的发生概率可能与过去事件无关。例如，分析敌人过去的行为模式可能无法预测其未来的行为。事实上，敌人经常改变战术或计划。

为了解决"如何决定未来网络作战效果"的问题，采用了 3 种因果关系及 3 种领域知识：

（1）一个事件如何导致另一个事件（基于网络"杀伤链"的概念）；

（2）一个事件如何影响某个资产的效能；

（3）一个资产或能力的变化如何影响另一资产或能力的变化。

7.3.3　网络事件链：从事件到事件

涉及一个特定军事任务的诸多事件之间不会毫无关系。利用一个"链"将多个事件链接在一起是很必要的，其原因有二：

（1）它使对于未来事件的预测有更高的可信度；

（2）它提供了预测可能具有不利影响事件发生的一种方法。

这种方法基于洛克希德·马丁公司的网络杀伤链概念[24]，其特点是通过一条链，将该公司业务流程涉及的侦察（Reconnaissance）、武器化（Weaponization）、交付（Delivery）、开发（Exploitation）、安装（Installation）、指挥控制（C2）和作战行动（Actions）等各个阶段连成一个系列。该项目所采用的杀伤链是将网络在短暂时间内发生的相关事件链与网络和动态变化的事件联系起来，反映网络战中多种作战样式交叉融合的特性。例如，图 7.8 显示了敌方对英方执行作战任务计划进行破坏的事件链，包括在初始阶段，敌方访问英方地面控制站网络（实施"侦察"），然后利用对英方人员的管控行动导致英方实施作战计划的混乱和指挥中断（实施"对目标的作战"）。

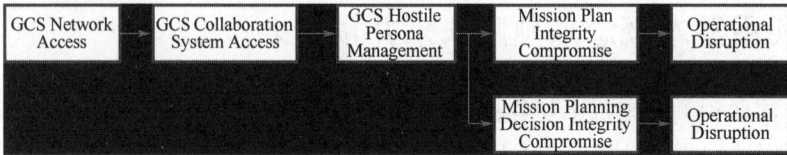

图 7.8　敌方对英方执行作战任务计划进行破坏的事件链

在此链中的每个事件都赋予一个发生概率，它是条件概率且与在链中的其他事件相关。如果被发现的事件属于某种样本事件类型，则它可能会影响与该类型相关事件的发生概率。图 7.9 显示已检测到"GCS 敌人对英方人员的管控"的链中环节，立刻显示将导致链条随后发生一系列事件，包括运行中断，而且还显示出发生访问网络和配套系统事件的较高概率值（0.7 和 0.8）。

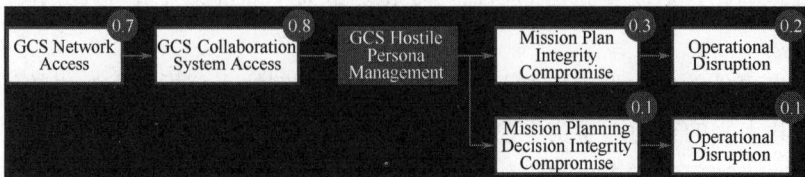

图 7.9　事件链：包括英方已检测到的敌方事件，以及英方可能发生事件的概率值

该项目采用的网络杀伤链的概念增加了三个重要特点：

（1）事件可信度的等级，它是预测性的，不是确定性的；显示英方可能正处于事件链的哪个环节，还可根据观察事件变化不断修正显示内容。

（2）综合显示相关联的红方和蓝方的事件。

（3）灵活地改变杀伤链事件，可根据领域知识或行动的变化，对事件进行动态更新。

该项目所采用的方法，与 Jakobson 采用的以任务为中心的视图相比[28]，更进一步采用了可信度、杀伤链及超出依赖性分析的因果推理。

提供可信度也增加了杀伤链的功能。例如，可实现较复杂的流程链，包括事件链和并发事件分支链，各环节事件概率的动态变化，还可给出事件 X 发生后将引发事件 Y 的可能性值。例如，如果 Y 发生的可能性为 1（表示如果 X 事件发生，则 Y 事件将发生）；如果该可能性为 0（表示即使 X 发生，Y 也不会发生）。如果观察到英方某一物理网络资产的端口未被打开，则可以得出结论：该网络不可能受到敌方入侵的损害。如果该端口是敞开的，则对该漏洞攻击成功的概率很大。如果检测到敌方入侵企图被英方成功阻止，则可以得出结论：敌方攻击成功的可能性很小，告知指挥员此事件对于未来行动的影响不明显，或没有观察到以往出现过类似事件。

1. 从事件到资产的因果规则

该项目关心的是对事件进行推断或推理并发现其产生的效果，这一原则也反映在描述对英方网络漏洞攻击事件的因果规则中。这种方法类似于 MITRE 公司有关资产和漏洞的观点：一个事件可以"激活"某一资产的漏洞并降低其性能。

该项目很关注事件检测和分类方法，它可将事件数据与杀伤链的节点相对应，从而提供有关事件对于资产性能的影响。例如，对于英方发现一架敌方无人机的事件，可以引发测量其性能并定位其地面控制站的事件，进而引发制定击落或干扰该无人机的任务计划事件，还要引发评估其对资产性能影响的事件。

2. 从资产到资产/能力的因果规则

如果确定了某未来事件的发生概率，以及该事件对资产可能的影响，则需要进一步了解该事件将引发的后果。这需要对于各种因果关系分别进行分析估算。可以使用各种管理信息估算方法。例如，要计算车队在未来某个时刻使用的总燃油，可以根据每辆车的实际需求来估算（此估算值不可能通过对每一辆车都直接测量来得到）。资产之间的原因/效果关系是另一种不同的管理信息，可利用一个属性值生成另一个属性值来估算。推而广之，一个车队的任务规划系统，可以借用各种管理信息，估算在未来某个时刻车队的总运输量、总燃料需求、总运输距离和穿行区域的地形类型。

这种因果规则有两个重要作用：

（1）可以提供未来的、可观察的各种性能测量值，还可通过随后的观察分别修正；

（2）可以提供资产对于完成某一任务的效能。

这种因果规则可以通过能力之间原因/效果的相关性来说明。例如，如果广域监视对于巡逻是重要的，则未来巡逻的效能值，部分基于未来广域监视的效能。如果广域监视的效能降低，则巡逻的有效性会降低。这种因果规则也可以用于描述资产。

3．多种概念之间的相互作用

图 7.10 显示了三种层次的因果规则之间的相互作用关系，底层是事件之间的因果关系，中间层是受事件影响的资产之间的因果关系，顶层是能力之间的因果关系。

利用这三层次之间的相互作用，可以判断某个事件是否能产生影响：

（1）如果某个事件没有影响资产和能力之间相互作用，则无法判别其对完成任务的影响，说明该事件的影响并不重要；

（2）如果某个事件没有影响资产的性能，则无法推断它的影响；

（3）如果某个事件没有影响其他事件，则无法推断它对于未来事件的影响。

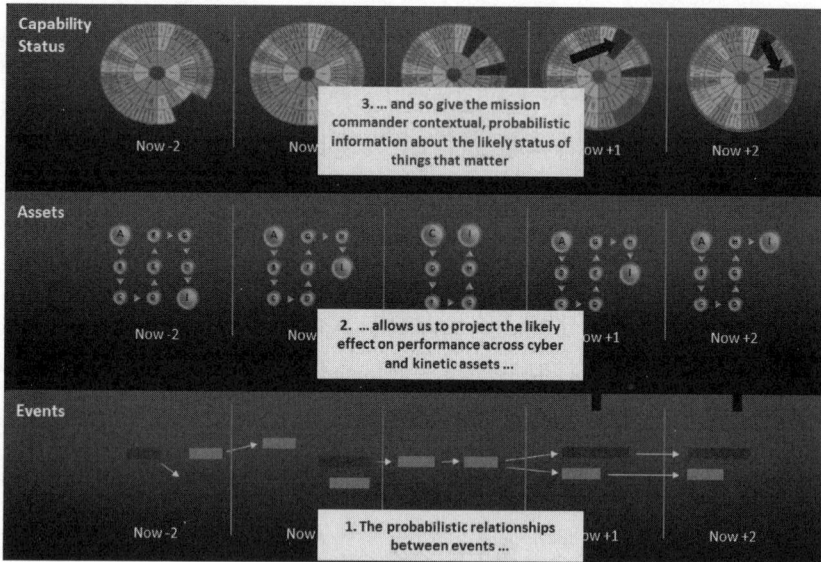

图 7.10　三种层次的因果规则之间的相互作用关系

7.4　利用 MooD 交互式软件系统实现网络态势感知和预测

7.4.1　应用概述

图 7.11 是该项目采用 MooD 交互式软件系统实现网络态势感知和预测的示意图。事

件和能力数据由外部来源提供，由该系统利用因果规则进行解释和分析，然后显示在综合视图的各组分中。

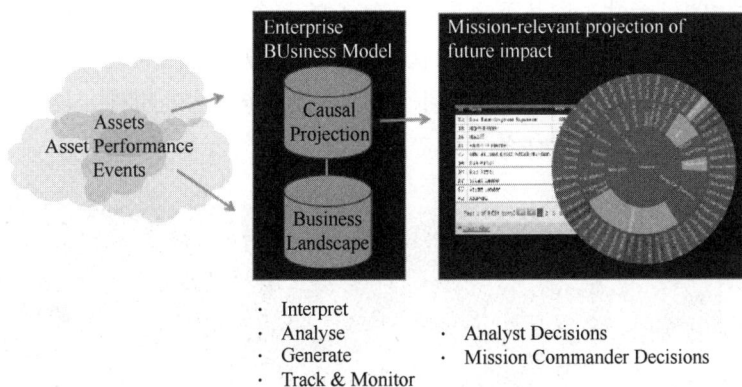

图 7.11　利用 MooD 交互式软件系统实现网络态势认知和预测示意图

　　指挥员利用用户界面的靶图来预测各种能力状态变化对未来执行任务的影响，提出和测试各种可行的干预措施，以提高完成任务的可能性。

7.4.2　根据多种视角来决策

　　通常指挥员都特别关注执行当前和未来任务的风险，例如，没有完成当前任务，遭受意外的损失和伤亡，影响完成未来其他任务。

　　英方指挥员可利用蓝军用户界面靶图来观察任务、能力和预期结果。当然，敌方指挥员也可利用红军用户界面靶图，从不同的角度看待自己的任务、能力并预期结果。交战双方不同的视图均涉及若干资产和事件。该项目允许指挥员切换视图，观看其对手当前"作战模拟"的视图，将有关对手的任务、能力及可能发生的事件显示在自己的用户界面。然后，指挥员可在一定限制范围内了解有关对手的信息，调整作战方案，应对敌方可能出现的事件及影响，判断其未来的行动。为了研究应对敌方可能采用的新战法（采用一组新的因果规则），指挥员也可以调整自己使用的因果规则。

7.4.3　战例和网络态势感知系统的屏幕截图示例

　　该项目适用于较大型作战任务想定方案，不仅可动态显示情报、监视和侦察能力，还可显示蓝方和红方指挥员的任务和事件，利用事件的先后顺序来显示相关的事件链。

　　图 7.12 是以任务为中心的网络态势感知系统的一幅简单的屏幕截图示例。需要说明的是，出于保密的原因，该示例图没有显示事件及其对资产和能力影响的细节，但这对于读者理解该项目的方法并无大碍。图中的汉字和长方形边框均是本书作者为便于说明

而附加的。作为一个作战想定方案的示例，该图描述的是一次作战过程中的事件链。左上方显示了蓝方的一个网络事件链（或杀伤链），用粗线长方形的节点序列描述。节点大小表示事件发生的可能性。在其下方显示了红方的一个网络事件链（或杀伤链），用细线长方形节点序列描述。根据任务资产的状态变化，可以利用因果规则计算事件的影响效果并预测后续事件。该图左侧中部白色长方形表示可能发生的事件。该图右侧靶图中的浅色条表示蓝方启用"无人机任务计划资产"。

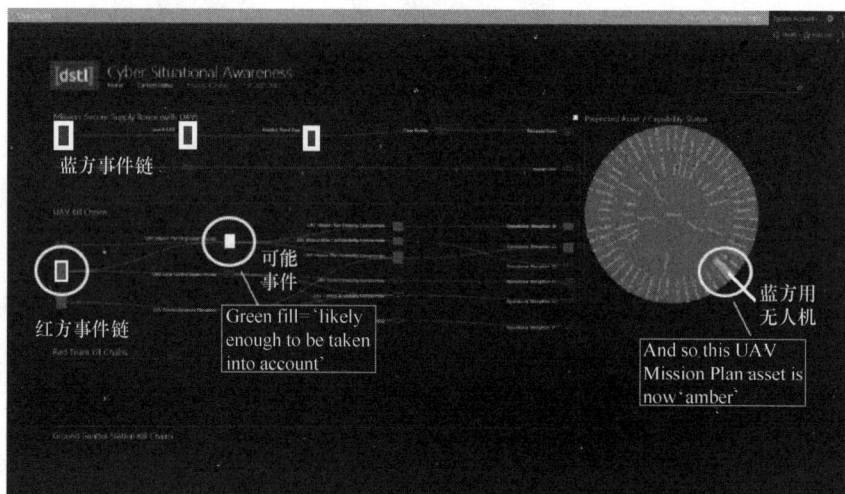

图 7.12　以任务为中心的网络态势认知系统的屏幕截图

该项目利用 MooD 软件的若干功能，可以搜索各种不同事件，修改原有因果规则，改变相关的数据及结果。但是，任何更改都只能在该项目所限定范围内进行。纵上所述，该项目将传统的态势感知能力扩展到了网络领域，要点如下：

（1）增加了指挥员所需的网络情报功能，包括在当前网络环境中如何执行任务，以及在未来可能采取的网络战行动；

（2）将因果规则与实际数据相结合，至少可给出一个视图来预测未来态势变化，并计算未来事件发生的可能性；

（3）决策支持系统与战场实况同步变化，并始终作为作战态势感知系统的一部分在运行，不只是单纯的"制定作战计划"；

（4）决策支持系统可帮助指挥员在一定限制范围内了解有关对方的信息，从多种视角预测可能出现的事件及影响，调整自己的作战方案。

7.5　其他的方法和技术

该项目还采用了其他若干技术，可以补充、增强其系统功能。

数据分析的自动化和可视化程度的提高，推动了"大数据"环境中的信息开发，加大了作战网络态势感知中处理网络资产和事件的规模和速度。

近年来出现了全新的数据可视化解决方案（参见 IEEE 可视化和相关的图形技术学会论文集[29]），用户终端可以通过预览表格的数据模型（pre-tabulated data models）来查询，利用相对简单的模式匹配计算方法得出查询结果并使用传统的图形控制方法显示该结果。有的新方案可将用户的查询描述为一种观点并输入查询代理"机器"，可以告知当前的态势，并根据历史数据预测未来发展趋势。

该项目并没有设想一个超出现有水平、会预测的机器，而是建立一个全局数据视图，提供"专业水平"的决策支持，使决策者能够更好地预测未来，不仅考虑过去的趋势，还要考虑可能的因果关系。该项目利用基于模型的设计提供了一种架构，可根据决策者的"假设"，预测主动或被动的干预措施的效果。换句话说，决策者能够不断地探索未来的各种干预措施对于作战计划可能的影响，从而完善已有的作战预案。为了能在目前作战条件下运行，所用模型也能适应较低水平的自动化技术。

该项目采用了"数据科学家"或数据分析师级别的自动化技术，其功能是从源数据中自动提取因果模型所需要的参数值。因为需要处理越来越多的网络资产和数据量，需要开发"一切事物的互联网"（internet of everything），还需要充分利用已经推向市场的新技术（例如基于事件的系统[30]）。

该项目的一个关键是获取描述网络领域行为的因果规则。因果规则来源列举如下：

（1）作战模拟中的各种事件链；

（2）设备和操作系统的漏洞分析；

（3）数据（模式）的统计分析。

该项目的一个重要特点是汇聚了各领域专家的知识，将其用于预测各种态势下的事件并评估其发生的可能性。该项目与文献[31]及其他文献介绍的方法有所不同，它们追求在整个决策过程中更高水平的自动化。

该项目采用统计分析方法来比较实际数据模式与上述因果模型的因果规则，并将其作为一个附加的校准机制。当统计分析方法可能给出与现有因果规则不同的结论而引发争议时[32]，可能需要修改规则或数据，如图 7.13 所示。

快速修改和反馈是该项目的一个重要特点，可以对比测试值与实际观测值，还可对比不断更新的态势感知图像，将其用于战斗损失评估。此方法与文献[33]提出的方法相似。

该项目也采用了作战仿真技术，可为指挥员提供更多信息，缩小决策空间，还可检查和验证因果模型中事件链的各种概率。如图 7.13 所示，通过仿真可给出未来可供选择的各种干预措施的效果并加以对比，显示了仿真技术对该项目的互补作用。

通过采用上述各种技术，该项目实现了基于多种方法组合的独特功能：

（1）建立了包含了网络各种关键组分、事件、资产及能力之间相互影响的因果模型；

（2）实现了模型运行与战场实时数据的同步；

（3）提供了一种预测未来的方法，可适用于多种作战想定方案，能提供多种干预方案，既考虑到降低风险，又考虑到实现对敌行动的优势。

实际情况
基于实际观察及计算结果，了解当前作战中"究竟发生了什么事件"
在观察的基础上，判定当前的态势和问题

因果规则
利用因果规则推断的结果，进行预测："基于领域知识，可能发生什么事"
将实际数据用于因果规则。检验因果规则是否很好地解释了实际，因果规则的结论用于未来时间段（现在+1）的可信度
在因果预测的基础上，进行作战决策

数据挖掘
利用数据挖掘技术对数据进行统计分析，"如果未来事件遵循过去的模式，应该发生什么事件"
比较数据挖掘结果与因果规则结论的异同
根据过去事件模式对未来做出预测

仿真
利用仿真技术对决策空间进行多次随机搜索和抽样，由指挥员本人选择优化决策："我可以做哪些事情来更好地完成任务？"
用"条件搜索"获取未来行动的各种可能性，如"可能发生的最坏结果是什么？"

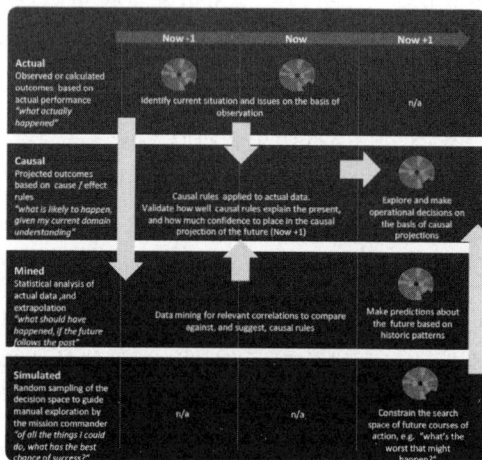

图 7.13　利用数据挖掘与模拟技术来补充因果规则的使用

7.6　今后的研究课题

今后，该项目将探索如何解决网络态势感知的下列问题：

（1）需要研究网络事件、资产和能力之间关系的动态变化；

（2）网络事件的特性及其对资产的影响具有隐秘性，不能仅根据分析敌方过去的行为来决策，或仅从一个角度来看敌方，或仅根据一种方法来理解导致敌方行为和后果的原因；

（3）需要适应快节奏网络战的能力，例如快速地响应事件、评估敌方行动的效果、采取灵活的对抗措施。

今后，需要进一步采用多种新方法：

（1）研制各种辅助工具，例如自动整合输出结果，将事件检测流程映射到用户界面。

（2）研究能够确定真实数据是描述在哪一层次的事件、资产和能力的新方法。它不能太复杂或不具可行性，可在规定的时间内提供指挥员所需且实用的决策支持，提高数据处理自动化的能力。

（3）满足指挥员快速搜索庞大决策空间的需要，使用仿真方法来缩小在特定时段的决策空间并及时做出决策。

（4）改进基于因果规则的预测方法，例如自动利用因果规则进行推理及预测的方法。

参 考 文 献

[1] Barnett, A. ; Smith, S. R. ; Whittington, R. P. Using causal models to manage the cyber threat to C2 agility: working with the benefit of hindsight[A]. 19th ICCRTS[C]. http://www.dodccrp.org/events/19th_iccrts_2014/post_conference/papers/081.pdf.

[2] The 19th ICCRTS Best Paper Award Winner[EB/OL]. http://www.dodccrp.org/events/19th_iccrts_2014/post_conference/html/bestpaper.html.

[3] Wikipedia. Situation Awareness[EB/OL]. https://en.wikipedia.org/wiki/Situation_awareness.

[4] Endsley, M. R. (1995b). Toward a theory of situation awareness in dynamic systems[J]. Human Factors, 1995, 37(1): 32-64.

[5] Endsley, M. R. (1995a). Measurement of situation awareness in dynamic systems[J]. Human Factors, 1995, 37(1): 65-84.

[6] Endsley, M. R. Situation Awareness Global Assessment Technique(SAGAT)[A]. Proceedings of the National Aerospace and Electronics Conference(NAECON)[C]. New York: IEEE, 1988: 789-795. doi: 10. 1109/NAECON. 1988: 195097.

[7] Endsley, M. R. Design and Evaluation for Situation Awareness Enhancement[A]. Proceeding of the 32nd Human Factors Society Annual Meeting[C]. Santa Monica: Human Factors and Ergonomics Society, 1988: 97-101.

[8] Bass, T. ; Arbor, A. Multisensor data fusion for next generation distributed intrusion detection systems[A]. Proceeding of iris national symposium on sensor and data fusion[C]. Laurel, MD. , 1999: 24-27.

[9] Bass, T. Cyberspace Situational Awareness Demands Mimic Traditional Command Requirements[J]. Signal, 2000(6): 83-84.

[10] National Science and Technology Council. Federal Plan for Cyber Security and Information Assurance [EB/OL]. 2006. https://www.nitrd.gov/pubs/csia/csia_federal_plan.pdf.

[11] Wikipedia. Data Fusion[EB/OL]. https://en.wikipedia.org/wiki/Data_fusion.

[12] Nicholson, A. ; Watson, T. ; Norris, P. ; Duffy, A. ; Isbell, R. A Taxonomy of Technical Attribution Techniques for Cyber Attacks[A]. Proceedings of the 11th European Conference on Information Warfare and Security[C], ESIEA, Laval, France. July 2012: 188-197.

[13] Barreto, A. ; Costa, P. ; Yano, E. A Semantic Approach to Evaluate the Impact of Cyber Actions on the Physical Domain[J]. Semantic Technology for Intelligence, Defense, and Security(Fairfax, VA, October 2012). http://stids.c4i.gmu.edu/papers/STIDSPapers/STIDS2012_T08_BarretoEtAl_EvaluateImpactOf CyberActions.pdf.

[14] Kim, A. ; Wampler, B. ; Goppert, J. ; Hwang, I. Cyber Attack Vulnerabilities Analysis for Unmanned Aerial Vehicles[J]. Infotech@Aerospace 2012, Garden Grove California, June 2012. http://arc.aiaa.org/doi/pdf/10.2514/6. 2012: 2438.

[15] Wikipedia. Defence Science and Technology Laboratory[EB/OL]. http://en.wikipedia.org/wiki/DSTL.

[16] MooD International Limited[EB/OL]. http://www.moodltd.com/_web/aboutus.html.

[17] Borg, S. How Cyber Attacks will be used in International Conflicts[A]. 19th Usenix Security Symp[C]. Washington DC, Aug 2010.

[18] Borg, S. Economically Complex Cyberattacks[J]. IEEE Security & Privacy(Nov/Dec 2005). http://digital-strategies.tuck.dartmouth.edu/cds-uploads/publications/pdf/Pub_EconCyberattacks.pdf.

[19] Musman, S. ; Aaron Temin; Mike Tanner; Dick Fox; Brian Pridemore. Evaluating the Impact of Cyber Attacks on Missions[EB/OL]. MITRE Corporation, 2010. http://www.mitre.org/sites/default/files/pdf/09_4577.pdf.

[20] Barnum, S. Standardizing Cyber Threat Intelligence Information with the Structured Threat Information eXpression(STIX.)[EB/OL]. MITRE Corporation. 2012. http://msm.mitre.org/docs/STIX-Whitepaper.pdf.

[21] Fenton, N. ; Neil, M. The use of Bayes and causal modelling in decision making, uncertainty and risk[R]. Risk and Information Management Research Group(QMC), University of London. 2011.

[22] Zhang D. ; Fooare, N. EPDL: A Logic for Causal Reasoning[R]. School of Computer Science and Engineering, Univ New South Wales, Australia, 2000.

[23] Cartwright, N. How to do things with Causes[J]. American Philosophical Association, Vancouver British Columbia, 2009.

[24] Hutchins, E. M. ; Cloppert, M. J. ; Amin, R. M. Intelligence-Driven Computer Network Defense Informed by Analysis of Adversary Campaigns and Intrusion Kill Chains[A]. Proceedings 6th International Conference on Information Warfare and Security(ICIW 11), Washington DC USA. March 2011, Academic Publishing International Limited. 2011, 113-125. http://www.lockheedmartin.com/content/dam/lockheed/data/corporate/documents/LM-White-Paper-Intel-Driven-Defense.pdf.

[25] See e. g. Autonomy Technology Overview White Paper, HP Autonomy, 2009. http://publications.autonomy.com/.

[26] See e. g. URL: http://www-03.ibm.com/innovation/us/watson/index.shtml.

[27] Briesemeister, L. ; Cheung, S. ; Lindqvist, U. ; Valdes, A. Detection, Correlation, and Visualization of Attacks against Critical Infrastructure Systems[A]. Proceedings Eighth Annual Conference on Privacy, Security and Trust[C]. Ottawa, Ontario, Canada. August 17-19, 2010. http://www.csl.sri.com/papers/PST2010/pst2010.pdf.

[28] Jakobson, G. Mission Cyber Security Situation Assessment Using Impact Dependency Graphs[A]. 14th International Conference on Information Fusion[C]. Chicago, Illinois, USA, July 5-8, 2011.

[29] See e. g. Proceedings IEEE VAST 2013(Atlanta, Georgia, USA, 13-18 October 2013), IEEE Transactions on Visualization and Computer Graphics, Dec 2013.

[30] See e. g. Proceedings of the 7th ACM international conference on Distributed even-based systems (Arlington, Texas, USA, 29 June-03 July 2013), ACM 2013.

[31] Mugan, J. A Developmental Approach to Learning Causal Models for Cyber Security[M]. SPIE Defense, Security, and Sensing, Machine Intelligence and Bio-inspired Computation: Theory and Applications VII . 2013.

[32] Pearl, J. Causal Inference in Statistics: An overview[J], Statistics Surveys Volume 3, The American Statistical Association, the Bernoulli Society, the Institute of Mathematical Statistics, and the Statistical Society of Canada. 2009: 96-146.

[33] Martino, R. Leveraging Traditional Battle Damage Assessment Procedures to Measure Effects from a Computer Network Attack[R]. USAF Institute of Technology. 2011.

经历了一百多年发展的量子科学技术，进入 21 世纪以来，由于其在信息领域中的独特功能，在增大信息容量、提高运算速度、确保信息安全等方面可望实现新突破，对于未来网络科学的发展将具有深远的影响。

8.1 经历一百多年发展的量子科学技术

19 世纪末，普朗克、爱因斯坦和玻尔等提出了量子理论，为 20 世纪人类利用核能、激光、半导体等新兴技术奠定了理论基础。现在人们认为现代物理学的两大理论基础是量子论和相对论。

普朗克（Max Planck，1858—1947），德国物理学家，量子理论的奠基者，获得 1918 年诺贝尔物理学奖[1]。图 8.1 取自 http://www.rugusavay.com/max-planck-quotes/。1900 年，为了解释黑体辐射（Black-body radiation），他提出了如下假设：黑体由带电谐振子组成，谐振子的能量不能连续变化，只能取一些分离值。谐振子的最小能量为 h，他称其为能量子，又称量子（quantum）。

1905 年，爱因斯坦（Albert Einstein，1879.3.14—1955.4.18）提出光波是不连续的并具有粒子性，称之为光量子（lightquantum），后被命名为光子（photon）。光具有波粒二相性。实验也证明光既是一种波，又同时是一种粒子。他获得 1921 年诺贝尔物理学奖[2]。图 8.2 取自 http://www.thelifecoach.com/1116/albert-einsteins-5-secrets-of-success/。

玻尔（Niels Bohr，1885.10.7—1962.11.18）在 1913 年所创立的原子结构理论奠定了现代物质结构理论的基础，发展了量子论[3]。他获得 1922 年诺贝尔物理学奖。图 8.3 取自 http://dailyatheistquote.com/atheist-quotes/2013/01/25/niels-bohr/。

文献[4]指出："玻尔-爱因斯坦辩论（Bohr-Einstein debates）是量子力学的两个创始人爱因斯坦和玻尔的一系列公开辩论，因其对科学发展的深远影响而被载入史册"。特别值得注意的是，文献[4]强调："虽然大多数领域的专家都认为，爱因斯坦是错的，但是，目前的认识还不够完整。"在目前"百花齐放，百家争鸣"的量子科学研究中，存在许多不同学术观点和争议是很正常的，例如本章中提及的对于 D 波量子计算机（8.2.2 节）的不同见解，希望读者能予以独立判断。

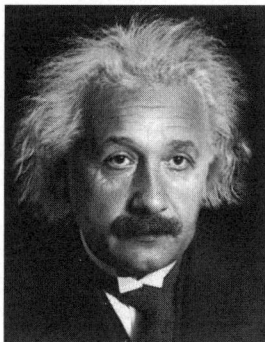

图 8.1　M.普朗克　　　　　　　图 8.2　A.爱恩斯坦　　　　　　图 8.3　N.玻尔

近年来，量子科学技术开始出现若干研究成果及实际应用。例如量子计算机、量子通信、量子密码、量子网络、量子计算、量子仿真等，量子纠缠和其他量子资源，量子存储器、量子中继器、量子传感器、量子接口和混合量子系统，基于测量的量子调控和量子反馈，还包量子态传输和网络工程、量子光学机械、量子系统工程设备制造技术[5]。长期以来，美国等国的军方非常关注量子科技发展及其军事应用，主要涉及量子计算机、量子通信网络、量子密码及量子算法等领域。

表 8.1 是量子科技发展历史大事记，引自文献[6]。

表 8.1　量子科技发展历史大事记

编号	时间段	时间	重大事件
1		1690 年	惠更斯出版《光论》，波动说被正式提出
2		1704 年	牛顿出版《光学》，微粒说成为主导
3		1807 年	杨整理了光方面的工作，提出了双缝干涉实验，波动说再一次登上舞台
4		1819 年	菲涅尔证明光是一种横波
5		1856—1865 年	麦克斯韦建立电磁力学，光被解释为电磁波的一种
6	1690—1899 年	1885 年	巴尔末提出了氢原子光谱的经验公式
7		1887 年	赫兹证实了麦克斯韦电磁理论，但他同时也发现了光电效应现象
8		1893 年	黑体辐射的维恩公式被提出
9		1896 年	贝克勒耳发现了放射性
10		1896 年	发现了光谱的塞曼效应
11		1897 年	J. J. 汤姆逊发现了电子
12	1900—1949 年	1900 年	普朗克提出了量子概念，以解决黑体问题
13		1905 年	爱因斯坦提出了光量子的概念，解释了光电效应

编号	时间段	时 间	重大事件
14		1910 年	α 粒子散射实验
15		1911 年	超导现象被发现
16		1913 年	玻尔原子模型被提出
17		1915 年	索末菲修改了玻尔模型，引入相对论，解释了塞曼效应和斯塔克效应
18		1918 年	玻尔的对应原理成形
19		1922 年	斯特恩-格拉赫实验
20		1923 年	康普顿完成了 X 射线散射实验，光的粒子性被证实
21		1923 年	德布罗意提出物质波的概念
22		1924 年	玻色-爱因斯坦统计被提出
23		1925 年	泡利提出不相容原理
24		1925 年	戴维逊和革末证实了电子的波动性
25		1925 年	海森堡创立了矩阵力学，量子力学被建立
26		1925 年	狄拉克提出 q 数
27		1925 年	乌仑贝克和古德施密特发现了电子自旋
28		1926 年	薛定谔创立了波动力学
29		1926 年	波动力学和矩阵力学被证明等价
30	1900—1949 年	1926 年	费米-狄拉克统计
31		1927 年	G. P. 汤姆逊证实了电子的波动性
32		1927 年	海森堡提出不确定性原理
33		1927 年	波恩做出了波函数的概率解释
34		1927 年	科莫会议和第五届索尔维会议召开，互补原理成形
35		1928 年	狄拉克提出了相对论化的电子波动方程，量子电动力学走出第一步
36		1930 年	第 6 届索尔维会议召开，爱因斯坦提出光箱实验
37		1932 年	反电子被发现
38		1932 年	查德威克发现中子
39		1935 年	爱因斯坦提出 EPR 思维实验
40		1935 年	薛定谔提出猫佯谬
41		1935 年	汤川秀树预言了介子
42		1938 年	超流现象被发现
43		1942 年	费米建成第一个可控核反应堆
44		1942 年	费因曼提出路径积分方法
45		1945 年	第一颗原子弹爆炸
46		1947 年	第一个晶体管
47		1948 年	重正化理论成熟，量子电动力学被彻底建立
48	1950—1995 年	1952 年	玻姆提出导波隐变量理论
49		1954 年	杨-米尔斯规范场，后来发展出量子色动力学

（续表）

编号	时间段	时　间	重大事件
50		1956 年	李政道和杨振宁提出弱作用下宇称不守恒，不久被吴健雄用实验证实
51		1957 年	埃弗莱特提出多世界解释
52		1960 年	激光技术被发明
53		1963 年	盖尔曼等提出夸克模型
54		1964 年	贝尔提出贝尔不等式
55		1964 年	CP 对称性破缺被发现
56		1968 年	维尼基亚诺模型建立，导致了弦论的出现
57		1970 年	退相干理论被建立
58		1973 年	弱电统一理论被建立
59		1973 年	核磁共振技术被发明
60	1950—1995 年	1974 年	大统一理论被提出
61		1975 年	τ 子被发现
62		1979 年	惠勒提出延迟实验
63		1982 年	阿斯派克特实验，定域隐变量理论被排除
64		1983 年	Z0 中间玻色子被发现，弱电统一理论被证实
65		1984 年	第一次超弦革命
66		1984 年	格里芬斯提出退相干历史解释，后被哈特尔等人发扬
67		1986 年	GRW 模型被提出
68		1993 年	量子传输理论开始起步
69		1995 年	顶夸克被发现
70		1995 年	玻色-爱因斯坦凝聚在实验室被做出
71		1995 年	第二次超弦革命开始

8.2　量子计算机

8.2.1　量子计算机的先行者

1959 年 12 月 29 日，在加州理工学院召开的美国物理协会年会上，R. Feynman（1918.5.11—1988.2.15，获 1965 年诺贝尔物理学奖）发表了题为《在底部还有很大空间》（There's plenty of room at the bottom）的经典性讲话："当我们到了非常非常小的世界，例如，由 7 原子构成的电路，将面临很多新的事情及全新的设计机遇。少数原子的行为与庞大数量原子的行为完全不同，因为前者遵循量子力学的规律。遵守不同的法则，我们可以做不同的事情，以不同的方式制造。不仅可以使用量子级的电路，还有量子级的能量系统，以及量子自旋的相互作用系统。"[7]1982 年，R. Feynman 指出用量子系统构成的计算机来模拟量子现象，可大幅度减少运算时间[8]。1986 年，他发表了"量子力学计算机"的论文[9]。图 8.4 取自 http://en.wikiquote.org/wiki/Richard_Feynman。

1985 年，英国牛津大学物理学家 D. Deutsch（1953—）[10]提出了量子图灵计算机模型，并且指出量子计算机比经典图灵计算机具有更强大的功能[11]，发展了量子计算机的理论基础。2008 年他成为英国皇家学会（FRS）院士。1989 年，他建立了量子计算机的量子网络模型，并证明了量子计算机通用逻辑门组的存在[12]。图 8.5 取自 http://www.physics.ox.ac.uk/al/people/Deutsch.htm。

图 8.4　R. Feynman

图 8.5　D. Deutsch

8.2.2　D-Wave 公司的商用型量子计算机

从 1959 年 R. Feynman 提出量子计算机，经历近 50 年之后，加拿大的 D-Wave Sys- tem Inc（以下简称 D 波公司）于 2007 年 2 月宣布研制成功 16 位量子位的超导量子计算机[13]。2011 年 5 月 11 日，该公司发布了具有 128 个量子位的"全球第一款商用型量子计算机"D 波 1 号（D-Wave One）。随后，全球第一大国防承包商洛克希德·马丁公司宣布购买一台 D 波 1 号。2013 年 5 月，谷歌、美国国家航空航天局（NASA）的艾姆斯研究中心以及大学空间研究协会（USRA）共同花费 1500 万美元购买一台具有 512 个量子位的 D-Wave Two 量子计算机，将用于研究提高谷歌的搜索结果，以及语音和图像识别的准确度；NASA 将用于模拟太空气象、行星大气层、星系碰撞，研究磁动流体力学、超音速飞行器以及处理大量数据等[14]；各国的大学的研究人员则可研究疾病、气候等问题。另据 2015 年 11 月 11 日 Susan Davis 的报道：美国洛斯阿拉莫斯国家实验室订购了超过 1000 个量子位的 D-Wave 2X 量子计算机（引自 http://www.dwavesys.com/d-wave-two- system）。

图 8.6 是 D 波公司创始人兼首席技术官 Geordie Rose 与 D-Wave 量子计算机的部件，取自 http://help.3g.163.com/13/0521/04/8VCDRH0J00963VRT.html。

近年来，对于该计算机也有不同见解，希望读者能予以独立判断。

8.2.3　首台可编程通用量子计算机

2009 年 11 月 15 日，美国国家标准技术研究院（NIST）David Hanneke 的团队研究出世界首台可编程量子计算机（Programmable Quantum Computer），可处理两个量子位的数据，并可以在进一步改进后应用于密码破译等方面，相关的论文发表在 *Nature Physics*[15]。图 8.7 取自 http://www3.amherst.edu/~dhanneke/。1995 年，J. I. Cirac 和 P. Zoller 提出离子阱量子计算机方案，同年 NIST 实现该方案的量子控制非门运算。

图 8.6　G. Rose 与 D-Wave 量子计算机部件　　　　图 8.7　D. Hanneke

8.2.4　美国国家安全局决定研制量子计算机

据文献[16]的消息，在美国国家安全局（NSA）前雇员 Edward Snowden（爱德华·斯诺登）事件后，美国《华盛顿邮报》2014 年 1 月 3 日报道，该局决定开发一种量子计算机，该研究计划名为"渗透硬性目标"（Penetrating Hard Targets），经费为 7970 万美元（约合 4.8 亿元人民币），目标是用量子计算机破译加密的文件。

8.3　量子密码学

量子密码学（Quantum Cryptograph），简称量子密码，它利用量子力学（特别是量子通信和量子计算）来执行通信网络的加密或破译密码。它使通信的双方能够产生并分享一个随机且安全的量子密钥，用于加密和解密信息。如果有第三方试图窃听密码，通信双方会立即察觉并破坏窃听。

8.3.1　量子密码学的先行者

1969 年，美国哥伦比亚大学的研究生 Stephen J. Wiesner（1942—）写了一篇论文[17]

首次提出"共轭编码"（又称"成对配合编码"）（Conjugate Coding），成为量子密码的开创者。该论文曾被多个科技刊物退稿，直到 14 年后的 1983 年才正式发表[18]。他提出采用量子密码的防伪货币创想，引发了后来的量子密钥分配（QKD，Quantum Key Distribution）方法。据文献[19]于 2012 年 10 月 4 日介绍，来自德国和美国的物理学家 F. Pastawski 等开始研制无法伪造的量子信用卡，实现 Wiesner 当年"量子货币"的设想。图 8.8 是量子货币的示意图，取自文献[19]。

1984 年，C. Bennett（1943—）[20]和 G. Brassard 等发表了一种量子密码协议（Quantum Cryptography Protocol）[21]，后来被称为 Bennett-Brassard 协议，也称 BB84 协议。该协议描述了如何利用光子的偏振态来经由光纤通信线路传输信息。发送者和接收者用量子信道来传输量子态。如果用光子作为量子态载体，则对应的量子信道可以是光纤通信线路。另外还需要一条公用传统信道，比如无线电通信或因特网。该协议将可有效防止这两种信道被第三方窃听。图 8.9 取自 https://www1.ethz.ch/inf/news/spotlight/honorary_doctorate_Bennett_brassard/Charles_Bennett.jpg?hires。

1991 年，牛津大学沃尔夫森学院博士生 Artur Ekert 发表了应用双量子纠缠态特性保证信息安全的另一种量子密码协议，称为 E91 协议[22]。图 8.10 取自 http://iiis.tsinghua.edu.cn/en/list-330-1.html。后面 8.4.1 节的表 8.2 列出了 5 个有代表性的量子网络 QKD 工程项目，但均未实现 E91 协议。对于该协议也存在不同见解，希望读者能予以独立判断。

图 8.8　量子货币的示意图　　　　图 8.9　C. Bennett　　　　图 8.10　Artur Ekert

1992 年，Bennett 又提出一种基于两个非正交量子态的量子密码协议，被称为 BBM92 协议[23]。

8.3.2　Shor 的量子算法引起了量子密码学和量子计算的研究热潮

1994 年，美国麻省理工学院教授 P. W. Shor（1959.8.14—）[24]提出分解大数质因子的量子算法，被称为 Shor's algorithm[25]，使目前世界上应用最广也是最成功的 RSA 加密算法不再安全。图 8.11 取自文献[24]。RSA 的核心思想就是大数在有限时间内不可有效质

图 8.11　P. W. Shor

因子化这一结论。按照现有的理论计算，分解一个 400 位数的质因子，用目前最先进的巨型计算机也需要用 10 亿年的时间，而人类的历史才不过几百万年。在 Shor 算法中，寻找一个 N 位大数的质因子问题被转化为寻找其余因子函数（Cofactor function）的周期 r。由于 r 不能在量子计算中被有效测出，Shor 算法借助量子离散傅里叶变换将 r 转换成另一个可测的周期。只要该周期被找到且为偶数，则利用剩余定理就能得到 N 的质因子。Shor 的量子算法能将上述著名的 NP 问题化为 P 问题，使一个 N 位大数的质因子分解只需要用 N 的多项式的时间而不是以前所认为的 N 的指数次的时间。因此，利用量子计算机分解一个 400 位大数仅仅需要不到一年的时间！Shor 的量子算法引起了科学家们巨大兴趣，在全球掀起了量子计算的研究热潮，标志着量子密码学的发展进入新阶段。

8.3.3　量子密码分配实验和产品市场化的先行者 Nicolas Gisin

2003 年，美国麻省理工学院的《MIT Technology Review》评选出将改变世界的 10 项新技术，其中包括"量子密码技术"[26]，并主要介绍了 Nicolas Gisin 教授研究出的技术。指出"日内瓦大学的 Nicolas Gisin 是增强电子通信安全技术运动的先锋"，"他是物理学家和企业家，正在领导将量子密码技术推向市场"。文献[26]中的原文是"Nicolas Gisin of the University of Geneva is in the vanguard of a technological movement that could fortify the security of electronic communications"，"Gisin-a physicist and entrepreneur-is leading the charge to bring the technology to market"。图 8.12 取自 http://cqiqc.physics.utoronto.ca/bell_prize/home.html。

图 8.12　Nicolas Gisin

Gisin 在 20 世纪 90 年代初开始研究量子光学。1993 年，Gisin 小组[27]利用 850 纳米激光和偏振方案在光纤中实现了 1.1 千米的量子密钥分配，误码率仅为 0.54%。1996 年，该小组又利用 1550 纳米激光和偏振光源在日内瓦湖底的商用光纤线路上实现了 23 千米的量子密钥分配[28]。

Gisin 是量子技术公司 ID Quantique 的共同创办人。2001 年，该公司从日内瓦大学 Gisin 的实验室分建而成，位于日内瓦。它试生产了一个像普通微型电脑大小的量子密码系统，包括一个随机数发生器（用于产生密钥）、用于发射及检测单个光子的量子通信设备。利用该系统，2002 年，Gisin 在瑞士日内瓦和洛桑之间的 67 千米商用光纤上，实现了长时间稳定的量子密钥分配实验[29]，成为第一个可实用的量子密钥分配系统。2004 年，该公司将商用量子密码系统推向市场[30]。

2014 年 11 月 4 日，在中国合肥召开的国际量子通信、测量和计算学术大会颁发了年度国际量子通信奖。Gisin 因"提升量子通信和解密相关前沿技术"，获得本年度国际量子通信奖的实验奖[31]。

8.4　量子网络

8.4.1　迅速发展的量子网络

量子网络应用的原理是量子纠缠（quantum entanglement），一个粒子可以传递有限的信息，而亿万个粒子联手，就形成了量子网络，可在物理上独立的量子系统之间传送量子信息。该网络节点可以通过量子逻辑门处理信息和进行量子计算，还可以利用量子密钥分配算法（QKD）实现安全通信。光量子网络使用光纤链路或自由空间链路，以光子的形式发射量子状态并跨越大的距离，还可以用光腔（Optical Cavities）捕集单原子并作为在该网络中的存储和处理节点。

量子网络是近几十年来出现的新型交叉学科，是量子计算和量子密码系统的一个重要组成部分。主要涉及量子密码通信、量子远程传态和量子密集编码等，近来这门学科已逐步从理论走向实验，并开始向实用化发展。光纤量子密码技术目前正从点对点量子密钥分配的初级阶段转向网络内多节点之间量子密钥分配的新发展阶段。目前普遍认为量子网络具有高效率和绝对安全等特点，若能真正得以实现，其军事应用前景将非常广阔[32]。

近年来，美国、欧洲和中国等在均进行了战略性部署，投入了大量的科研资源和开发力量，进行量子网络体系的关键技术攻关和实用化、工程化探索。各国发展量子网络的主要目标之一是构建广域乃至全球范围的绝对安全的量子网络体系。它包括 3 个层次：

（1）通过光纤实现城域量子网络，连接一个中等城市内部的通信节点；

（2）通过地面量子中继站，实现邻近两个城市之间的连接；

（3）通过卫星与地面站之间的自由空间光子传输和卫星平台的中转，实现全球各区域之间的连接。

从 2001 年以来，一些国家先后开始实施量子网络 QKD 工程项目并取得进展。这种量子网络主要用于支持传统的计算环境之间的量子密钥分配。量子网络使发送和接收方共享密钥。与传统的密钥分配算法不同，量子密钥分配是利用物理方法，而不是数学方法，来保证通信安全性。表 8.2 列出了 5 个有代表性的量子网络 QKD 工程项目（取自文献[32]），简要介绍如下。

表 8.2　有代表性的 QKD 量子网络工程项目

量子网络名称	开始时间	量子密码协议		
		BB84	BBM92	E91
美国 DARPA 量子网络	2003	是	否	否
中国芜湖市多层级量子密码城域网络	2009	是	否	否
维也纳量子密钥分发网络	2009	是	是	否
东京量子密钥分发网络	2010	是	是	否
日内瓦量子区域网络	2011	是	否	否

8.4.2　美国国防部高级研究计划局支持研制量子网络

从 2001 年起，DARPA 开始支持 BBN 科技公司（BBN Technologies）以实现安全通信为目标的量子网络研究开发，项目名称为 DARPA 量子网络（DARPA Quantum Network）。2003 年年底，该项目的首个具有量子密钥分配功能的网络开始在 BBN 公司的实验室运行；2004 年，利用地下光纤网增加了在哈佛大学和波士顿大学的节点。2005 年，由美国标准技术研究院（NIST）设计和建造的两个节点在自由空间（通过大气或真空）发射或接收量子信息与上述网络连接[33, 34]。

BBN 是位于美国麻塞诸塞州剑桥的高科技公司，建立于 1948 年。由 Leo Beranek、Richard Bolt 与 Robert Newman 共同创建，因此最早称为 Bolt，Beranek and Newman 公司。因为取得了 DARPA 之间的合约，它曾经参与 ARPANET 与 Internet 的最初研发。

1. 在 BBN 实验室运行的量子网络

2003 年年底，在 BBN 公司实验室内点对点 QKD 量子通信网络的简化框图如图 8.13 所示（取自文献[33]）。支持两个点对点之间的安全通信，可以通过公共通信网络（例如因特网或全球电话网等）收发机密信息。每个点通常是由一个或多个以太网组成的局域网，例如，通常可部署在企业总部。

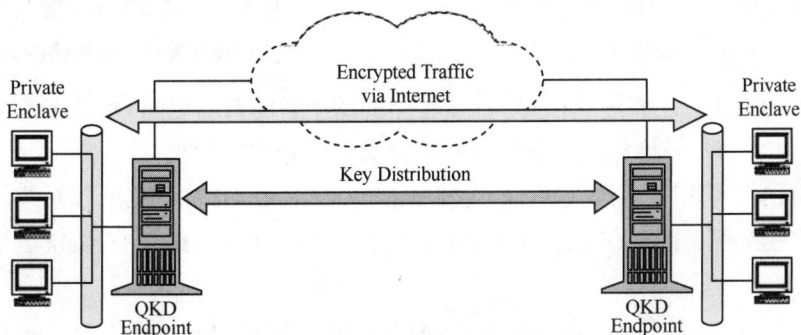

图 8.13　在 BBN 公司实验室内点对点 QKD 量子通信网络的简化框图

2. 波士顿剑桥地区量子网络及其硬件和软件

图 8.14 利用地图显示在 2004 年波士顿剑桥地区光纤局域网络连线图，显示了扩展后的 DARPA 量子网络，它利用波士顿剑桥地区光纤连接 BBN 公司、哈佛大学和波士顿大学的 3 个节点（取自文献[34]）。该网络由两个 BB84 发射机（代号分别为 Alice，Anna），两个兼容的接收机（代号分别为 Bob，Boris），以及一个交换机组成，可以在程序控制下接通任一发射机和接收机。Alice、Bob 和交换机都设在 BBN 的实验室，Anna 在哈佛大学，Boris 在波士顿大学。Alice、Bob 与交换机之间的光纤只有几米长。哈佛大学与 BBN 之间的光纤大约是 10 千米。波士顿大学与 BBN 之间的光纤大约是 19 千米。因此，哈佛大学与波士顿大学之间的光纤，通过在 BBN 的交换机，大约是 29 千米。Anna 与 Bob 之间通信的量子比特误码率平均为 3%。由于 Boris 所在波士顿大学校园较远光纤的高衰减及探测器的低效率，该网络尚不能支持 Boris 采用较低平均光子数的通信。

图 8.15 显示了 2005 年扩展后该网络增加了 NIST 的自由空间 QKD 节点 Ali 和 Baba（取自文献[34]）。Ali 和 Baba 通过运行 BBN QKD 密钥中继协议加入网络。该网络还包含两个新的以纠缠为基础的节点 Alex 和 Barb，由波士顿大学和 BBN 合建，但这两个节点尚未全面运作。

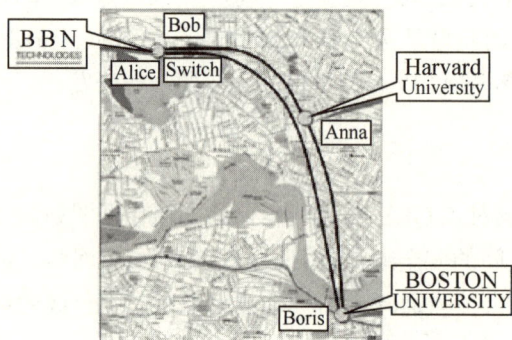

图 8.14　在 2004 年波士顿剑桥地区
光纤局域网络连线图

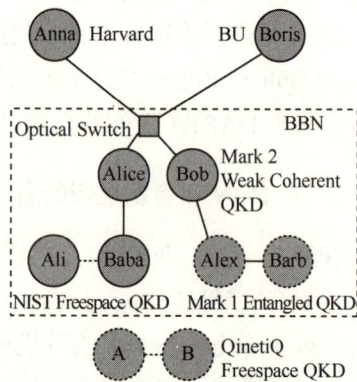

图 8.15　在 2005 年扩展后的波士顿
剑桥地区光纤局域网络的拓扑结构图

在不久的将来，还将连接由 QinetiQ 公司的两个新的自由空间 QKD 节点（尚未被命名）。2005 年扩展后该网络包括下列 4 种不同类型的 QKD 硬件。

（1）Mark-2 弱相干系统（Weak-Coherent System）是 BBN 的第二代系统，通过光纤执行量子密钥分配。图 8.16 取自文献[34]，显示了在 2005 年 BBN 的 Mark-2 量子网络的 4 台硬件系统。

（2）BBN 和波士顿大学合作研制的 Mark-1 纠缠系统（Entangled System），是 BB84 量子密钥协议系统，基于偏振-纠缠的光子对，用于通过光纤的操作。

图 8.16　BBN 的 Mark-2 量子网络的硬件设备（从左到右：Alice, Boris, Anna, Bob）

（3）NIST 设计建造的自由空间系统，用于激光脉冲通过自由空间的操作。

（4）QinetiQ 公司设计建造的自由空间系统，用于激光脉冲通过自由空间的操作。

2005 年扩展后该网络使用了 BBN 研制的 QKD 软件。图 8.17 是 BBN 的 Mark-2 量子网络的软件结构简图（取自文献[34]），采用了典型的自底向上 5 层网络协议栈，在图的右部显示的是实现每层协议的技术。QKD 软件 5 层协议简介如下。

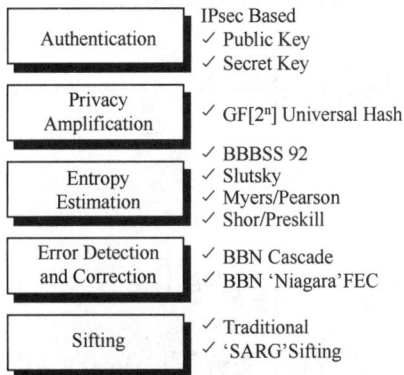

图 8.17　在 2005 年扩展后量子网络的软件结构简图

（1）筛选

Alice（发射机）和 Bob（接收机）筛选其尚未经加工的"原始"保密比特流，以便下一步纠正各种错误。

（2）检错和纠错

一旦 Alice 和 Bob 已共同筛选出可能出错的位，就开始执行纠错操作，查找并去除在传输中这些已经损坏的位，例如，发送的比特为 1，但接收到的为 0，或者是相反的情况。目前 BBN 采用了两种纠错方法，一种是常用的级连协议（Cascade protocol）的修改版本，另一种前向纠错（FEC，Forward Error Correction）的新方法被称为"Niagara"。

（3）熵的估算

提高保密性能取决于精确估算被筛选后比特的无窃听熵（Eavesdropping-free entropy），以及保秘比特序列的纠错，即确保在这些比特中熵的数量超出了 Eve（夏娃，代表窃听者）所有可能的估计。由于该熵的估算过程对于量子密码的安全性至关重要，所以将它作为 QKD 处理中的一种特殊操作。目前采用了 4 种纠错算法，分别称为"Bennett"、"Slutsky"、"Myers-Pearson"及"Shor-Preskill"。Chip Elliott 在文献[3]中指出上述 4 种算法的详细介绍超出了该论文的范围，只给出下列的公式。

在被纠的 QKD 比特位中，设超出 Eve 所知道的常用信息如下：

b，在筛选中接收的比特位数；

e，在筛选中发现的出错比特位数；

n，发送的比特位总数；

d，在纠错中被发现的奇偶比特位；

r，来自随机检测的非随机测量参数；

c，可信度参数（chance of underestimating）。

DARPA 量子网络所用的公式：

Bennett 为：
$$t = b - e - \frac{4e}{\sqrt{2}} - erf^{-1}(1-c)\sqrt{(8+4\sqrt{2})e} \tag{8.1}$$

Slutsky 为：
$$t = b - e\left[1 + \log_2\left(1 - \frac{1}{2}\left(\frac{1-3e'}{1-e'}\right)^2\right)\right] - erf^{-1}(1-c)\sqrt{\frac{b-e}{2}}，\text{其中} e' = \min\left(\frac{e}{b} + \right.$$

$$\left. \frac{erf^{-1}(1-c)}{\sqrt{2b}}, \frac{1}{3}\right) \tag{8.2}$$

Myers/Pearson 为：
$$t = \max_{R\in[1,2]}\left[(b-e)\frac{b-e}{1-R}\log_2\left(p_E^R + (1-p_E)^R\right) - \log_2\left(\frac{R}{c(R-1)}\right) - 2\right] \tag{8.3}$$

其中 $P_E = \frac{1}{2} + \sqrt{\frac{p}{1-p}\left(1-\frac{p}{1-p}\right)}$ 且 p 求解 $\sum_{i=0}^{e}\binom{b}{i}p^i(1-p)^{n-i} = c$

Shor/Preskill 为：
$$t = (b-e)(1 + p\log_2(1-p)\log_2(1-p)) + 2\log_2(c) \tag{8.4}$$

p 同上。

对于上述 4 种算法，熵的估算值均为：$t-r-d-m$，$n-m_2b$。

图 8.18 显示了熵估算的 4 种纠错算法的误码率对比。

（4）提高保密性

提高保密性的过程，也就是 Alice 和 Bob 设法适当降低 Eve 对于共享比特位了解的程度。它也称蒸馏（distillation）方法。请注意，Eve 可能以多种方式非法了解情况，例如通过窃听，或在纠错过程中窃取比特位的交换情况。在个别情况下，Eve 实际上可能知道共享的特定比特位的精确值；但更有可能的是，Eve 只窃取了部分信息。

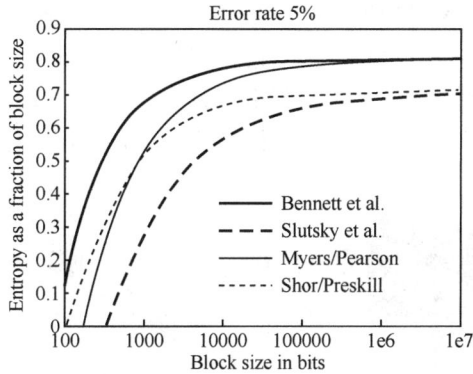

图 8.18　熵估算的 4 种纠错算法的误码率对比

（5）认证

认证过程可确保 Alice 和 Bob 能以很高的概率彼此交换信息而不被 Eve 窃听。此认证必须是相互的，Alice 必须确保只与 Bob 通信，Bob 必须确保只与 Alice 通信，而且认证过程必须是连续的，不能仅仅是一次初始握手。

DARPA 量子网络目前拥有嵌入互联网安全体系结构（IPsec）的授权证书，特别包括由因特网密钥提供的交换机制（IKE）协议。QKD 协议可以通过网络节点的公共密钥或预置密钥，来控制自己的信息流。今后将进一步扩展这一机制并提高保密性。

3．进行中的工作

文献[34]列出了尚在进行的三项工作：

（1）提高纠缠系统的稳定性。一旦波士顿大学的设备达标，将全面启用纠缠系统，并纳入网络的日常操作。

（2）完成 NIST 和 QinetiQ 公司的自由空间通信系统，开始入网连续运行。

（3）研发超导单光子探测器（SSPD，Superconducting Single-Photon Detector）。罗切斯特大学、NIST 分部（位于科罗拉多州的 Boulder）和 BBN 正在合作研制此设备。

8.4.3　中国的量子网络

1．多层级量子密码城域网络

在 2009 年 5 月，中国的郭光灿（1942—）团队在芜湖市建成了多层级量子密码城域网络[35, 36]，应用了量子路由器、光开关和可信中继 3 种组网技术，连接了城市中的 A～G 共 7 个终端节点。郭光灿是中国科学技术大学量子信息重点实验室主任，2003 年当选为中国科学院院士。图 8.19 取自 http://roll.sohu.com/20131106/n389647379.shtml。图 8.20 是此网络的结构示意图（取自文献[36]）。网络中的节点根据优先级分成多个层级。一个高优先级全通主干网的 4 个重要节点 A～D 通过一个量子路由器相互连接，每一个节点都可以当作一个子网网关来扩展网络结构。节点 E 和 F 属于一个子网，经由一个光开关连接到主干网的节点 D。第 7 个节点 G 通过一根单独光纤实现与网络的接入。经典信息交互和量子密钥分配都使用同一根光纤，展示了此网络在光纤资源匮乏的环境中也能很好地运转。

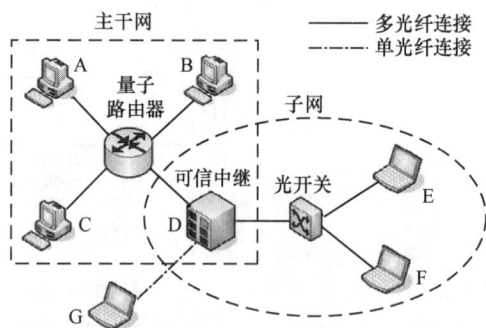

图 8.19　郭光灿　　　　　　　图 8.20　多层级量子密码网络结构示意图

2. 中国计划建设远程光纤量子通信网络"京沪干线"

2009 年，以中国科学技术大学潘建伟（1970.3—）团队为核心的技术队伍，将光纤量子通信安全距离提高到 200 千米，组建了世界上首个多节点的全通型光量子电话网，使量子通信在城市范围内的实用化成为可能。2012 年年初，他们在安徽省合肥市建成了 46 个节点的城域量子通信网络，远远超过国际上已有的同类网络。同时，他们与新华社合作建设的金融信息量子通信验证网在北京开通[37]。

2014 年 1 月 12 日，中科院根据国家发改委对量子通信"京沪干线"技术验证及应用示范项目的批复要求，组织专家对该项目的初步设计及概算进行了评审。专家组由来自中科院物理所、半导体所、清华大学、中国国际工程咨询公司等单位的 9 位专家组成。中国科技大学朱长飞副校长、项目首席科学家潘建伟院士、项目建设单位、设计单位相关代表出席了会议。"京沪干线"项目由中国科学技术大学作为建设单位，计划用 3 年时间进行建设，连接北京、济南、合肥、上海，全长 2025 千米，提供 4 城市间网状 8Gbps 加密应用数据传输业务，将成为高可信、可扩展的广域光纤量子通信网络[38]。

3. 中国计划发射量子科学实验卫星并建设全球量子通信卫星网络

2014 年 11 月 2 日，在合肥召开了"2014 量子通信、测量和计算国际学术大会"。在此次会议上，潘建伟指出，中国科学院"量子科学实验卫星"工程目前进展顺利。基于在中国青海湖等地进行的多项成功实验，量子科学实验卫星的主要技术攻关已经完成，目前正在进行建造卫星的工作。中国将在第一颗卫星工程顺利发射后，进一步开展研究，争取在 2020 年实现亚洲与欧洲的洲际量子密钥分配，建成联接亚洲与欧洲的洲际量子通信网。到 2030 年左右，可望建成全球化的量子通信卫星网络[39]。

4. 中国科技大学潘建伟、陆朝阳等完成的"多自由度量子隐形传态"研究成果名列 2015 年国际物理学十大突破榜首

2015 年 12 月 11 日，欧洲物理学会新闻网站"物理世界"公布 2015 年度国际物理学领域十项重大突破，中国科学技术大学教授潘建伟、陆朝阳等完成的"多自由度量子隐形传态"研究成果名列榜首[40]（图 8.21 取自文献[40]）。2015 年 2 月 26 日，国际权威期刊 *Nature* 杂志以封面标题的形式发表了中科大团队在国际上首次成功实现多自由度量子体系隐形传态的研究成果。该项研究打破了国际学术界从 1997 年以来只能传输基本粒子单一自由度的局限，为发展可扩展的量子计算和量子网络技术奠定了坚实的基础。国际量子光学专家 Wolfgang Tittel 教授在同期 *Nature* 撰文评论："该实验实现为理解和展示量子物理的一个最深远和最令人费解的预言迈出了重要的一步，并可以作为未来量子网络的一个强大的基本单元。"

图 8.21　潘建伟与陆朝阳（左）

8.4.4　欧盟支持的维也纳量子密钥分配网络

在欧洲合作项目《基于量子密码的安全通信》（SECOQC，European project Secure COmmunication based on Quantum Cryptography）（2004—2008 年）的资助下，由来自 12 个欧盟国家的 41 个团队合作，以奥地利 GmbH 技术研究院的 M. Peev 等为负责人的 SECOPC 工程，于 2009 年建成了维也纳量子密钥分配网络（The SECOQC quantum key distribution network in Vienna）。SECOQC 网络设备之间采用了可靠性高的点对点量子转发机制，利用中继器完成远程通信[41]。

8.4.5　瑞士的日内瓦区域网络

2009—2011 年研制成功的瑞士量子网络（Swiss Quantum Network）连接了欧洲核子研究中心（CERN）与日内瓦大学。该网络既采用了 SECOQC 网络和其他量子网络的新技术，也利用了现有电信网络的可靠性和稳定性[42]。

8.4.6　日本的东京量子密钥分配网络

在 2010 年，日本和欧盟合作研制成功了东京量子密钥分配（QKD）网络。该网络采用了现有的 QKD 技术及类似 SECOQC 网络的架构。首次实现了一次性垫加密（one-time-pad encryption）并以足够高的数据速率支持用户的多种应用，例如安全的语音和视频会议。以往大规模 QKD 网络通常采用经典的加密算法，例如在高速率数据传输中使用的 AES 算法，在低速率数据传输中使用的量子密钥，或定期更换各种经典加密算法的密钥[43]。

8.5　量子算法

量子算法（Quantum Algorithm）利用量子力学的迭加、纠缠及并行性等特性，可解决在传统计算机上由于需要占用无法承受的过多资源而难于求解的某些问题，极大地提高了计算效率。最知名的量子算法是 Shor 算法，成功用于分解大数质因子（参见 8.3.2 节）。还有 Grover 的搜索算法，用于非结构化数据库或无序列表，与经典算法相比，实现了计算的巨大加速。

下面按照量子算法使用的主要技术进行分类简要介绍[44]。

8.5.1　基于量子傅里叶变换的算法

量子傅里叶变换与离散傅里叶变换类似，已用于多种量子算法。Hadamard 变换也是量子傅里叶变换的一个例子。量子傅里叶变换可以高效地用在量子计算机上，只用一个多项式值来实现多个量子门。

1. Deutsch-Jozsa 量子算法

利用 Deutsch-Jozsa 量子算法可更有效地解决"黑盒"问题。对于量子黑盒采用迭加形式的输入，只需要运算该黑盒一次，就可以得出经典输入黑盒两次的结果。

2. Simon 问题的量子算法

Simon 问题是一个经典难题。采用量子黑盒，与各种经典算法相比，可以获得指数的加速。

3. 量子表象估计算法

量子表象估计算法（Quantum phase estimation algorithm）用来确定一个酉门（unitary gate）的本征向量（eigenvector）的特征表象（eigenphase）。即给该酉门的本征向量设定一个合理的量子态并可访问该门。该算法经常用做其他算法的一个子程序，具有许多应用[45]。

4. Shor 算法

Shor 算法可求解离散对数问题，可在多项式时间内求解大数质因子分解问题[3]，而最有名的经典算法却也只能在超多项式时间求解上述问题。这些问题并不知道是否是 P 或 NP 完全问题。它也是可以在多项式时间内求解非黑匣问题的少数量子算法之一[46]。

5. 隐蔽子群问题

阿贝尔的隐蔽子群问题（abelian hidden subgroup problem）是可由量子计算机求解的许多问题的一般化，如 Simon 问题，Pell 方程求解，测试环 R 的基本思路并分解质因子。现已有求解阿贝尔隐蔽子群问题的若干高效量子算法[47]。更一般化的隐蔽子群问题，其中的基团不一定是阿贝尔的，属于另外一些问题、图同构及某些格问题的一般化。量子算法可高效求解某些非阿贝尔群。一些研究者认为量子算法将可解决目前尚无法有效求解算法的对称群、图同构[48]、二面体群及某些格问题[49]。

6. 玻色子采样问题

在现在的玻色子采样实验中，设定输入中等数量玻色子（例如，光束的光子）随机散布成大量输出模式，并由定义的酉性（Unitarity）约束[50]。现在的问题是输出公平地产生符合一定概率分布的样品，这将取决于玻色子的输入配置和酉性[51]。利用传统计算机算法解决这个问题，需要计算永久酉变换矩阵（the permanent of the unitary transform matrix），几乎是不可能的，或需要过于长的时间。在 2014 年，有人建议[52]利用现有技术及传统的概率方法，产生单个光子状态并输入一个量子可计算线性光网络，利用量子算法的优越性，完成输出概率分布的抽样。在 2015 年，有人研究预测[53]，抽样问题的输入也具有类似输出的复杂性，与 Fock 态的光子不同，与玻色子采样问题面临的相同计算复杂性难题，取决于连贯的输入幅度的大小。

7. 估算高斯和

高斯和（Gauss sum）是一种指数和。利用最有名的经典算法估计高斯和，也需要花费指数时间。因为利用传统算法估算 Gauss 和需要计算离散对数，现在被认为是不可能的。然而，量子计算机可以在多项式时间内、以多项式精度来估算高斯和[54]。

8．傅里叶钓鱼和傅里叶校验

2009 年，S. Aaronson 介绍了利用量子算法求解傅里叶钓鱼（Fourier fishing）和傅里叶校验（Fourier checking）问题，并且可在有边界错误量子多项式时间（BQP，Bounded Error Quantum Polynomial Time）内完成[55]。他指出，可利用一个 oracle 机[56]，将 n 个随机布尔函数 n-bit 字符串映射为布尔值，并需要求出 n 个 n-bit 位串 $z_1, \cdots, z_n$，用于 Hadamard-Fourier 变换，使得至少 3/4 的位串满足 $\left|\tilde{f}(z_i)\right| \geqslant 1$，并且至少 1/4 的位串满足 $\left|\tilde{f}(z_i)\right| \geqslant 2$。

8.5.2　基于振幅放大的量子算法

基于振幅放大（amplitude amplification）的量子算法可以比传统算法更加高效率地放大一个被选定的量子态子空间，可以得到二次的加速。它可以被认为是 Grover 算法的通用化。

1．Grover 的量子搜索算法

Lov Grover（1961—）是印度裔美籍量子计算专家，现在贝尔实验室工作[57]（图 8.22 取自文献[58]）。他的量子数据库搜索算法[59]，搜索速度和搜索效率远远超越了传统搜索算法，而且抗干扰能力极强。该算法搜索具有 N 个实体的非结构化数据库（或无序列表），对一个被标记实体，只需要 $O\left(\sqrt{N}\right)$ 次查询，而不是传统算法的 $\Omega(N)$ 次。而使用传统算法，即使用允许边界错误概率算法，也需要 $\Omega(N)$ 次查询。

文献[60]指出虽然该算法通常被称为"数据库搜索算法"，但是它可能更准确地被描述为一种"逆函数"（inverting a function）。如果可以在一台量子计算机上计算函数 $y = f(x)$，则 Grover 的算法也可以通过量子计算机计算 x 与 y 的反函数关系。这种广义 Grover 算法的逆运算可望在量子纠缠态测量中得到广泛应用。

图 8.22　Lov Grover

2．量子计数

量子计数（Quantum Counting）可以解决若干更一般化的搜索问题。它可以解决在无序列表中被标记实体数量的计数问题，而不是只检测它是否存在。在一个 N-元无序列表中，它可计数被标记实体的数量并使误差 ε 仅在 $\Theta\left(\frac{1}{\varepsilon}\sqrt{\dfrac{N}{k}}\right)$ 范围内，其中 k 是在列表中被

标记元素的数量[61, 62]。更确切地说，该算法给出对于被标记实体的数量 k 的估计 k'，具有精度 $|k - k'| \geqslant \varepsilon k$。

8.5.3　量子游走算法

量子游走（quantum walk）是用量子来模拟经典的随机游走问题，该问题利用概率分布来描述一些状态。量子游走则利用量子叠加态来描述一些状态。近年来的研究表明，量子游走用于求解一些黑盒问题可得到指数加速[63, 64]。它还为解决其他许多问题提供了多项式加速。2007 年，F. Magniez 研究了可生成量子游走算法的框架并作为一种相当灵活的工具[65]。

1. 元素清晰度问题

元素清晰度（Element distinctness）问题是判定列表中的所有元素是否不同。通常查询规模为 N 的列表需要 $\Omega(N)$ 次，而元素清晰度问题比需要查询 $\Omega(N)$ 次的问题更难。然而，可以在量子计算机上高效率求解元素清晰度问题。

2002 年，施尧耘（Yaoyun Shi）首次证明当范围规模足够大时的量子下界（Quantum lower bounds）[66]。2004 年他获得美国国家科学基金会颁发的"事业奖"（Career Award）。2001 年他在普林斯顿大学获博士学位，世界著名计算机学家、2000 年图灵奖得主姚期智（图 8.23）是他的博士生导师。图 8.23 取自 http://epaper.bjnews.com.cn/html/2011-04/21/content_222817.htm?div=0。

施尧耘（图 8.24，取自 http://web.eecs.umich.edu/~shiyy/）在文献[66]中介绍了他的研究成果。设函数 f 为一个 oracle 机，碰撞问题是要找到两个不同的输入 i 和 j，使得 $f(i) = f(j)$，根据该存在上述输入的猜测。由于许多密码的安全性是基于找到上述碰撞极为困难，求解碰撞问题的量子下界将提供依据来证明存在密码原语（cryptographic primitives），它对于量子密码破译方法是免疫的（immune to quantum cryptanalysis）。我们证明了任何查找碰撞的 r-to-one 函数的量子算法，必须评估该函数 $\Omega\left((n/r)^{1/3}\right)$ 次，其中 n 是该域的规模，并且 $r \mid n$。这就改进了以前得出的最好的评估下界 $\Omega\left((n/r)^{1/5}\right)$，此结果由 S. Aaronson 给出，并且很接近一个常数因子。此结果也表明为求解元素清晰度问题查询输入的量子下界为 $\Omega\left(n^{2/3}\right)$，可用于确定给定 n 个实数是否是不同的。施尧耘还介绍了原有的最好下界是黑盒模型的 $\Omega\left(\sqrt{n}\right)$，和只用比较模型（comparisons-only model）的 $\Omega\left(\sqrt{n}\log n\right)$。

2005 年，A. Ambainis [67]和 S. Kutin [68]各自独立地（并且经由不同证明方法）改进了施尧耘的成果并可得出函数的下界。

图 8.23　姚期智

图 8.24　施尧耘

2007 年，A. Ambainis 提出可求解此问题的一个最优算法[69]。

2．三角形查找问题

三角形查找（Triangle-finding）问题是确定一个给定的图中是否包含一个三角形（规模为 3 的集团）。求解此问题的量子算法原先最著名下界为 $\Omega(N)$，但已知 2011 年 Aleksandrs Belovs 的最好算法为 $O(N^{1.297})$ [70]。

3．公式评价

这里所说的公式是指一棵树，在每个内部节点有一个门，并在每个叶节点的输入位也有一个门。问题是评价该公式，它是根节点的输出，设利用 oracle 机可提供此根节点的输入。

2007 年，Scott Aaronson 指出，很适于求解此问题的一个公式是只有与非门（NAND）的完全二分树[71]，如图 8.25 所示（取自文献[71]）。用传统算法评价这种公式，需要使用 $\Theta(N^c)$ 范围内的随机查询[72]，其中 $c = \log_2(1+\sqrt{33})/4 \approx 0.754$。

2007 年，E. Farhi 等提出利用量子算法（称之为 Hamiltonian oracle model）只需要在 $\Theta(N^{0.5})$ 范围内查询[73]。

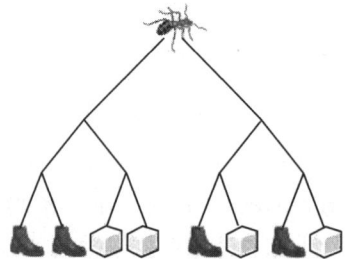

图 8.25　完全二分树

4．黑盒组的可交互性问题

此问题是要确定由 k 个产生器生成的一个黑盒组的可交互性（Commutativity）。黑盒子组是具有一个 oracle 函数的群组，其必须被用来执行成组的运算，例如，乘法，反演，相同性对比（comparison with identity）。求解此问题的查询复杂性，即求解问题需要调用 oracle 机的次数，它分别涉及确定性和随机性查询的复杂性[74]。2007 年，F. Magniez 提出了可高效率求解上述问题的量子算法[75]。

8.5.4　BQP 问题

可在传统计算机上利用概率算法求解的问题称为 BPP 类型复杂性问题。可在量子计算机上利用有边界错误量子多项式（BQP，Bounded error Quantum Polynomial）量子算法高效求解的问题称为 BQP 类型复杂性问题。这两类复杂性之间的严格区别正在研究之中[76]。例如，2009 年，S. Aaronson 介绍了利用量子算法求解傅里叶钓鱼（Fourier fishing）和傅里叶校验（Fourier checking）问题，并且可在 BQP 时间内完成[55]。

1. 利用近似求解琼斯多项式量子算法来解 BQP 问题

1989 年，E. Witten 已经说明，陈省身-西蒙斯拓扑量子场论（TQFT，Chern-Simons Topological Quantum Field Theory）可以用琼斯多项式（Jones polynomials）来求解[77]。2006 年，D. Aharonov 指出利用量子计算机可以模拟 TQFT。他给出了一个明确而简单的多项式量子算法[78]来近似求解一种琼斯多项式，它是由 n 个串（strands）组成的编织物（braid），在任一原始个体的根（primitive root of unity）$e^{2\pi i/k}$ 所在处，都具有 m 个交叉（crossings），该算法由 m，n 和 k 而具有多项式的运行时间，可解决 BQP 问题。

2. 量子模拟

1982 年，R. Feynman 提出了量子计算机比传统计算机更强大的想法，起源于他认为利用传统计算机模拟多粒子量子系统似乎需要指数时间来完成[8]，量子计算机可以模拟量子物理过程并且比传统计算机快得多。高效率的多项式时间（polynomial-time）的量子算法已经被用于模拟玻色和费米系统（Bosonic and Fermionic systems）[79]。特别是模拟化学反应远超现有超级计算机的能力，但却可由几百量子位的量子计算机完成[80]。量子计算机还可以有效地模拟拓扑量子场论（Topological Quantum Field Theories）[81]，还可利用量子算法估计量子拓扑不变量[82, 83]。

参 考 文 献

[1]　Wikipedia. Max_Planck[EB/OL]. http://en.wikipedia.org/wiki/Max_Planck.

[2]　Wikipedia. Albert Einstein[EB/OL]. http://en.wikipedia.org/wiki/Albert_Einstein.

[3]　Wikipedia. Niels Bohr[EB/OL]. http://en.wikipedia.org/wiki/Niels_Bohr.

[4]　Wikipedia. Bohr-Einstein debates[EB/OL]. http://en.wikipedia.org/wiki/Bohr%E2%80%93Einstein_debates.

[5]　Series Editors: Gisin, N. ; Laflamme, R. ; Lenhart, G. ; Lidar, D. ; Milburn, G. J. ; Ohya, M. ; Rauschenbeutel, A. ; Renner, R. ; Schlosshauer, M. ; Wiseman, H. M. Quantum Science and Technology[M].

http://www.springer.com/series/10039.

[6] 曹天元. 上帝掷骰子吗: 量子物理史话[M]. 沈阳: 辽宁教育出版社, 2008.

[7] Feynman, R. There's plenty of room at the bottom[EB/OL]. http://www.zyvex.com/nanotech/feynman. html.

[8] Feynman, R. P. Simulating physics with computers[J]. International Journal of Theoretical Physics, 1982, 21(6-7): 467-488. Bibcode: 1982IJTP... 21.. 467F. doi: 10. 1007/BF02650179.

[9] Feynman, R. P. Quantum mechanical computers[J]. Optics News, February 1985(11): 11; reprinted in Foundations of Physics 16(6): 507-531.

[10] Wikipedia. David Deutsch[EB/OL]. http://en.wikipedia.org/wiki/David_Deutsch.

[11] Deutsch, D. Quantum theory, the Church-Turing principle and the universal quantum computer[A]. Proceedings of the Royal Society(London), 1985(400): 97-117.

[12] Deutsch, D. Quantum Computational Networks[A] . Proceedings of the Royal Society[C] . London : ACM , 1989: 73-90.

[13] Wikipedia. D-Wave Systems[EB/OL]. http://en.wikipedia.org/wiki/Orion_quantum_computing_system.

[14] NSA seeks to build quantum computer that could crack most types of encryption[N]. Washington Post. January 2, 2014.

[15] Hanneke, D. ; Home, J. P. ; Jost, J. D. ; Amini, J. M. ; Leibfried, D. ; Wineland, D. J. Realization of a programmable two-qubit quantum processor[J]. Nature Physics, 2010(6): 13-16. (Nature Physics link) (See also arXiv: 0908. 3031).

[16] 信莲. 美国安局研发量子计算机 可破解几乎所有加密技术[EB/OL]. 中国日报网. http://www. chinadaily.com.cn/hqzx/2014-01/04/content_17215534_3.htm.

[17] Wikipedia. Stephen Wiesner[EB/OL]. http://en.wikipedia.org/wiki/Stephen_Wiesner.

[18] Wiesner, S. Conjugate coding[J]. SIGACT News, 1983, 15(1): 77-78.

[19] Quantum Mechanics Could Thwart Counterfeiters[EB/OL]. http://www.photonics.com/Article.aspx?AID= 52039.

[20] Wikipedia. Charles H. Bennett(computer_scientist)[EB/OL]. http://en.wikipedia.org/wiki/Charles_H._ Bennett_(computer_scientist).

[21] Bennett, C. H. ; Brassard, G. Quantum cryptography: public key distribution and coin tossing Proc. IEEE Int. Conf. on Computers, Systems and Signal Processing(Bangalore, India,)[C]. (New York: IEEE), 1984: 175-179.

[22] Ekert. A. K. Quantum cryptography based on Bell's theoremc[J]. Phys . Rev. Lett. 1991, 67(6): 661-663.

[23] Bennett, C. ; Brassard, G. ; Mermin, N. Quantum cryptography without Bell's theorem. Physical Review Letters, 1992, 68(5): 557. doi: 10. 1103/PhysRevLett. 68. 557.

[24] Wikipedia. Peter Shor[EB/OL]. http://en.wikipedia.org/wiki/Peter_Shor.

[25] Shor, P. W. Algorithms for quantum computation: discrete logarithms and factoring[A]. Procedeeings of the 35th Annual Symposium of Foundation of Computer Science[C]. New Mexico: IEEE Computer Society Press. l994: 124-134.

[26] Herb Brody. 10 Emerging Technologies That Will Change the World : Quantum Cryptography[EB/OL].

MIT Technology Review. 2003. http://www2.technologyreview.com/featured-story/401775/10-emerging-technologies-that-will-change-the/11/.

[27] Muller, A. ; Breguet, J. ; Gisin, N. Experimental demonstration of quantum cryptography using polarized photons in optical-?ber over more than 1km[J]. Eruophysics Letts. 1993(23): 383-388.

[28] Muller, A. ; Zbinden, H. ; Gisin, N. Quantum cryptography over 23 km in installed under-lake telecom fiber[J]. Europhysics Letts. , 1996.

[29] Stucki, D. ; Gisin, N. ; Guinnard, O. ; Ribordy, G. ; Zbinden, H. Quantum key distribution over 67 km with a plug & play system[J]. New Journal of Physics, 2002(4): 41. 1-41. 8.

[30] Wikipedia. ID Quantique[EB/OL]. https://en.wikipedia.org/wiki/ID_Quantique.

[31] 中国科大新闻网. 2014 年度国际量子通信奖在合肥颁奖[EB/OL]. http://news.ustc.edu.cn/xwbl/201411/t20141105_204814.html.

[32] Wikipedia. Quantum Network[EB/OL]. https://en.wikipedia.org/wiki/Quantum_network.

[33] Elliot, C. Building the quantum network[J]. New Journal of Physics, 2002, 4(1): 46. doi: 10. 1088/1367-2630/4/1/346.

[34] Elliott, C. ; Colvin, A. ; Pearson, D. ; Pikalo, O. ; Schlafer, J. ; Yeh, H. Current status of the DARPA Quantum Network[J]. Defense and Security(International Society for Optics and Photonics), 2005: 138-149.

[35] Xu, FangXing; Chen, Wei; Wang, Shuang; Yin, ZhenQiang; Zhang, Yang; Liu, Yun; Zhou, Zheng; Zhao, YiBo; Li, HongWei; Liu, Dong. Field experiment on a robust hierarchical metropolitan quantum cryptography network[J]. Chinese Science Bulletin(Springer). 2009, 54(17): 2991-2997. doi: 10. 1007/s11434-009-0526-3.

[36] 许方星, 陈巍, 王双, 银振强, 张阳, 刘云, 周政, 赵义博, 李宏伟, 刘东, 韩正甫, 郭光灿. 多层级量子密码城域网[J]. 科学通报, 2009, 54(16): 2277-2283.

[37] 潘建伟团队建世界首个城域量子通信网节点 46 个[EB/OL]. http://news.ifeng.com/mil/2/detail_2014_03/14/34769390_0.shtml.

[38] 中国量子通信"京沪干线"验证项目通过评审[EB/OL]. http://mil.huanqiu.com/china/2014-01/4800961.html.

[39] 蔡敏, 徐海涛, 詹婷婷. 中国将在 2030 年建成全球化的量子通信卫星网络[EB/OL]. http://news.xinhuanet.com/tech/2014-11/02/c_1113080773.htm.

[40] Physics World. Double quantum-teleportation milestone is Physics World 2015 Breakthrough of the Year[EB/OL]. http://physicsworld.com/cws/article/news/2015/dec/11/double-quantum-teleportation-milestone-is-physics-world-2015-breakthrough-of-the-year.

[41] Peev, M. ; Pacher, C. ; Alléaume, R. ; Barreiro, C. ; Bouda, J. ; Boxleitner, W. ; Debuisschert, T. ; Diamanti, E. ; Dianati, M. ; Dynes, JF. Fasil, S. ; and Zeilinger, A. The SECOQC quantum key distribution network in Vienna[J]. New Journal of Physics(IOP Publishing). 2009, 11(7): 075001. doi: 10. 1088/1367-2630/11/7/075001.

[42] Stucki, D. ; Legre, M. ; Buntschu, F. ; Clausen, B. ; Felber, N. ; Gisin, N. ; Henzen, L. ; Junod, P. ; Litzistorf, G. ; Monbaron, P. ; Zbinden, H. Long-term performance of the SwissQuantum quantum key

distribution network in a field environment[J]. New Journal of Physics(IOP Publishing). 2011, 13(12): 123001. doi: 10. 1088/1367-2630/13/12/123001.

[43] Sasaki, M. ; Fujiwara, M. ; Ishizuka, H. ; Klaus, W. ; Wakui, K. ; Takeoka, M. ; Miki, S. ; Yamashita, T. ; Wang, Z. ; Tanaka, A. Field test of quantum key distribution in the Tokyo QKD Network[J]. Optics Express(Optical Society of America). 2011, 19(11): 10387-10409. doi: 10. 1364/oe. 19. 010387.

[44] Wikipedia. Quantum algorithm[EB/OL]. https://en.wikipedia.org/wiki/Quantum_algorithm.

[45] Wikipedia. Quantum phase estimation algorithm[EB/OL]. https://en.wikipedia.org/wiki/Quantum_phase_estimation_algorithm.

[46] Shor, P. W. Polynomial-Time Algorithms for Prime Factorization and Discrete Logarithms on a Quantum Computer[J]. SIAM Journal on Scientific and Statistical Computing, 1997(26): 1484. arXiv: quant-ph/9508027. Bibcode: 1995quant. ph.. 8027S.

[47] Boneh, D. ; Lipton, R. J. Quantum cryptoanalysis of hidden linear functions[A]. In Coppersmith, D. Proceedings of the 15th Annual International Cryptology Conference on Advances in Cryptology[C]. Springer-Verlag, 1995: 424-437.

[48] Moore, C. ; Russell, A. ; Schulman, L. J. The Symmetric Group Defies Strong Fourier Sampling: Part I. 2005, arXiv: quant-ph/0501056.

[49] Regev, O. Quantum Computation and Lattice Problems[EB/OL]. 2003, arXiv: cs/0304005.

[50] Ralph, T. C. Figure 1: The boson-sampling problem[J]. Nature Photonics. Nature. Retrieved 12 September 2014.

[51] Lund, A. P. ; Laing, A. ; Rahimi-Keshari, S. ; Rudolph, T. ; O'Brien, J. L. ; Ralph, T. C. Boson Sampling from Gaussian States[J]. Phys. Rev. Lett., 2014, 113(10): 100502. arXiv: 1305. 4346. Bibcode: 2014PhRvL. 113j0502L. doi: 10. 1103/PhysRevLett. 113. 100502. Retrieved 12 September 2014.

[52] The quantum revolution is a step closer[R]. Phys. org. Omicron Technology Limited. Retrieved 12 September 2014.

[53] Seshadreesan, Kaushik P. ; Olson, Jonathan P. ; Motes, Keith R. ; Rohde, Peter P. ; Dowling, Jonathan P. Boson sampling with displaced single-photon Fock states versus single-photon-added coherent states: The quantum-classical divide and computational-complexity transitions in linear optics[J]. Physical Review. 2015, A 91(2): 022334. arXiv: 1402. 0531. Bibcode: 2015PhRvA.. 91b2334S. doi: 10. 1103/PhysRevA. 91. 022334. Retrieved 31 May 2015.

[54] van Dam, W. ; Seroussi, G. Efficient Quantum Algorithms for Estimating Gauss Sums[EB/OL]. 2002, arXiv: quant-ph/0207131.

[55] Aaronson, S. BQP and the Polynomial Hierarchy[EB/OL]. 2009, arXiv: 0910. 4698. http://www.doc88.com/p-9733390687526.html.

[56] Wikipedia. Oracle machine[EB/OL]. https://en.wikipedia.org/wiki/Oracle_machine.

[57] Wikipedia. Lov Grover[EB/OL]. https://en.wikipedia.org/wiki/Lov_Grover.

[58] 张孟军. "蓝色天空" 研究计划抢占科技高地[EB/OL]. http://tech.southcn.com/news/200508190477.htm.

[59] Grover, L. K. A Fast quantum mechanical algorithm for database search[A]. Proceedings of the 28th Annuel ACM Symposium on the Theory of Computing[C]. New York: ACM, 1996: 212-219.

[60] Wikipedia. Lov Grover's algorithm[EB/OL]. https://en.wikipedia.org/wiki/Grover%27s_algorithm.

[61] Brassard, G. ; Hoyer, P. ; Tapp, A. Quantum Counting[EB/OL]. 1998, arXiv: quant-ph/9805082.

[62] Brassard, G. ; Hoyer, P. ; Mosca, M. ; Tapp, A. Quantum Amplitude Amplification and Estimation[EB/OL]. 2000, arXiv: quant-ph/0005055.

[63] Childs, A. M. ; Cleve, R. ; Deotto, E. ; Farhi, E. ; Gutmann, S. ; Spielman, D. A. Exponential algorithmic speedup by quantum walk[A]. Proceedings of the 35th Symposium on Theory of Computing[C]. Association for Computing Machinery. 2003: 59-68. arXiv: quant-ph/0209131. doi: 10. 1145/780542. 780552. ISBN 1-58113-674-9.

[64] Childs, A. M. ; Schulman, L. J. ; Vazirani, U. V. Quantum Algorithms for Hidden Nonlinear Structures[A]. Proceedings of the 48th Annual IEEE Symposium on Foundations of Computer Science. IEEE. 2007: 395-404. arXiv: 0705. 2784. doi: 10. 1109/FOCS. 2007. 18. ISBN 0-7695-3010-9.

[65] Magniez, F. ; Nayak, A. ; Roland, J. ; Santha, M. Search via quantum walk[A]. Proceedings of the 39th Annual ACM Symposium on Theory of Computing[C]. Association for Computing Machinery. 2007: 575-584. doi: 10. 1145/1250790. 1250874. ISBN 978-1-59593-631-8.

[66] Shi, Y. Quantum lower bounds for the collision and the element distinctness problems[C]. Proceedings of the 43rd Symposium on Foundations of Computer Science. 2002: 513-519. arXiv: quant-ph/0112086. doi: 10. 1109/SFCS. 2002. 1181975.

[67] Ambainis, A. Polynomial Degree and Lower Bounds in Quantum Complexity: Collision and Element Distinctness with Small Range[J]. Theory of Computing, 2005, 1(1): 37-46. doi: 10. 4086/toc. 2005. v001a003.

[68] Kutin, S. Quantum Lower Bound for the Collision Problem with Small Range[J]. Theory of Computing, 2005, 1(1): 29-36. doi: 10. 4086/toc. 2005. v001a002.

[69] Ambainis, A. Quantum Walk Algorithm for Element Distinctness[J]. SIAM Journal on Computing, 2007, 37(1): 210-239. doi: 10. 1137/S0097539705447311.

[70] Aleksandrs Belovs. Span Programs for Functions with Constant-Sized 1-certificates[EB/OL]. 2011. arXiv: 1105. 4024.

[71] Aaronson, S. NAND now for something completely different. Shtetl-Optimized[EB/OL]. 2007. http://www.scottaaronson.com/blog/?p=207.Retrieved 2015-8-10.

[72] Saks, M. E. ; Wigderson, A. Probabilistic Boolean Decision Trees and the Complexity of Evaluating Game Trees[A]. Proceedings of the 27th Annual Symposium on Foundations of Computer Science. IEEE[C]. 1986: 29-38. doi: 10. 1109/SFCS. 1986. 44. ISBN 0-8186-0740-8.

[73] Farhi, E. ; Goldstone, J. ; Gutmann, S. A Quantum Algorithm for the Hamiltonian NAND Tree[EB/OL]. 2007. arXiv: quant-ph/0702144.

[74] Pak, Igor. Testing commutativity of a group and the power of randomization[J]. LMS Journal of Computation and Mathematics. 2012(15): 38-43. doi: 10. 1112/S1461157012000046.

[75] Magniez, F. ; Nayak, A. Quantum Complexity of Testing Group Commutativity[J]. Algorithmica. 2007, 48(3): 221-232. doi: 10. 1007/s00453-007-0057-8.

[76] Janzing. D. BQP-complete Problems Concerning Mixing Properties of Classical Random Walks on

Sparse Graphs[EB/OL]. 2006. http://arxiv.org/abs/quant-ph/0610235v2.

[77] Witten, E. Quantum field theory and the Jones polynomial[J]. Comm. Math. Phys. 1989, 121(3): 351-399.

[78] Aharonov, D. ; Jones, V. ; Landau, Z. A polynomial quantum algorithm for approximating the Jones polynomial[A]. Proceedings of the 38th Annual ACM symposium on Theory of Computing[C]. 2006. Association for Computing Machinery. 427-436. doi: 10. 1145/1132516. 1132579.

[79] Abrams, D. S. ; Lloyd, S. Simulation of many-body Fermi systems on a universal quantum computer[J]. Phys. Rev. Let. 1997, 79(13): 2586-2589. arXiv: quant-ph/9703054. Bibcode: 1997PhRvL.. 79. 2586A. doi: 10. 1103/PhysRevLett. 79. 2586.

[80] Kassal, I. ; Jordan, S. P. ; Love, P. J. ; Mohseni, M. ; Aspuru-Guzik, A. Polynomial-time quantum algorithm for the simulation of chemical dynamics[A]. Proceedings of the National Academy of Sciences of the United States of America[C]. 2008, 105(48): 18681-86. arXiv: 0801. 2986. Bibcode: 2008PNAS.. 10518681K. doi: 10. 1073/pnas. 0808245105. PMC 2596249. PMID 19033207.

[81] Freedman, M. ; Kitaev, A. ; Wang, Z. Simulation of Topological Field Theories by Quantum Computers[J]. Communications in Mathematical Physics. 2002, 227(3): 587-603. arXiv: quant-ph/0001071. Bibcode: 2002CMaPh. 227.. 587F. doi: 10. 1007/s002200200635.

[82] Aharonov, D. ; Jones, V. ; Landau, Z. A polynomial quantum algorithm for approximating the Jones polynomial[J]. Algorithmica, 2009, 55(3): 395-421. arXiv: quant-ph/0511096. doi: 10. 1007/s00453-008-9168-0.

[83] Wocjan, P. ; Yard, J. The Jones polynomial: quantum algorithms and applications in quantum complexity theory[J]. Quantum Information and Computation. 2008, 8(1): 147-180. arXiv: quant-ph/0603069. Bibcode: 2006quant. ph.. 3069W.

附　件
名词术语中英文对照及索引

（名词术语以汉语拼音排序，第一卷至第四卷的术语分别列出；
数字表示该词语出现在本卷的页码，（数字）表示该词语在本卷出现的总次数）

B

F

G

K

第一卷：

    k 阶树　tree of order k.　73(2)

    k 阶环　cycle of order k.　73.

    k 阶完全子图　complete subgraph of order k.　73.

第三卷：

    可达性关系　reachability relationships.　195.

第四卷：

    可编程量子计算机　programmable quantum computer.　265.

    空间受限网络　spatial networks.　189,191(13).

L

第一卷：

    老龄化　aging.　126,127,134,135,140(8).

    黎曼函数，ζ 函数　Riemann function, Riemann zeta function.　158.

    连接概率　connection probability.　71,72,76,77,78,81,89,99,100,128(12).

    连接性[①]，连接度[②]connectivity.　①25,29,30,31,…,203(18). ②12,25,36,61,68,…, 191(82).

    邻接矩阵的特征值　eigenvalues of the adjacency matrix.　26.80(2).

    连通图　connected graph.　72,78.

    连通三元组 connected triples.　99(3).

    连线[①]，边[②]　edges,links,lines.　①1,8,10,12,13,24,25,28,29,30,…,202 (86). ②1,9,11,12, 19,20,21,25,26,29,…,205(375).

    连锁故障　cascading failures.　22,24,29,32,56,57,114,150,163,164,165 (17).

    临界度　critical degree.　91,131.

    临界概率　critical probability.　72,73,74,7631,82,84,87,151,156,174(17).

    六度分离　six degrees of separation.　10,60(4).

    浏览器　browser.　118.

    流量[①]，吞吐量[②]　throughput.　① 28,3437,113,…,194(22). ②113,114.

    路由器层　router level.　23,64,66(6).

M

S

T

统计物理学　Statistica1Physics.　14,38,49,56,81,177,181(7).

第二卷：

探索性数据分析　Exploratory Data Analysis.　128,133,168(4).

统一资源定位地址　URL, Uniform Resource Location.　14.

第三卷：

凸分析　convex analysis.　219,221,223-225.

退火模型　annealed model.　285.

第四卷：

统计过程控制　Statistical Process Control.　216,220,230(3).

态势感知　Situational　Awareness.　6,60,140,145,151,157,158,162,125,224,241,242,243, 244,246,247,252,253,254,255,256(42).

W

第一卷：

万维网　WWW, World Wide Web.　2,10,12,19,24,29,35,36,…,191(99).

完全连通图　full connected graph.　72.

完全子图　complete subgraph.　73,74,76,238(8).

网格　lattices.　44,83,95,98,213,215,226(14).

网络安全　Network Security.　4,6,7,150,165,166,167,168,169,…,232(39).

网络动力学　Network Dynamics.　24,28,29,38,50(9).

网络革命　Network Revolution.　12(2).

网络结构　network architecture.　4,9,13,15,22,23,24,25,28,29,…,233(70).

网络科学　Network Science, Science of Networks.　1,2,3,4,6,…,233(242).

网络流　network flow.　28,29,187,188,189,190(11).

网络生物学　Network Biology.　141,142,144,194(9).

网络增长　network growth.　50,143,176.

网络搜索　network search.　3,29(3).

网络数据挖掘　network data mining.　46.

网络拓扑结构　network topology.　7,56,75,81,94,102,112,…,174(20).

网络行走　walking on a network.　138,141(3).

网络优化　network optimization.　113,172,174,193(6).

网页社团杂志/日记　Live Journal.　118.

X

Y

Z